“创新设计思维”
数字媒体与艺术设计类新形态丛书

全|彩|微|课|版

Maya 2023
三维建模与制作实战教程

互联网 + 数字艺术教育研究院 策划
来阳 编著

人民邮电出版社
北京

图书在版编目（C I P）数据

Maya 2023三维建模与制作实战教程 : 全彩微课版 / 来阳编著. -- 北京 : 人民邮电出版社, 2023.6(2024.6 重印)
（“创新设计思维”数字媒体与艺术设计类新形态丛书）
ISBN 978-7-115-61669-2

Ⅰ. ①M… Ⅱ. ①来… Ⅲ. ①三维动画软件—教材
Ⅳ. ①TP391.414

中国国家版本馆CIP数据核字(2023)第072834号

内 容 提 要

本书面向零基础读者，通过案例操作讲解软件的知识点，系统地介绍 Maya 2023 的使用方法及实战技巧。

全书共 10 章，包括初识 Maya 2023、曲面建模、多边形建模、灯光技术、摄影机技术、材质与纹理、动画技术、流体动力学、粒子动画、综合实例，详细地讲解该软件的操作界面、建模技术、材质与灯光、渲染设置、动画技术及粒子特效制作，帮助读者轻松掌握相关知识。

本书可以作为院校和培训机构艺术专业课程的教材，也可以作为 Maya 2023 及以下所有版本自学人员的参考书。

◆ 编　　著　来　阳
责任编辑　韦雅雪
责任印制　王　郁　陈　犇
◆ 人民邮电出版社出版发行　　北京市丰台区成寿寺路 11 号
邮编　100164　　电子邮件　315@ptpress.com.cn
网址　https://www.ptpress.com.cn
优奇仕印刷河北有限公司印刷
◆ 开本：787×1092　1/16
印张：13.5　　2023 年 6 月第 1 版
字数：353 千字　　2024 年 6 月河北第 4 次印刷

定价：79.80 元

读者服务热线：(010)81055256　印装质量热线：(010)81055316
反盗版热线：(010)81055315
广告经营许可证：京东市监广登字 20170147 号

前言

Maya 2023是Autodesk公司旗下的三维制作软件之一，是通用的三维制作平台，具有应用范围广、用户群体多、综合性能强等特点。由于Maya 2023功能强大、交互简易，因此从诞生以来一直受到CG艺术家的喜爱。Maya在模型塑造、场景渲染、动画及特效等方面都能制作出高品质的效果，这使其在影视特效制作中占据领导地位。快捷的工作流程和批量化的生产使其也成为游戏行业不可缺少的软件工具之一。“Maya三维设计”是很多艺术设计相关专业的重要课程。党的二十大报告中提到：“教育、科技、人才是全面建设社会主义现代化国家的基础性、战略性支撑。”本书力求通过多个实例由浅入深地讲解用Maya进行三维建模与制作的方法和技巧，帮助教师开展教学工作，同时帮助读者掌握实战技能、提高设计能力。本书为吉林省高等教育学会2021年度高教科研一般课题《基于智慧课堂的高校计算机制图课程教学模式设计与应用研究》（课题编号：JGJX2021D602）的成果之一。

本书特色

本书体现了“基础知识+案例实操+强化练习”三位一体的编写理念，理实结合，学练并重，帮助读者全方位掌握Maya三维建模与制作的方法和技巧。

基础知识：讲解重要和常用的知识点，分析归纳Maya三维建模与制作的操作技巧。

实例操作：结合行业热点，精选典型的商业实例，详解Maya三维建模与制作的设计思路和制作方法；通过综合实例，全面提升读者的实际应用能力。

强化练习：精心设计有针对性的课后习题，拓展读者的应用能力。

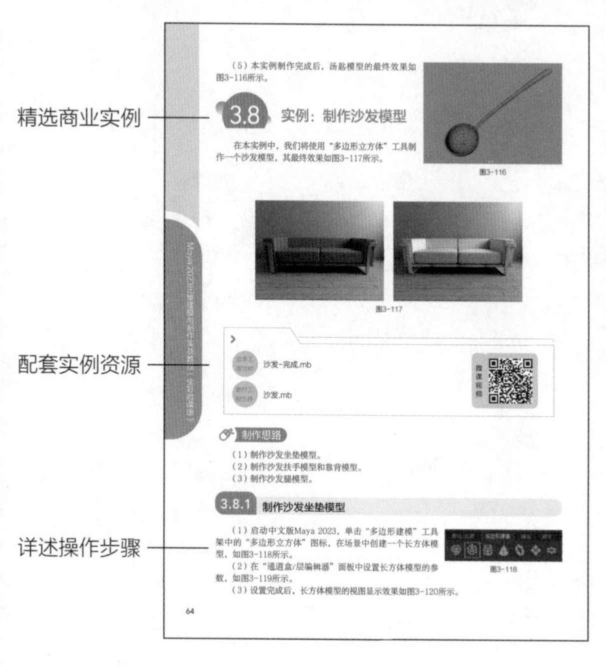

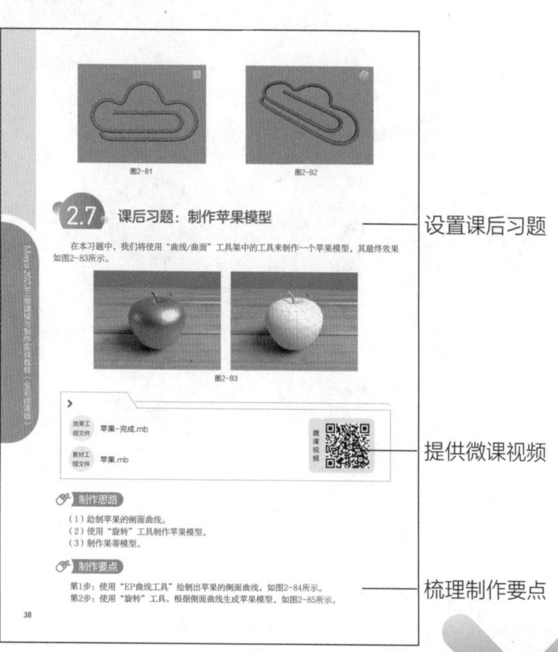

教学建议

本书的参考学时为64学时，其中讲授环节为28学时，实训环节为36学时。各章的参考学时可参见下表。

章序	课程内容	学时分配	
		讲授	实训
第1章	初识Maya 2023	2学时	2学时
第2章	曲面建模	2学时	2学时
第3章	多边形建模	4学时	4学时
第4章	灯光技术	2学时	2学时
第5章	摄影机技术	2学时	2学时
第6章	材质与纹理	4学时	4学时
第7章	动画技术	4学时	4学时
第8章	流体动力学	4学时	4学时
第9章	粒子动画	4学时	4学时
第10章	综合案例	0学时	8学时
学时总计		28学时	36学时

配套资源

本书提供了丰富的教学资源，读者可登录人邮教育社区（www.ryjiaoyu.com），在本书页面中下载。

微课视频：本书所有案例配套微课视频，扫码即可观看，支持线上线下混合式教学。

素材和效果文件：本书提供了所有案例需要的素材和效果文件，素材和效果文件均以案例名称命名。

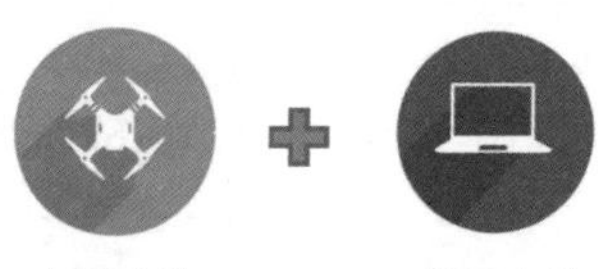

教学辅助文件：本书提供了PPT课件、教学大纲、教学教案、拓展案例、拓展素材资源等。

编者

2023年1月

目录

第1章 初识 Maya 2023

1.1 Maya 2023 概述 2
1.2 Maya 2023 的应用领域 3
1.3 Maya 2023 的工作界面 3
1.3.1 菜单集 4
1.3.2 状态行工具栏 4
1.3.3 工具架 5
1.3.4 工具箱 7
1.3.5 “视图”面板 7
1.3.6 工作区选择器 9
1.3.7 通道盒 / 层编辑器 9
1.3.8 建模工具包 10
1.3.9 属性编辑器 10
1.3.10 播放控件 11
1.3.11 命令行和帮助行 11
1.4 实例：交互式教程 11
1.5 实例：变换操作 14
1.5.1 创建对象 15
1.5.2 变换操作 17
1.6 实例：复制对象 18
1.6.1 复制对象 18
1.6.2 特殊复制对象 19

第2章 曲面建模

2.1 曲面概述 22
2.2 曲线工具 22
2.2.1 NURBS 圆形 22
2.2.2 NURBS 方形 24
2.2.3 EP 曲线工具 24
2.2.4 三点圆弧 24
2.2.5 Bezier 曲线工具 25
2.2.6 曲线修改工具 25
2.3 曲面工具 26
2.3.1 NURBS 球体 26
2.3.2 NURBS 立方体 26
2.3.3 NURBS 圆柱体 27
2.3.4 NURBS 圆锥体 28
2.3.5 曲面修改工具 28
2.4 实例：制作玻璃瓶模型 28
2.4.1 绘制玻璃瓶侧面曲线 29
2.4.2 使用“旋转”工具制作玻璃瓶模型 31
2.5 实例：制作盖碗茶杯模型 32
2.5.1 绘制盖碗茶杯侧面曲线 33
2.5.2 使用“旋转”工具制作盖碗茶杯模型 34

2.6 实例：制作曲别针模型....................35
2.6.1 绘制曲线....................36
2.6.2 使用“扫描网格”工具制作曲别针模型....................37
2.7 课后习题：制作苹果模型....................38

第3章 多边形建模

3.1 多边形概述....................41
3.2 多边形工具....................41
3.2.1 多边形球体....................41
3.2.2 多边形立方体....................42
3.2.3 多边形圆柱体....................42
3.2.4 多边形圆锥体....................43
3.2.5 多边形圆环....................43
3.2.6 多边形类型....................44
3.3 编辑多边形....................45
3.3.1 结合....................45
3.3.2 提取....................45
3.3.3 镜像....................46
3.3.4 挤出....................47
3.3.5 桥接....................48
3.3.6 倒角....................49
3.4 建模工具包....................50
3.5 实例：制作U盘模型....................50
3.5.1 制作U盘外壳....................51
3.5.2 制作U盘接口细节....................54
3.6 实例：制作碗模型....................55
3.6.1 制作碗模型的基本形状....................55
3.6.2 完善碗模型的细节....................58
3.7 实例：制作汤匙模型....................60
3.7.1 制作汤匙的基本形态....................60
3.7.2 制作汤匙的手柄部分....................63
3.8 实例：制作沙发模型....................64
3.8.1 制作沙发坐垫模型....................64
3.8.2 制作沙发扶手模型和靠背模型....................67
3.8.3 制作沙发腿模型....................68
3.9 课后习题：制作桌子模型....................73

第4章 灯光技术

4.1 灯光概述....................76
4.2 Arnold 灯光....................76
4.2.1 Area Light....................76
4.2.2 Physical Sky....................78
4.2.3 Skydome Light....................80
4.2.4 Mesh Light....................80
4.2.5 Photometric Light....................80
4.3 Maya 2023 的内置灯光....................80
4.3.1 环境光....................81
4.3.2 平行光....................81
4.3.3 点光源....................83
4.3.4 聚光灯....................84
4.3.5 区域光....................84
4.4 实例：制作静物灯光照明效果....................85
4.4.1 使用聚光灯照亮场景....................85
4.4.2 使用区域光提亮整体画面....................87
4.5 实例：制作室外阳光照明效果....................88
4.6 实例：制作室内天光照明效果....................90
4.7 课后习题：制作灯泡照明效果....................92

第5章 摄影机技术

5.1 摄影机概述....................95
5.2 摄影机的类型....................95
5.2.1 摄影机....................96

5.2.2 摄影机和目标 96
5.2.3 摄影机、目标和上方向 96
5.2.4 立体摄影机 97
5.3 摄影机参数设置 97
5.3.1 “摄影机属性”卷展栏 97
5.3.2 “视锥显示控件”卷展栏............. 98
5.3.3 “胶片背”卷展栏 98
5.3.4 “景深”卷展栏........................... 99
5.3.5 “输出设置”卷展栏.................. 100
5.3.6 “环境”卷展栏......................... 100
5.4 实例：制作景深效果.................... 100
5.4.1 创建摄影机 101
5.4.2 制作景深效果 102
5.5 课后习题：制作运动模糊效果 102

第6章 材质与纹理

6.1 材质概述.. 105
6.2 Hypershade 窗口 105
6.2.1 “浏览器”选项卡 106
6.2.2 “创建”选项卡......................... 107
6.2.3 “材质查看器”选项卡 107
6.2.4 “工作区”选项卡 108
6.3 常用材质.. 108
6.3.1 标准曲面材质............................. 108
6.3.2 Lambert 材质 112
6.4 纹理与 UV.......................................112
6.4.1 文件... 113
6.4.2 aiWireframe.............................. 113
6.4.3 平面映射.................................... 114
6.4.4 圆柱形映射 114
6.4.5 球形映射.................................... 115
6.5 实例：制作玻璃材质......................115
6.6 实例：制作金属材质......................117
6.7 实例：制作陶瓷材质......................118
6.8 实例：制作画框材质......................119
6.9 实例：制作木纹材质.................... 122
6.10 课后习题：制作线框材质 123

第7章 动画技术

7.1 动画概述 126
7.2 关键帧基本知识 126
7.2.1 播放预览 126
7.2.2 运动轨迹 127
7.2.3 动画重影效果 128
7.2.4 烘焙动画 129
7.2.5 设置关键帧 129
7.2.6 设置动画关键帧......................... 130
7.2.7 平移、旋转和缩放关键帧........... 130
7.2.8 设置受驱动关键帧 130
7.3 约束...131
7.3.1 父约束 131
7.3.2 点约束 131
7.3.3 方向约束 132
7.3.4 缩放约束 132
7.3.5 目标约束 132
7.3.6 极向量约束 133
7.3.7 运动路径 133
7.4 骨骼与绑定 135
7.4.1 创建关节 135
7.4.2 快速绑定 135
7.5 实例：制作排球滚动动画 137
7.6 实例：制作直升机动画................. 140
7.7 实例：制作机械臂动画................. 144
7.7.1 机械臂绑定 144
7.7.2 制作抓取动画 146
7.8 实例：制作机器人动画................. 148
7.8.1 绑定角色 149
7.8.2 绘制蒙皮权重 151

7.8.3 添加角色动画 152
7.9 课后习题：制作摇椅动画 153

第8章 流体动力学

8.1 流体动力学概述 156
8.2 流体系统 156
8.2.1 3D 流体容器 156
8.2.2 2D 流体容器 157
8.2.3 从对象发射流体 158
8.2.4 使碰撞 158
8.2.5 流体属性 158
8.3 Bifrost 流体 166
8.3.1 创建液体 166
8.3.2 创建烟雾 168
8.3.3 Boss 海洋模拟系统 168
8.4 实例：制作火焰燃烧动画 171
8.4.1 燃烧模拟 172
8.4.2 创建缓存 173
8.5 实例：制作饮料倒入动画 174
8.5.1 创建液体发射器 175
8.5.2 制作液体材质 177
8.6 课后习题：制作海洋波浪动画 177

第9章 粒子动画

9.1 粒子系统概述 180
9.2 创建粒子 180
9.2.1 创建粒子发射器 180
9.2.2 以其他对象来发射粒子 185
9.2.3 填充对象 185
9.3 场 186
9.3.1 空气场 186
9.3.2 阻力场 187
9.3.3 重力场 188
9.3.4 牛顿场 188
9.3.5 径向场 188
9.3.6 湍流场 188
9.3.7 一致场 189
9.3.8 漩涡场 189
9.4 实例：制作下雪动画 190
9.4.1 制作雪花飘落动画 190
9.4.2 渲染设置 191
9.5 实例：制作箭雨动画 192
9.5.1 创建粒子发射器 193
9.5.2 更改粒子形态 194
9.6 课后习题：制作巧克力效果 195

第10章 综合实例

10.1 室内表现 198
10.1.1 效果展示 198
10.1.2 制作地板材质 198
10.1.3 制作银色金属材质 199
10.1.4 制作金色金属材质 199
10.1.5 制作玻璃材质 200
10.1.6 制作沙发材质 200
10.1.7 制作绿色陶瓷材质 201
10.1.8 制作天光照明效果 202
10.1.9 渲染设置 203
10.2 坍塌动画 203
10.2.1 效果展示 204
10.2.2 粒子填充 204
10.2.3 设置动力学约束 205
10.2.4 为动力学约束设置关键帧 207
10.2.5 渲染设置 208

第1章 初识Maya 2023

本章导读

本章将带领大家学习Maya 2023的界面组成及基本操作，通过实例让大家在具体的操作过程中对Maya的常用工具及使用技巧有一个基本的认识和了解，并熟悉Maya 2023的应用领域及工作流程。

学习要点

- ❖ 熟悉Maya 2023的应用领域
- ❖ 掌握Maya 2023的工作界面
- ❖ 掌握Maya 2023的视图操作
- ❖ 掌握对象的基本操作方法
- ❖ 掌握常用快捷键的使用技巧

1.1 Maya 2023概述

Autodesk Maya是世界顶级的三维动画软件之一，也是欧特克（Autodesk）公司面向数字动画领域所推出的重要产品之一，旨在为全球的建筑设计、卡通动画、虚拟现实及影视特效等众多行业的不同领域提供先进的软件技术并帮助各行各业的设计师设计制作出大量优秀的数据可视化作品。随着Maya版本的不断更新和完善，Maya逐步获得了广大设计师及制作公司的高度认可并帮助他们荣获了业内的多项大奖。

科技是第一生产力、人才是第一资源、创新是第一动力。为了培养三维动画领域的创新型人才，本书内容以中文版Maya 2023 macOS为例进行讲解，力求由浅入深地为读者剖析Maya 2023的基本技巧及中高级操作技术，帮助读者制作出高品质的静帧及动画作品。图1-1所示为Maya 2023的启动界面。

图1-1

中文版Maya 2023启动完成后，单击界面左侧的“新建”按钮、界面中间位置的“新建场景”按钮，或者界面上方右侧的“转到Maya”按钮，均可打开Maya 2023的工作界面，如图1-2和图1-3所示。

图1-2

技巧与提示 Windows与macOS版本的中文版Maya 2023在工作区的显示上以及快捷键的操作上几乎没有任何区别。

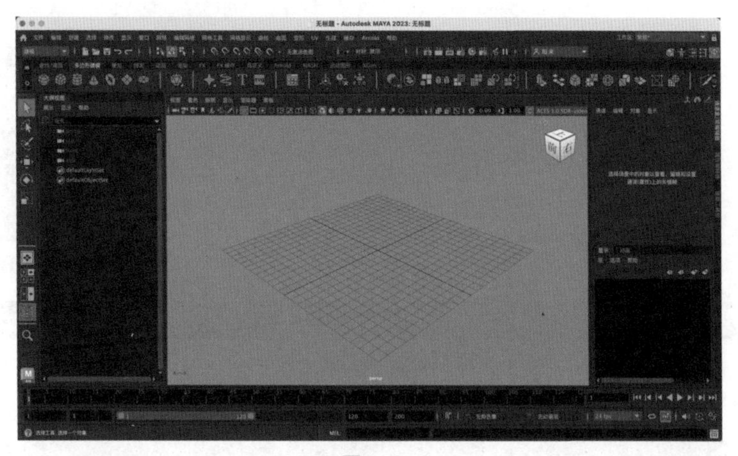

图1-3

1.2 Maya 2023的应用领域

Maya 2023为用户提供了多种不同类型的建模方式，配合功能强大的Arnold渲染器，可以帮助从事影视制作、游戏美工、产品设计、建筑表现等工作的设计师顺利完成项目的制作，如图1-4～图1-7所示。

图1-4

图1-5

图1-6

图1-7

1.3 Maya 2023的工作界面

在使用Maya 2023前，我们应该先熟悉软件的工作界面与布局。

1.3.1 菜单集

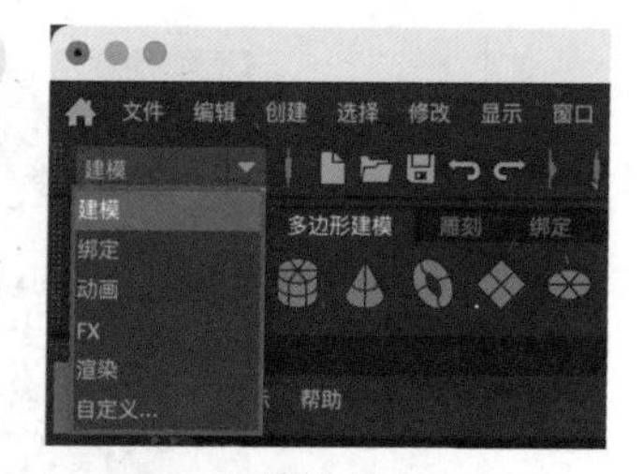

Maya 2023拥有多个不同的菜单栏，用户可以设置“菜单集”的类型，使Maya 2023显示出对应的菜单栏来方便自己工作，如图1-8所示。

当“菜单集”为“建模”选项时，菜单栏如图1-9所示。

文件 编辑 创建 选择 修改 显示 窗口
建模
建模
绑定
动画
FX
渲染
自定义...
多边形建模 雕刻 绑定
帮助

图1-8

文件 编辑 创建 选择 修改 显示 窗口 网格 编辑网格 网格工具 网格显示 曲线 曲面 变形 UV 生成 缓存 Arnold 帮助

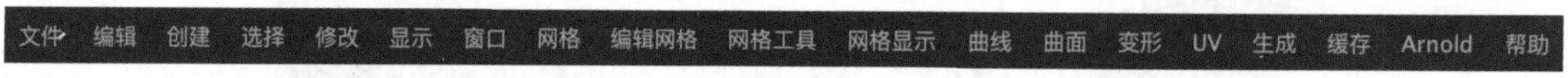

图1-9

当“菜单集”为“绑定”选项时，菜单栏如图1-10所示。

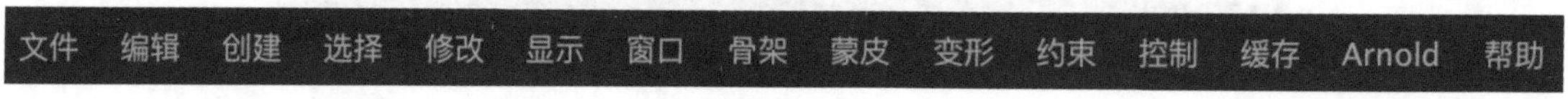

文件 编辑 创建 选择 修改 显示 窗口 骨架 蒙皮 变形 约束 控制 缓存 Arnold 帮助

图1-10

当“菜单集”为“动画”选项时，菜单栏如图1-11所示。

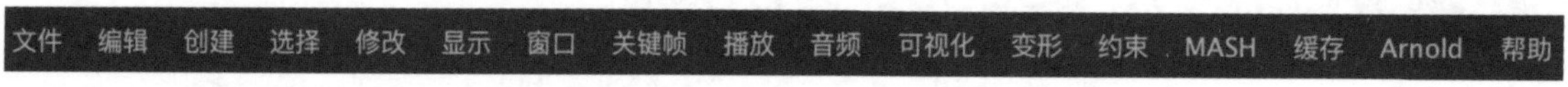

文件 编辑 创建 选择 修改 显示 窗口 关键帧 播放 音频 可视化 变形 约束 MASH 缓存 Arnold 帮助

图1-11

当“菜单集”为“FX”选项时，菜单栏如图1-12所示。

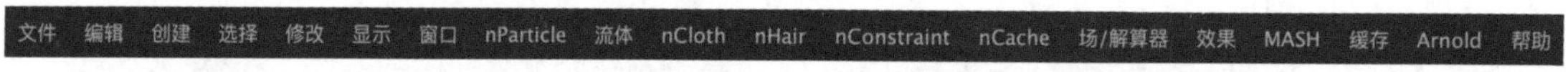

文件 编辑 创建 选择 修改 显示 窗口 nParticle 流体 nCloth nHair nConstraint nCache 场/解算器 效果 MASH 缓存 Arnold 帮助

图1-12

当“菜单集”为“渲染”选项时，菜单栏如图1-13所示。

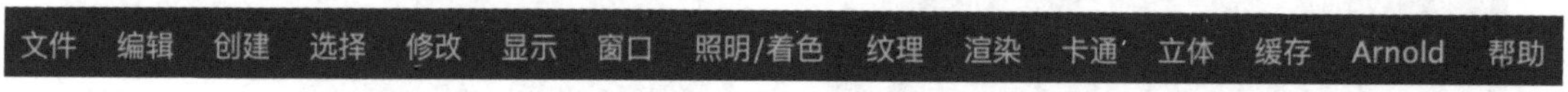

文件 编辑 创建 选择 修改 显示 窗口 照明/着色 纹理 渲染 卡通 立体 缓存 Arnold 帮助

图1-13

技巧与提示

仔细观察不难发现，这些菜单栏的前7个菜单和后3个菜单都是完全一样的。

用户在制作项目时，可以通过单击菜单栏上方的双排虚线将某一个菜单提取出来单独显示，如图1-14所示。

帮助
搜索 ⌘F
Maya 帮助 F1
了解
快速入门
交互式教程
YouTube 学习频道
前进
脚本参考
资源和工具
支持
服务和支持
反馈
Autodesk App Store

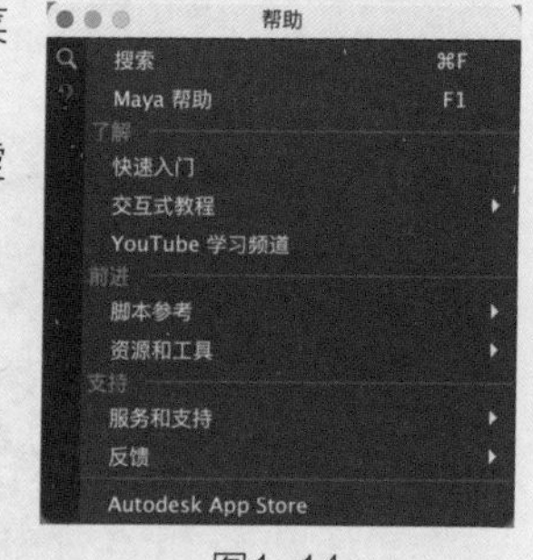

图1-14

1.3.2 状态行工具栏

状态行工具栏位于菜单栏下方，其中包含了许多常用的工具图标，如图1-15所示。这些图标被多条垂直分隔线所隔开，用户可以单击垂直分隔线来展开和收拢图标组。

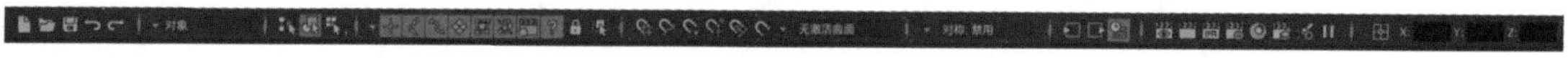

图1-15

常用工具解析

新建场景：用于清除当前场景并创建新的场景。
打开场景：用于打开保存的场景。
保存场景：可使用当前名称保存场景。
撤销：用于撤销上次的操作。
重做：用于重做上次撤销的操作。
按层次和组合选择：用于更改选择模式以使用选择遮罩来选择节点层次顶层级的项目或某一组合。
按对象类型选择：用于更改选择模式以选择对象。
按组件类型选择：用于更改选择模式以选择对象的组件。
捕捉到栅格：用于将选定项移动到最近的栅格相交点上。
捕捉到曲线：用于将选定项移动到最近的曲线上。
捕捉到点：用于将选定项移动到最近的控制顶点或枢轴点上。
捕捉到投影中心：用于捕捉到选定对象的中心。
捕捉到视图平面：用于将选定项移动到最近的视图平面上。
激活选定对象：用于将选定的曲面转化为激活的曲面。
选定对象的输入：用于控制选定对象的上游节点连接。
选定对象的输出：用于控制选定对象的下游节点连接。
构建历史：可针对场景中的所有项目启用或禁止构建历史。
打开渲染视图：单击此图标将打开“渲染视图”窗口。
渲染当前帧：用于渲染“渲染视图”窗口中的场景。
IPR渲染当前帧：可使用交互式真实照片级渲染器渲染场景。
显示渲染设置：单击此图标将打开“渲染设置”窗口。
显示Hypershade窗口：单击此图标可打开Hypershade窗口。
启动“渲染设置”窗口：单击此图标将启动“渲染设置”窗口。
打开灯光编辑器：单击此图标将弹出灯光编辑器面板。
暂停Viewport2显示更新：单击此图标将暂停Viewport2显示更新。

1.3.3 工具架

Maya 2023的工具架根据工具的类型及作用分为多个标签来进行显示，其中每个标签里都包含了对应的常用工具图标，若要切换Maya 2023的工具架，可以直接单击不同工具架上的标签名称。下面我们一起来了解一下这些不同的工具架。

“曲线/曲面”工具架主要由用于创建曲线、修改曲线、创建曲面及修改曲面的相关工具所组成，如图1-16所示。

图1-16

“多边形建模”工具架主要由用于创建多边形、修改多边形及设置多边形贴图坐标的相关工具所组成，如图1-17所示。

图1-17

“雕刻”工具架主要由用于对模型进行雕刻的相关工具所组成，如图1-18所示。

图1-18

“绑定”工具架主要由用于对角色进行骨骼绑定以及设置约束动画的相关工具所组成，如图1-19所示。

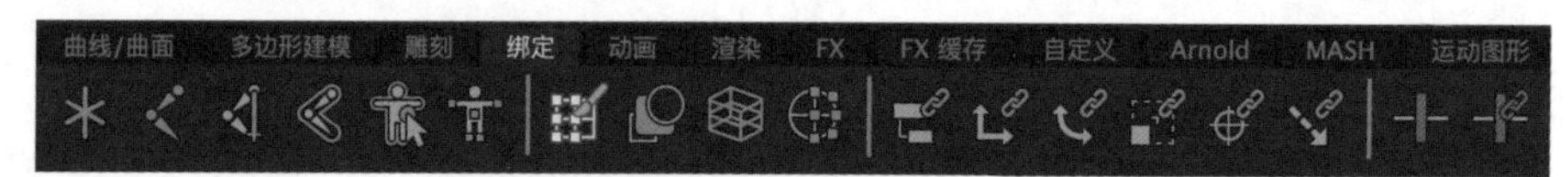

图1-19

“动画”工具架主要由用于制作动画以及设置约束动画的相关工具所组成，如图1-20所示。

图1-20

“渲染”工具架主要由与灯光、材质以及渲染相关的工具所组成，如图1-21所示。

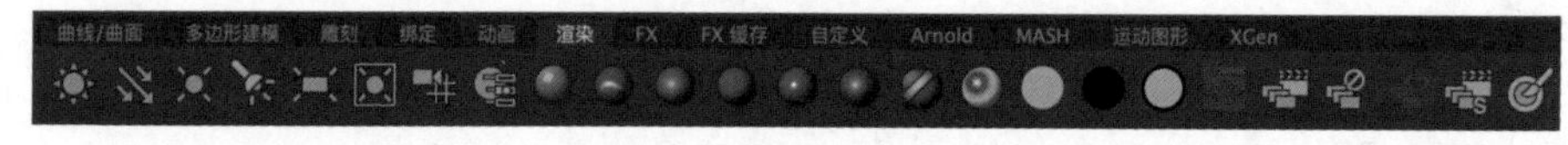

图1-21

FX工具架主要由与粒子、流体及布料动力学相关的工具所组成，如图1-22所示。

图1-22

“FX缓存”工具架主要由用于设置动力学缓存动画的相关工具所组成，如图1-23所示。

图1-23

Arnold工具架主要由用于设置真实的灯光及天空环境的相关工具所组成，如图1-24所示。

图1-24

Bifrost工具架主要由用于设置流体动力学的相关工具所组成，如图1-25所示。

图1-25

MASH工具架主要由用于创建MASH网格的相关工具所组成，如图1-26所示。

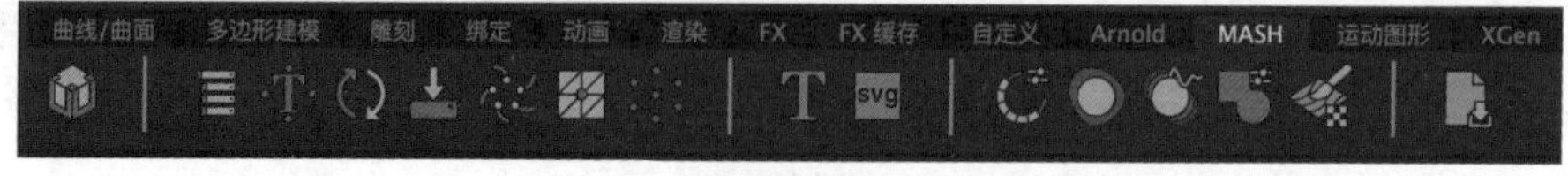

图1-26

“运动图形”工具架主要由用于创建几何体、曲线、灯光、粒子的相关工具所组成，如图1-27所示。

图1-27

XGen工具架主要由用于设置毛发的相关工具所组成，如图1-28所示。

图1-28

1.3.4 工具箱

工具箱位于Maya 2023工作界面的左侧，主要为用户提供操作中常用的工具，如图1-29所示。

常用工具解析

图1-29

- 选择工具：用于选择场景和编辑器当中的对象及组件。
- 套索工具：可以绘制套索的方式来选择对象。
- 绘制选择工具：可以笔刷绘制的方式来选择对象。
- 移动工具：可通过拖曳变换操纵器移动场景中所选择的对象。
- 旋转工具：可通过拖曳变换操纵器旋转场景中所选择的对象。
- 缩放工具：可通过拖曳变换操纵器缩放场景中所选择的对象。

1.3.5 “视图”面板

“视图”面板是便于用户查看场景中模型对象的区域，既可以显示为一个视图，也可以显示为多个视图。打开Maya 2023后，操作视图默认显示为透视视图，如图1-30所示。用户通过执行“视图”面板菜单栏中“面板”菜单下的命令，可以根据自己的工作习惯在软件操作中随时进行切换视图操作，如图1-31所示。

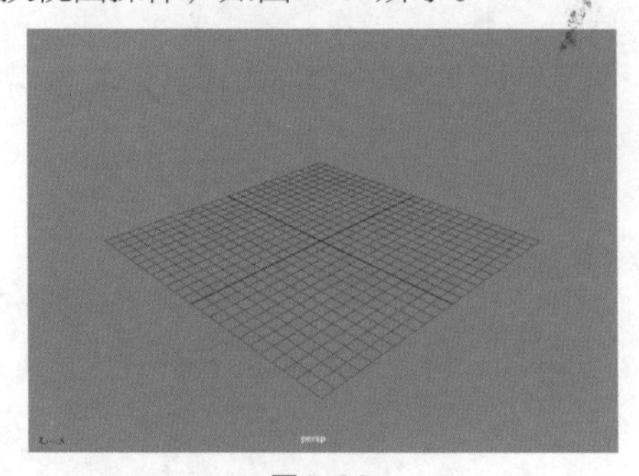

图1-30

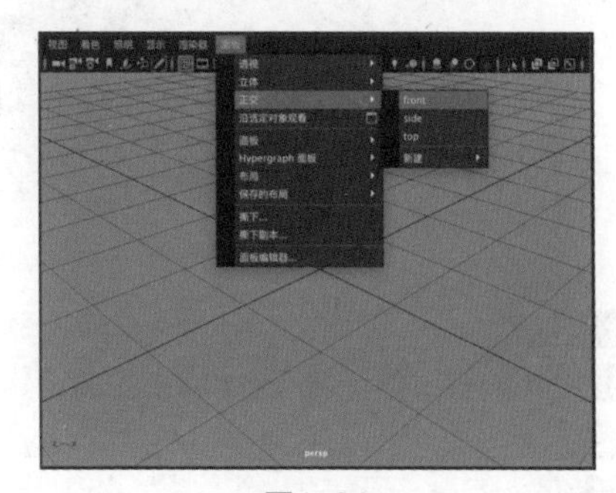

图1-31

Maya 2023的“视图”面板上方有一个工具栏（“视图”面板工具栏），如图1-32所示。下面将详细介绍“视图”面板工具栏中较为常用的工具。

常用工具解析

- 选择摄影机：用于在面板中选择当前摄影机。

锁定摄影机：用于锁定摄影机，避免意外更改摄影机的位置，进而更改动画。

摄影机属性：用于打开“摄影机属性编辑器”面板。

书签：用于将当前视图设定为书签。

图像平面：用于切换现有图像平面的显示，如果场景不包含图像平面，则会提示用户导入图像。

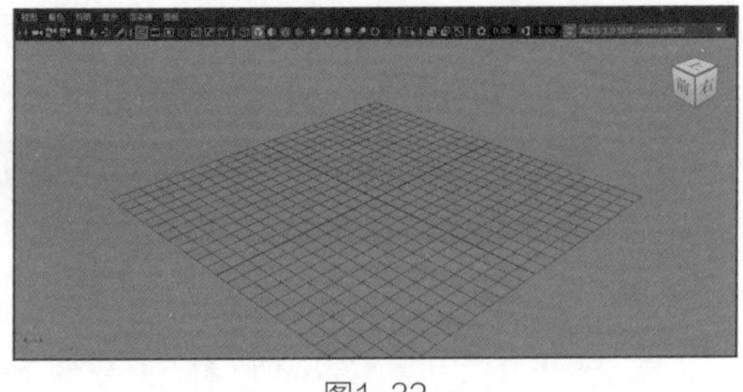

图1-32

二维平移/缩放：用于开启或关闭二维平移/缩放。

蓝色铅笔：用于在屏幕上进行标记。这是中文版Maya 2023的新增功能。

栅格：用于在“视图”面板上切换显示栅格。图1-33所示为在Maya视图中显示栅格前后的效果对比。

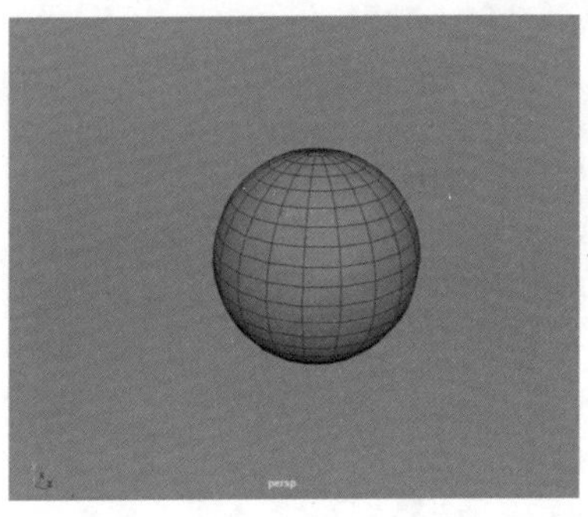

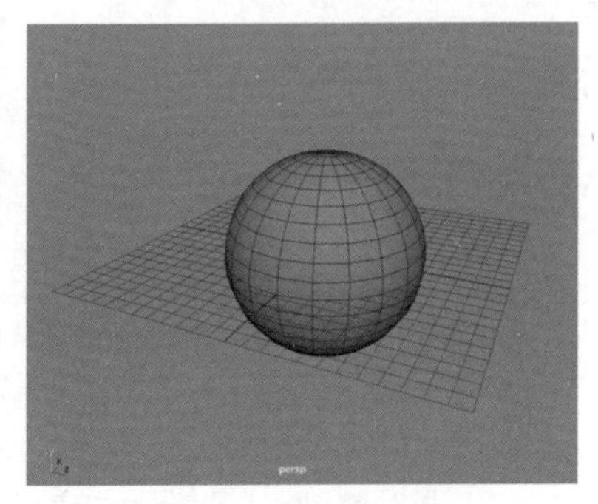

图1-33

胶片门：用于切换胶片门边界的显示。

分辨率门：用于切换分辨率门边界的显示。图1-34所示为单击该图标前后的效果对比。

图1-34

门遮罩：用于切换门遮罩边界的显示。

区域图：用于切换区域图边界的显示。

安全动作：用于切换安全动作边界的显示。

安全标题：用于切换安全标题边界的显示。

线框：单击该图标，Maya视图中的模型将呈线框效果显示，如图1-35所示。

对所有项目进行平滑着色处理：单击该图标，Maya视图中的模型将呈现为进行平滑着色处理后的效果，如图1-36所示。

图1-35

使用默认材质：用于切换“使用默认材质”的显示。

着色对象上的线框：用于切换所有着色对象上的线框显示。

带纹理：用于切换“硬件纹理”的显示。图1-37所示为单击该图标后，模型上显示出的贴图纹理效果。

使用所有灯光：单击该图标，可通过场景中的所有灯光切换曲面的照明。

阴影：用于切换“使用所有灯光”处于启用状态时的硬件阴影贴图。

屏幕空间环境光遮挡：用于在开启和关闭“屏幕空间环境光遮挡”之间进行切换。

运动模糊：用于在开启和关闭“运动模糊”之间进行切换。

多采样抗锯齿：用于在开启和关闭“多采样抗锯齿”之间进行切换。

景深：用于在开启和关闭“景深”之间进行切换。

隔离选择：用于限制“视图”面板以仅显示选定对象。

X射线显示：单击该图标，Maya视图中的模型将呈半透明效果显示，如图1-38所示。

X射线显示活动组件：用于在其他着色对象的顶部切换活动组件的显示。

X射线显示关节：用于在其他着色对象的顶部切换骨架关节的显示。

曝光：用于调整显示亮度，通过减小曝光，可查看默认在高光下看不见的细节。单击该图标，可在默认值和修改值之间进行切换。

Gamma：用于调整要显示的图像的对比度和中间调亮度。增大Gamma值，可查看图像阴影部分的细节。

视图变换：用于更改渲染图像的颜色值以得到不同的渲染结果。

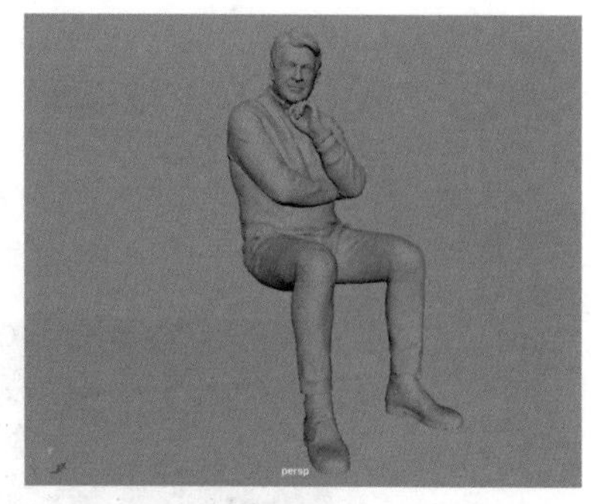

图1-36

图1-37

图1-38

1.3.6 工作区选择器

工作区可以理解为多种窗口、面板以及其他UI元素根据不同的工作需要而形成的一种排列方式。Maya 2023允许用户根据自己的喜好随意更改当前工作区，比如打开、关闭和移动窗口、面板和其他UI元素，以及停靠和取消停靠窗口和面板，以创建属于自己的工作区。此外，Maya 2023还为用户提供了多种工作区显示模式，这些不同模式的工作区在三维设计人员进行不同种类的工作时非常好用，如图1-39所示。

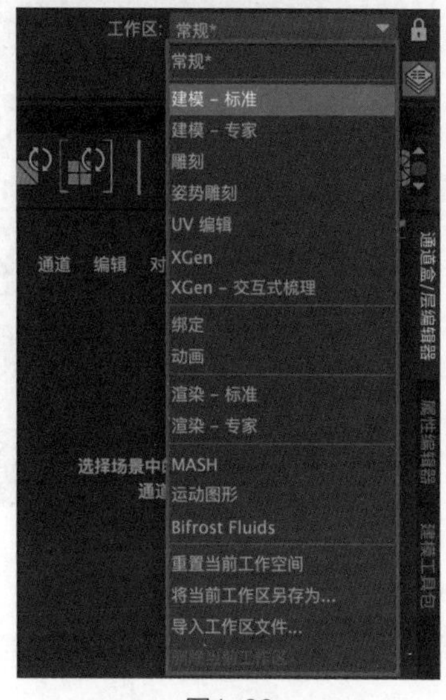

图1-39

1.3.7 通道盒/层编辑器

“通道盒/层编辑器”面板位于中文版Maya 2023工作界面

的右侧，与“建模工具包”面板和“属性编辑器”面板叠加在一起，是用于编辑对象属性最快、最高效的主要工具。它允许用户快速更改参数值，在可设置关键帧的参数上设置关键帧，锁定或解除锁定参数以及创建参数的表达式。

“通道盒/层编辑器”面板在默认状态下是没有参数的，如图1-40所示。只有当用户在场景中选择了对象后才会出现相对应的参数，如图1-41所示。

图1-40

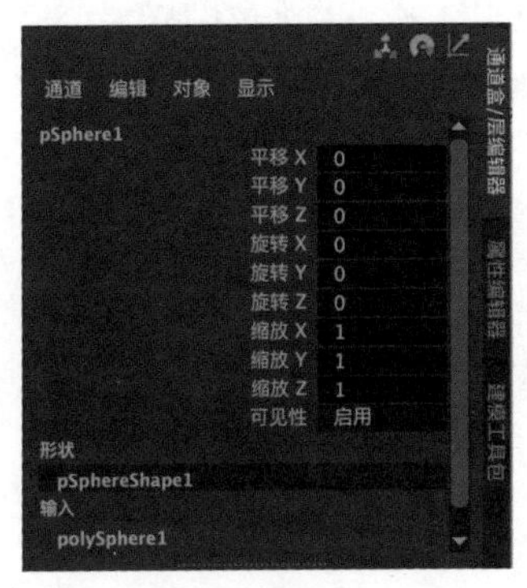

图1-41

1.3.8 建模工具包

“建模工具包”面板是Maya 2023为用户提供的一个便于进行多边形建模的命令集合面板。通过这一面板，用户可以很方便地进入多边形的顶点、边、面以及UV中对模型进行编辑，如图1-42所示。

1.3.9 属性编辑器

“属性编辑器”面板主要用来修改物体自身的属性，从功能上来说与“通道盒/层编辑器”面板的作用非常类似。但是“属性编辑器”面板为用户提供了更加全面、完整的节点命令以及图形控件，如图1-43所示。

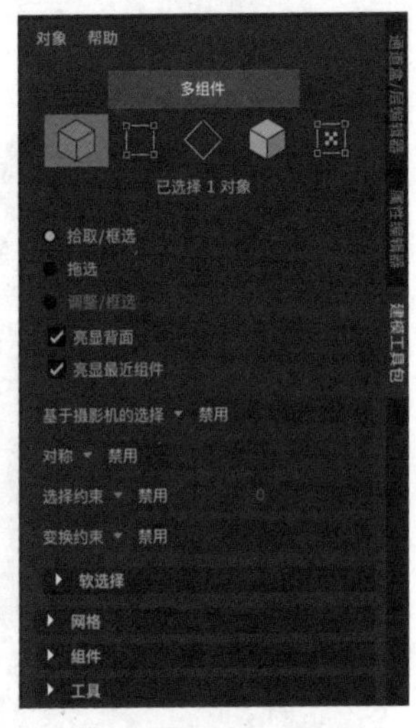

图1-42

图1-43

技巧与提示 “属性编辑器”面板内的参数值可以通过按住Ctrl键和鼠标左键并拖曳鼠标来更改。

1.3.10 播放控件

播放控件是一组用来控制动画播放的按钮，播放范围显示在播放控件左侧，如图1-44所示。

图1-44

常用工具解析

- 转至播放范围开头：单击该按钮可以转到播放范围的起点。
- 后退一帧：单击该按钮可以后退一帧。
- 后退到前一关键帧：单击该按钮可以后退一个关键帧。
- 向后播放：单击该按钮可以反向播放。
- 向前播放：单击该按钮可以正向播放。
- 前进到下一关键帧：单击该按钮可以前进一个关键帧。
- 前进一帧：单击该按钮可以前进一帧。
- 转至播放范围末尾：单击该按钮可以转到播放范围的结尾。

1.3.11 命令行和帮助行

Maya 2023工作界面的最下方就是命令行和帮助行，如图1-45所示 。其中，命令行的左侧区域用于输入单个MEL命令，右侧区域用于提供反馈。如果用户熟悉Maya的MEL脚本语言，就可以使用这些区域。帮助行则主要显示工具和菜单的简短描述，另外还会提示用户使用工具或完成工作所需的步骤。

图1-45

1.4 实例：交互式教程

这一节主要为读者介绍Maya 2023的“主屏幕”界面中“快速入门”里提供的交互式教程，使读者在较短的时间内掌握软件的一些基础知识。

制作思路

（1）开启中文版Maya 2023。
（2）打开“快速入门”提供的Maya动画场景。
（3）跟随动画场景的提示来学习软件的基本操作技巧。

操作步骤

（1）启动中文版Maya 2023，会自动弹出“主屏幕”界面。单击“快速入门”按钮，如图1-46所示。

（2）“主屏幕”界面中会显示“快速入门”里的内容，如图1-47所示。

图1-46

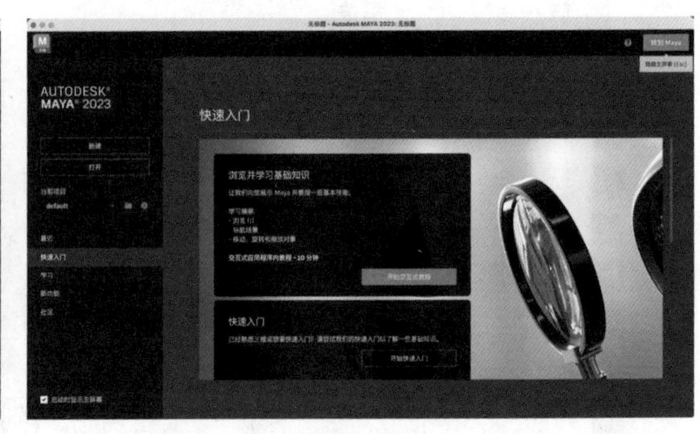

图1-47

（3）在“主屏幕”界面中单击蓝色高亮显示的“开始交互式教程”按钮，如图1-48所示。

（4）Maya 2023会自动打开一个带有动画的机器人工程文件，如图1-49所示。

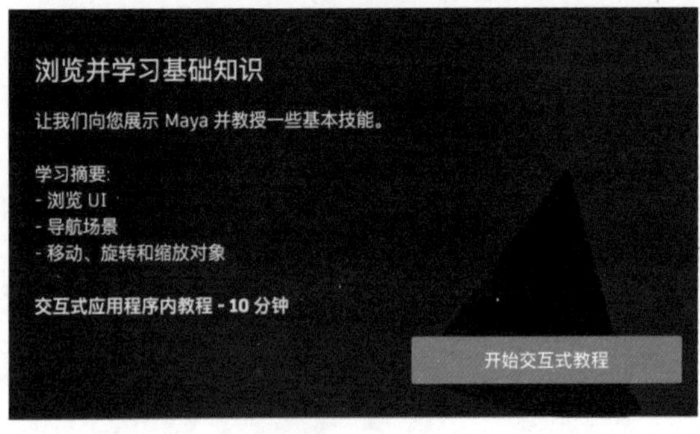

图1-48

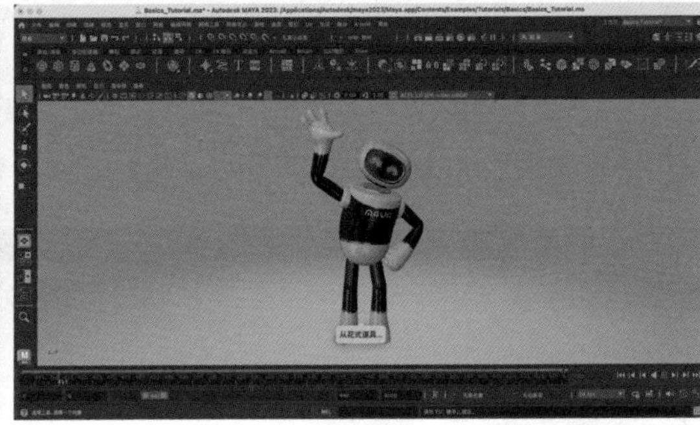
图1-49

（5）这个文件会自动播放一些角色的动画效果。当这个机器人的动作停止时，我们可以根据屏幕上弹出的提示来学习一些简单的操作，从而达到熟悉软件的目的，如图1-50和图1-51所示。

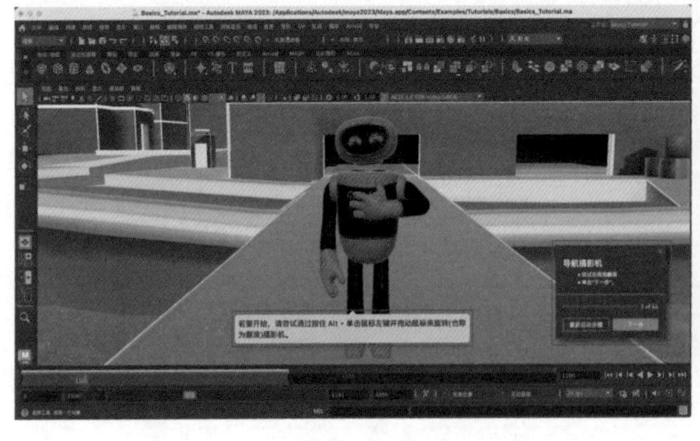
图1-50

图1-51

技巧与提示

需要读者注意的是，通过系统的提示，我们能看出使用Maya 2023 macOS版本的读者应该使用传统的3键（即有左键、滚轮和右键）鼠标（非妙控鼠标）来进行该软件的学习和使用。另外，软件提示按住Alt键，也就是苹果计算机键盘上的Option键。

（6）如果其中的某一步操作没有做对，可以单击“重新启动步骤”按钮，如图1-52所示。这样就可以回到该步骤的初始状态。如果该步操作做对了，则会自动开始下一个环节的学习。

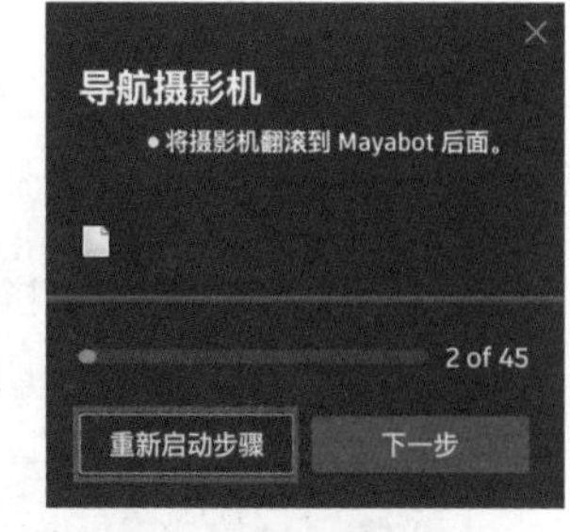

图1-52

（7）该教程还会引导初学者选择对象并使用常用的快捷键，如图1-53所示。

（8）通过游戏的方式给初学者布置一些小任务，以锻炼初学者基本的软件操作能力，如图1-54所示。

（9）完成这个基本培训后，系统会帮助用户回顾所学的内容，如图1-55和图1-56所示。

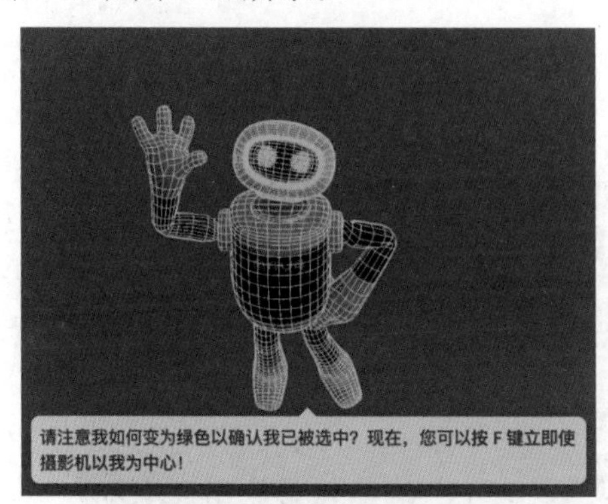

图1-53

图1-54

图1-55

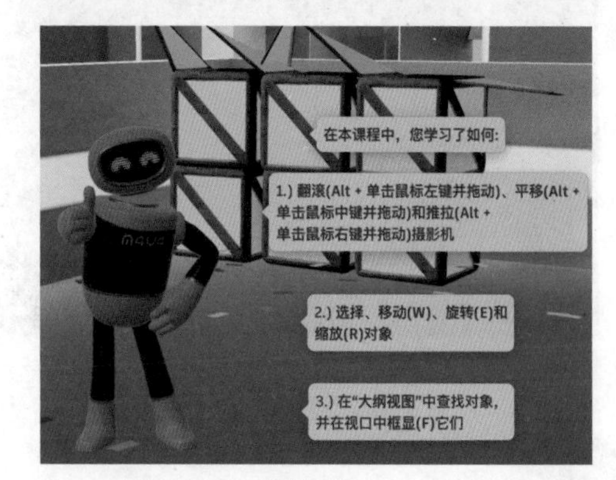

图1-56

（10）系统最后会给用户布置一个小任务，那就是打开场景中的礼品盒，并使用“移动工具”和“旋转工具”调整礼物的位置和角度，以便将礼物放到机器人的手上，如图1-57所示。

（11）当用户将杯子成功放置到机器人的手上时，系统会弹出“教程完成”对话框，其中显示了该教程的知识点，如图1-58所示。

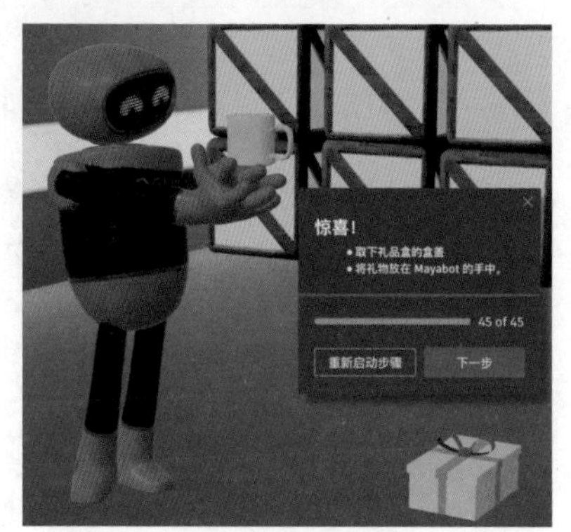

图1-57

图1-58

（12）单击“新建场景”图标，如图1-59所示。在系统弹出的“保存更改”对话框中单击“不保存”按钮，如图1-60所示。这样就可关闭该动画场景并创建新场景。

图1-59

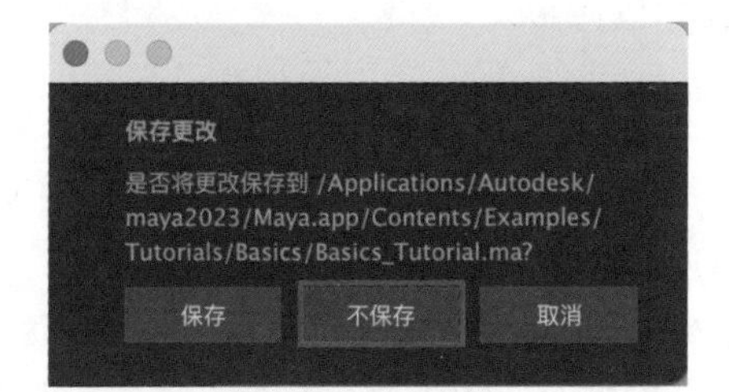

图1-60

（13）接下来用户就可以在新场景中开始自己的创作了，如图1-61所示。

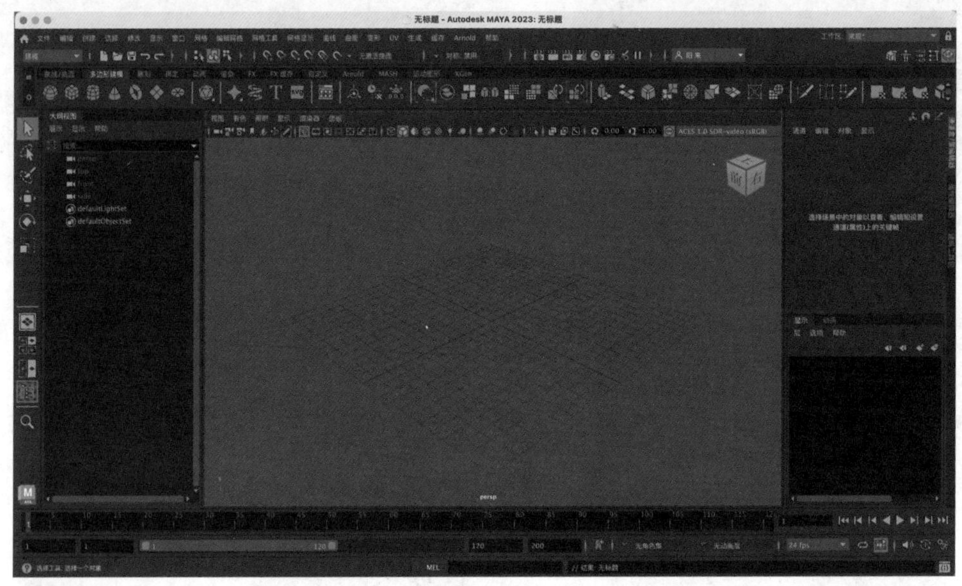

图1-61

1.5 实例：变换操作

这一节主要为读者讲解如何在Maya 2023中创建对象以及修改对象的位置和角度。

制作思路

（1）创建对象。

（2）修改对象的基本属性。
（3）修改对象的变换属性。

1.5.1 创建对象

（1）启动中文版Maya 2023，单击“多边形建模”工具架上的“多边形球体”图标，如图1-62所示。此时即可在场景中创建一个球体模型，如图1-63所示。

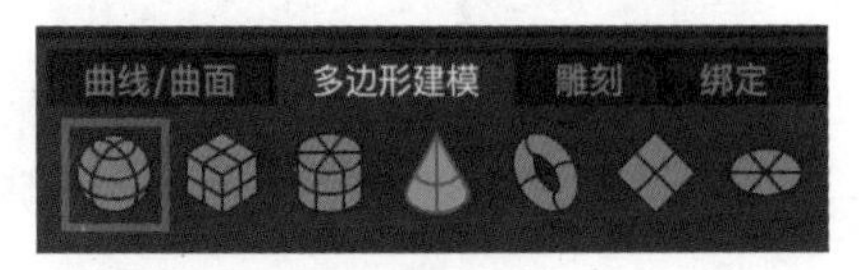

图1-62

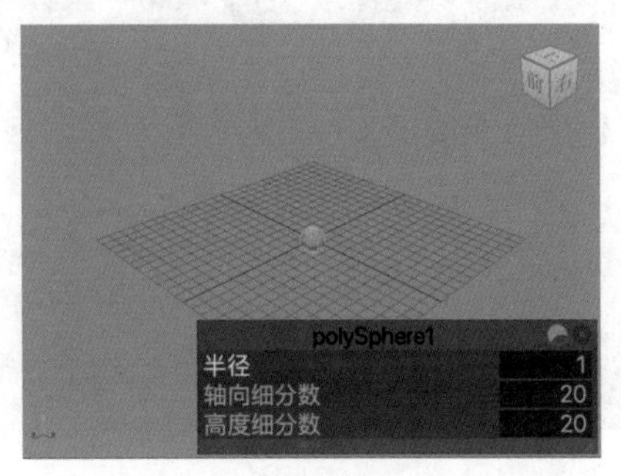

图1-63

（2）将鼠标指针放置在“半径”参数上，按住鼠标中键并缓缓移动鼠标，即可以拖曳的方式来调整该参数的数值，进而影响球体的半径大小，如图1-64所示。

在工作界面右侧的“通道盒/层编辑器”面板中调整“半径”参数值也可以更改所选球体模型的半径大小，如图1-65所示。

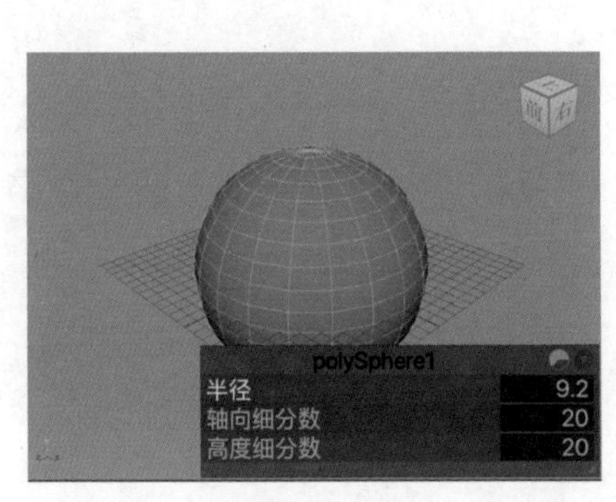

图1-64

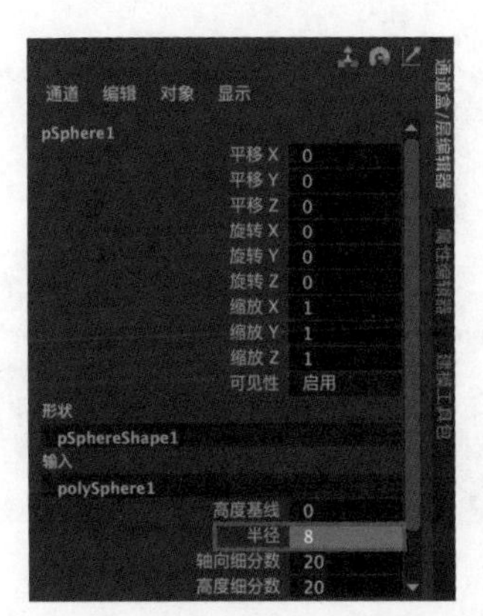

图1-65

在“属性编辑器”面板中展开“多边形球体历史”卷展栏，调整“半径”参数值也可以更改所选球体模型的半径大小，如图1-66所示。

（3）选择场景中的球体模型，按Delete键将其删除后，执行菜单栏中的“创建>多边形基本体>交互式创建”命令，如图1-67所示。

（4）再次单击“多边形建模”工具架上的“多边形球体”图标，就可以以“交互式创建”的方式来创建球体模型了，如图1-68所示。

（5）单击“多边形建模”工具架上的“多边形立方体”图标，如图1-69所示。

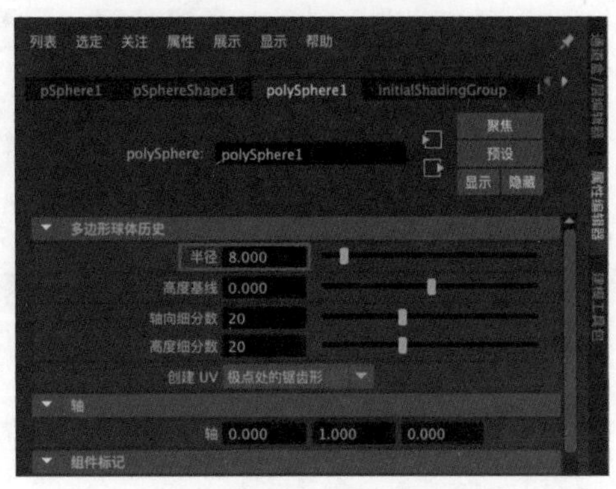

图1-66

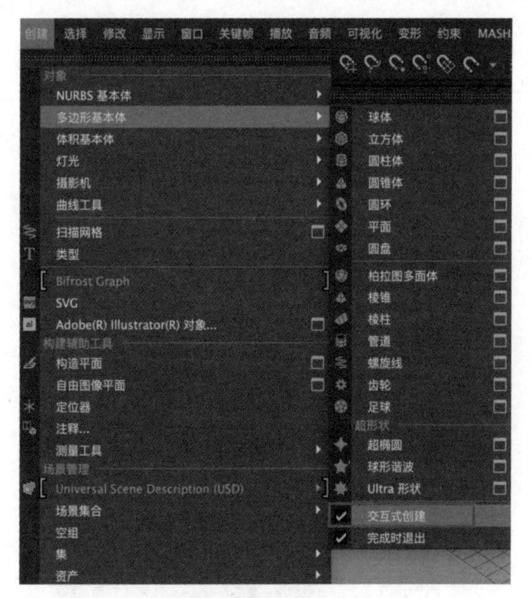

图1-67

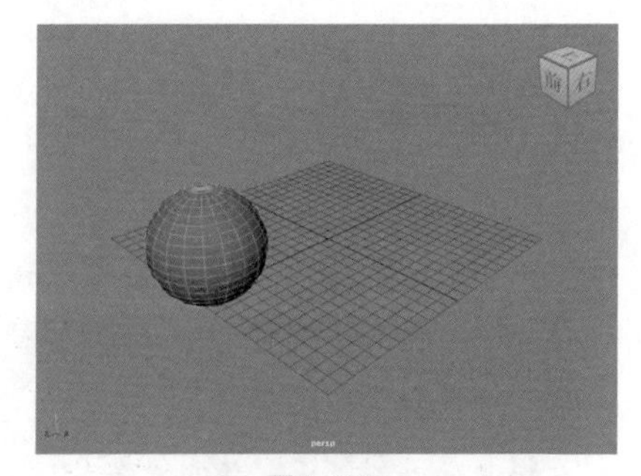

图1-68

（6）在场景中创建一个长方体模型后，可以看到当场景中有多个模型时，被选择的模型其线框呈绿色显示状态，如图1-70所示。

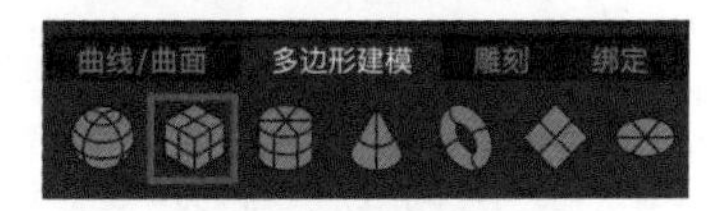

图1-69

（7）按4键，可以使场景中的模型呈线框显示状态，如图1-71所示。

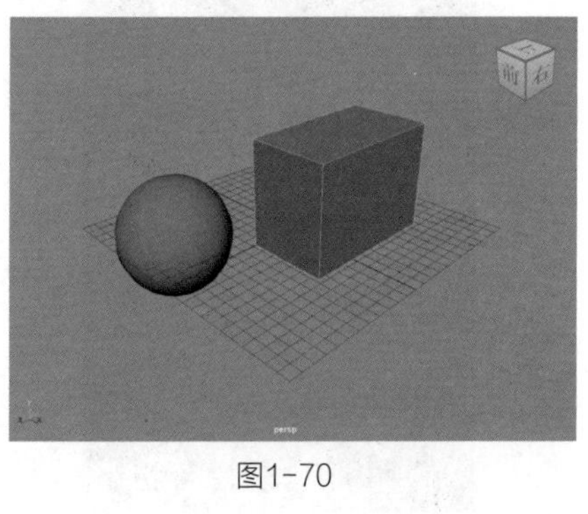

图1-70

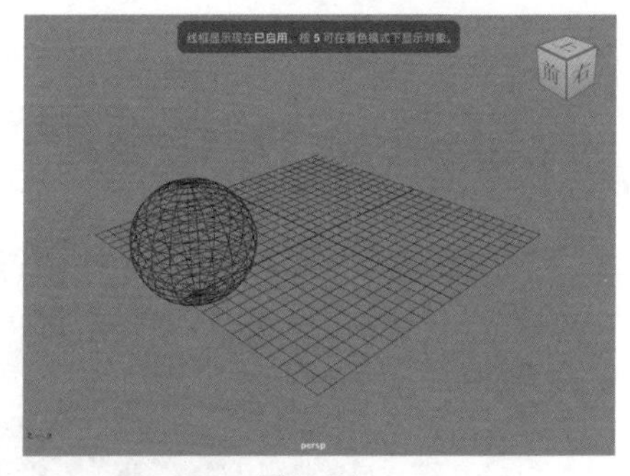

图1-71

（8）按5键，可以使场景中的模型恢复为着色显示状态，如图1-72所示。

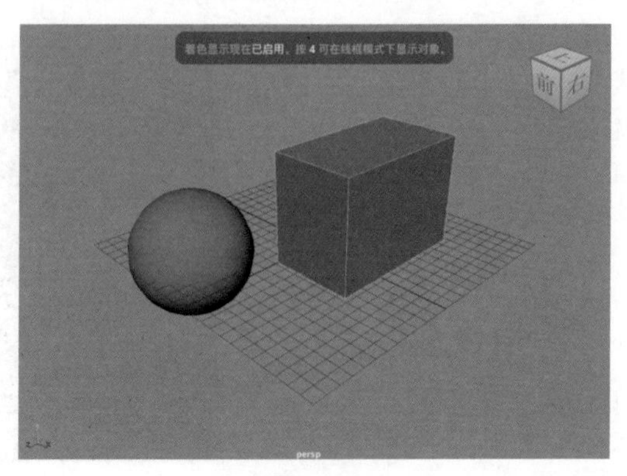

图1-72

技巧与提示

创建模型时，用户还可以单击Maya 2023工作界面左侧放大镜形状的“搜索”图标，在弹出的文本框内输入“立方体”，查找相关命令，如图1-73所示。单击下方搜索到的第一个命令，在场景中创建长方体模型。

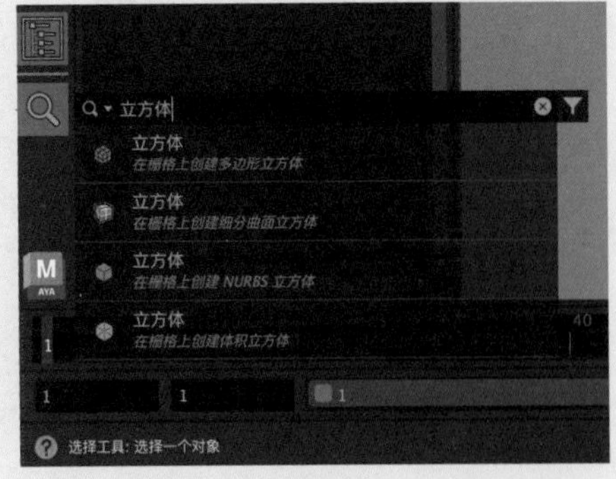

图1-73

1.5.2 变换操作

（1）按W键，可以在视图中看到所选对象上显示出移动控制手柄，如图1-74所示。

（2）在场景中移动长方体模型，即可在“通道盒/层编辑器”面板中观察对应的参数值变化，如图1-75所示。

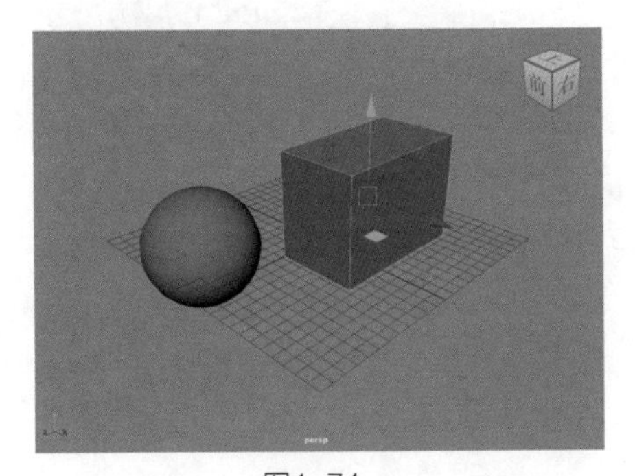

图1-74

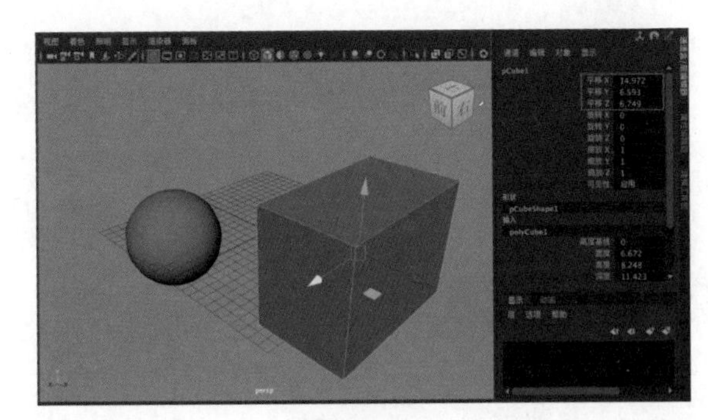

图1-75

（3）使用“旋转工具”对长方体模型进行旋转操作，也可以在“通道盒/层编辑器”面板中观察对应的参数值变化，如图1-76所示。

（4）使用“缩放工具”对长方体模型进行缩放操作，也可以在“通道盒/层编辑器”面板中观察对应的参数值变化，如图1-77所示。

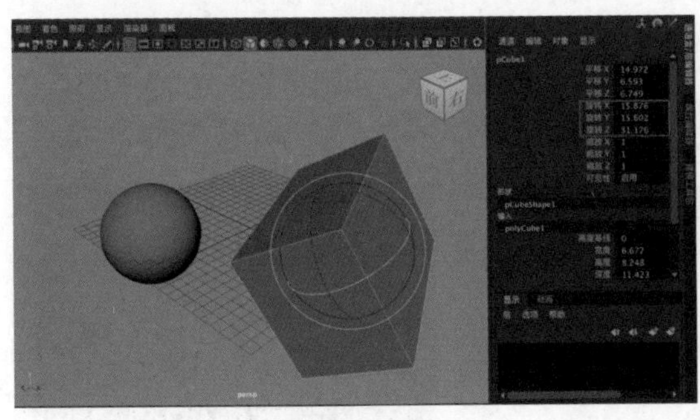

图1-76

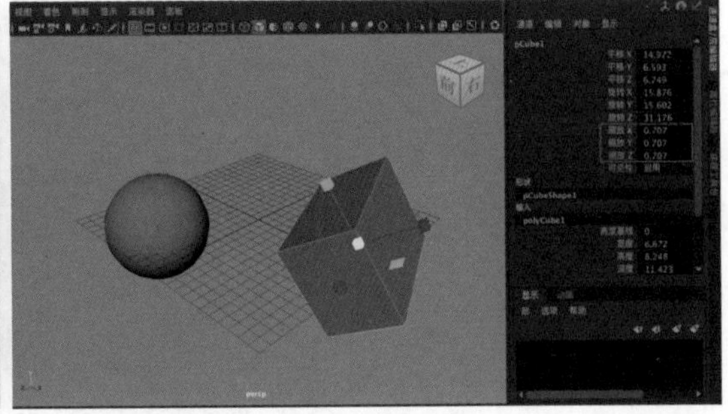

图1-77

（5）在“通道盒/层编辑器”面板中，将“平移X”“平移Y”“平移Z”“旋转X”“旋转Y”“旋转Z”的参数值全部设置为0，将“缩放X”“缩放Y”“缩放Z”的参数值全部设置为1，如图1-78所示。

（6）长方体模型会以原来的大小移动到场景中坐标原点的位置上，如图1-79所示。

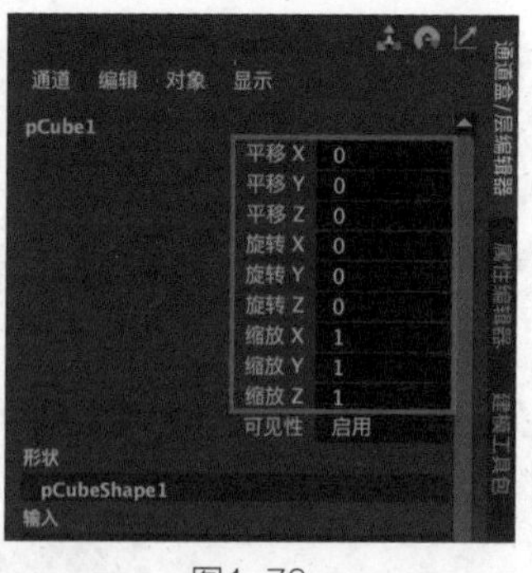

图1-78

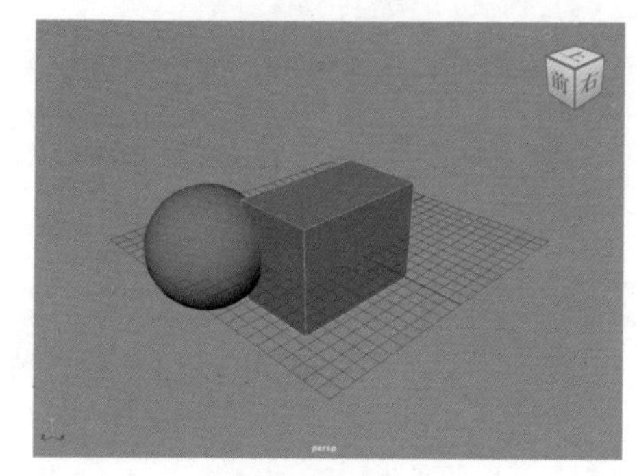

图1-79

1.6 实例：复制对象

制作思路

（1）创建对象。
（2）复制对象。
（3）特殊复制对象。

1.6.1 复制对象

（1）启动中文版Maya 2023，单击“多边形建模”工具架上的“多边形圆柱体”图标，如图1-80所示。在场景中创建一个圆柱体模型，如图1-81所示。

（2）选择创建的圆柱体模型，按Ctrl+D组合键，即可在同样的位置复制出一个新的圆柱体模型。在“大纲视图”面板中，可以看到当前场景中有两个圆柱体模型，如图1-82所示。

图1-80

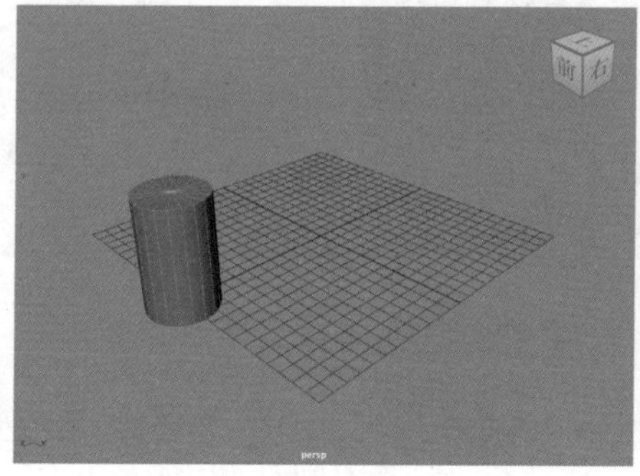

图1-81

图1-82

在macOS中，复制对象的快捷键为Command+D；在Windows系统中，复制对象的快捷键为Ctrl+D。

（3）使用“移动工具”更改模型的位置，如图1-83所示。

（4）按住Shift键，以拖曳的方式来复制所选模型，如图1-84所示。

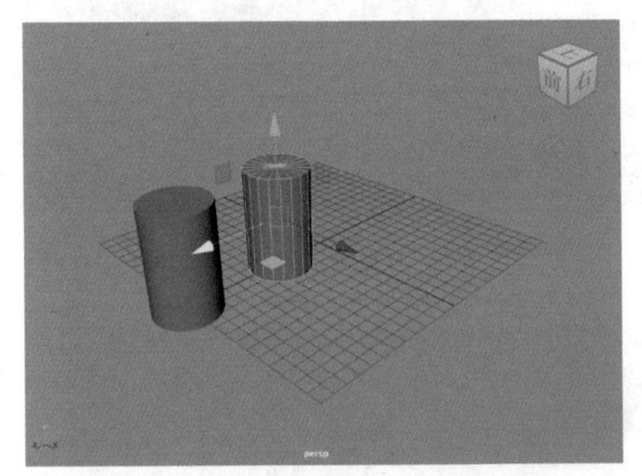

图1-83

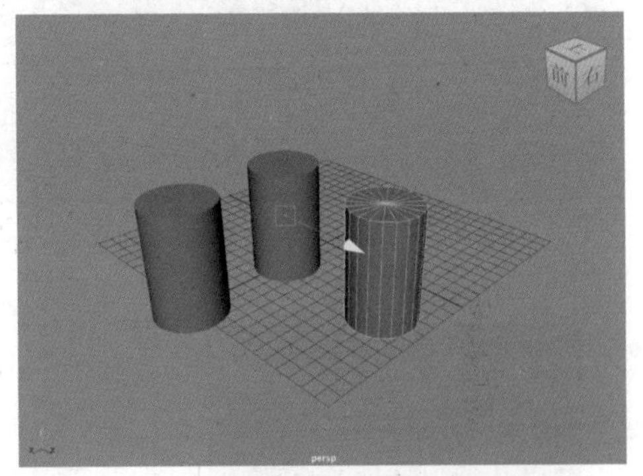

图1-84

1.6.2 特殊复制对象

（1）当用户希望复制出来的对象的参数与被复制对象的参数相关联时，需要进行特殊复制对象操作。单击“多边形建模”工具架上的“多边形立方体”图标，如图1-85所示。

图1-85

（2）在场景中创建一个长方体模型，如图1-86所示。

（3）单击菜单栏中“编辑>特殊复制”命令右侧的方形按钮，如图1-87所示。

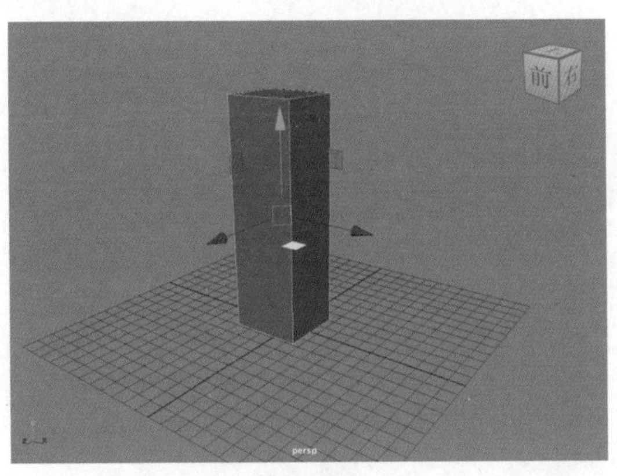

图1-86

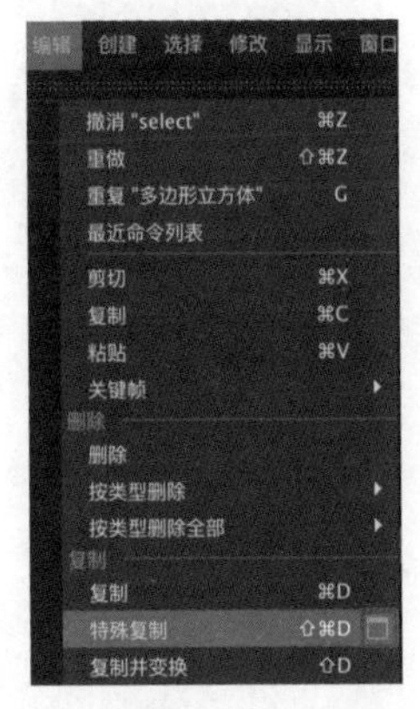

图1-87

（4）在弹出的“特殊复制选项”对话框中设置“几何体类型”为“实例”、“下方分组”为“世界”、“平移”为（5、0、0）、“副本数”为3，如图1-88所示。

（5）设置完成后，单击对话框下方左侧的“特殊复制”按钮，复制出来的长方体模型如图1-89所示。

（6）选择场景中的任意一个长方体模型，在“通道盒/层编辑器”面板中设置“宽度”为2、“高度”为12、“深度”为2，如图1-90所示。

（7）观察场景，可以看到所有长方体模型都会出现相同的变化，如图1-91所示。

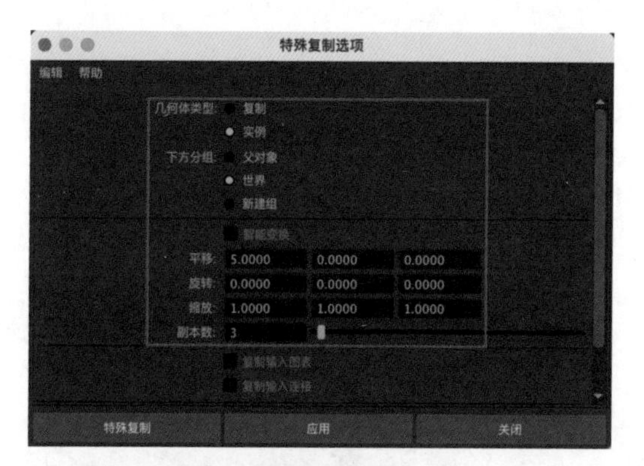

图1-88

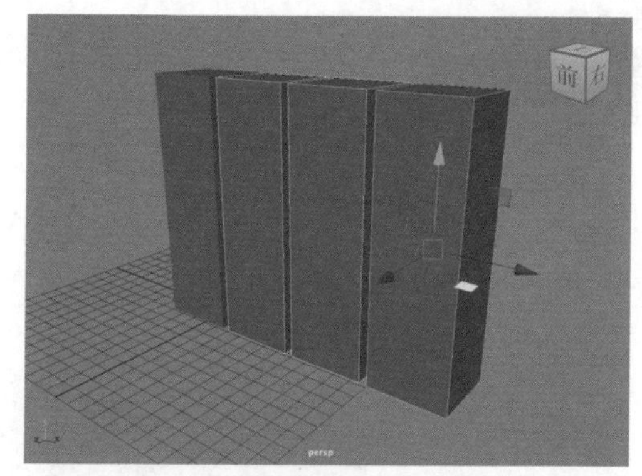

图1-89

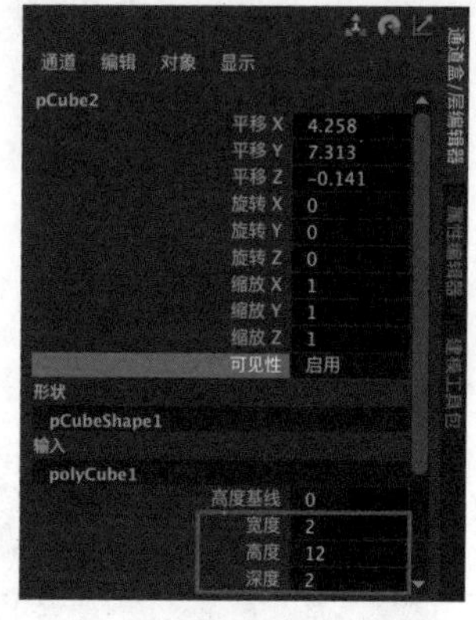

图1-90

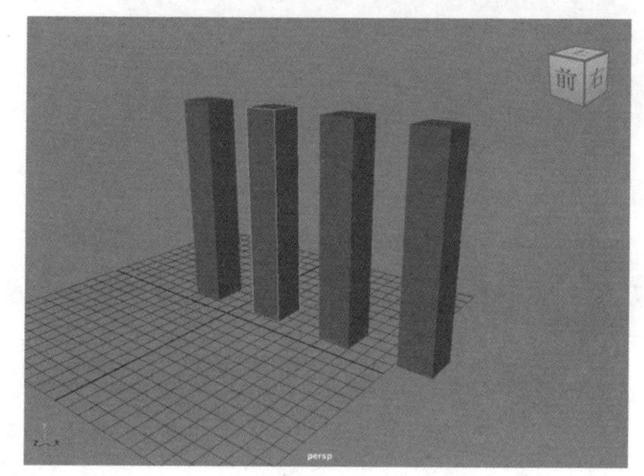

图1-91

第2章 曲面建模

本章导读

本章将介绍Maya 2023的曲面建模技术，包含曲线编辑、NURBS基本体及常用的曲面建模工具等内容。通过对本章的学习，读者能够掌握曲面建模的技巧及思路。此外，本章还涉及不少常用编辑命令，希望读者勤加练习，熟练掌握。

学习要点

- ❖ 掌握曲线的创建方法
- ❖ 掌握曲线的编辑方法
- ❖ 掌握NURBS基本体的创建方法
- ❖ 掌握常用曲面建模工具的使用方法
- ❖ 掌握曲面建模的思路

2.1 曲面概述

曲面建模也叫作NURBS建模，是一种基于几何基本体和曲线的3D建模方式。其中，NURBS是英文Non-Uniform Rational B-Spline（非均匀有理B样条）的缩写。通过Maya 2023的“曲线/曲面”工具架中的工具，用户有两种方式可以创建曲面模型。一是通过创建曲线的方式来构建曲面的基本轮廓，并配以相应的命令来生成模型；二是通过创建曲面基本体的方式来绘制简单的三维对象，然后使用相应的工具修改其形状来获得想要的几何形体。图2-1和图2-2所示就是使用曲面建模技术制作出来的模型。

图2-1

由于NURBS用于构建曲面的曲线具有平滑和最小特性，因此它对构建各种有机三维模型十分有用。NURBS曲面被广泛运用于动画、游戏、科学可视化和工业设计领域。使用曲面建模技术可以制作出任何形状的、精度非常高的三维模型，这一优势使曲面建模技术慢慢成为一个广泛应用于工业建模领域的标准。同时这一建模技术也非常容易学习及使用，用户通过较少的控制点即可得到复杂的流线型几何形体，这也是曲面建模技术的方便之处。

图2-2

2.2 曲线工具

Maya 2023的“曲线/曲面”工具架的前半部分提供了与创建曲线有关的常用工具，如图2-3所示。通过这些工具，用户可以在场景中创建曲线并对其进行修改，从而制作出自己所需要的线条形状。

图2-3

2.2.1 NURBS圆形

“曲线/曲面”工具架中的第一个图标就是“NURBS圆形”图标，单击该图标即可在场景中创建一个NURBS圆形，如图2-4所示。

在“属性编辑器”面板的makeNurbCircle1选项卡中展开“圆形历史”卷展栏，可以看到NURBS圆形的参数设置如图2-5所示。

常用参数解析

扫描：用于设置NURBS圆形的弧度，最大值为360，为一个完整的NURBS圆形；设置较小的参数值则可以得到一段圆弧。图2-6所示为此参数值分别是180和360时的图形。

半径：用于设置NURBS圆形的半径大小。

图2-4

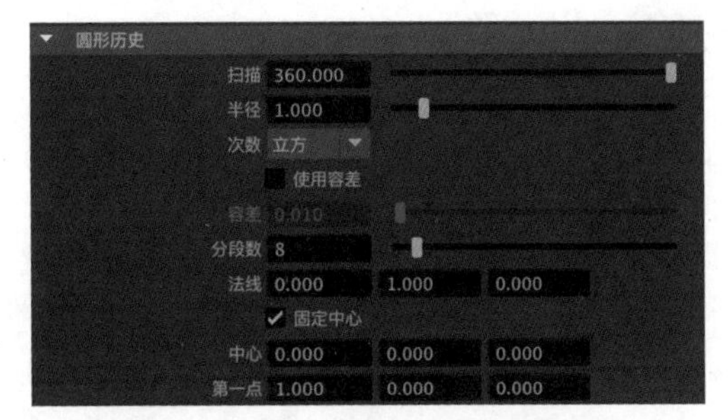

图2-5

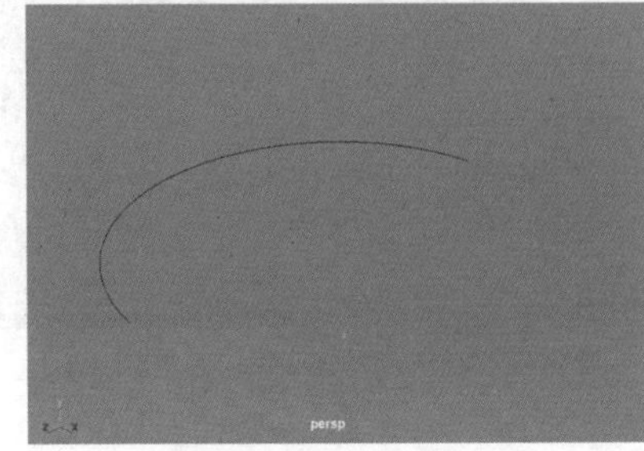

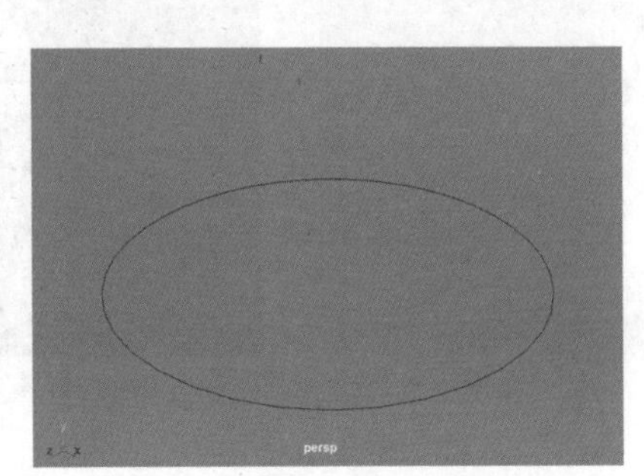

图2-6

次数：用于设置NURBS圆形的显示方式，有“线性”和“立方”两个选项可选。图2-7所示为“次数”分别是“线性”和“立方”的图形效果对比。

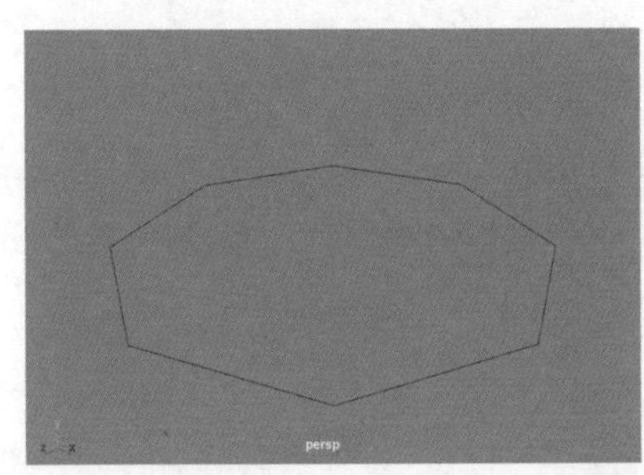

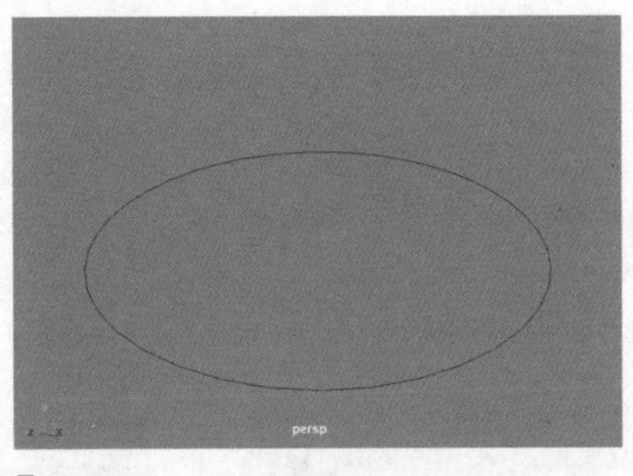

图2-7

分段数：当NURBS圆形的“次数”被设置为“线性”时，NURBS圆形则显示为一个多边形，通过设置“分段数”即可设置边数。图2-8所示为“分段数”分别是5和12时的图形效果对比。

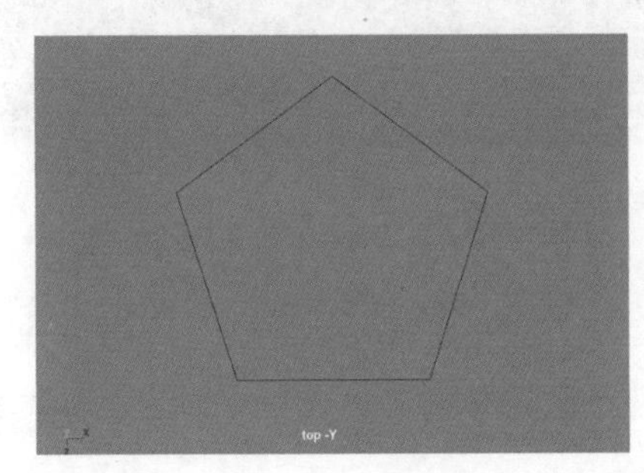

图2-8

技巧与提示

如果NURBS圆形的“属性编辑器”面板中没有makeNurbCircle1选项卡，可以单击图标，开启“构建历史”功能，再重新创建NURBS圆形，这样其“属性编辑器”面板中就会有该选项卡了。

2.2.2 NURBS方形

单击“曲线/曲面”工具架中的“NURBS方形”图标，即可在场景中创建一个NURBS方形，如图2-9所示。

在场景中选择构成NURBS方形的任意一条边线，在“属性编辑器”面板中找到makeNurbSquare1选项卡，展开“方形历史”卷展栏，通过修改该卷展栏中的相应参数即可更改NURBS方形的大小，如图2-10所示。

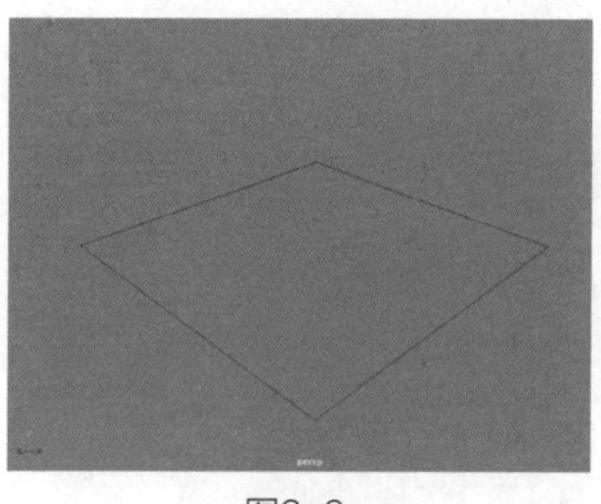

图2-9

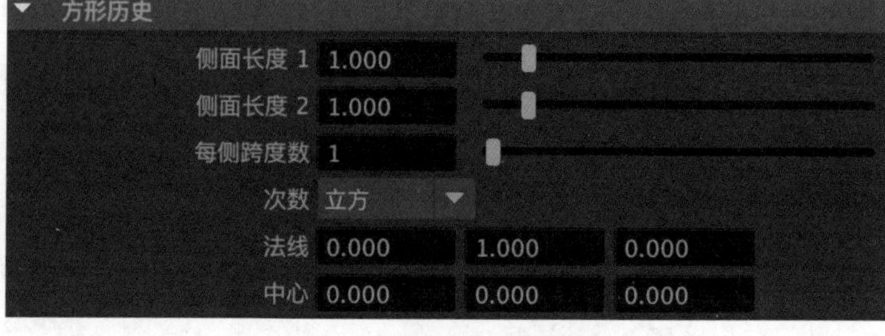

图2-10

常用参数解析

侧面长度1/侧面长度2：分别用于调整NURBS方形的长度和宽度。

2.2.3 EP曲线工具

单击“曲线/曲面”工具架中的“EP曲线工具”图标，即可在场景中以单击创建编辑点的方式来绘制曲线。绘制完成后，需要按Enter键来结束曲线的绘制操作，如图2-11所示。

创建EP曲线前，还可以在工具架中双击“EP曲线工具”图标，打开“工具设置”对话框，其中的参数设置如图2-12所示。

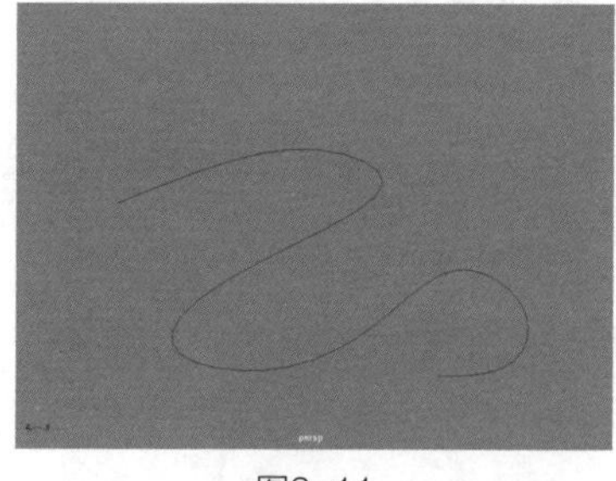

图2-11

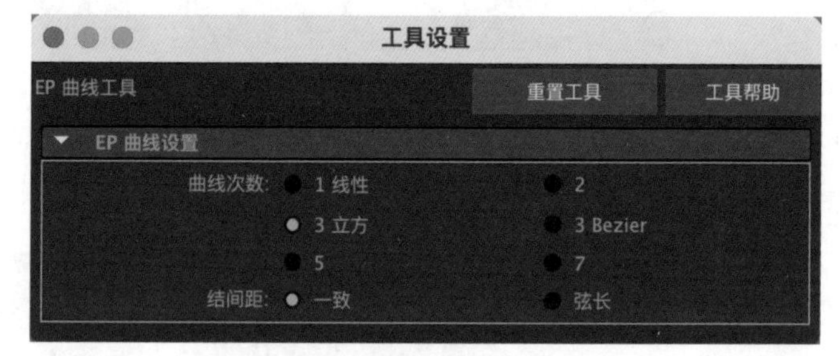

图2-12

常用参数解析

曲线次数：“曲线次数”参数值越大，曲线越平滑。默认设置“3立方”适用于大多数曲线。

结间距：用于指定Maya如何将U位置值指定给结。

2.2.4 三点圆弧

单击“曲线/曲面”工具架中的“三点圆弧”图标，即可在场景中以单击创建编辑点的方式来绘制圆弧。绘制完成后，需要按Enter键来结束圆弧的绘制操作，如图2-13所示。

在“属性编辑器”面板中展开“三点圆弧历史”卷展栏，其参数设置如图2-14所示。

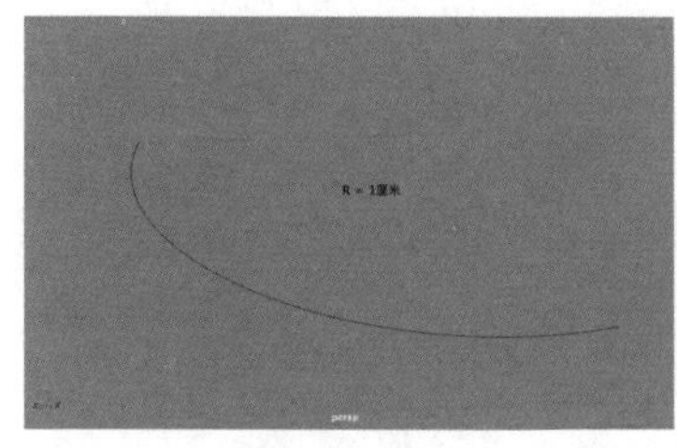

图2-13

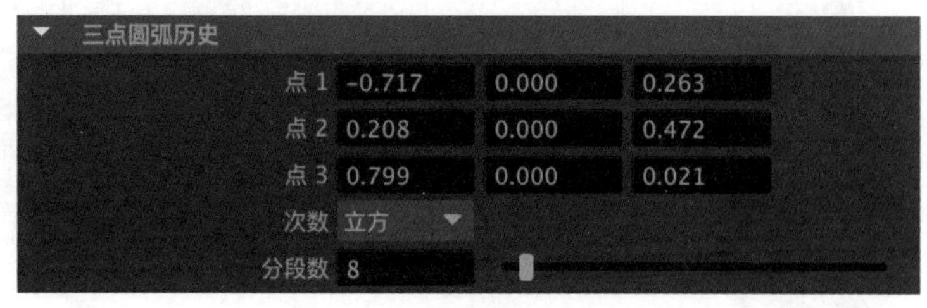

图2-14

常用参数解析

点1/点2/点3：更改这些点的坐标可以微调圆弧的形状。

2.2.5 Bezier曲线工具

图2-15

单击“曲线/曲面”工具架中的“Bezier曲线工具”图标，即可在场景中以单击或拖曳的方式来绘制曲线。绘制完成后，需要按Enter键来结束曲线的绘制操作，如图2-15所示。这一绘制曲线的方式与在3ds Max中绘制曲线的方式一样。

绘制完曲线后，可以按住鼠标右键，在弹出的菜单中执行“控制顶点”命令，进行曲线的修改操作，如图2-16和图2-17所示。

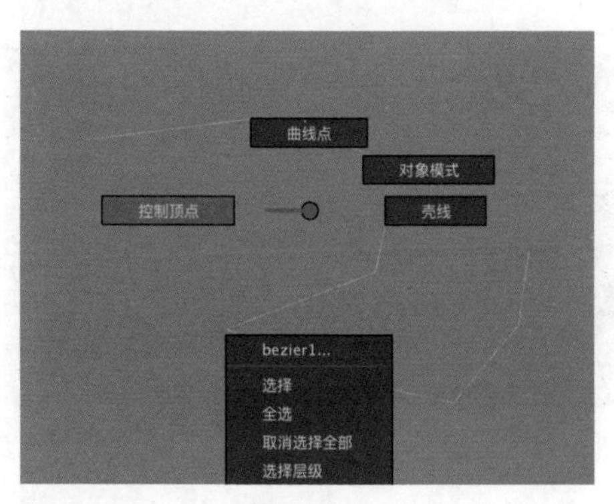

图2-16

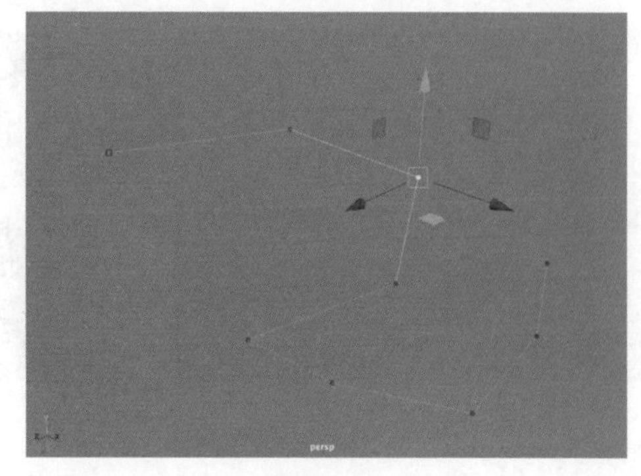

图2-17

2.2.6 曲线修改工具

在“曲线/曲面”工具架中可以找到常用的曲线修改工具，如图2-18所示。

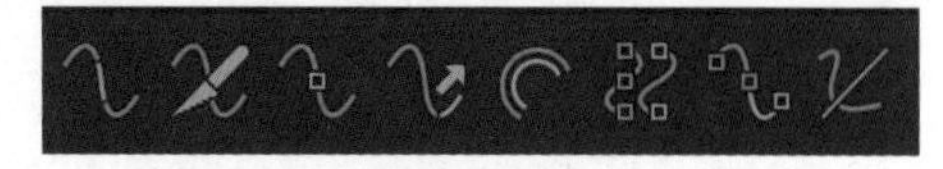

图2-18

常用工具解析

附加曲线：用于将两条或两条以上的曲线附加为一条曲线。

分离曲线：可根据曲线的曲线点来断开曲线。

插入点：可根据曲线上的曲线点来为曲线添加一个控制顶点。

延伸曲线：用于选择曲线或曲面上的曲线并延伸该曲线。

- 偏移曲线：用于将曲线复制并偏移一些。
- 重建曲线：用于将选择的曲线上的控制顶点重新排列。
- 添加点工具：可选择要添加点的曲线来进行加点操作。
- 曲线编辑工具：可使用操纵器来调整所选曲线。

2.3 曲面工具

Maya 2023的“曲线/曲面”工具架的后半部分则提供了与创建曲面有关的常用工具，如图2-19所示。用户可以使用这些工具在场景中创建曲面模型并对其进行修改。下面将详细讲解这些常用工具的使用方法。

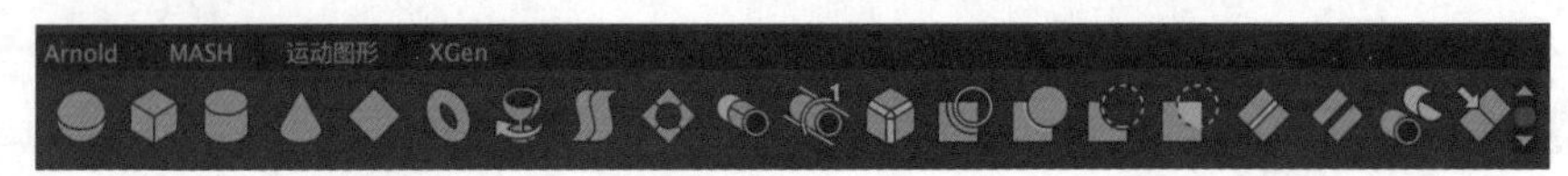

图2-19

2.3.1 NURBS球体

单击“曲线/曲面”工具架中的“NURBS球体”图标，即可在场景中创建一个NURBS球体模型，如图2-20所示。

在“属性编辑器”面板中选择makeNurbSphere1选项卡，展开“球体历史”卷展栏，可以看到NURBS球体模型的参数，如图2-21所示。

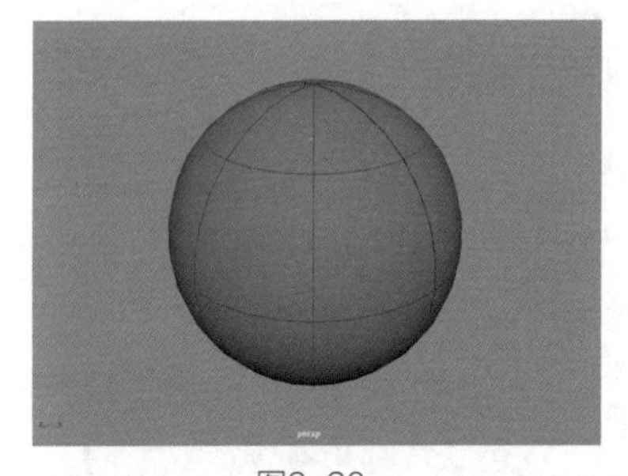

图2-20

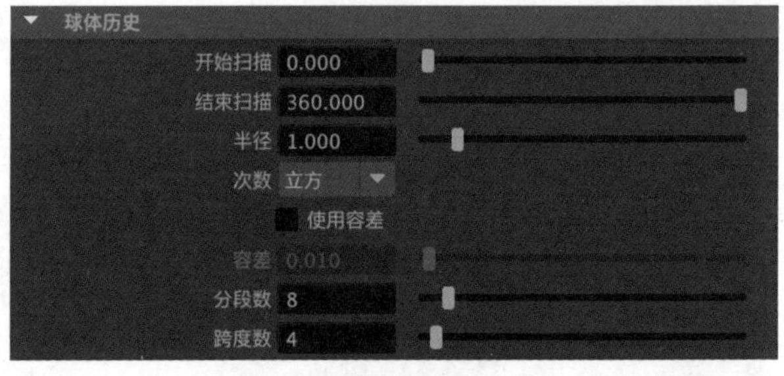

图2-21

常用参数解析

开始扫描：用于设置NURBS球体的起始扫描度数。默认值为0。

结束扫描：用于设置NURBS球体的结束扫描度数。默认值为360。

半径：用于设置NURBS球体的半径大小。

次数：有“线性”和“立方”两个选项可选，用于控制NURBS球体的显示效果。

分段数：用于设置NURBS球体的竖向分段。

跨度数：用于设置NURBS球体的横向分段。

2.3.2 NURBS立方体

单击“曲线/曲面”工具架中的“NURBS立方体”图标，即可在场景中创建一个NURBS立方体模型，如图2-22所示。

在场景中选择构成NURBS立方体的任意一个面，在“属性编辑器”面板中找到makeNurbCube1选项卡，展开“立方体历史”卷展栏，如图2-23所示。通过修改该卷展栏中的相应参数，即可更改NURBS立方体的大小。

图2-22

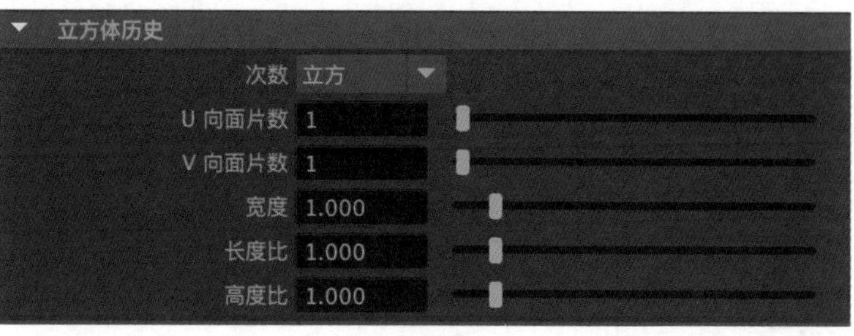

图2-23

常用参数解析

U向面片数：用于控制NURBS立方体U向的分段数。

V向面片数：用于控制NURBS立方体V向的分段数。

宽度：用于控制NURBS立方体的整体比例。

长度比/高度比：分别用于调整NURBS立方体的长度和高度。

2.3.3 NURBS圆柱体

在“曲线/曲面”工具架中单击“NURBS圆柱体”图标，即可在场景中创建一个NURBS圆柱体模型，如图2-24所示。

在“属性编辑器”面板的makeNurbCylinder1选项卡中展开“圆柱体历史”卷展栏，其参数设置如图2-25所示。

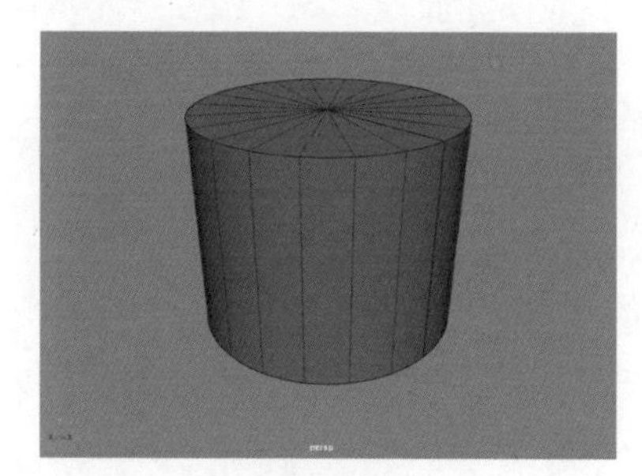
图2-24

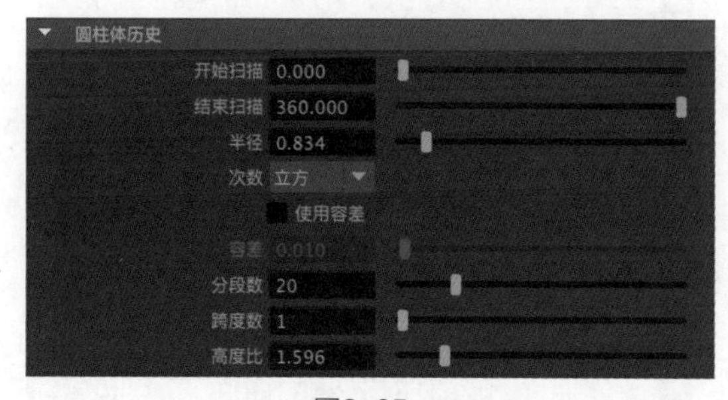

图2-25

常用参数解析

开始扫描：用于设置NURBS圆柱体的起始扫描度数。默认值为0。

结束扫描：用于设置NURBS圆柱体的结束扫描度数。默认值为360。

半径：用于设置NURBS圆柱体的半径大小。注意，在调整此参数值的同时，NURBS圆柱体的高度会受到影响。

分段数：用于设置NURBS圆柱体的竖向分段。

跨度数：用于设置NURBS圆柱体的横向分段。

高度比：用于调整NURBS圆柱体的高度。

2.3.4 NURBS圆锥体

单击“曲线/曲面”工具架中的“NURBS圆锥体”图标，即可在场景中创建一个NURBS圆锥体模型，如图2-26所示。

技巧与提示

NURBS圆锥体的“属性编辑器”面板中的参数与NURBS圆柱体很相似，故这里不再重复讲解。

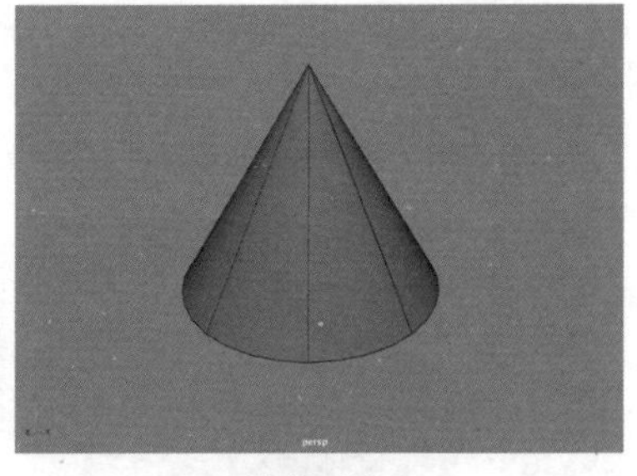

图2-26

2.3.5 曲面修改工具

在“曲线/曲面”工具架中可以找到常用的曲面修改工具，如图2-27所示。

图2-27

常用工具解析

- 旋转：可根据所选曲线来旋转生成一个曲面模型。
- 放样：可根据所选曲线（多条）来放样生成曲面模型。
- 平面：可根据闭合的曲线来生成曲面模型。
- 挤出：可根据选择的曲线来挤出模型。
- 双轨成形1工具：可让一条轮廓线沿着两条曲线扫描以生成曲面模型。
- 倒角：可根据一条曲线来生成带有倒角的曲面模型。
- 在曲面上投影曲线：用于将曲线投影到曲面上，从而生成曲面曲线。
- 曲面相交：可在曲面的交界处产生一条相交曲线。
- 修剪工具：可根据曲面上的曲线来对曲面进行修剪操作。
- 取消修剪工具：用于取消对曲面的修剪操作。
- 附加曲面：用于将两个曲面模型附加为一个曲面模型。
- 分离曲面：可根据曲面上的等参线来分离曲面模型。
- 开放/闭合曲面：可在U向/V向对曲面进行打开或者封闭操作。
- 插入等参线：可在曲面的任意位置插入新的等参线。
- 延伸曲面：可根据选择的曲面来延伸曲面模型。
- 重建曲面：可在曲面上重新构造等参线以生成布线均匀的曲面模型。
- 雕刻几何体工具：可使用笔刷绘制的方式在曲面模型上进行雕刻操作。
- 曲面编辑工具：可使用操纵器来调整曲面上的点。

2.4 实例：制作玻璃瓶模型

在本实例中，我们将使用“曲线/曲面”工具架中的“EP曲线工具”来制作一个玻璃瓶模型，其最终效果如图2-28所示。

图2-28

制作思路

（1）绘制玻璃瓶侧面曲线。

（2）使用“旋转”工具制作玻璃瓶模型。

2.4.1 绘制玻璃瓶侧面曲线

（1）启动中文版Maya 2023，按住空格键，再按住Maya按钮，在弹出的菜单中执行“右视图”命令，如图2-29所示。此时可将当前视图切换至右视图，如图2-30所示。

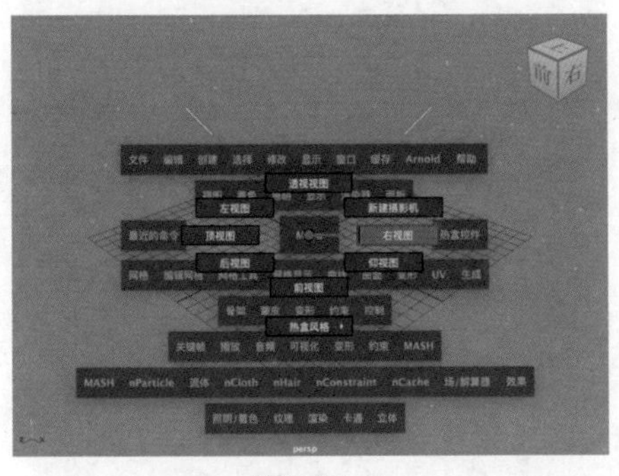

图2-29

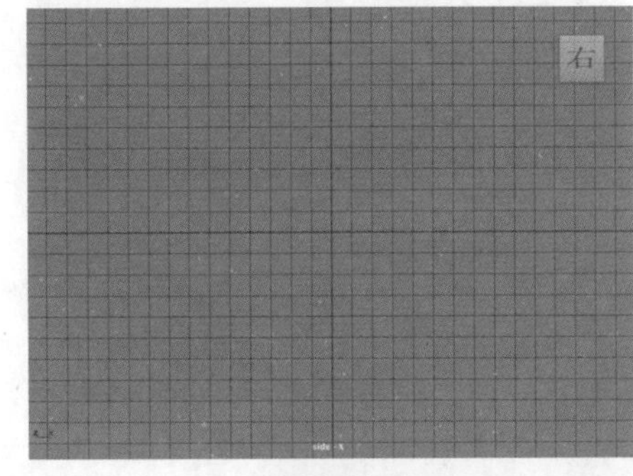

图2-30

（2）单击“曲线/曲面”工具架中的“EP曲线工具”图标，如图2-31所示。

图2-31

（3）在右视图中绘制出玻璃瓶的侧面曲线，如图2-32所示。

（4）绘制完成后，可以看到绘制出来的曲线还有很多细节需要调整，这时可以选择曲线并按住鼠标右键，在弹出的菜单中执行“控制顶点”命令，如图2-33所示。

（5）调整曲线顶点的位置，仔细修改曲线的形态细节，如图2-34和图2-35所示。

（6）观察曲线，如果想要添加一些顶点，可以按住鼠标右键，在弹出的菜单中执行“曲线点”命令，如图2-36所示。

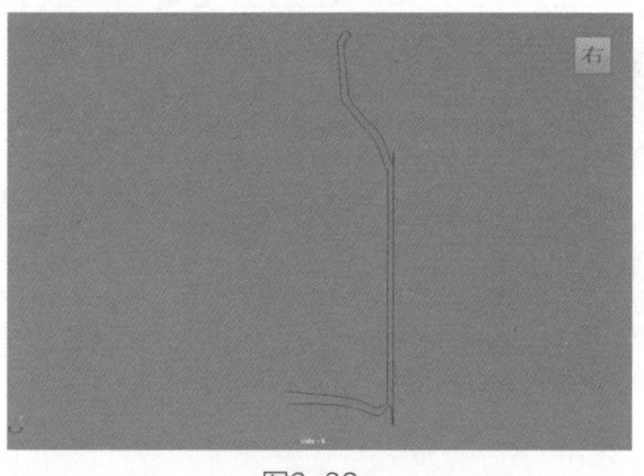

图2-32

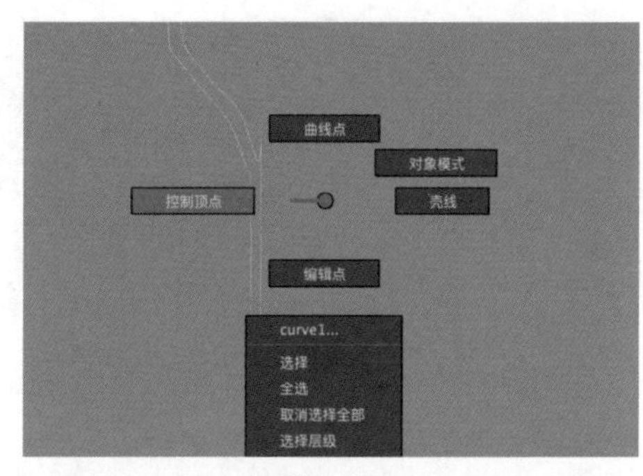

图2-33

图2-34

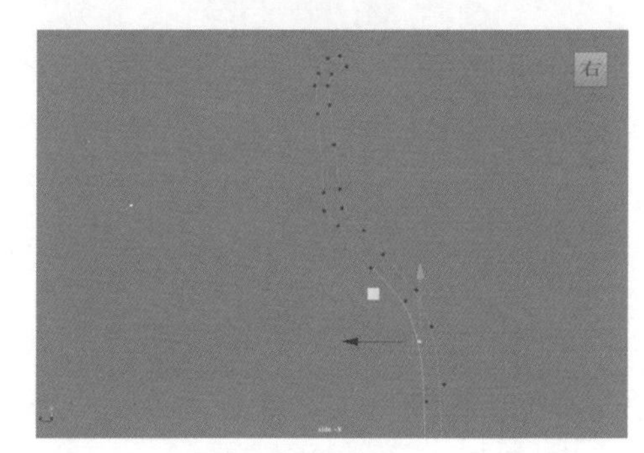

图2-35

（7）按住Shift键，可以在任意位置添加多个黄色的点，如图2-37所示。

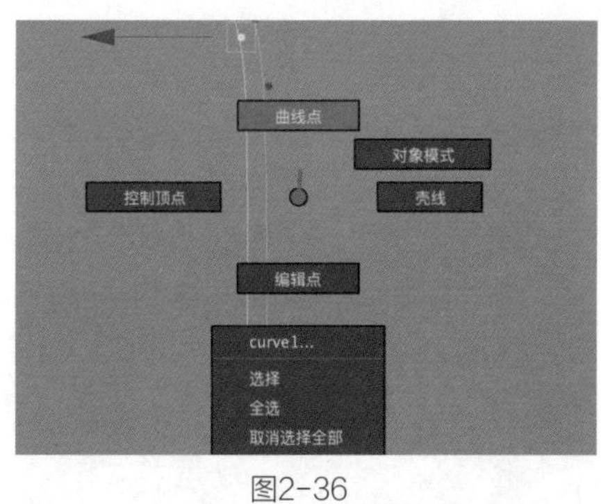

图2-36

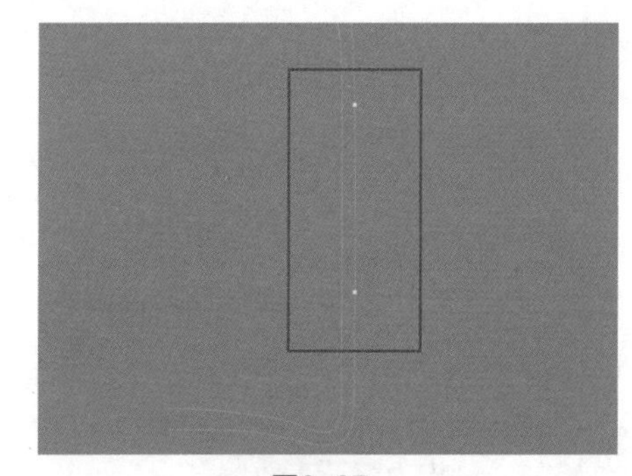

图2-37

（8）单击“曲线/曲面”工具架中的“插入点”图标，如图2-38所示。

（9）按住鼠标右键，在弹出的菜单中执行“控制顶点”命令，即可看到添加的顶点，如图2-39所示。

图2-38

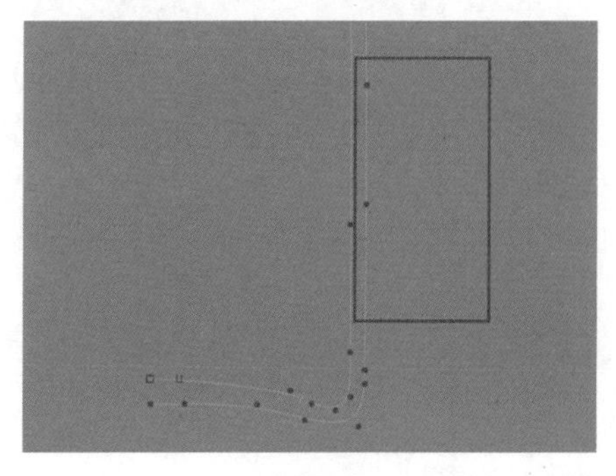

图2-39

（10）调整完成后，按住鼠标右键，在弹出的菜单中执行“对象模式”命令，即可退出曲线编辑模式，如图2-40所示。

（11）观察绘制完成的曲线形态，如图2-41所示。

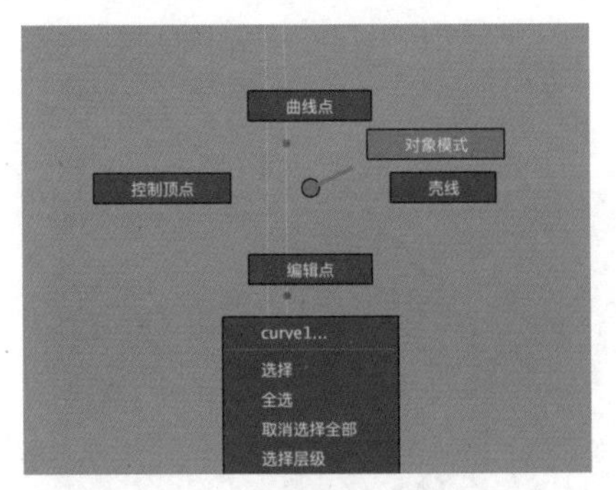

图2-40

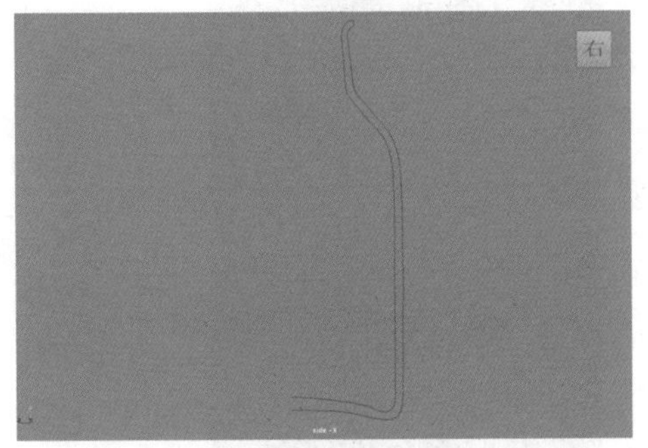

图2-41

2.4.2 使用“旋转”工具制作玻璃瓶模型

（1）选择场景中绘制完成的曲线，单击“曲线/曲面”工具架中的“旋转”图标，如图2-42所示。

图2-42

（2）在场景中可以看到曲线经过旋转而得到的曲面模型，如图2-43所示。

（3）在默认状态下，当前的曲面模型显示为黑色，如图2-44所示。

图2-43

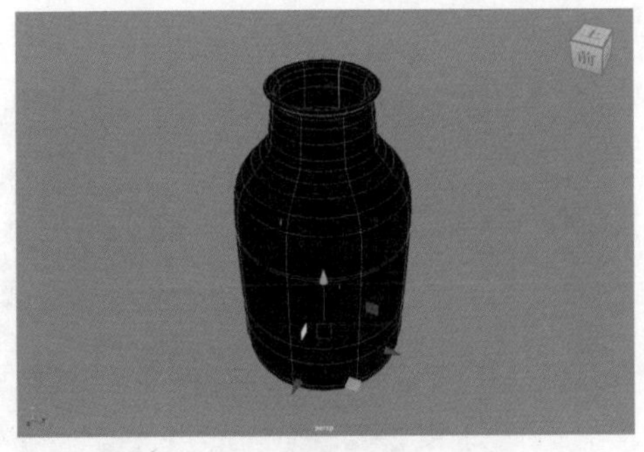

图2-44

（4）执行菜单栏中的“曲面>反转方向”命令，更改曲面模型的面方向，如图2-45所示。这样就可以得到正确的曲面模型显示结果，如图2-46所示。

图2-45

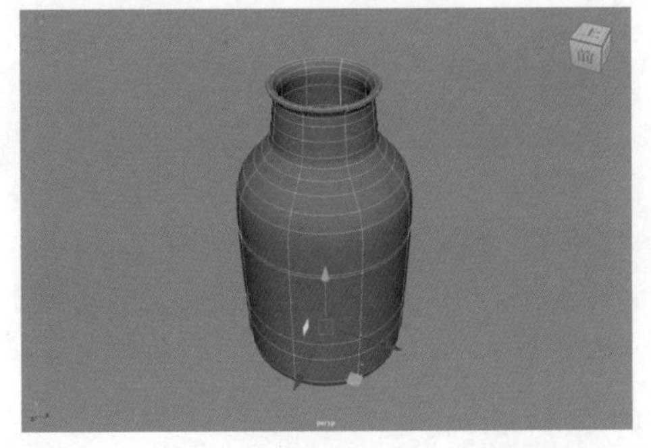

图2-46

（5）在“通道盒/层编辑器”面板中设置“分段数”为16，如图2-47所示。这样就可以得到更加平滑的曲面模型显示效果。

（6）本实例制作完成后，玻璃瓶模型的最终效果如图2-48所示。

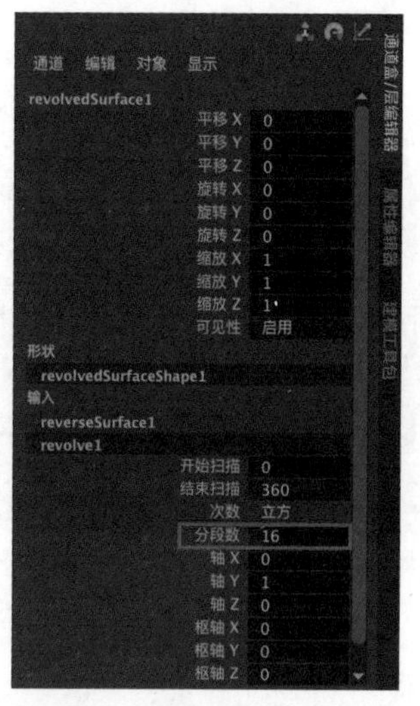

图2-47

图2-48

2.5 实例：制作盖碗茶杯模型

在本实例中，我们将使用“曲线/曲面”工具架中的另一个工具——“Bezier工具”来制作一个盖碗茶杯模型，其最终效果如图2-49所示。

图2-49

制作思路

（1）绘制盖碗茶杯侧面曲线。

（2）使用“旋转”工具制作盖碗茶杯模型。

2.5.1 绘制盖碗茶杯侧面曲线

（1）启动中文版Maya 2023，按住空格键，再按住Maya按钮，在弹出的菜单中执行“右视图”命令，如图2-50所示。此时可将当前视图切换至右视图，如图2-51所示。

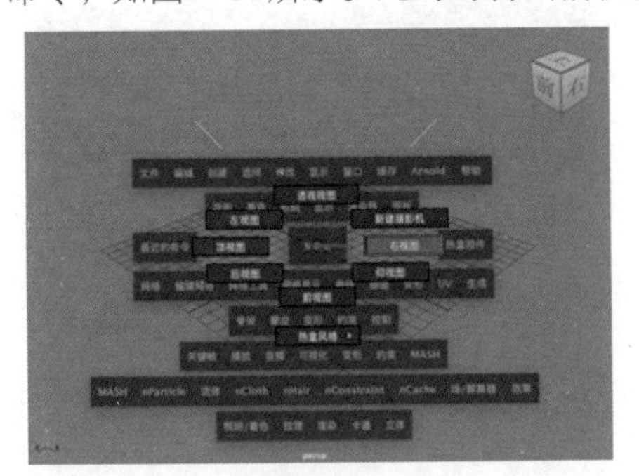

图2-50

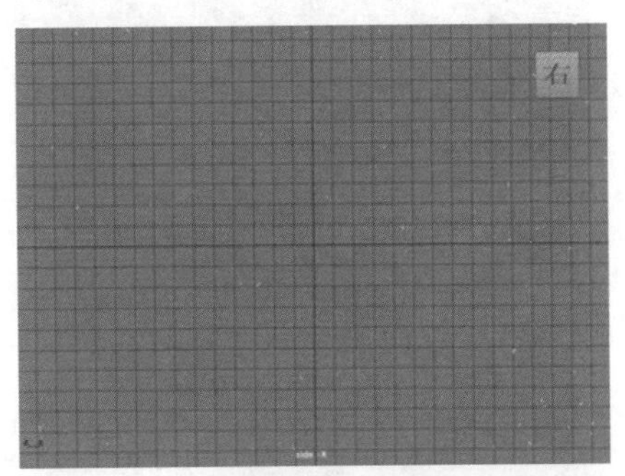

图2-51

（2）单击“曲线/曲面”工具架中的“Bezier工具”图标，如图2-52所示。

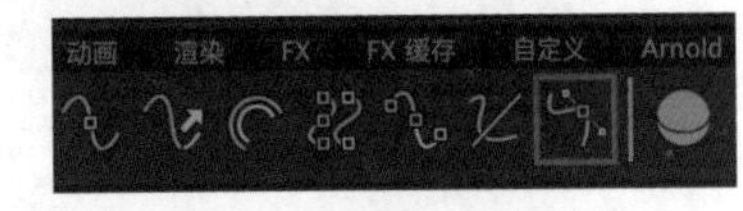

图2-52

（3）在右视图中绘制出茶杯的侧面图形，如图2-53所示。

（4）绘制完成后，可以看到绘制出来的曲线还有很多细节需要调整，这时可以选择曲线并按住鼠标右键，在弹出的菜单中执行“控制顶点”命令，如图2-54所示。

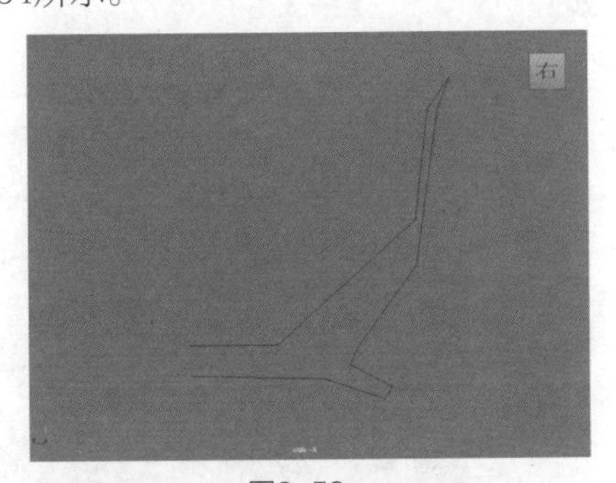

图2-53

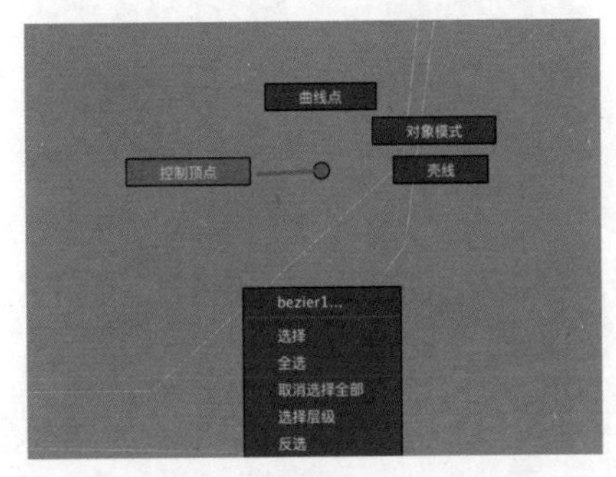

图2-54

（5）在视图中选择曲线上的所有顶点，按住Shift键，再按住鼠标右键，在弹出的菜单中执行“Bezier角点”命令，如图2-55所示。设置完成后，可以看到这些顶点都显示出了各自的控制手柄，如图2-56所示。

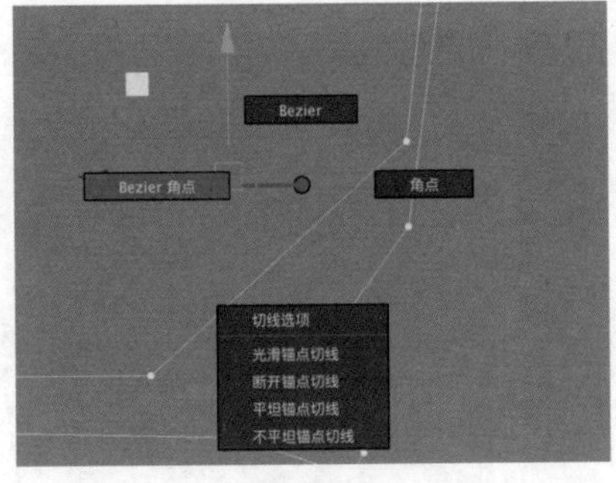

图2-55

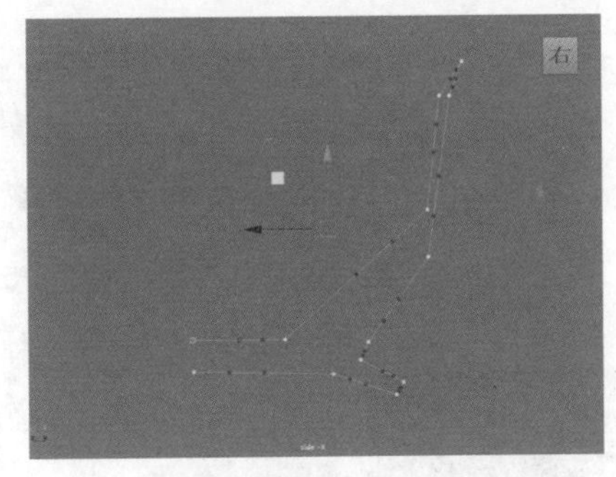

图2-56

（6）调整每个顶点的控制手柄，绘制出茶杯的侧面曲线，效果如图2-57所示。

（7）调整完成后，按住鼠标右键，在弹出的菜单中执行“对象模式”命令，即可退出曲线编辑模式，如图2-58所示。

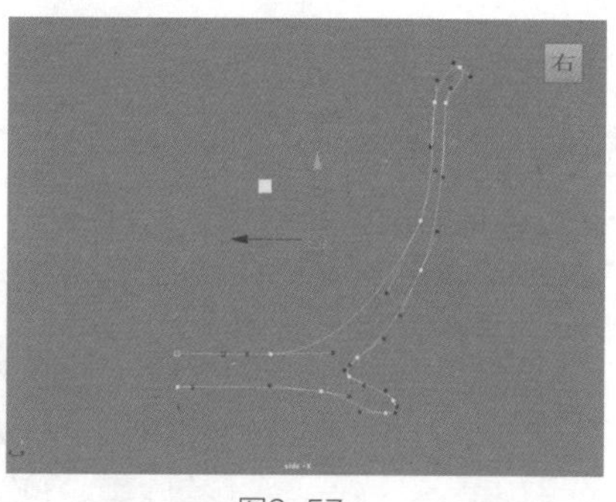

图2-57

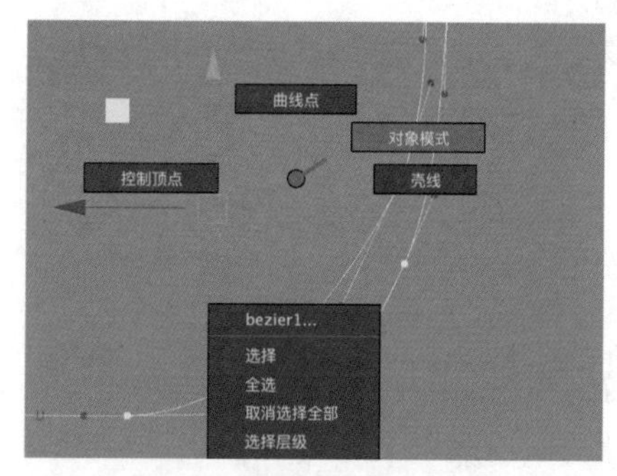

图2-58

（8）观察绘制完成的茶杯侧面曲线形态，如图2-59所示。

（9）使用“Bezier工具”在茶杯图形的上方绘制出盖碗的侧面图形，如图2-60所示。

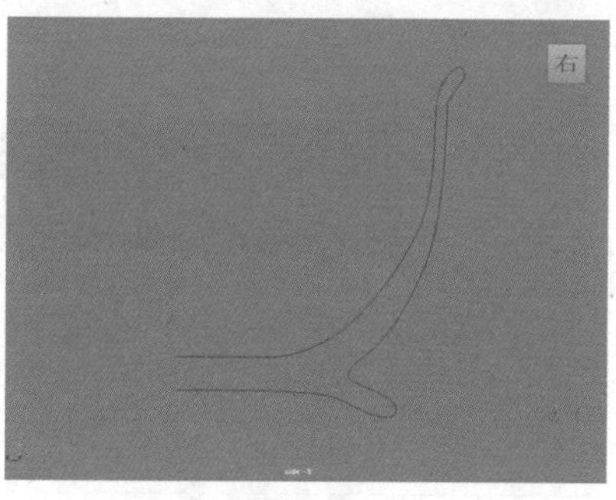

图2-59

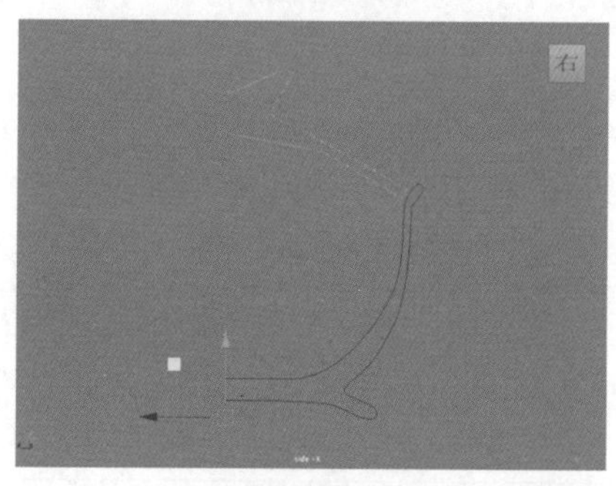

图2-60

（10）以同样的操作步骤调整盖碗的侧面图形，调整后的效果如图2-61所示。

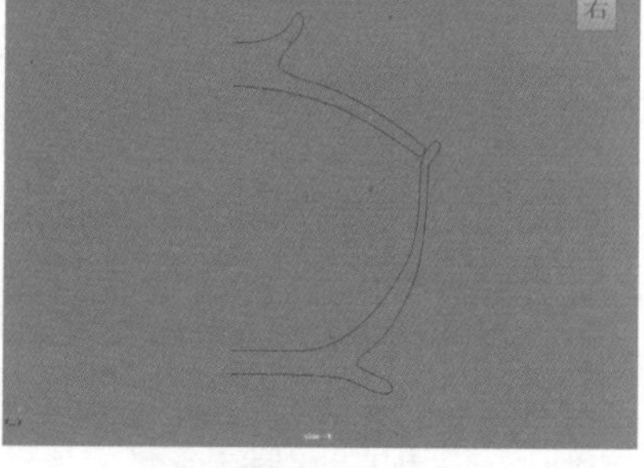

图2-61

2.5.2 使用“旋转”工具制作盖碗茶杯模型

（1）选择场景中绘制完成的茶杯侧面曲线，单击“曲线/曲面”工具架中的“旋转”图标，如图2-62所示。

（2）在场景中可以看到曲线经过旋转而得到的曲面模型，如图2-63所示。

（3）执行菜单栏中的“面板>透视>persp”命令，如图2-64所示。将视图切换至透视视图，观察茶杯的模型显示效果，如图2-65所示。

图2-62

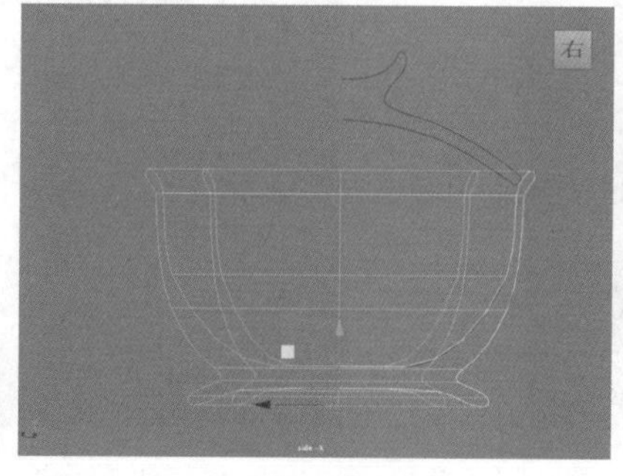

图2-63

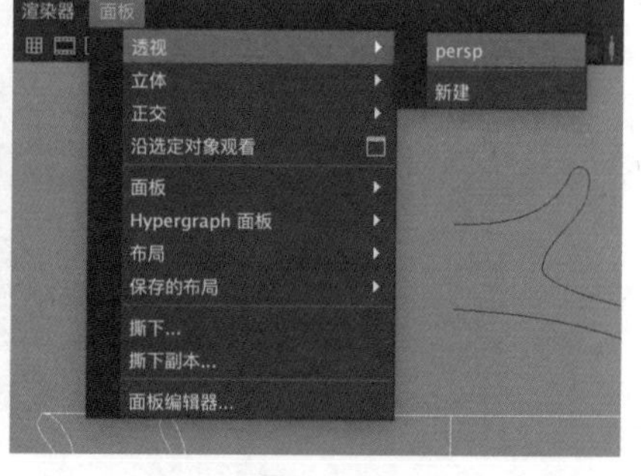

图2-64

（4）执行菜单栏中的“曲面>反转方向”命令来更改曲面模型的面方向，这样就可以得到正确的曲面模型显示效果，如图2-66所示。

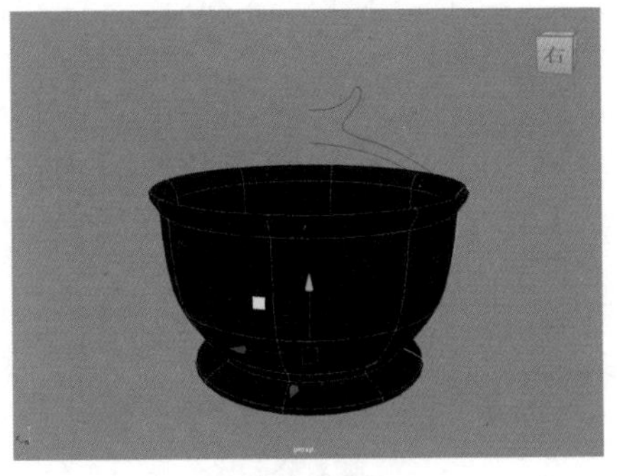

图2-65

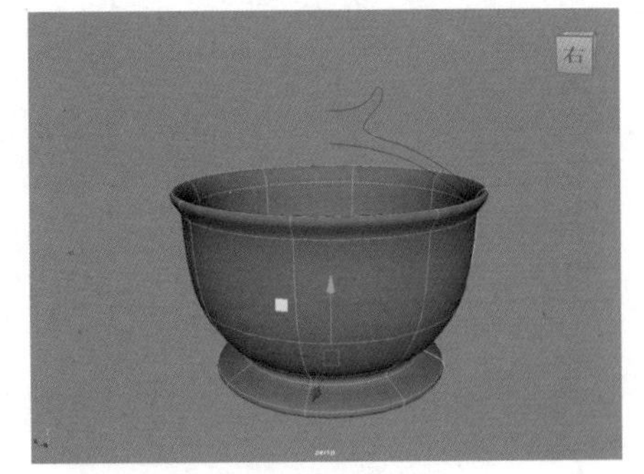

图2-66

（5）选择盖碗曲线，以同样的操作步骤生成盖碗模型，如图2-67所示。

（6）本实例制作完成后，盖碗茶杯模型的最终效果如图2-68所示。

图2-67

图2-68

“EP曲线工具”和“Bezier工具”都是用来绘制曲线的工具，但是两者的使用方法有着较大的区别。在实际工作中究竟使用哪一种工具来绘制曲线，主要还是看使用者的绘制习惯和对工具的掌握程度。

2.6 实例：制作曲别针模型

在本实例中，我们将使用“曲线/曲面”工具架中的工具来制作一个云朵形状的曲别针模型，其最终效果如图2-69所示。

图2-69

制作思路

（1）绘制曲线。

（2）使用“扫描网格”工具制作曲别针模型。

2.6.1 绘制曲线

（1）启动中文版Maya 2023，单击“曲线/曲面”工具架中的“EP曲线工具”图标，如图2-70所示。

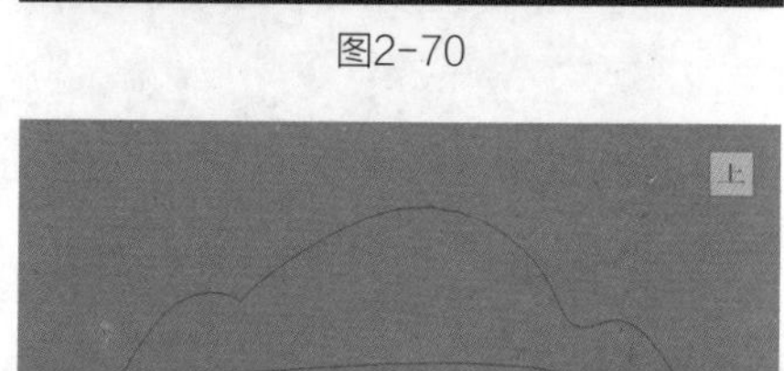

图2-70

（2）在顶视图中绘制出云朵形状的曲别针图形，如图2-71所示。

（3）绘制完成后，可以看到绘制出来的曲线还有很多细节需要调整，这时可以选择曲线并按住鼠标右键，在弹出的菜单中执行“控制顶点”命令，如图2-72和图2-73所示。

（4）调整曲线顶点的位置，仔细修改曲线的形态细节，如图2-74所示。

（5）调整完成后，退出曲线的编辑模式。绘制完成的云朵形状曲别针的线条效果如图2-75所示。

图2-71

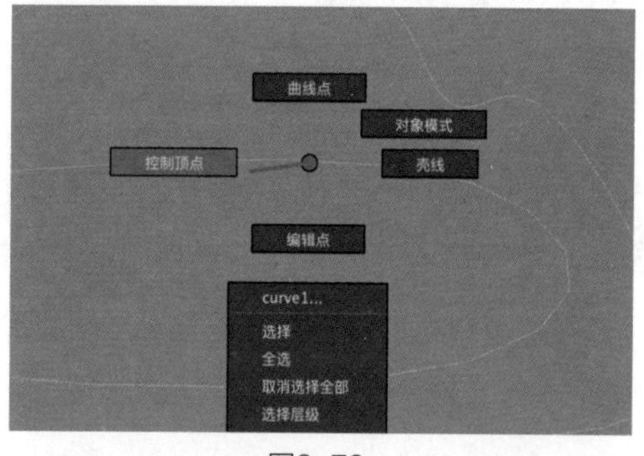

图2-72

图2-73

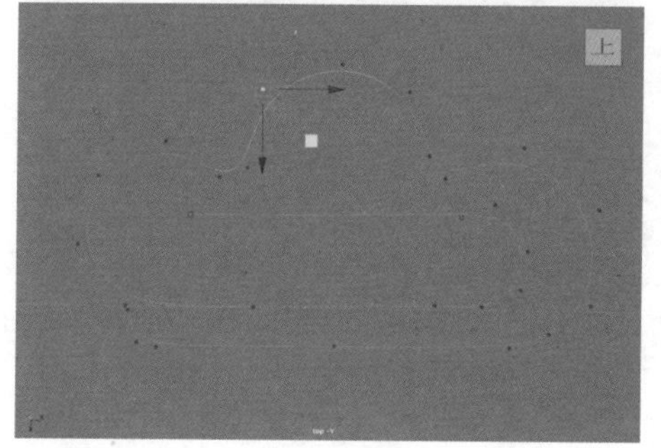

图2-74

图2-75

2.6.2 使用“扫描网格”工具制作曲别针模型

（1）选择绘制完成的曲别针线条，单击“多边形建模”工具架中的“扫描网格”图标，如图2-76所示。

图2-76

（2）观察视图，可以看到默认状态下生成的曲别针模型如图2-77所示。

（3）在“属性编辑器”面板中设置“扫描剖面”为“多边形”，在“变换”卷展栏中设置“缩放剖面”为0.2，如图2-78所示。

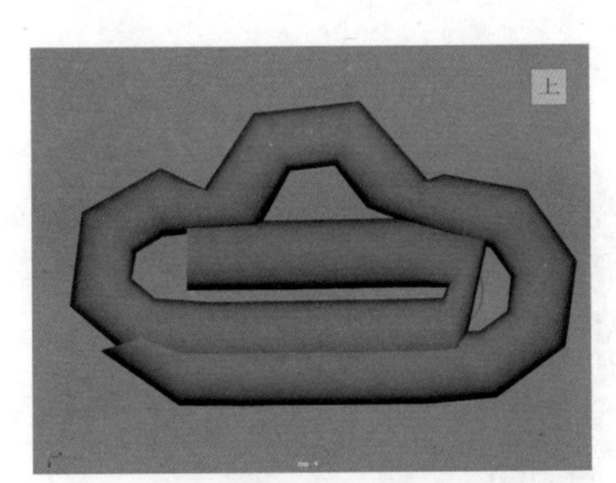

图2-77

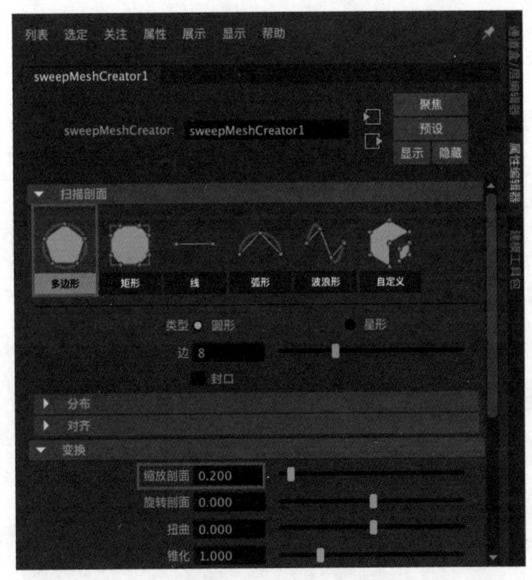

图2-78

（4）设置完成后，曲别针模型的视图显示效果如图2-79所示。

（5）在“插值”卷展栏中设置“模式”为“EP到EP”、“步数”为30，如图2-80所示。

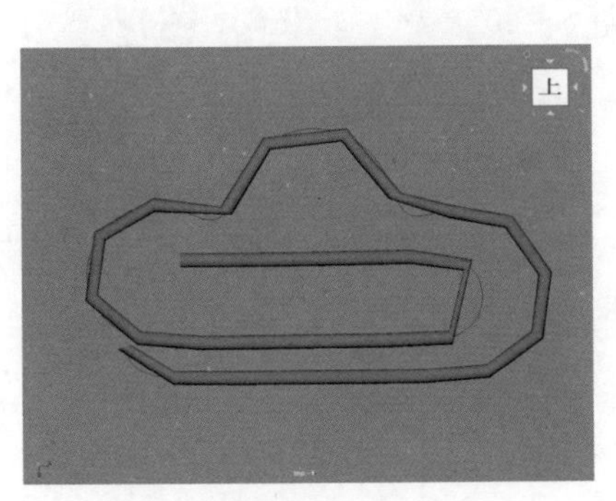

图2-79

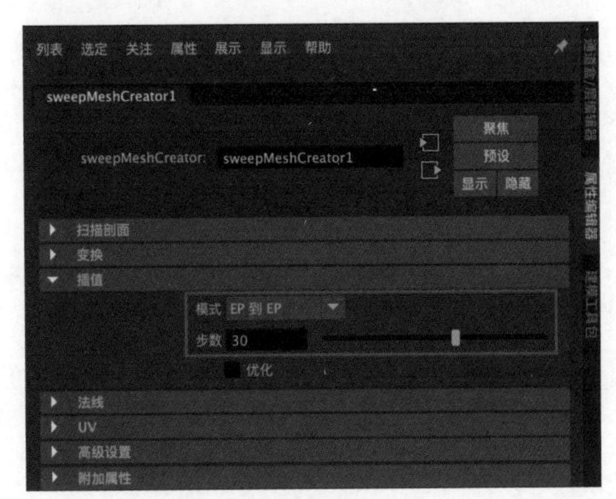

图2-80

（6）设置完成后，曲别针模型的视图显示效果如图2-81所示。

（7）本实例制作完成后，云朵形状曲别针模型的最终效果如图2-82所示。

技巧与提示 读者可以使用相同的操作步骤制作一些其他形状的曲别针模型。

图2-81

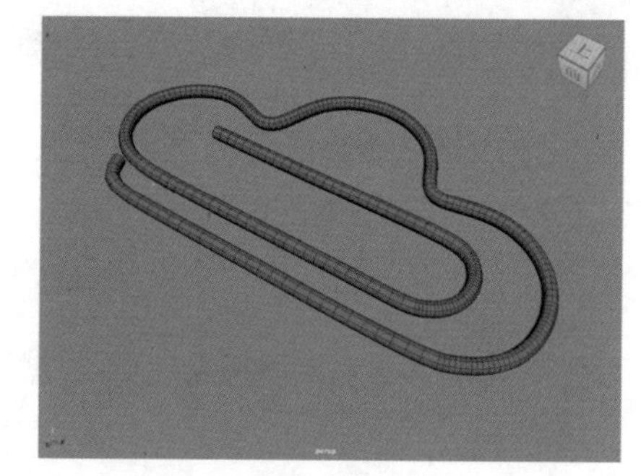

图2-82

2.7 课后习题：制作苹果模型

在本习题中，我们将使用“曲线/曲面”工具架中的工具来制作一个苹果模型，其最终效果如图2-83所示。

图2-83

制作思路

（1）绘制苹果的侧面曲线。
（2）使用“旋转”工具制作苹果模型。
（3）制作果蒂模型。

制作要点

第1步：使用“EP曲线工具”绘制出苹果的侧面曲线，如图2-84所示。
第2步：使用“旋转”工具，根据侧面曲线生成苹果模型，如图2-85所示。

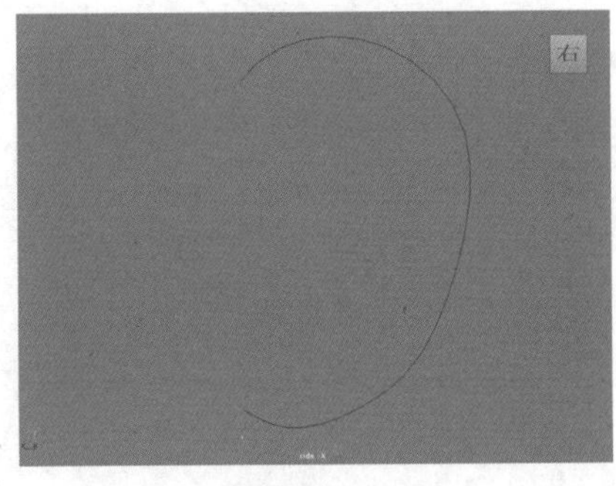

图2-84

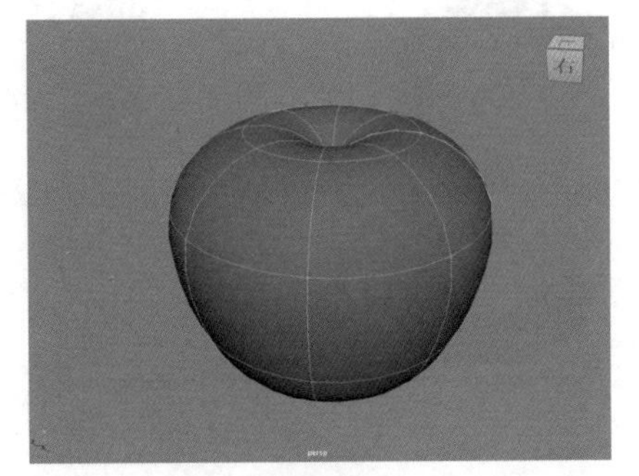

图2-85

第3步：使用“NURBS圆柱体”工具制作出果蒂模型，如图2-86所示。

第4步：调整苹果模型的细节，如图2-87所示。

图2-86

图2-87

第3章 多边形建模

本章导读

本章将介绍Maya 2023的多边形建模技术，并以较为典型的实例来为读者详细讲解常用多边形工具的使用方法。本章内容非常重要，请读者务必认真学习。

学习要点

❖ 了解多边形建模的思路

❖ 掌握多边形工具的使用方法

❖ 掌握多边形建模技术

❖ 掌握创建规则多边形模型的方法

❖ 掌握创建不规则多边形模型的方法

3.1 多边形概述

大多数三维软件都提供了多种建模技术以供用户选择并使用，Maya 2023也不例外。学习了第2章的建模技术之后，读者对于曲面建模已经有了一个大概的了解，同时也会慢慢发现曲面建模技术中一些不太方便的地方。比如在Maya中创建出来的NURBS长方体模型、NURBS圆柱体模型和NURBS圆锥体模型不像NURBS球体模型是一个对象，而是由多个结构拼凑而成的，用户使用曲面建模技术在处理这些形体边角连接的地方时会略感麻烦。如果用户在Maya 2023中使用多边形建模技术来建模，这些问题将不复存在。多边形由顶点和连接它们的边来定义形体的结构，多边形的内部区域则称为面，对这些要素的编辑就构成了多边形建模技术。经过不断的发展和完善，如今多边形建模技术被广泛应用于电影、游戏、虚拟现实等动画模型的开发制作。图3-1和图3-2所示为使用多边形建模技术制作的建筑模型作品。

图3-1

图3-2

3.2 多边形工具

Maya 2023的“多边形建模”工具架的前半部分提供了与创建多边形有关的常用工具，如图3-3所示。通过这些工具，用户可以在场景中创建多边形，从而制作出自己所需要的模型。

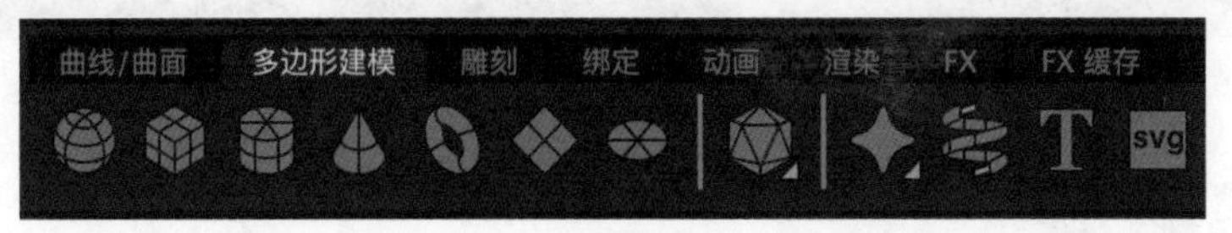

图3-3

3.2.1 多边形球体

在“多边形建模”工具架中单击“多边形球体”图标，即可在场景中创建一个多边形球体模型，如图3-4所示。

在“属性编辑器”面板的polySphere1选项卡中展开“多边形球体历史”卷展栏，可以看到多边形球体的参数，如图3-5所示。

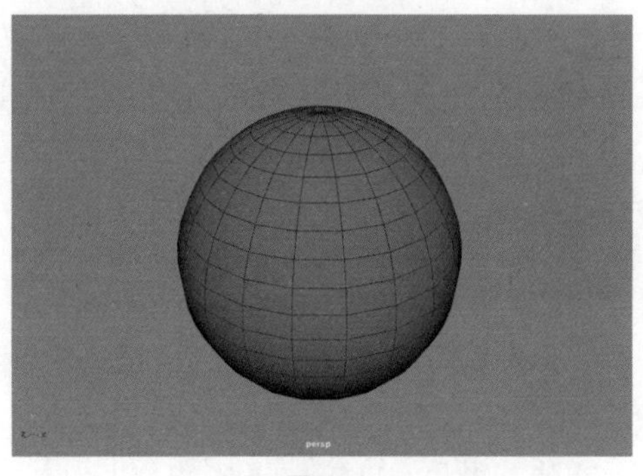

图3-4

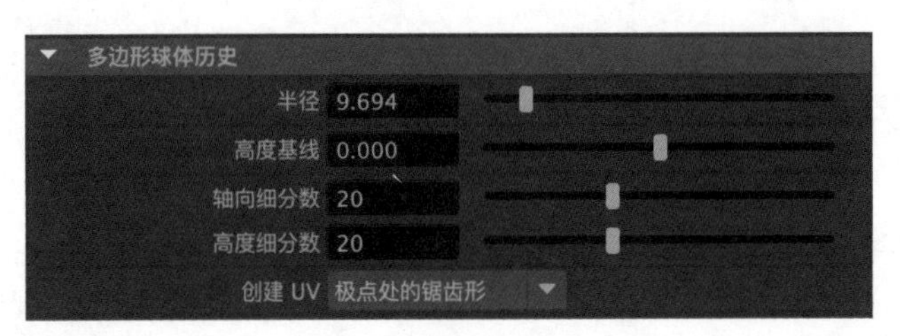

图3-5

常用参数解析

半径：用于控制多边形球体的半径大小。
高度基线：用于控制多边形球体模型轴心的高度。
轴向细分数：用于设置多边形球体轴向上的细分段数。
高度细分数：用于设置多边形球体高度上的细分段数。

3.2.2 多边形立方体

在“多边形建模”工具架中单击“多边形立方体”图标，即可在场景中创建一个多边形立方体模型，如图3-6所示。

在“属性编辑器”面板中，可以在“多边形立方体历史”卷展栏中查看多边形立方体的参数，如图3-7所示。

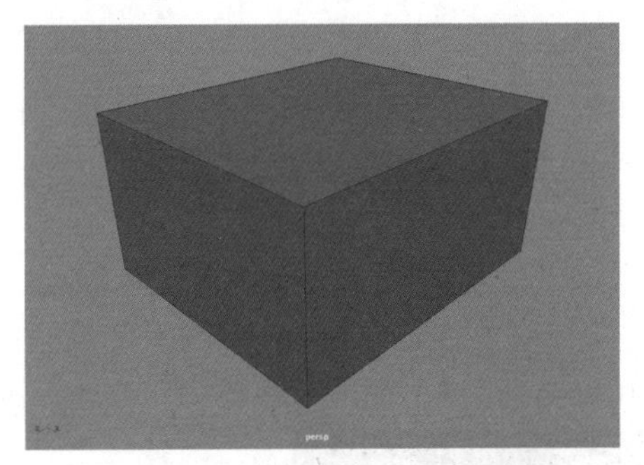

图3-6

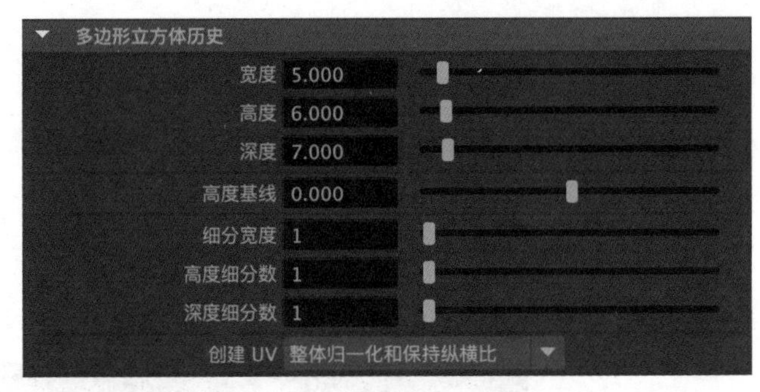

图3-7

常用参数解析

宽度：用于设置多边形立方体的宽度。
高度：用于设置多边形立方体的高度。
深度：用于设置多边形立方体的深度。
细分宽度：用于设置多边形立方体宽度上的分段数量。
高度细分数/深度细分数：分别用于设置多边形立方体高度/深度上的分段数量。

3.2.3 多边形圆柱体

在“多边形建模”工具架中单击“多边形圆柱体”图标，即可在场景中创建一个多边形圆柱体模型，如图3-8所示。

在“属性编辑器”面板中，可以在“多边形圆柱体历史”卷展栏中查看多边形圆柱体的参数，如图3-9所示。

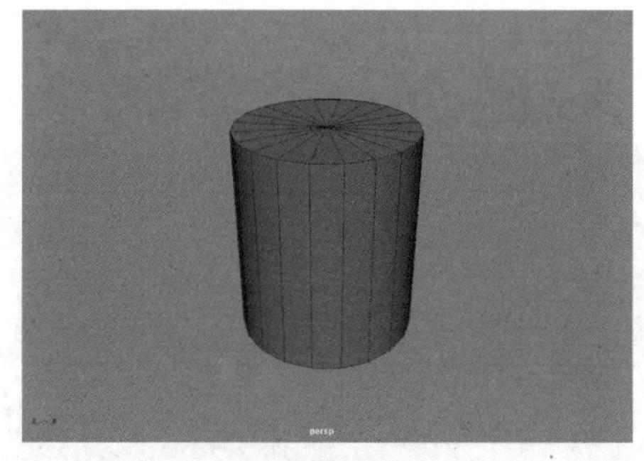
图3-8

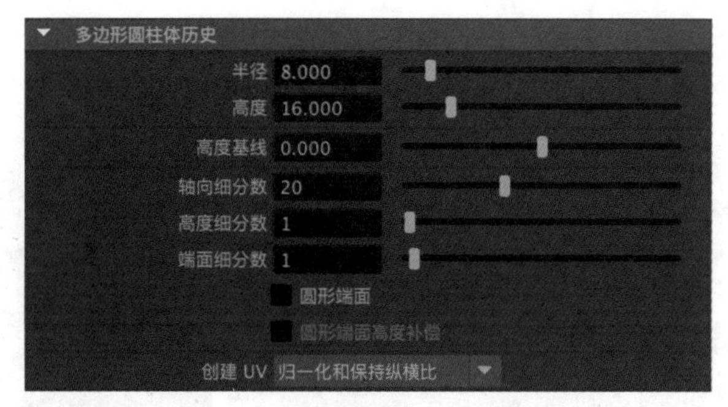

图3-9

常用参数解析

半径：用于设置多边形圆柱体的半径大小。

高度：用于设置多边形圆柱体的高度。

轴向细分数/高度细分数/端面细分数：分别用于设置多边形圆柱体轴向/高度/端面上的分段数量。

3.2.4 多边形圆锥体

在“多边形建模”工具架中单击“多边形圆锥体”图标，即可在场景中创建一个多边形圆锥体模型，如图3-10所示。

在“属性编辑器”面板中，可以在“多边形圆锥体历史”卷展栏中查看多边形圆锥体的参数，如图3-11所示。

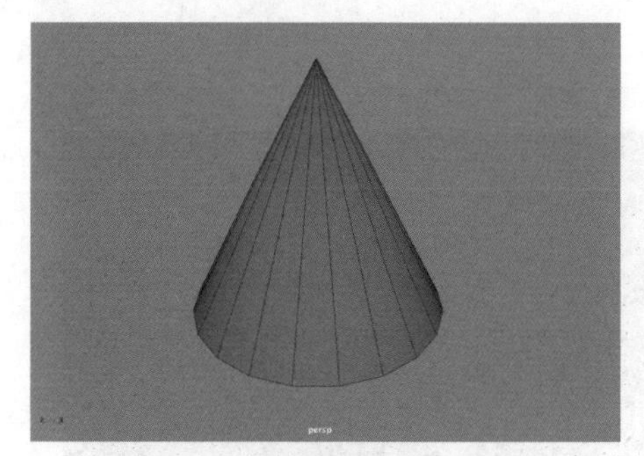
图3-10

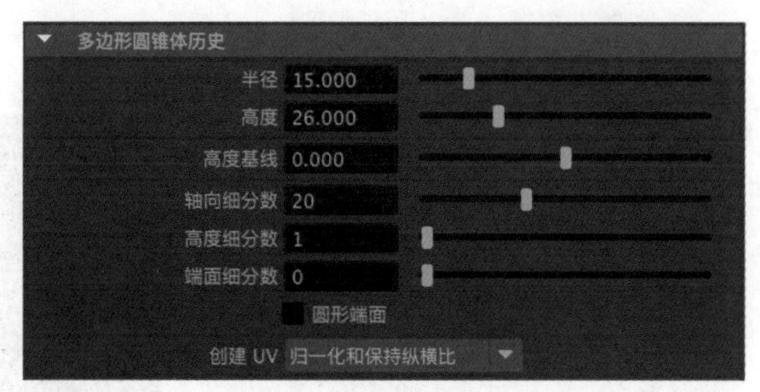

图3-11

常用参数解析

半径：用于设置多边形圆锥体的半径大小。

高度：用于设置多边形圆锥体的高度。

轴向细分数/高度细分数/端面细分数：分别用于设置多边形圆锥体轴向/高度/端面上的分段数量。

3.2.5 多边形圆环

在“多边形建模”工具架中单击“多边形圆环”图标，即可在场景中创建一个多边形圆环模型，如图3-12所示。

在“属性编辑器”面板中，可以在“多边形圆环历史”卷展栏中查看多边形圆环的参数，如图3-13所示。

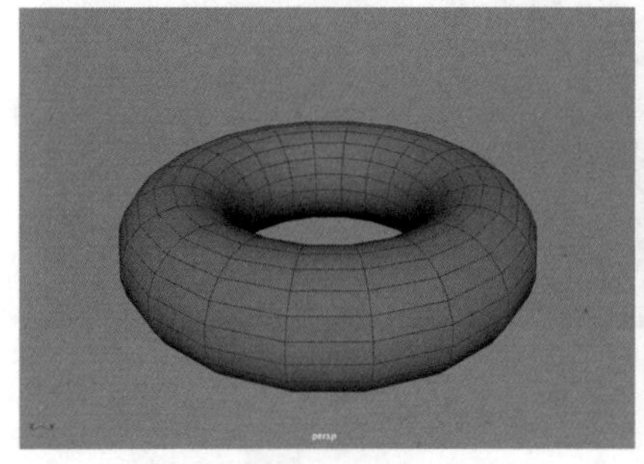

图3-12

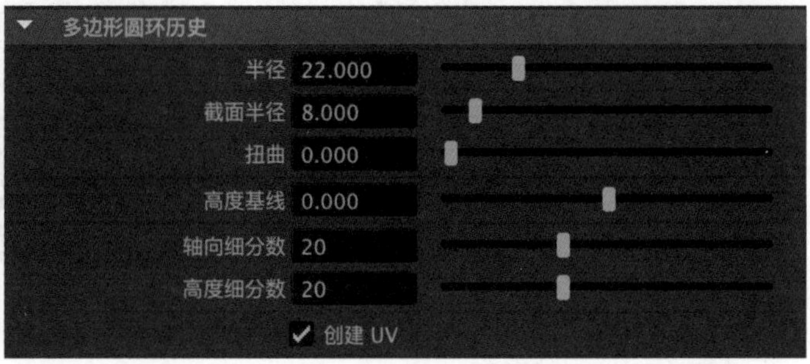

多边形圆环历史

半径	22.000
截面半径	8.000
扭曲	0.000
高度基线	0.000
轴向细分数	20
高度细分数	20

✓ 创建 UV

图3-13

常用参数解析

半径：用于设置多边形圆环的半径大小。

截面半径：用于设置多边形圆环截面的半径大小。

扭曲：用于设置多边形圆环的扭曲值。

轴向细分数/高度细分数：分别用于设置多边形圆环轴向/高度上的分段数量。

3.2.6 多边形类型

在“多边形建模”工具架中单击“多边形类型”图标，即可在场景中快速创建出多边形文本模型，如图3-14所示。

在“属性编辑器”面板中找到type1选项卡，即可看到“多边形类型”工具的基本设置参数，如图3-15所示。

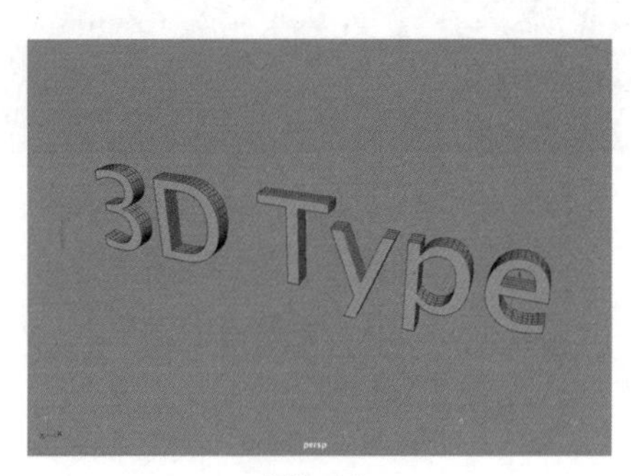

图3-14

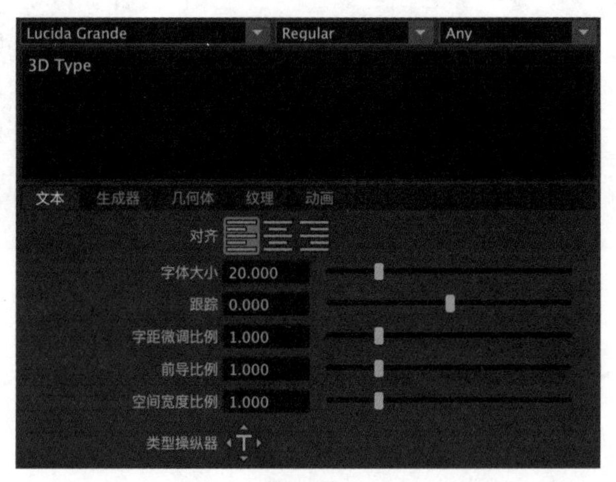

图3-15

常用参数解析

“选择字体和样式”下拉列表：在该下拉列表中，可以更改文字的字体及样式，如图3-16所示。

“选择写入系统”下拉列表：在该下拉列表中，可以更改文字语言，如图3-17所示。

对齐：Maya 2023为用户提供了“类型左对齐”“中心类型”“类型右对齐”3种对齐方式。

字体大小：用于设置文字的大小。

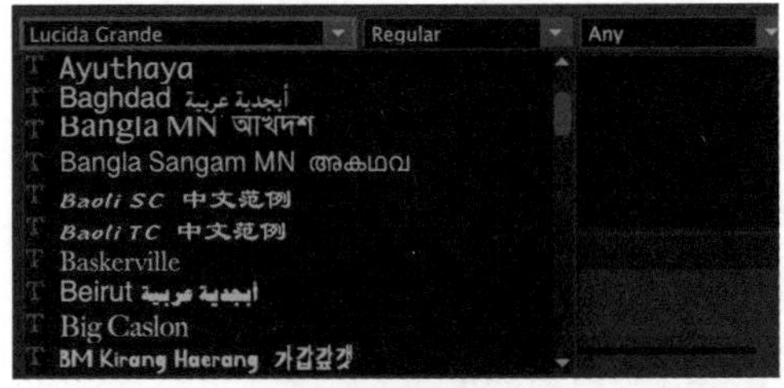

图3-16

图3-17

跟踪：可根据相同的方形边界框均匀地调整所有文字的水平间距。

字距微调比例：可根据每个文字的特定形状均匀地调整所有文字的水平间距。

前导比例：用于均匀地调整所有线的垂直间距。

空间宽度比例：用于调整空间的宽度。

3.3 编辑多边形

Maya 2023的“多边形建模”工具架的后半部分则提供了与编辑多边形有关的常用工具，如图3-18所示。用户可以使用这些工具在场景中对创建出来的多边形模型进行修改。

图3-18

3.3.1 结合

在“多边形建模”工具架中双击“结合”图标，系统会弹出“组合选项”对话框，其中的参数设置如图3-19所示。

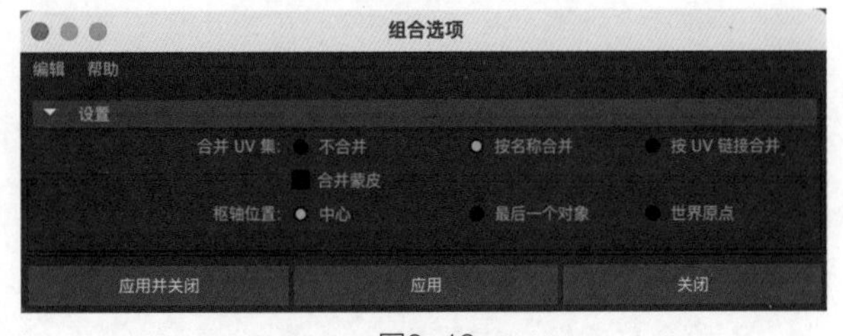

图3-19

常用参数解析

合并UV集：用户可在“不合并”“按名称合并”“按UV链接合并”这3个选项中选择一项作为UV集的合并方式。

枢轴位置：用于确定组合对象的枢轴点的位置所在。

3.3.2 提取

在“多边形建模”工具架中双击“提取”图标，系统会弹出“提取选项”对话框，其中的参数设置如图3-20所示。

图3-20

常用参数解析

分离提取的面：勾选该复选框，提取面后会自动进行分离操作。

偏移：可通过输入数值来偏移提取的面。图3-21所示为该参数值分别是0和1时的模型效果对比。

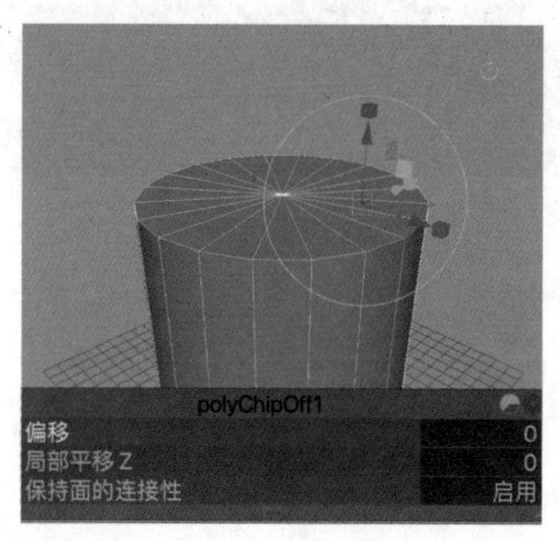

图3-21

3.3.3 镜像

在“多边形建模”工具架中双击“镜像”图标，系统会弹出“镜像选项”对话框，其中的参数设置如图3-22所示。

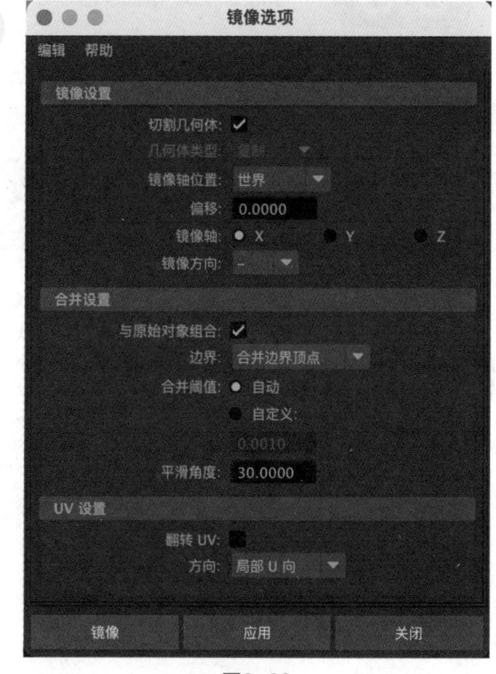

图3-22

常用参数解析

1. “镜像设置”卷展栏

切割几何体：勾选该复选框后，系统会对模型进行切割操作。图3-23所示为勾选该复选框前后的模型对比效果。

几何体类型：用于确定使用“镜像”工具后Maya 2023生成的网格类型。

镜像轴位置：用于设置要镜像模型的对称平面的位置。有“边界框”“对象”“世界”这3个选项可选。

镜像轴：用于设置要镜像模型的轴。

镜像方向：用于设置要镜像模型的方向。

2. “合并设置”卷展栏

与原始对象组合：用于将镜像出来的模型与原始模型组合到单个网格中。默认处于勾选状态。

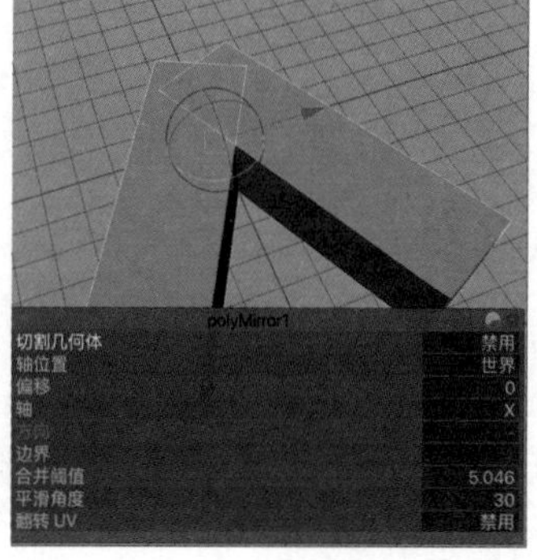

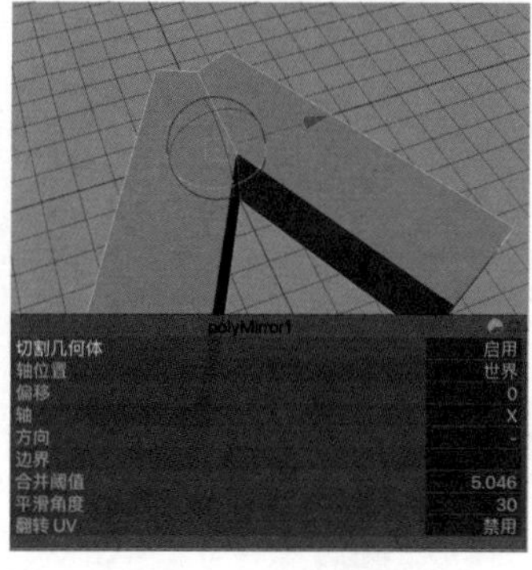

图3-23

边界：用于设置使用何种方式将镜像模型接合到原始模型中。有“合并边界顶点”“桥接边界边”“不合并边界”这3个选项可选。

3.“UV设置”卷展栏

翻转UV：用于控制使用副本或选定对象来翻转UV。

方向：用于指定UV空间中翻转UV壳的方向。

3.3.4 挤出

在“多边形建模”工具架中双击“挤出”图标，系统会弹出“挤出面选项”对话框，其中的参数设置如图3-24所示。

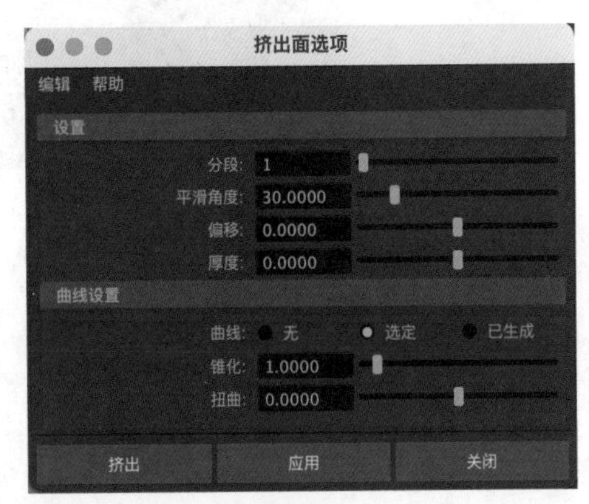

图3-24

常用参数解析

1.“设置”卷展栏

分段：用于控制挤出部分的分段数。图3-25所示为该参数值分别是1和5时的模型挤出效果对比。

平滑角度：用于控制挤出的面的平滑效果。

偏移：用于设置偏移面的程度。图3-26所示为该参数值分别是0.05和0.2时的模型挤出效果对比。

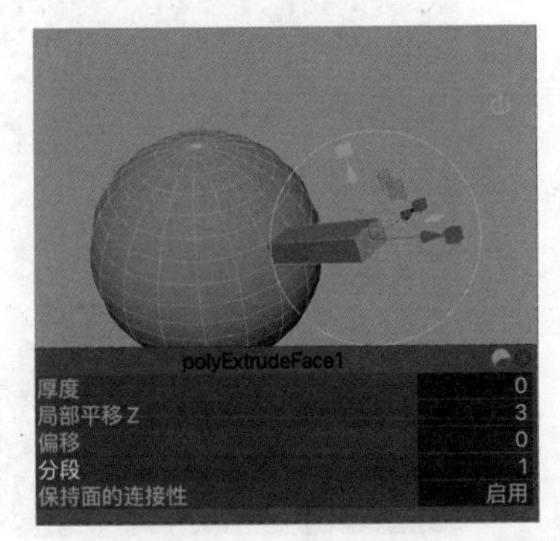

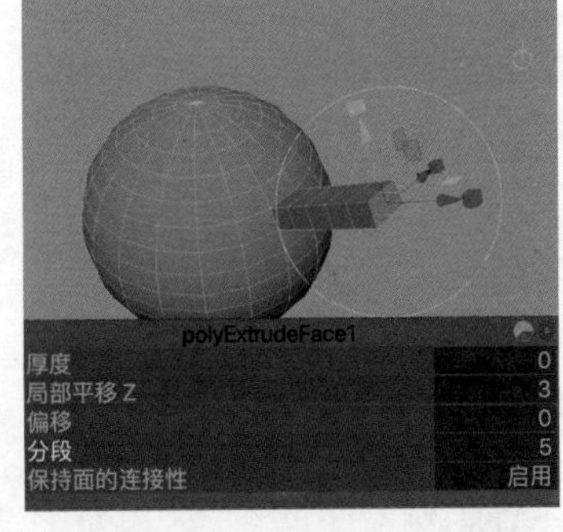

图3-25

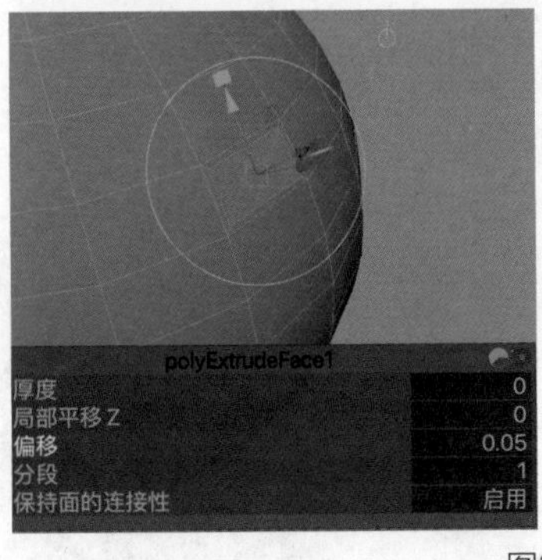

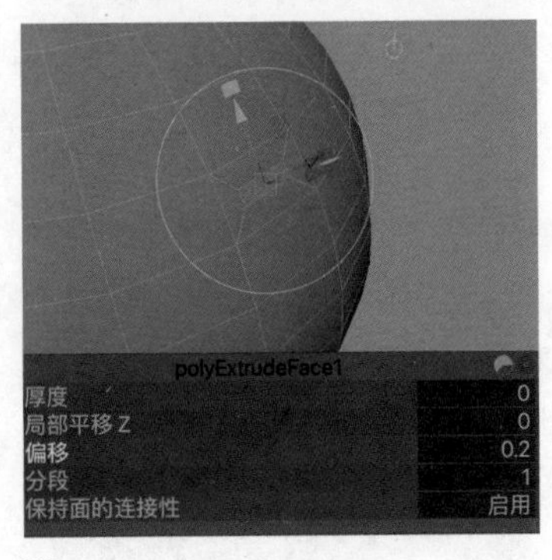

图3-26

厚度：用于控制选定面的深度。

2.“曲线设置”卷展栏

曲线：用于控制以何种方式根据曲线来挤出面。有“无”“选定”“已生成”这3个选项可选。

锥化：用于控制在挤出多边形时是否缩放面。图3-27所示为该参数值分别是1和0.3时的挤出效果对比。

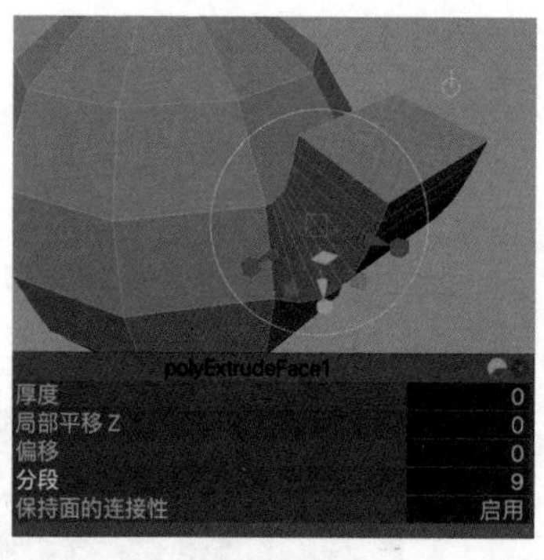

图3-27

扭曲：用于控制在挤出多边形时是否扭曲面。

3.3.5 桥接

在"多边形建模"工具架中双击"桥接"图标，系统会弹出"桥接选项"对话框，其中的参数设置如图3-28所示。

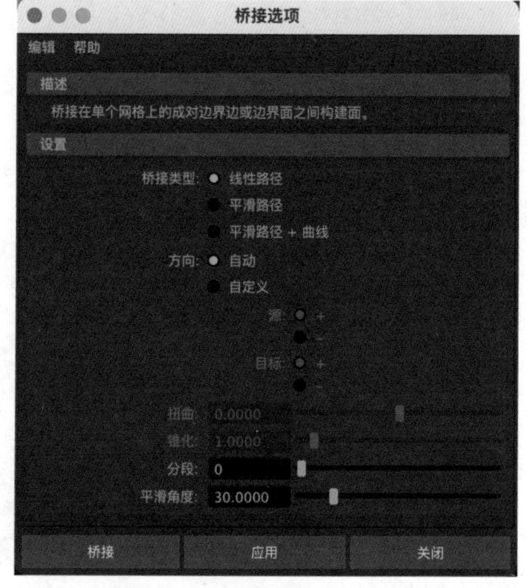

图3-28

常用参数解析

1. "描述"卷展栏

用于对该工具的作用进行介绍。

2. "设置"卷展栏

桥接类型：用于控制桥接区域的剖面形状。

方向：用于确定桥接的方向。

扭曲：用于控制桥接部分的扭曲程度。图3-29所示为该参数值分别是0和9时的桥接效果对比。

锥化：用于控制桥接部分的缩放程度。图3-30所示为该参数值分别是1.5和0.2时的桥接效果对比。

分段：用于设置桥接部分的分段数量。

平滑角度：用于控制桥接部分的平滑效果。

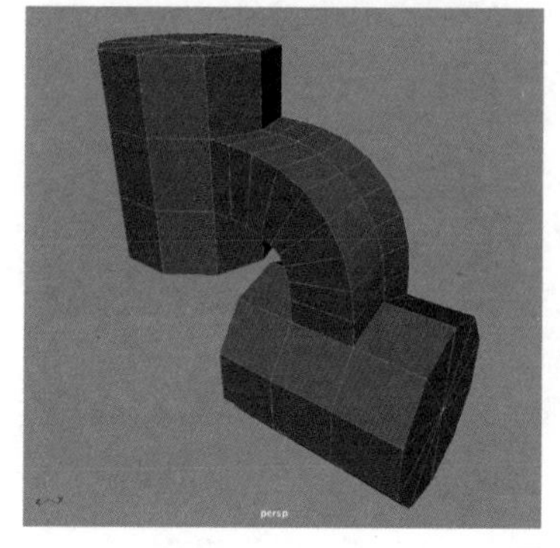

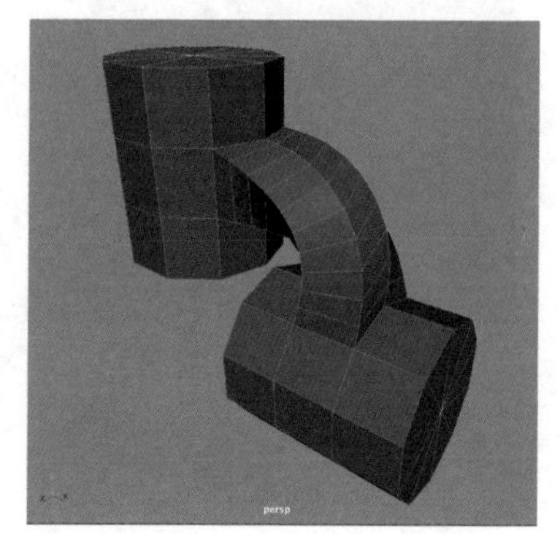

图3-29

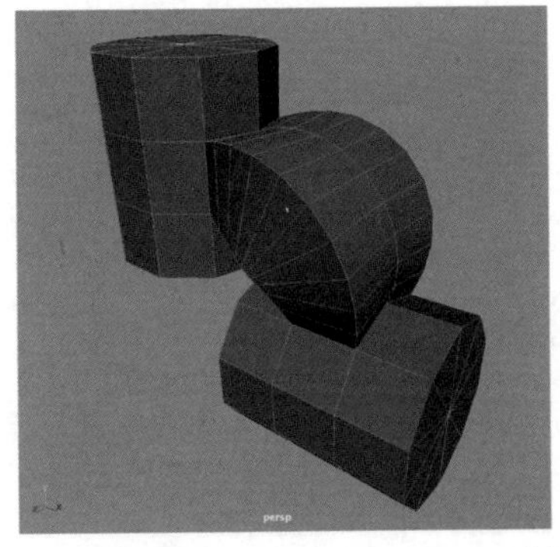
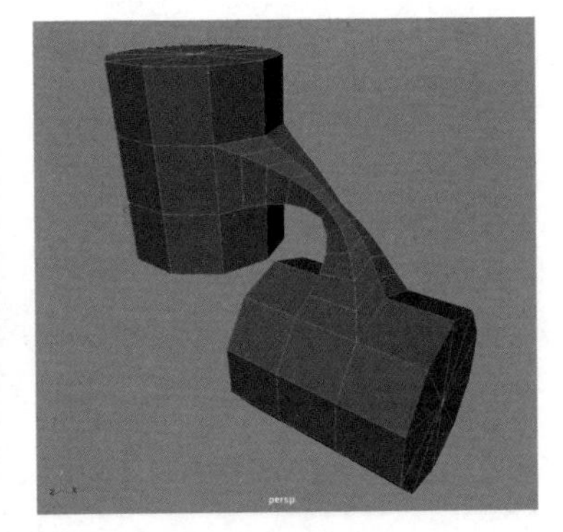

图3-30

3.3.6 倒角

在“多边形建模”工具架中双击“倒角”图标，系统会弹出“倒角选项”对话框，其中的参数设置如图3-31所示。

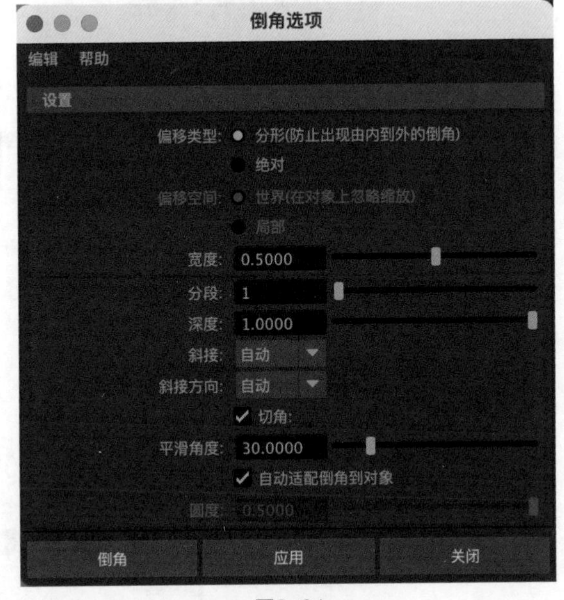

图3-31

常用参数解析

偏移类型：用于选择计算倒角宽度的方式。

偏移空间：用于确定应用到已缩放对象的倒角是否也将按照对象的缩放进行缩放。

宽度：也叫“分数”，用于控制倒角面的宽度。图3-32所示为该参数值分别是0.2和0.5时的模型倒角效果对比。

分段：用于确定倒角边的分段数量。图3-33所示为该参数值分别是1和5时的模型倒角效果对比。

深度：用于控制倒角产生的面是否具有凸起或凹陷的效果。图3-34所示为该参数值分别是1和-1时的模型倒角效果对比。

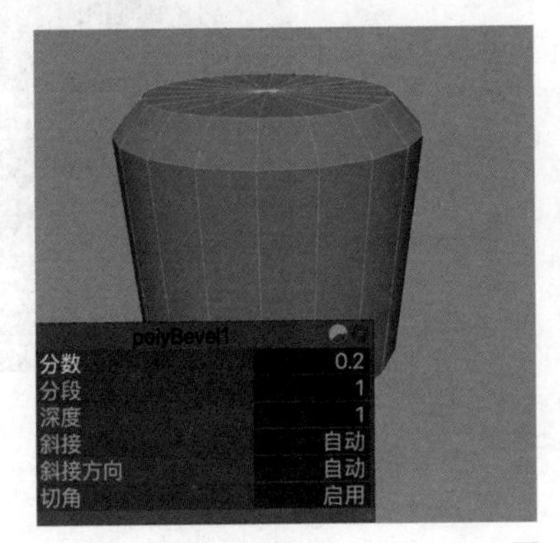

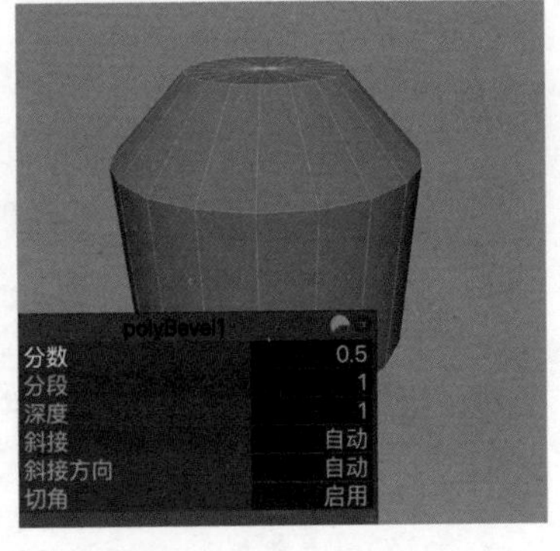

图3-32

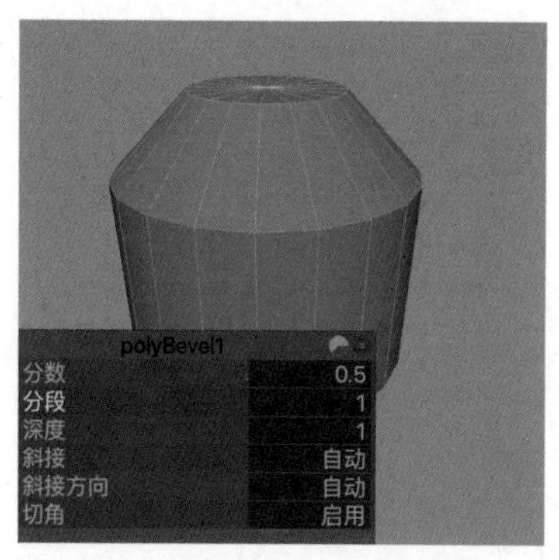

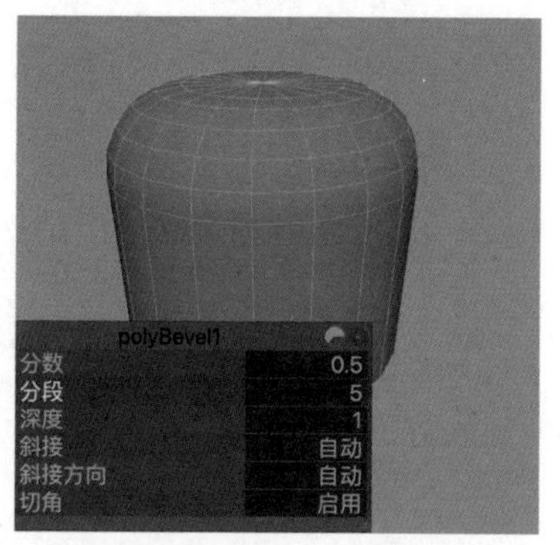

图3-33

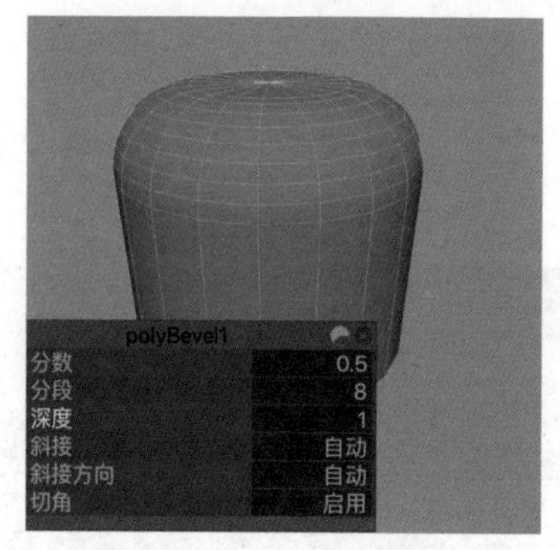

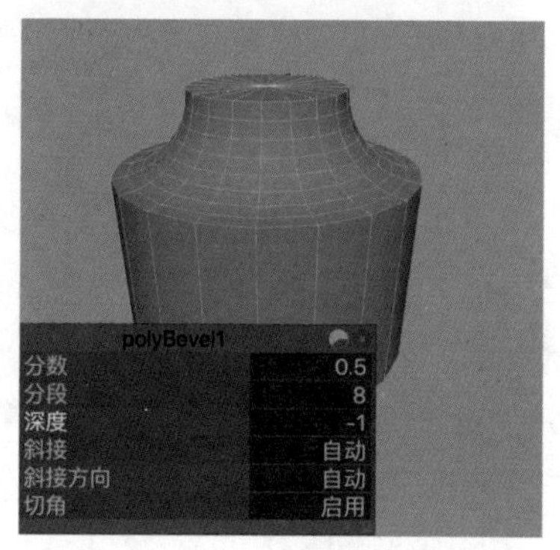

图3-34

3.4 建模工具包

“建模工具包”面板是Maya 2023为用户提供的一个用于快速查找建模命令的集合面板。用户可以通过单击软件界面右上方工具栏中的“显示或隐藏建模工具包”按钮来打开“建模工具包”面板，也可以通过在Maya 2023工作区的右侧单击“建模工具包”面板的名称来打开“建模工具包”面板，如图3-35所示。

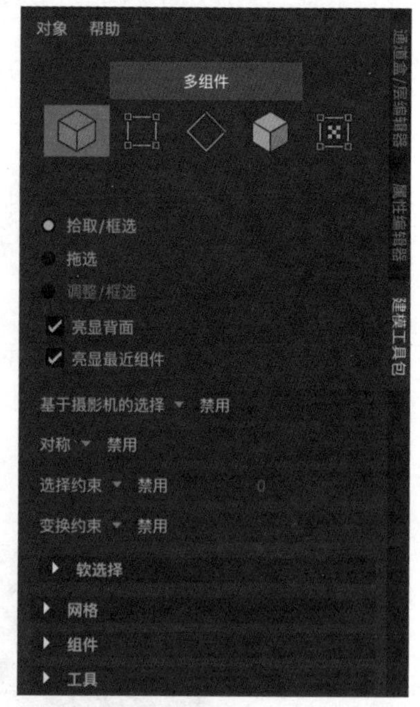

图3-35

技巧与提示

“建模工具包”面板中的部分按钮图标与“多边形建模”工具架中的部分图标是重复的，也就是说相同的工具用户使用哪个都可以。

3.5 实例：制作U盘模型

在本实例中，我们将使用“多边形建模”工具架中的“多边形圆环”工具来制作一个U盘模型，其最终效果如图3-36所示。

图3-36

制作思路

（1）思考使用哪个几何体能够创建出U盘的基本形态。

（2）思考使用哪些工具能够制作出U盘模型。

3.5.1 制作U盘外壳

（1）启动中文版Maya 2023，单击“多边形建模”工具架中的“多边形圆环”图标，如图3-37所示。

图3-37

（2）在场景中绘制出一个圆环模型，如图3-38所示。

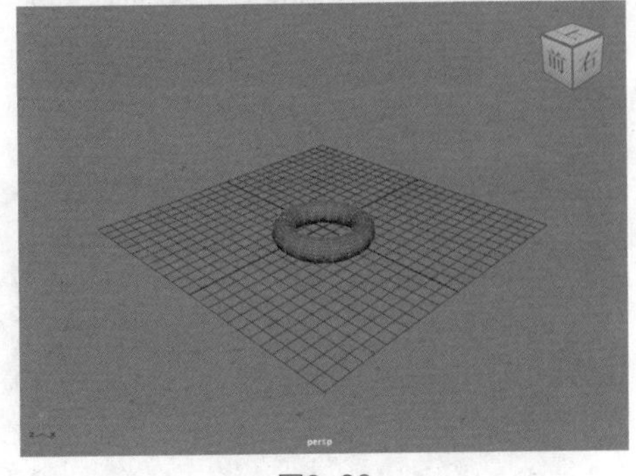

图3-38

（3）在“通道盒/层编辑器”面板中设置“平移X”“平移Y”“平移Z”均为0，设置“半径”为3、“截面半径”为1、“扭曲”为45、“轴向细分数”为20、“高度细分数”为4，如图3-39所示。

（4）设置完成后，圆环模型的视图显示效果如图3-40所示。

（5）在“建模工具包”面板中单击“面选择”按钮，如图3-41所示。

（6）在场景中选择图3-42所示的面。

（7）单击“多边形建模”工具架中的“挤出”图标，如图3-43所示。对所选的面进行多次挤出操作，制作出图3-44所示的效果。

（8）选择图3-45所示的面，使用“挤出”工具制作出图3-46所示的效果。

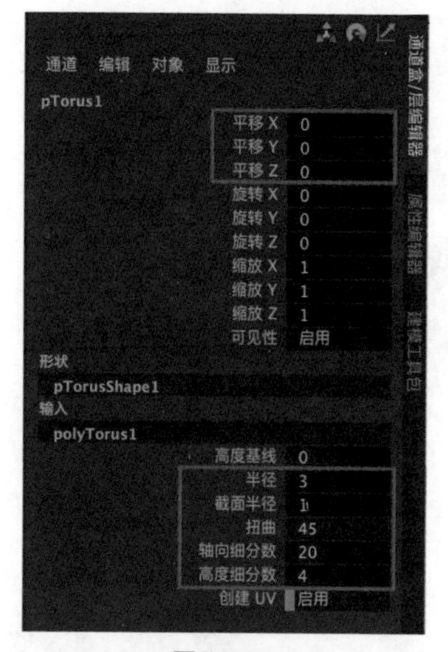

图3-39

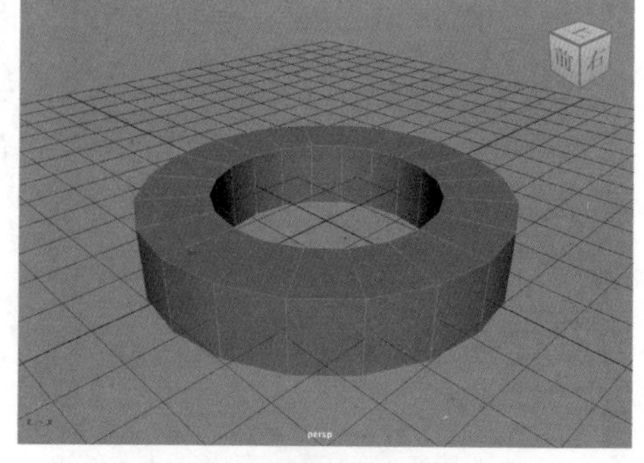
图3-40

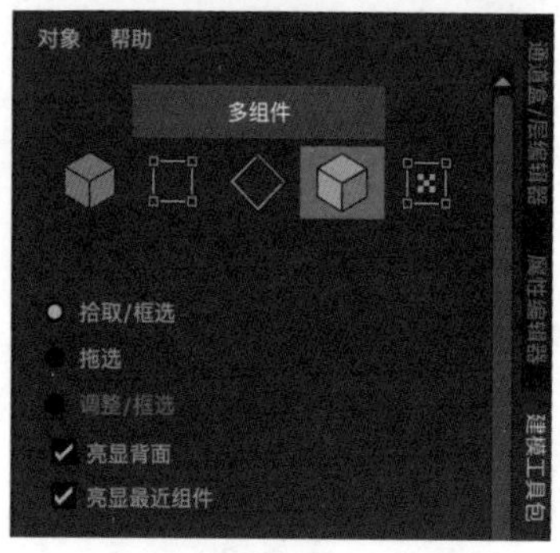

图3-41

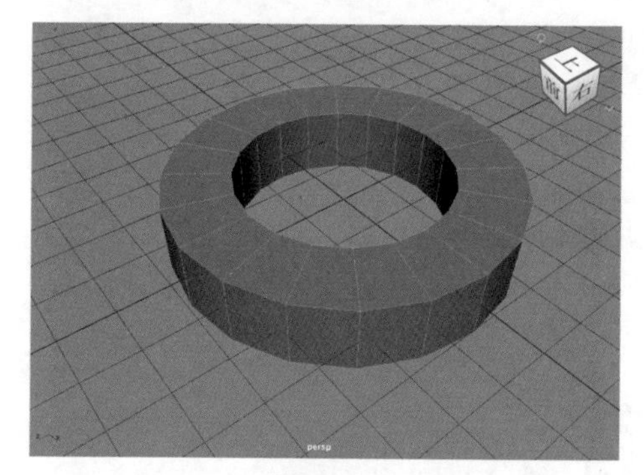
图3-42

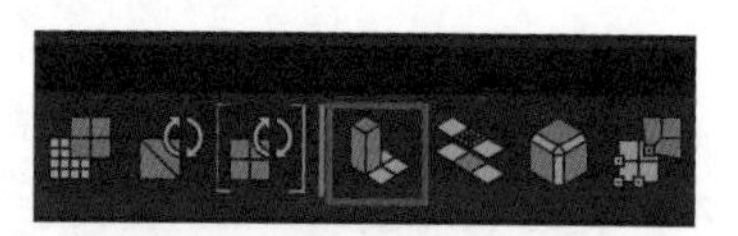
图3-43

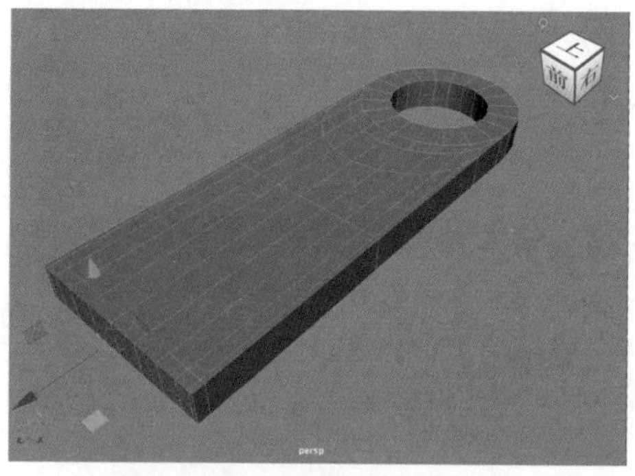
图3-44

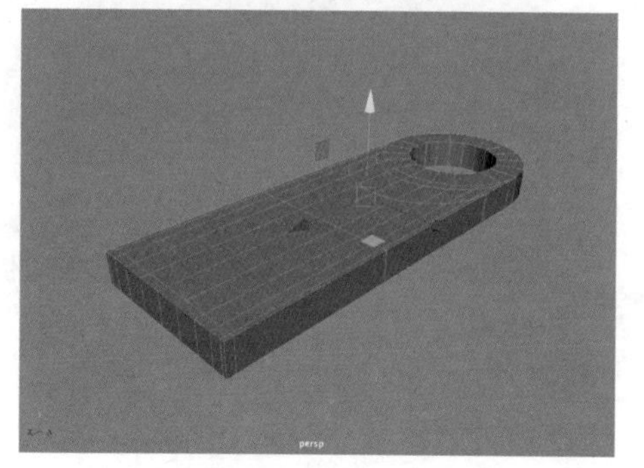
图3-45

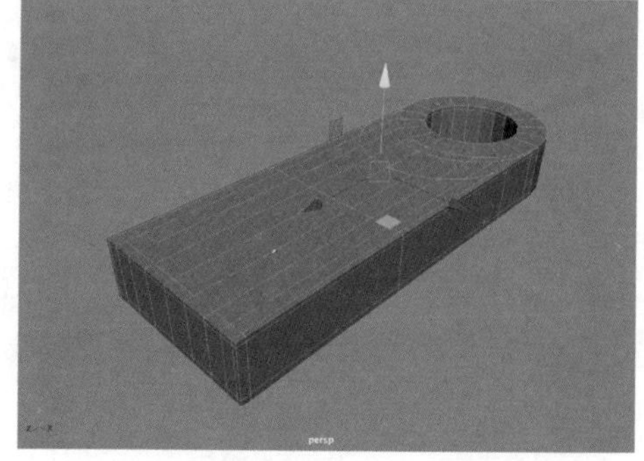
图3-46

技巧与提示 选择面，按住Shift键，配合“移动工具”也能够得到与使用“挤出”工具一样的效果。

（9）选择图3-47所示的面，按住Shift键，配合“缩放工具”制作出图3-48所示的效果。

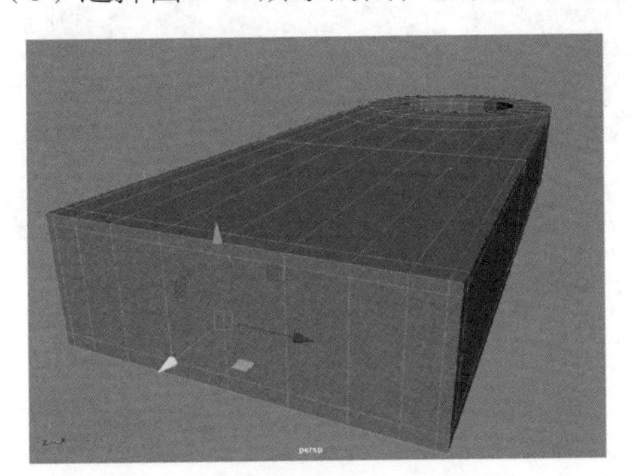

图3-47

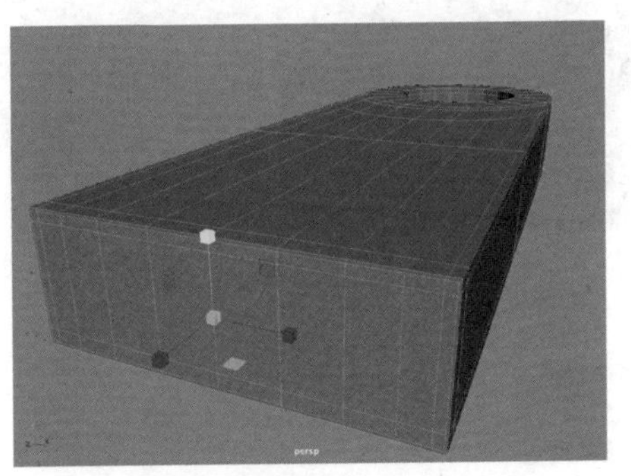

图3-48

（10）按住Shift键，配合“移动工具”制作出图3-49所示的效果。

（11）在“建模工具包”面板中单击“边选择”图标，如图3-50所示。

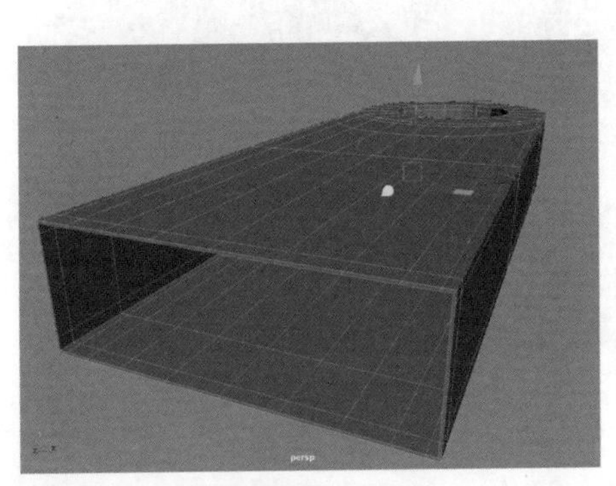

图3-49

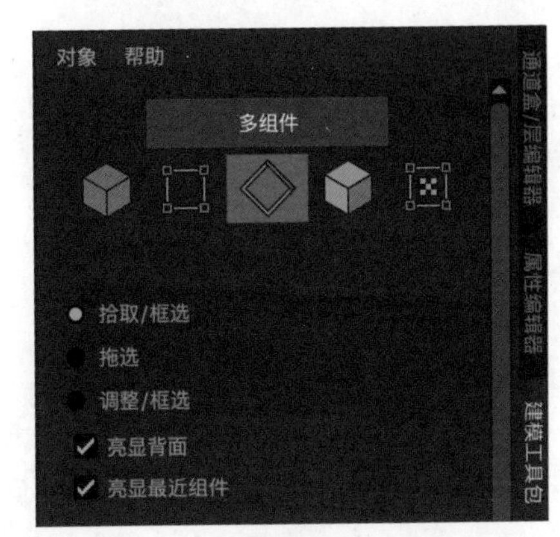

图3-50

（12）选择图3-51所示的边线，单击“多边形建模”工具架中的“倒角”图标，如图3-52所示，制作出图3-53所示的效果。

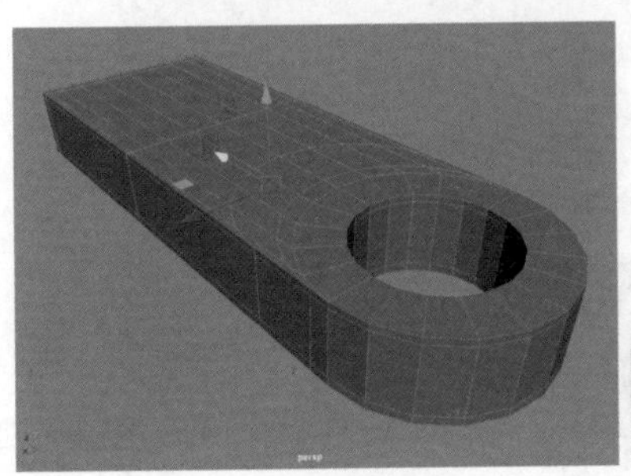

图3-51

图3-52

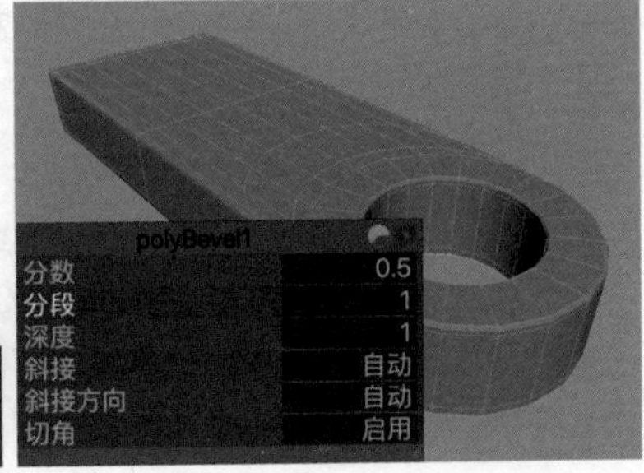

图3-53

（13）在“建模工具包”面板中单击“对象选择”按钮，即可退出多边形编辑模式，如图3-54所示。

（14）制作完成的U盘外壳模型如图3-55所示。

（15）按3键，对所选模型进行平滑处理。平滑后的U盘外壳模型如图3-56所示。

图3-54

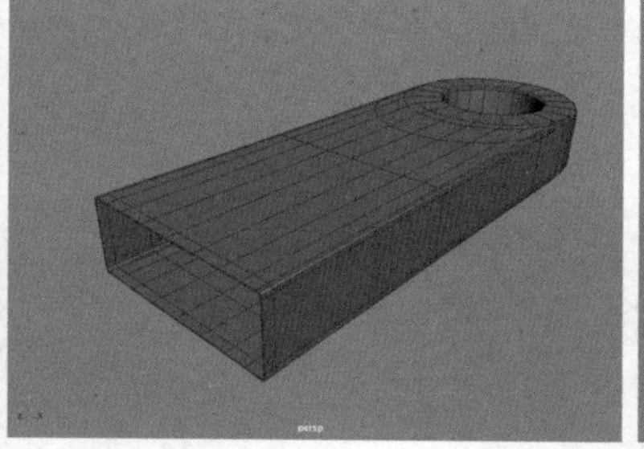
图3-55

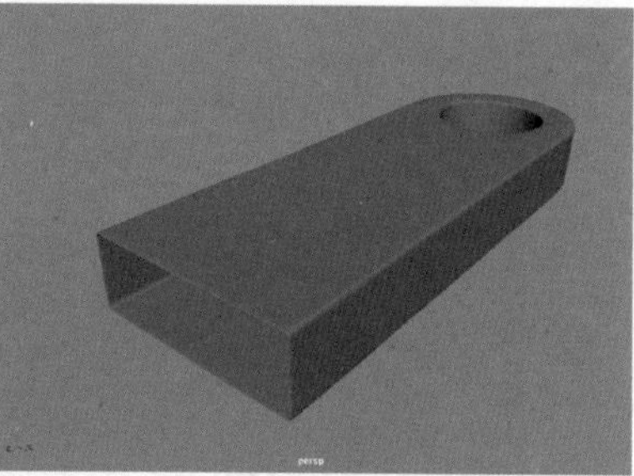
图3-56

3.5.2 制作U盘接口细节

（1）单击“多边形建模”工具架中的“多边形立方体”图标，如图3-57所示。
（2）在场景中U盘的接口位置创建一个长方体，并调整其位置和大小，如图3-58所示。

图3-57

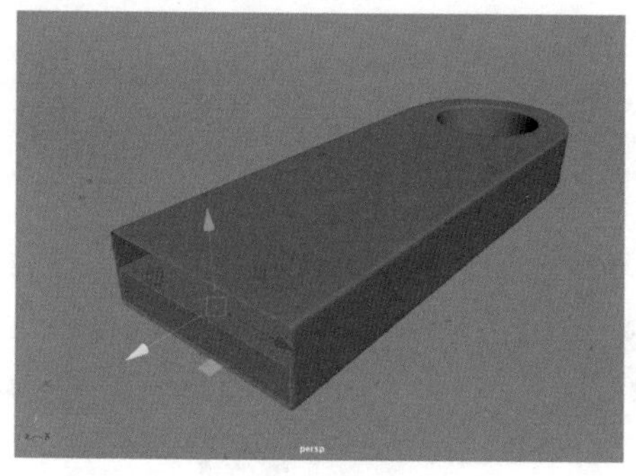
图3-58

（3）在场景中再次创建一个长方体，如图3-59所示。
（4）使用“移动工具”调整其位置，如图3-60所示。

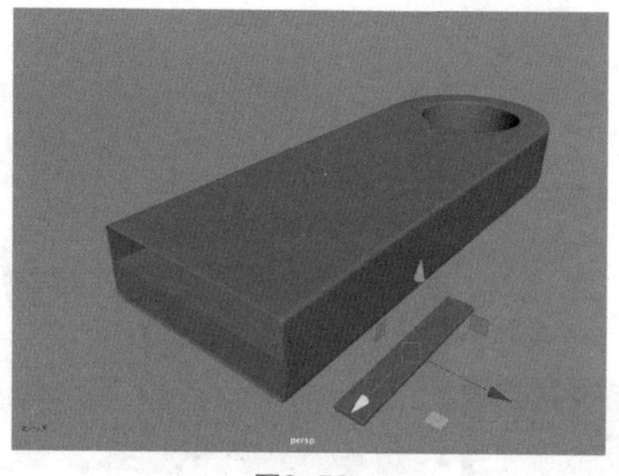
图3-59

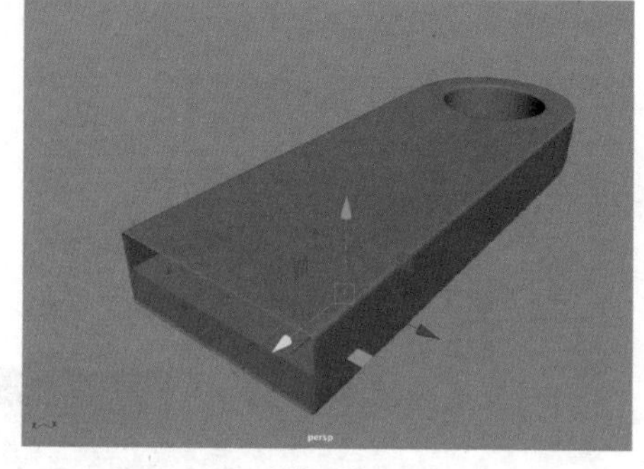
图3-60

（5）按住Shift键，对其进行多次复制并分别调整复制的长方体的位置，以完善U盘接口处的模型细节，如图3-61所示。
（6）本实例制作完成后，U盘模型的最终效果如图3-62所示。

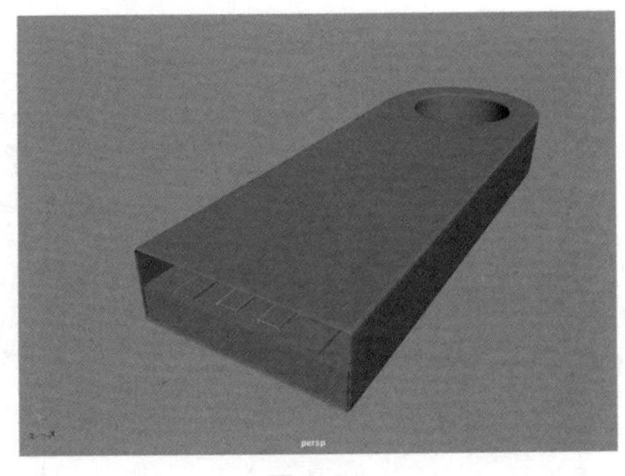
图3-61

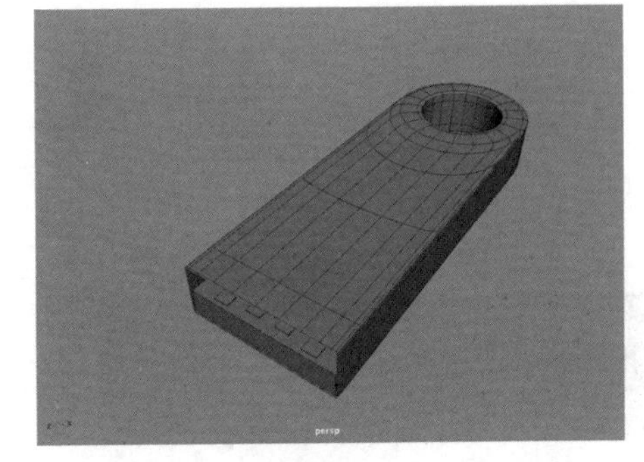
图3-62

3.6 实例：制作碗模型

在本实例中，我们先通过曲面建模技术制作出碗模型的基本形状，再通过多边形建模技术来刻画碗模型的细节，其最终效果如图3-63所示。

图3-63

碗-完成.mb

碗.mb

制作思路

（1）使用曲面建模技术制作碗模型的基本形状。

（2）将曲面模型转化为多边形对象并对其进行编辑，以完善碗模型的细节。

3.6.1 制作碗模型的基本形状

（1）启动中文版Maya 2023，单击“曲线/曲面”工具架中的“NURBS圆形”图标，如图3-64所示。在场景中创建一个圆形图形，如图3-65所示。

图3-64

图3-65

（2）在“属性编辑器”面板中设置“半径”为2、“分段数”为12，如图3-66所示。

（3）选择场景中的圆形图形，按住鼠标右键并执行“控制顶点”命令，如图3-67所示。

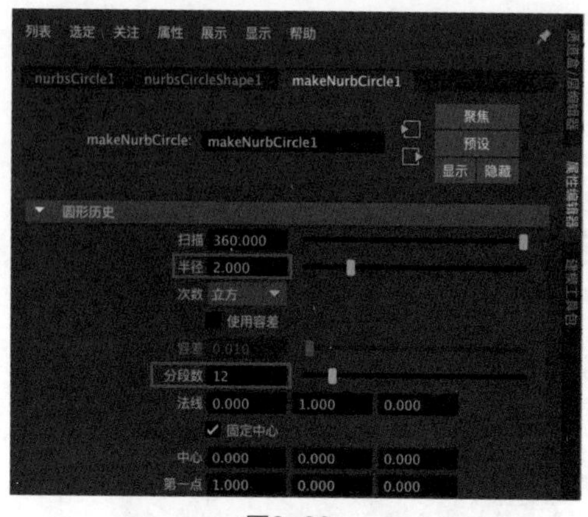

图3-66

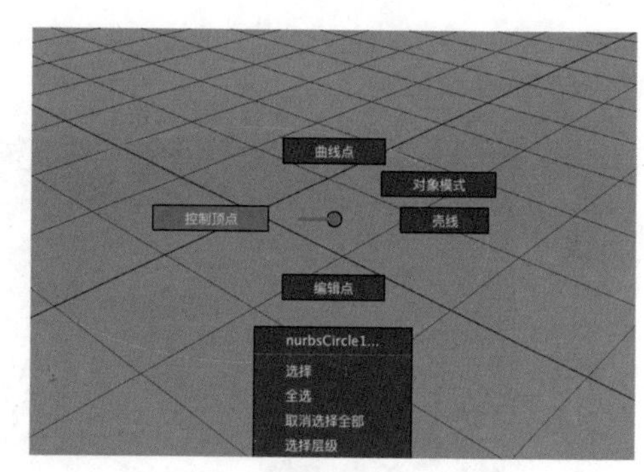

图3-67

（4）按住Shift键，选择图3-68所示的顶点，使用“缩放工具”调整所选顶点的位置，如图3-69所示。

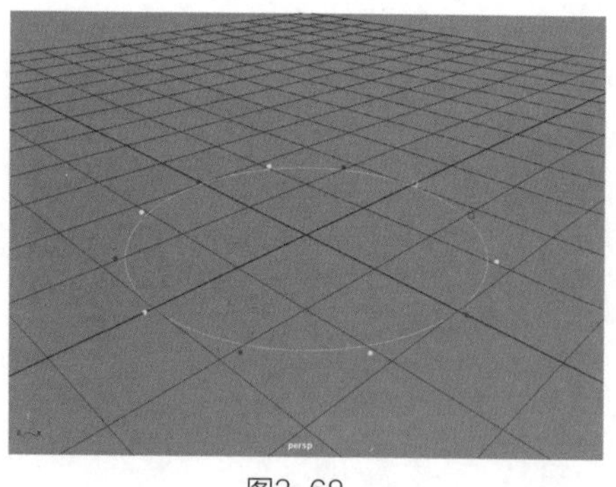

图3-68

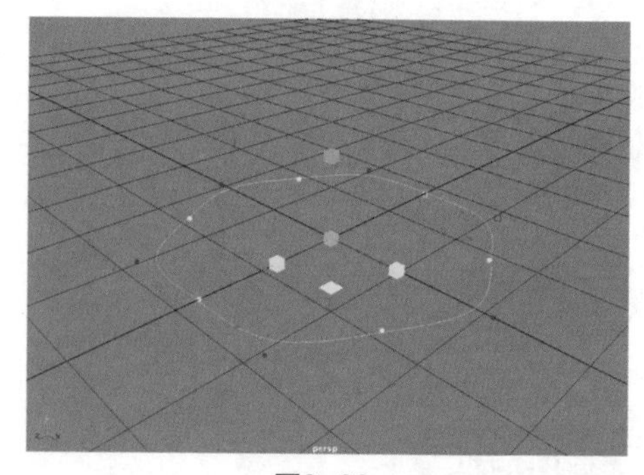

图3-69

（5）调整完成后，按住鼠标右键并执行“对象模式”命令，即可退出圆形图形的编辑模式，如图3-70所示。

（6）在“通道盒/层编辑器”面板中设置“平移Y”为2，如图3-71所示。

（7）单击“曲线/曲面”工具架中的“NURBS圆形”图标，在场景中创建第二个圆形图形，如图3-72所示。

（8）在“通道盒/层编辑器”面板中设置“平移Y”为1、“半径”为1.5，如图3-73所示。

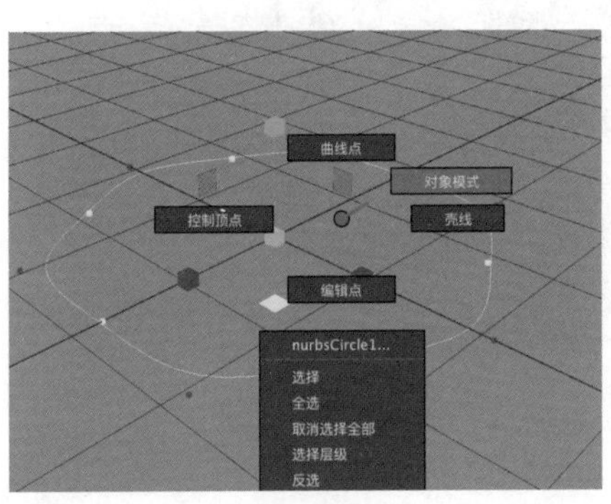

图3-70

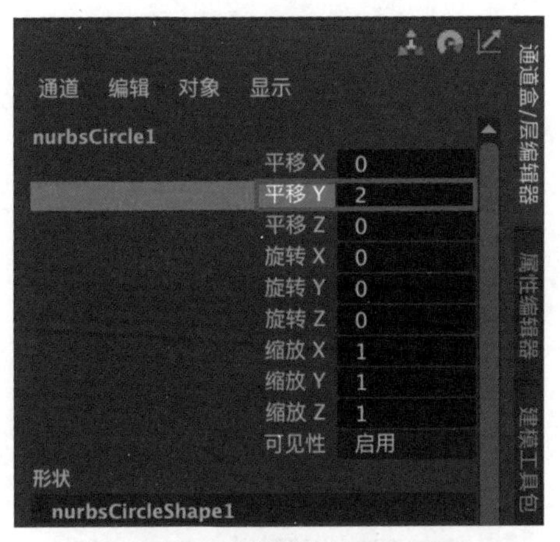

图3-71

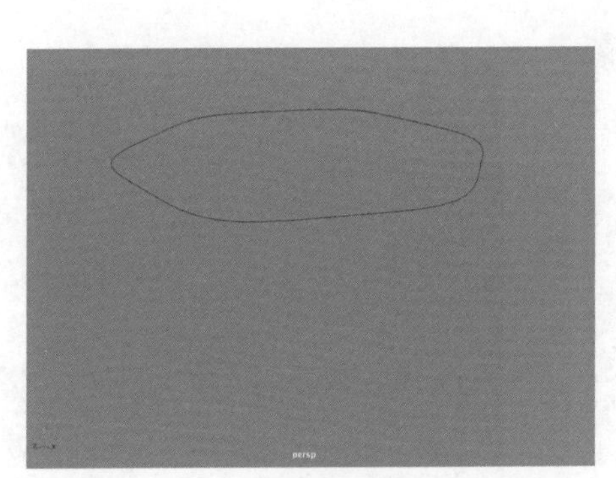

图3-72

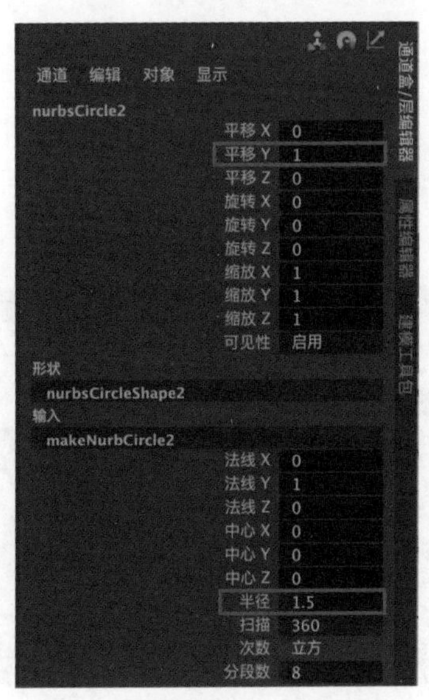

图3-73

（9）单击“曲线/曲面”工具架中的“NURBS圆形”图标，在场景中创建第三个圆形图形，如图3-74所示。

（10）先选择最上方的图形，按住Shift键，再依次加选下方的图形，如图3-75所示。

图3-74

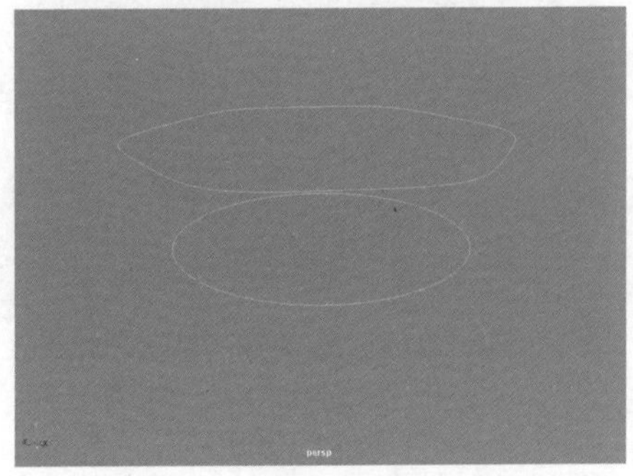

图3-75

（11）单击“曲线/曲面”工具架中的“放样”图标，如图3-76所示。此时可得到图3-77所示的曲面模型。

图3-76

图3-77

3.6.2 完善碗模型的细节

（1）选择曲面模型，单击菜单栏中的“修改>转化>NURBS到多边形”命令右侧的方形按钮，如图3-78所示。

（2）在弹出的“将NURBS转化为多边形选项”对话框中设置“类型”为“四边形”、“细分方法”为“计数”、“计数”为200，如图3-79所示。设置完成后，单击该对话框下方左侧的“细分”按钮，即可得到图3-80所示的多边形模型。

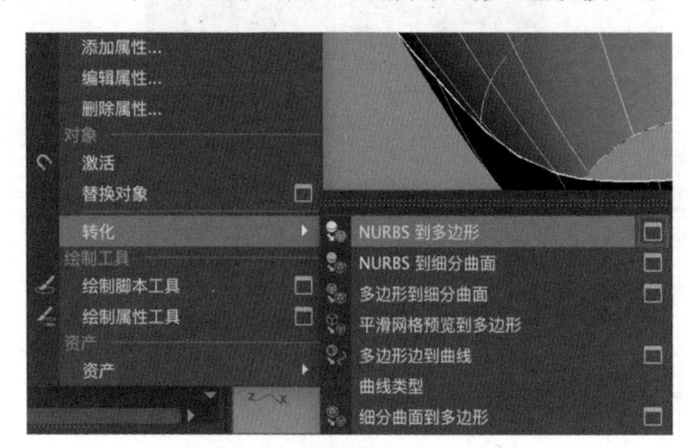

图3-78

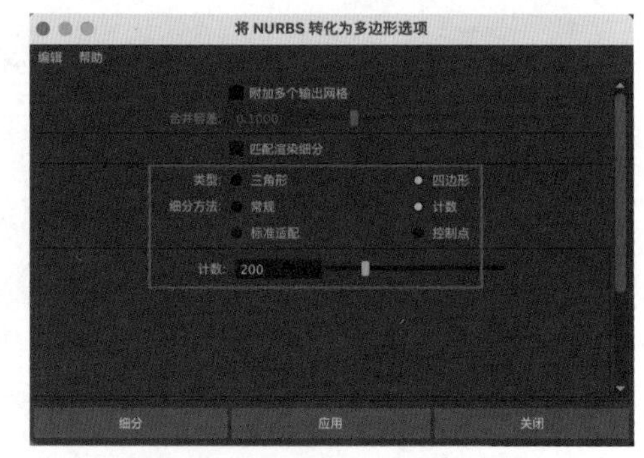

图3-79

（3）选择多边形模型，按住鼠标右键并执行“边”命令，如图3-81所示。

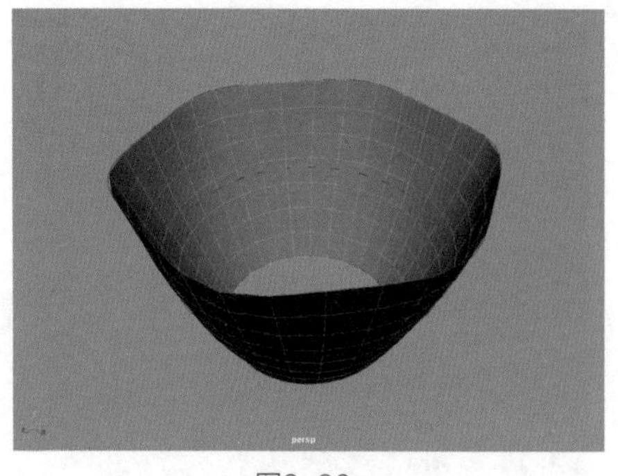

图3-80

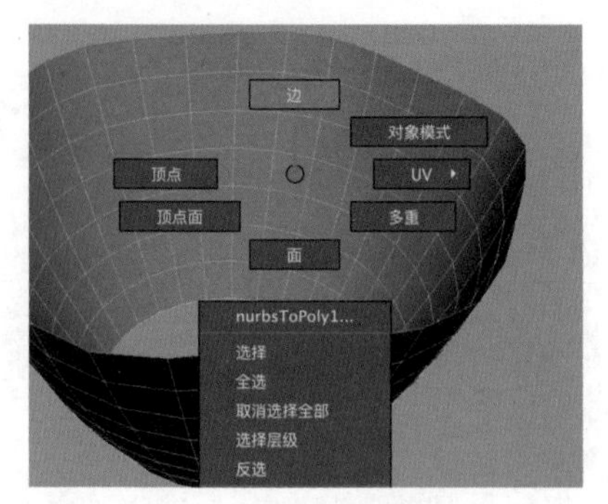

图3-81

（4）选择图3-82所示的边线，执行菜单栏中的“网格>填充洞”命令，如图3-83所示。此时可将碗底空的部分补上，如图3-84所示。

（5）选择图3-85所示的面，单击“多边形建模”工具架中的“挤出”图标，如图3-86所示。这样可制作出图3-87所示的效果。

图3-82

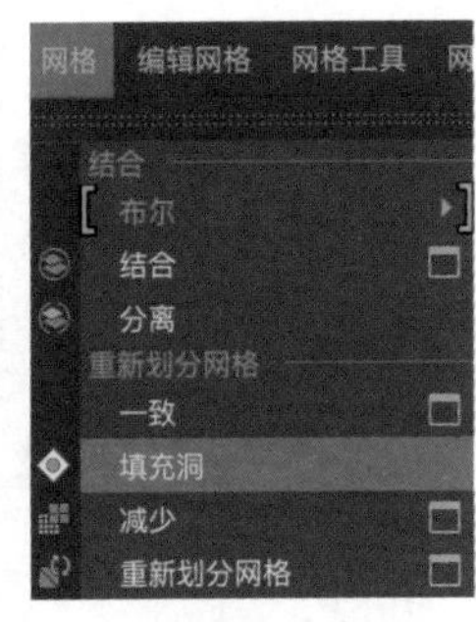

图3-83

图3-84

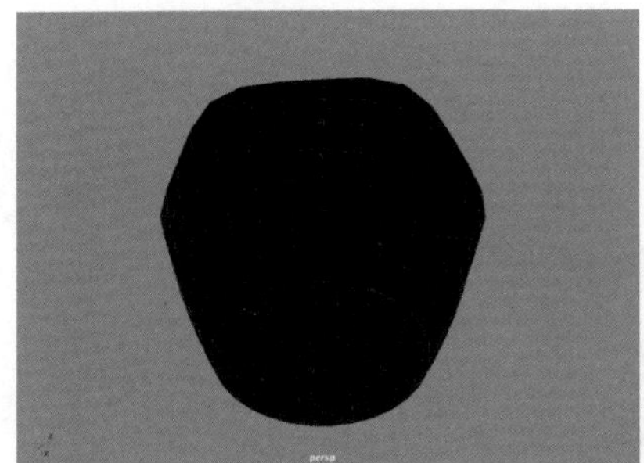

图3-85

图3-86

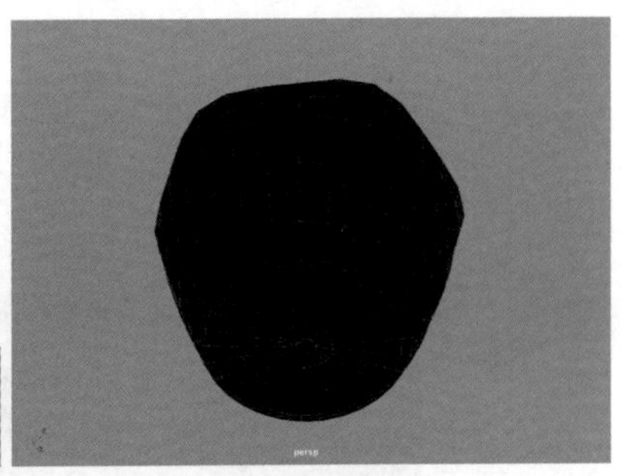

图3-87

（6）选择图3-88所示的面，再次单击“挤出”图标，制作出图3-89所示的效果。

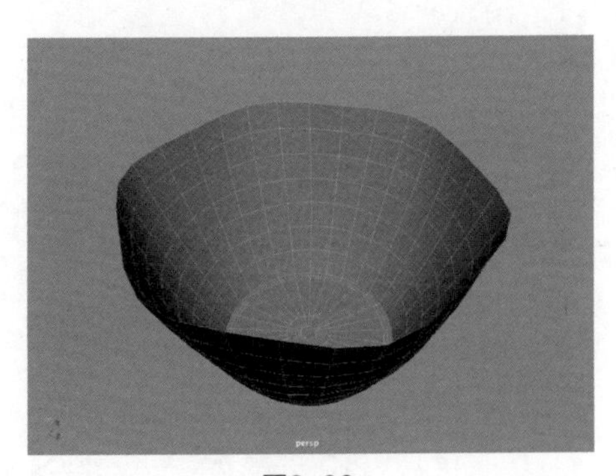

图3-88

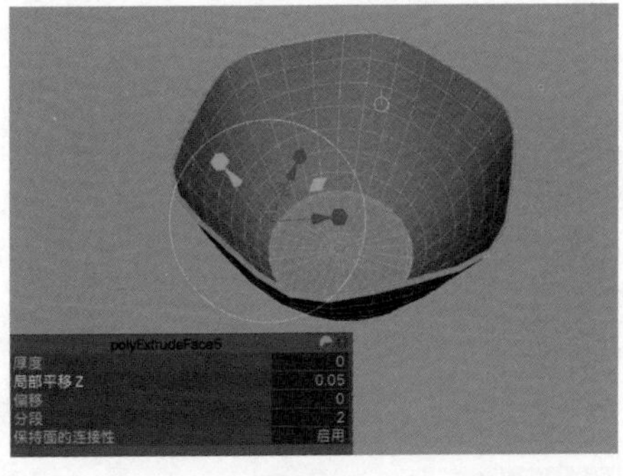

图3-89

（7）按住鼠标右键并执行“对象模式”命令，如图3-90所示。退出多边形编辑模式，碗模型的视图显示效果如图3-91所示。

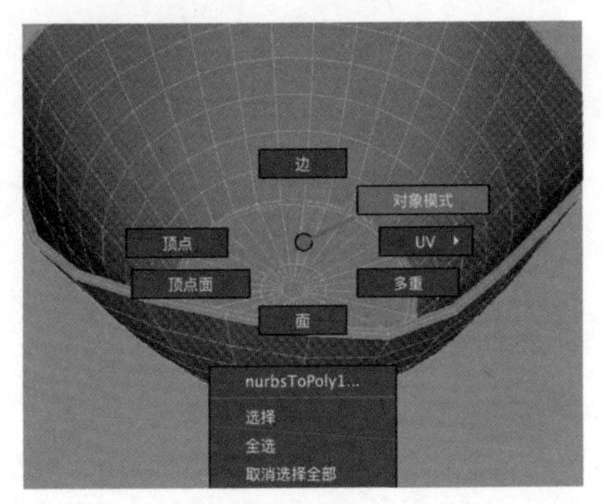

图3-90

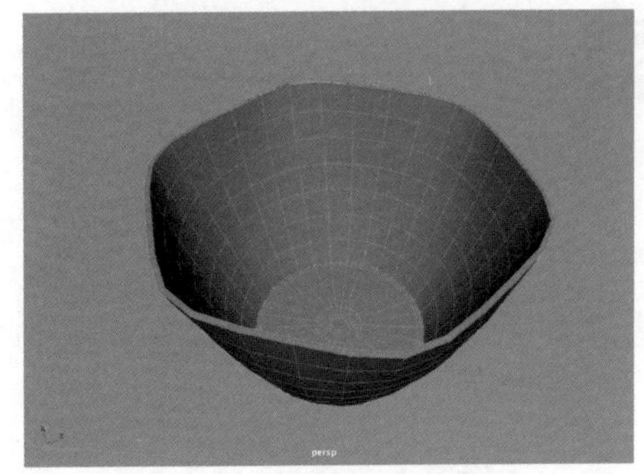

图3-91

（8）选择碗模型，按3键，对所选模型进行平滑处理。本实例制作完成后，碗模型的最终效果如图3-92所示。

图3-92

3.7 实例：制作汤匙模型

在本实例中，我们将使用“多边形球体”工具制作一个汤匙模型，其最终效果如图3-93所示。

图3-93

汤匙-完成.mb

汤匙.mb

微课视频

制作思路

（1）制作汤匙的基本形态。
（2）制作汤匙的手柄部分。

3.7.1 制作汤匙的基本形态

（1）启动中文版Maya 2023，单击“多边形建模”工具架中的“多边形球体”图标，在场景中创建一个球体模型，如图3-94所示。

（2）在“通道盒/层编辑器”面板中设置“平移X”“平移Y”“平移Z”均为0，设置“半径”为3、“轴向细分数”为12、“高度细分数”为12，如图3-95所示。

（3）设置完成后，球体模型的视图显示效果如图3-96所示。

（4）在“建模工具包”面板中单击“面选择”按钮，如图3-97所示。

（5）选择图3-98所示的面，将其删除，得到图3-99所示的模型。

（6）按B键，开启“软选择”功能。选择图3-100所示的点，调整其位置，如图3-101所示。

图3-94

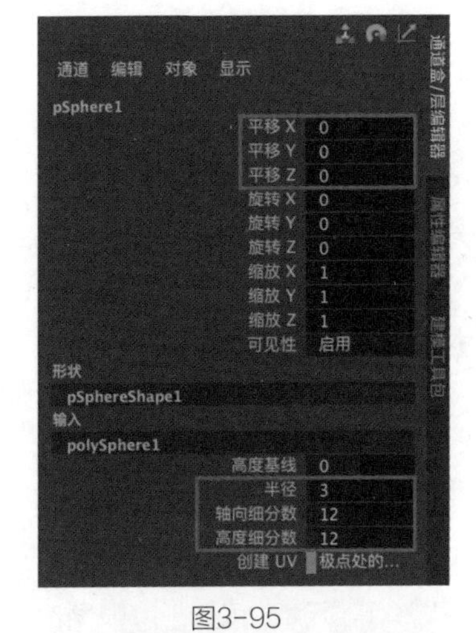

图3-95

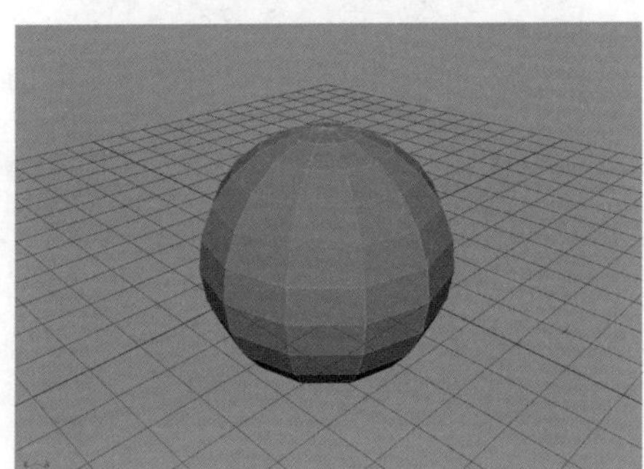
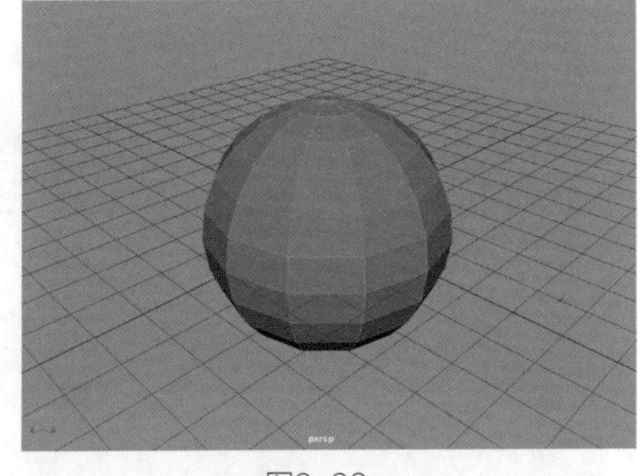
图3-96

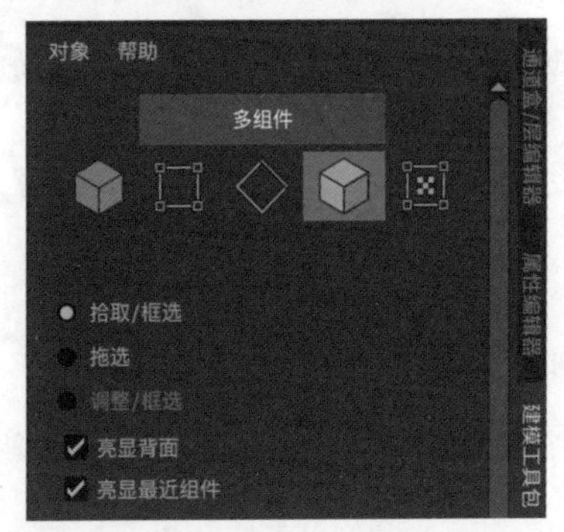

图3-97

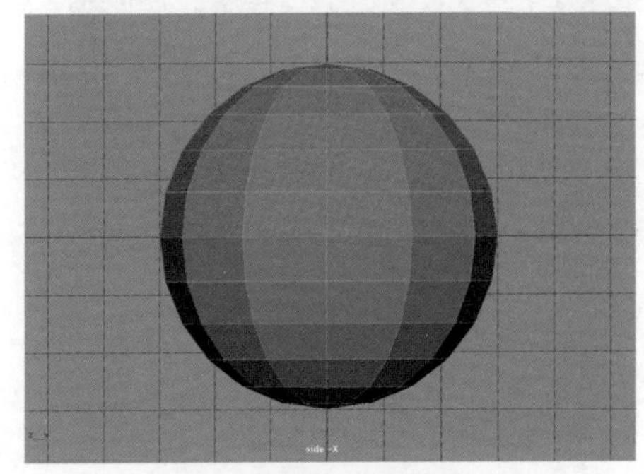
图3-98

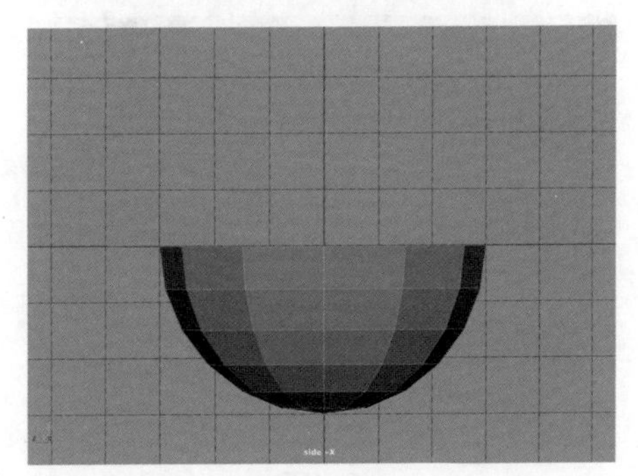
图3-99

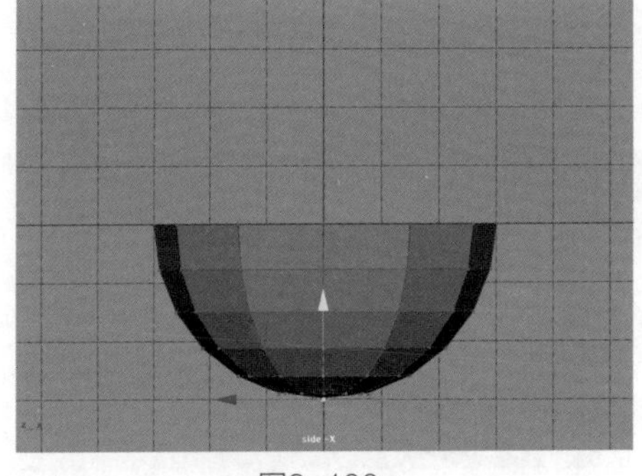
图3-100

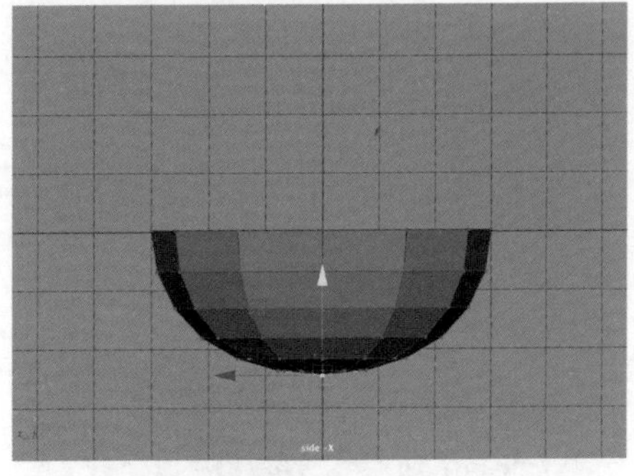
图3-101

（7）再次按B键，关闭“软选择”功能。选择图3-102所示的面，使用“挤出”工具制作出图3-103所示的效果。

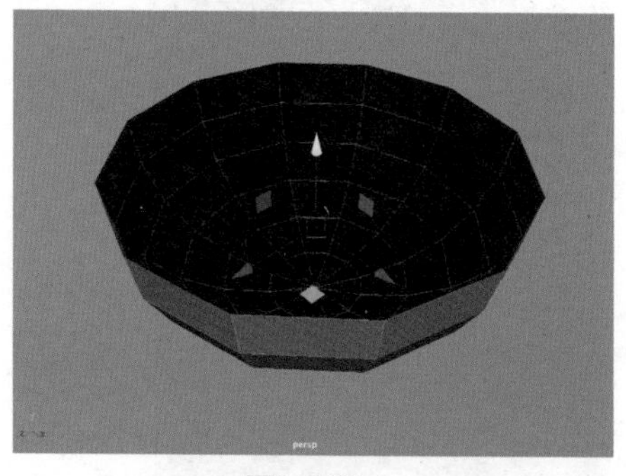

图3-102

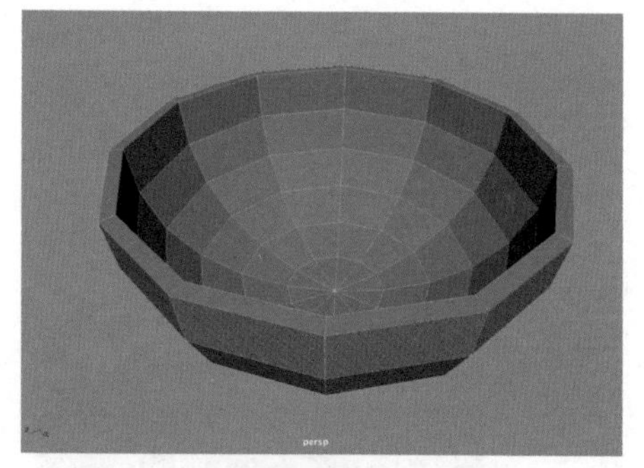

图3-103

（8）选择图3-104所示的面，使用“挤出”工具制作出图3-105所示的效果。

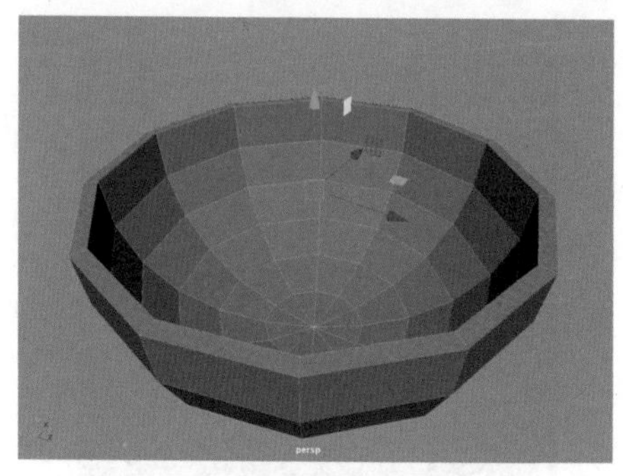

图3-104

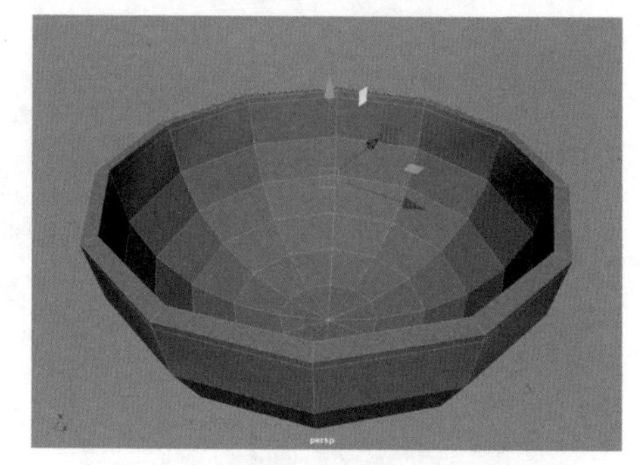

图3-105

（9）选择图3-106所示的边线，使用“倒角”工具制作出图3-107所示的效果。

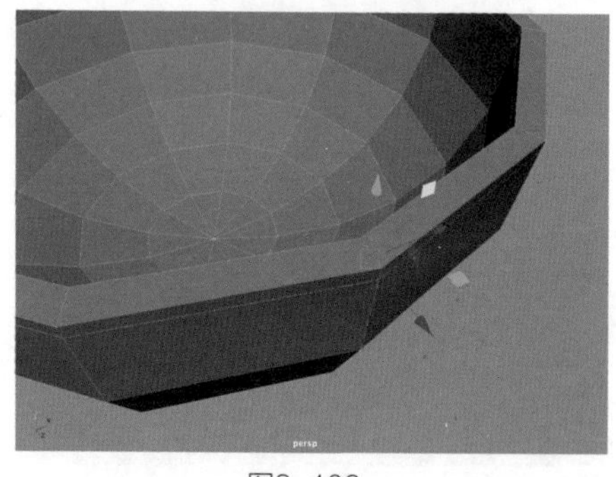

图3-106

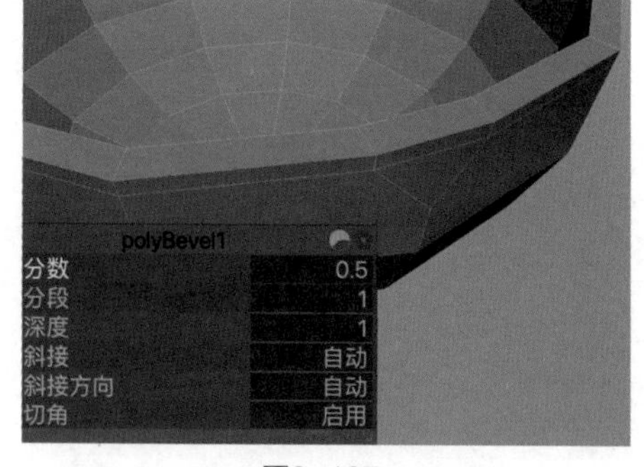

图3-107

（10）选择图3-108所示的面，使用“挤出”工具制作出图3-109所示的效果。

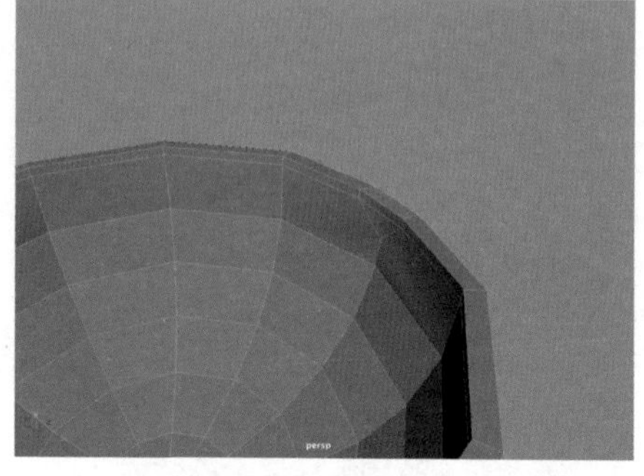

图3-108

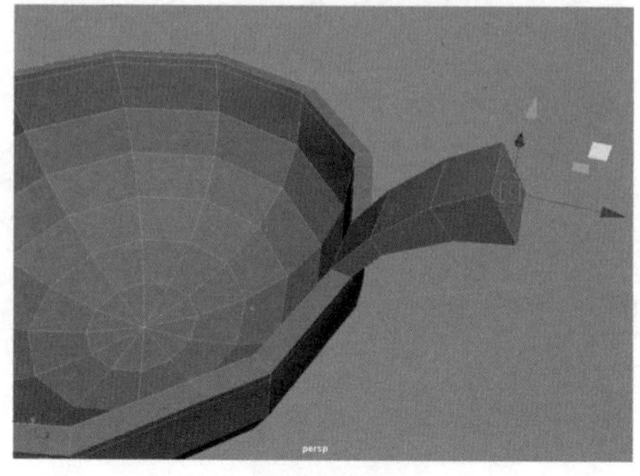

图3-109

3.7.2 制作汤匙的手柄部分

（1）选择图3-110所示的面，使用“挤出”工具对所选的面进行多次挤出操作，制作出图3-111所示的效果。

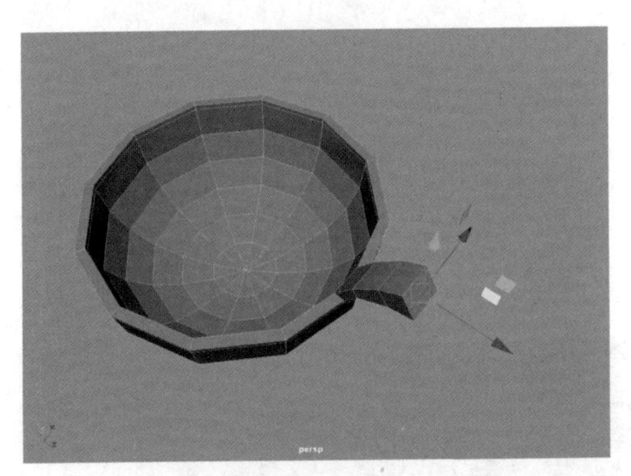

图3-110

图3-111

（2）手柄部分制作完成后，退出模型的编辑模式，如图3-112所示。

（3）按3键，对模型进行平滑处理。此时汤匙的手柄连接处看起来不太自然，如图3-113所示。

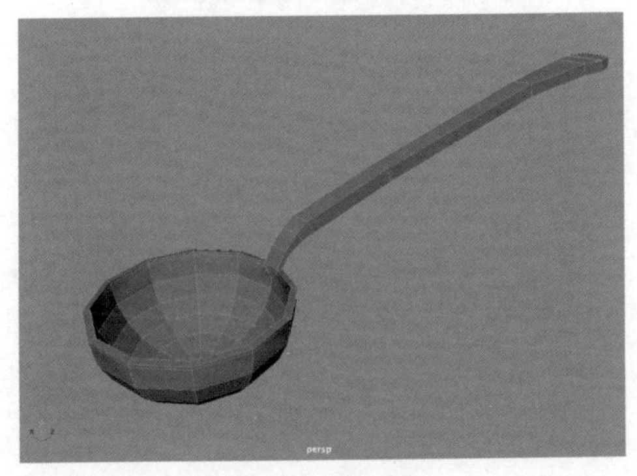

图3-112

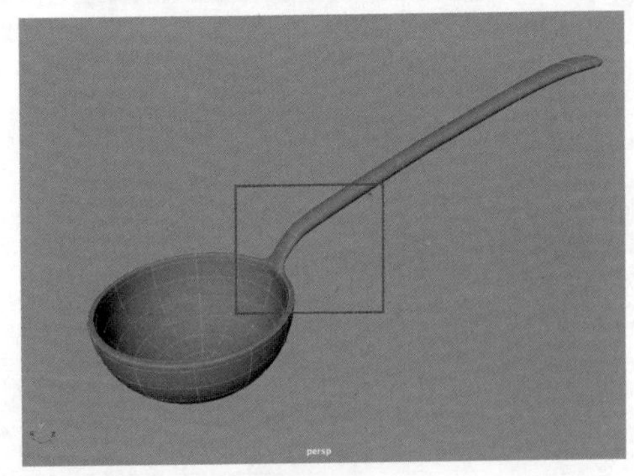

图3-113

（4）在侧视图中选择图3-114所示的顶点，调整其位置，使手柄的连接处看起来自然一些，如图3-115所示。

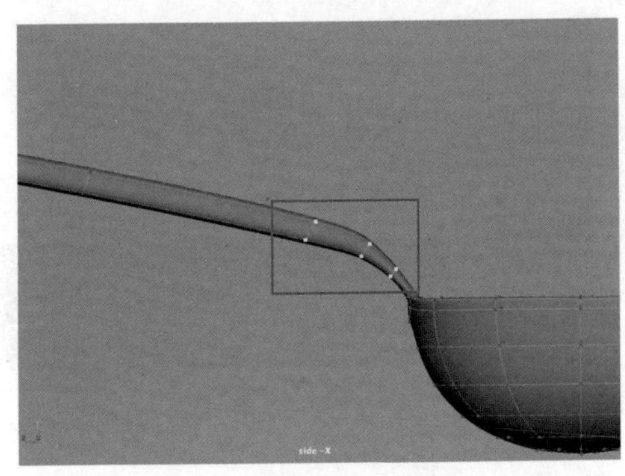

图3-114

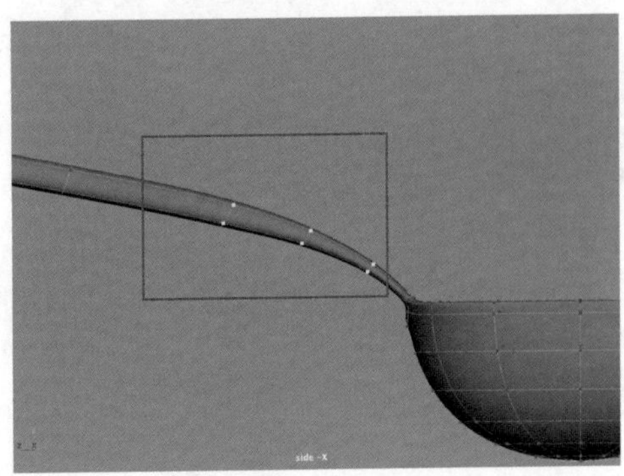

图3-115

（5）本实例制作完成后，汤匙模型的最终效果如图3-116所示。

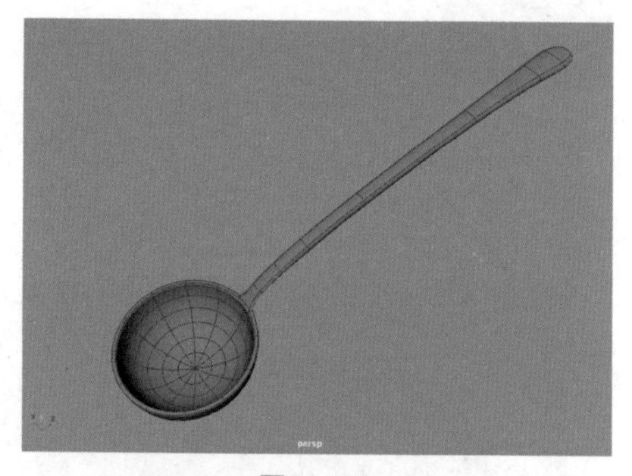

图3-116

3.8 实例：制作沙发模型

在本实例中，我们将使用“多边形立方体”工具制作一个沙发模型，其最终效果如图3-117所示。

图3-117

沙发-完成.mb

沙发.mb

微课视频

制作思路

（1）制作沙发坐垫模型。
（2）制作沙发扶手模型和靠背模型。
（3）制作沙发腿模型。

3.8.1 制作沙发坐垫模型

（1）启动中文版Maya 2023，单击“多边形建模”工具架中的“多边形立方体”图标，在场景中创建一个长方体模型，如图3-118所示。

图3-118

（2）在“通道盒/层编辑器”面板中设置长方体模型的参数，如图3-119所示。

（3）设置完成后，长方体模型的视图显示效果如图3-120所示。

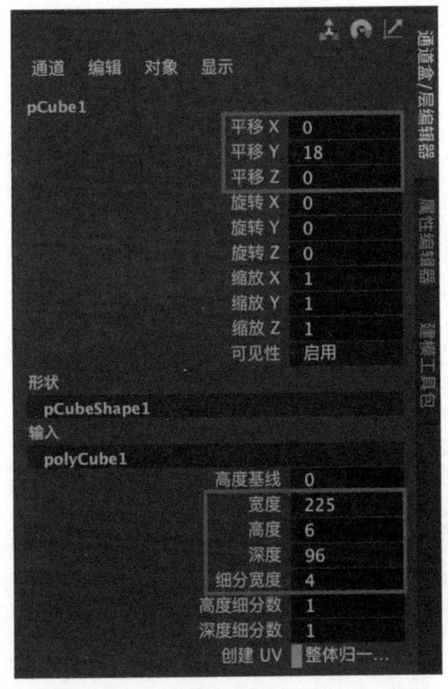

图3-119

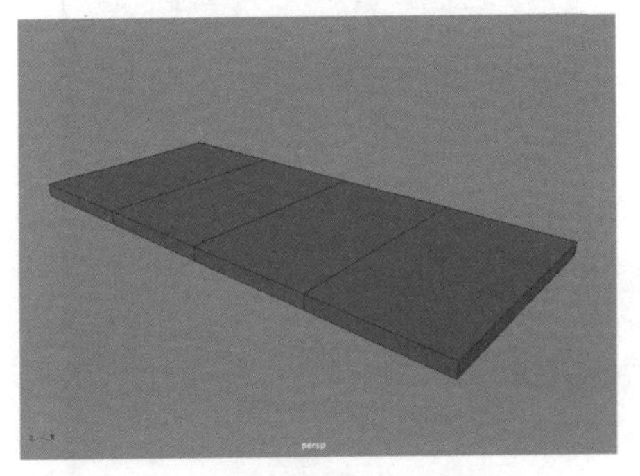
图3-120

（4）选择图3-121所示的边线，使用“倒角”工具制作出图3-122所示的效果。

图3-121

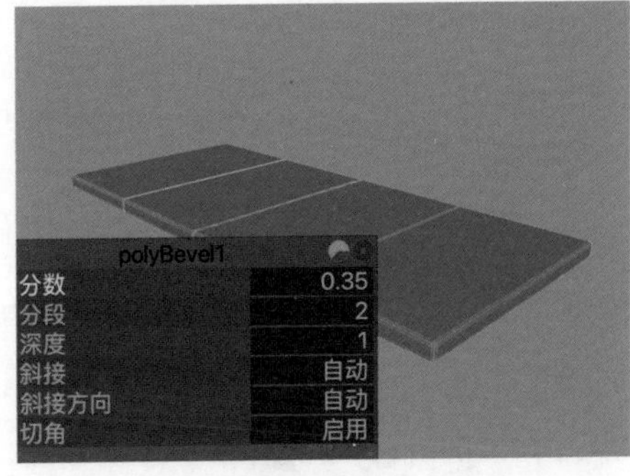

图3-122

（5）选择图3-123所示的边线，使用“缩放工具”制作出图3-124所示的效果。

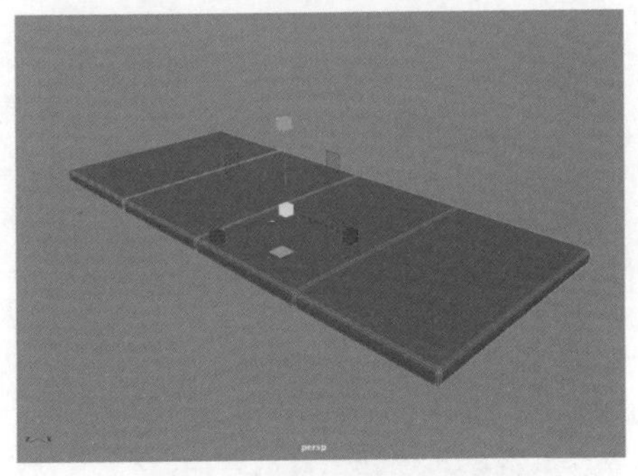
图3-123

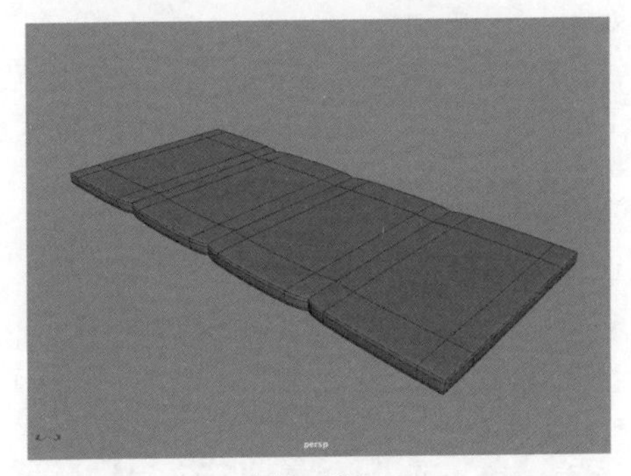
图3-124

（6）单击“多边形建模”工具架中的“多边形立方体”图标，在场景中创建第二个长方体模型，并设置其参数，如图3-125所示。

（7）设置完成后，长方体模型的视图显示效果如图3-126所示。

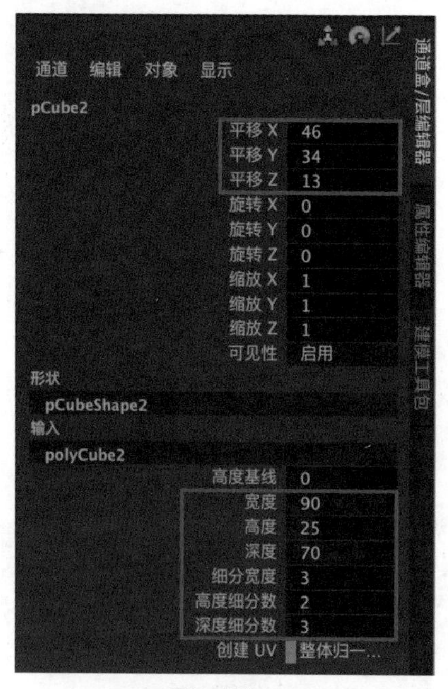

图3-125

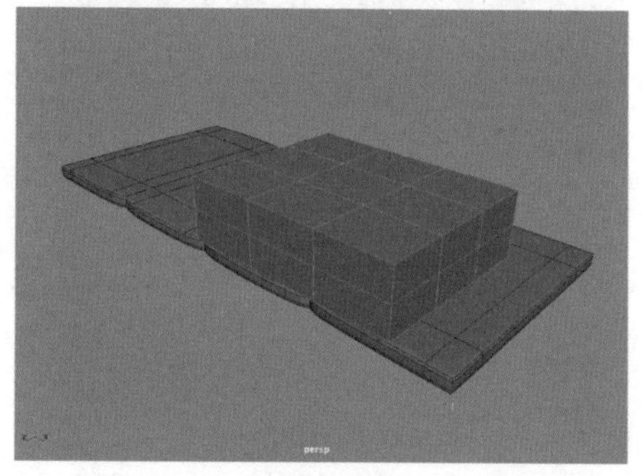

图3-126

（8）选择图3-127所示的边线，使用“倒角”工具制作出图3-128所示的效果。

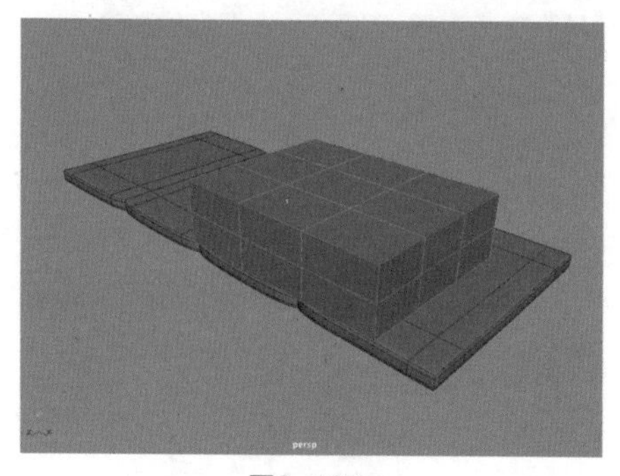

图3-127

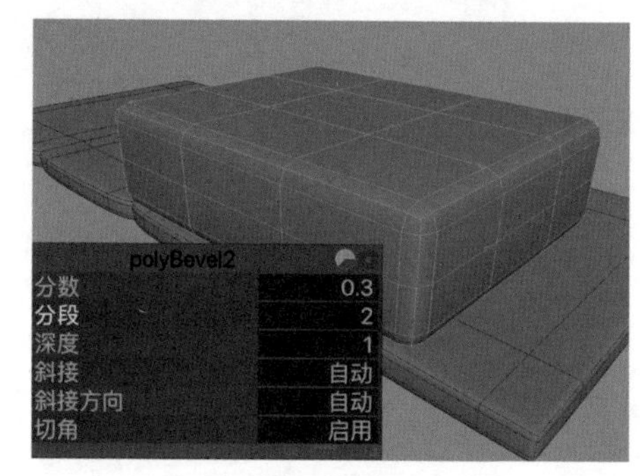

图3-128

（9）按3键，对模型进行平滑处理，调整长方体模型顶点的位置，制作出沙发坐垫模型的细节，如图3-129所示。

（10）调整完成后，复制出一个沙发坐垫模型并调整其位置，完成沙发坐垫模型的制作，如图3-130所示。

图3-129

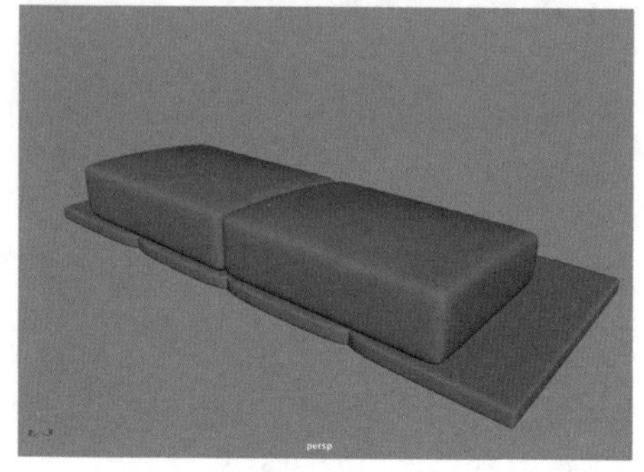

图3-130

3.8.2 制作沙发扶手模型和靠背模型

（1）单击“多边形建模”工具架中的“多边形立方体”图标，在场景中创建一个长方体模型，如图3-131所示。

图3-131

（2）在“通道盒/层编辑器”面板中设置长方体模型的参数，如图3-132所示。

（3）设置完成后，长方体模型的视图显示效果如图3-133所示。

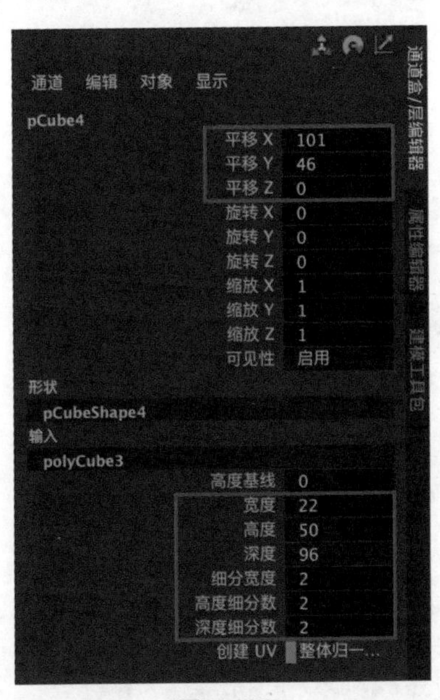

图3-132

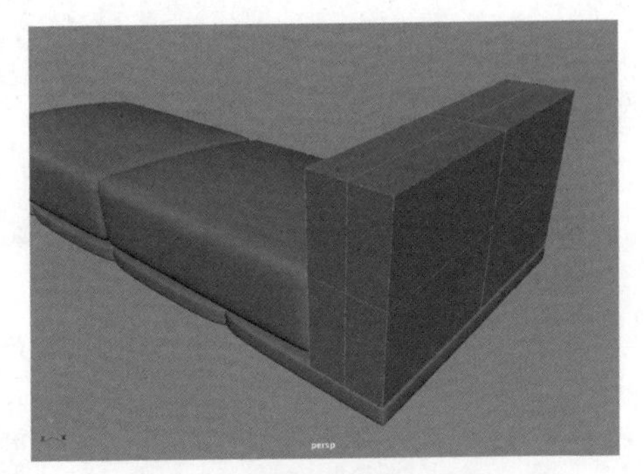

图3-133

（4）选择图3-134所示的边线，使用“倒角”工具制作出图3-135所示的效果。

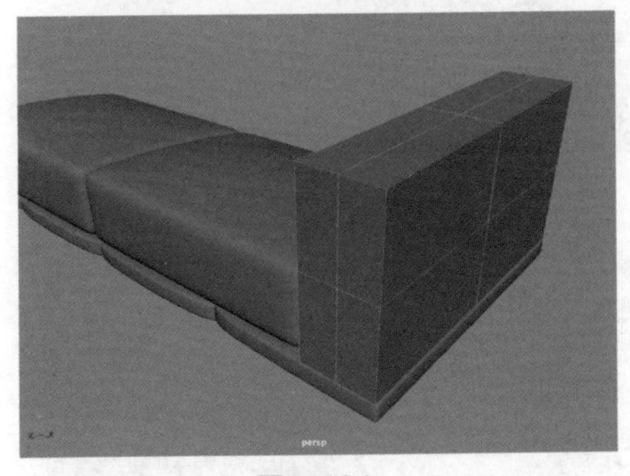

图3-134

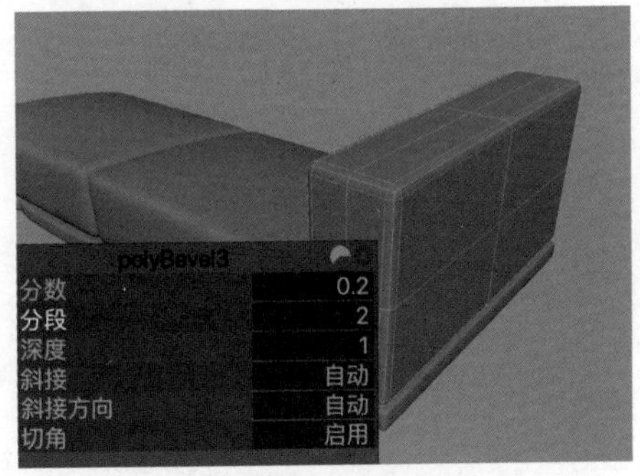

图3-135

（5）按住Shift键，配合“移动工具”复制出一个长方体模型，并调整其角度，用来作为沙发的靠背部分，如图3-136所示。

（6）按3键，对模型进行平滑处理，并调整长方体模型顶点的位置，如图3-137所示。

（7）调整完成后，选择沙发扶手模型和靠背模型，单击“多边形建模”工具架中的“结合”图标，如图3-138所示。此时所选模型会合并为一个模型，如图3-139所示。

（8）单击“多边形建模”工具架中的“镜像”图标，如图3-140所示。此时得到沙发另一侧的扶手和靠背部分，如图3-141所示。

（9）单击“多边形建模”工具架中的“按类型删除：历史”图标，如图3-142所示。将扶手模型和靠背模型的建模历史删除后，完成沙发扶手模型和靠背模型的制作，效果如图3-143所示。

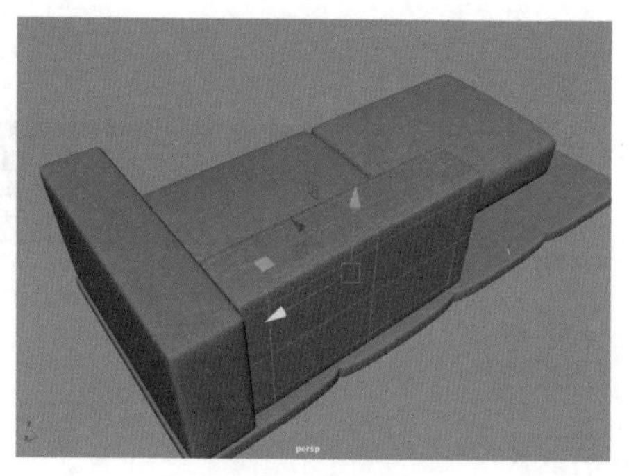
图3-136

图3-137

图3-138

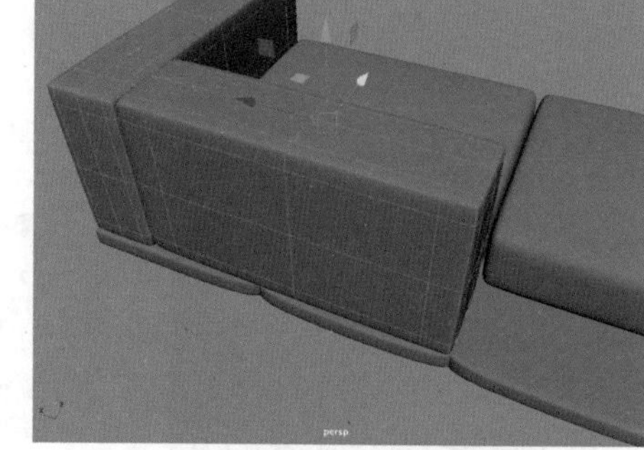
图3-139

图3-140

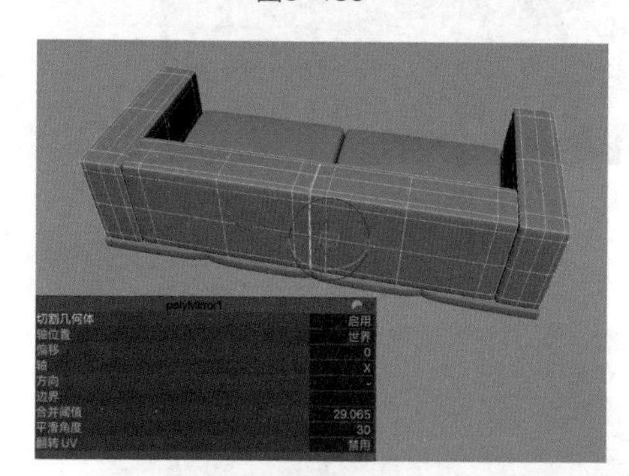
图3-141

图3-142

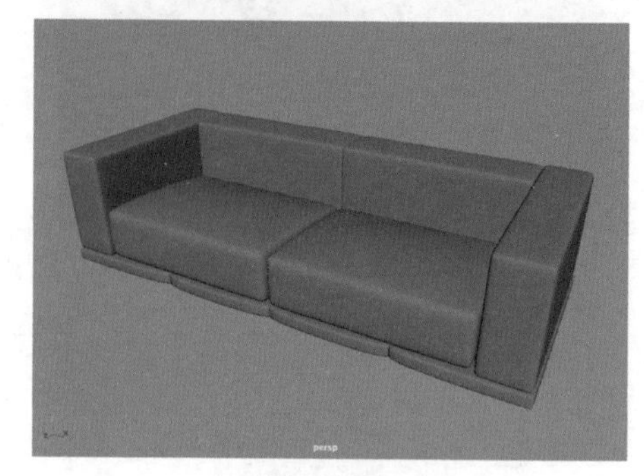
图3-143

3.8.3 制作沙发腿模型

（1）单击“多边形建模”工具架中的“多边形立方体”图标，在场景中创建一个长方体模型，如图3-144所示。

（2）在“通道盒/层编辑器”面板中设置长方体模型的参数，如图3-145所示。

（3）设置完成后，长方体模型的视图显示效果如图3-146所示。

图3-144

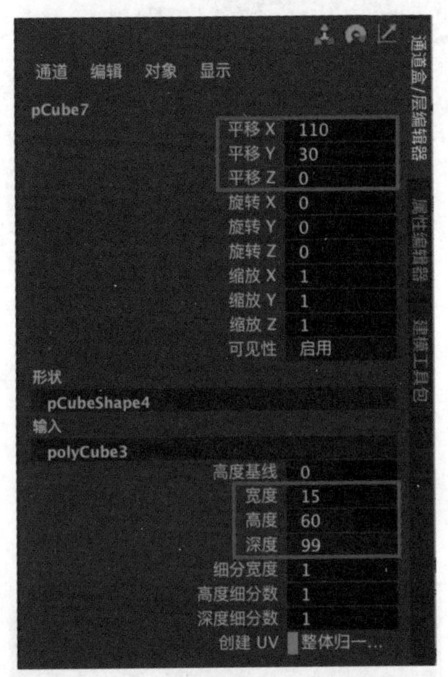

图3-145

图3-146

（4）选择图3-147所示的边线，单击菜单栏中的“修改>转化>多边形边到曲线”命令右侧的方形按钮，如图3-148所示。

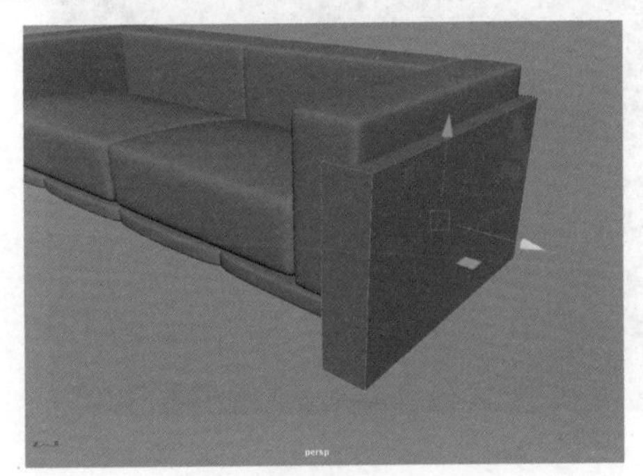
图3-147

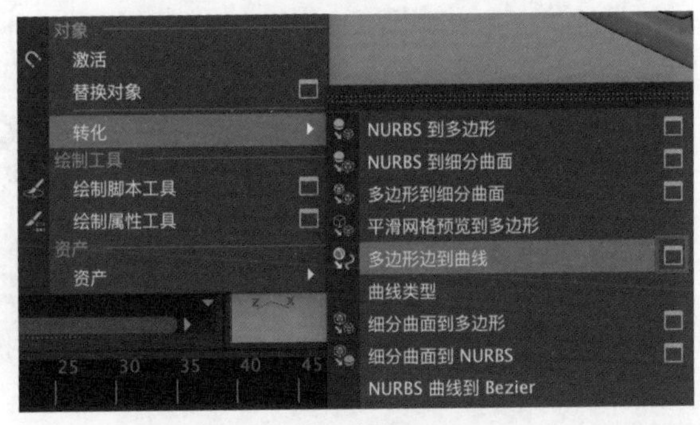

图3-148

（5）在自动弹出的“多边形到曲线选项”对话框中设置“次数”为“1 一次”，如图3-149所示。单击该对话框下方左侧的“转化”按钮，关闭该对话框。

（6）将刚刚创建的长方体模型删除后，即可看到场景中生成的曲线，如图3-150所示。

（7）选择曲线，按住鼠标右键，在弹出的菜单中执行“编辑点”命令，如图3-151所示。

（8）选择曲线上的所有点，如图3-152所示。单击“曲线/曲面”工具架中的“分离曲线”图标，如图3-153所示。

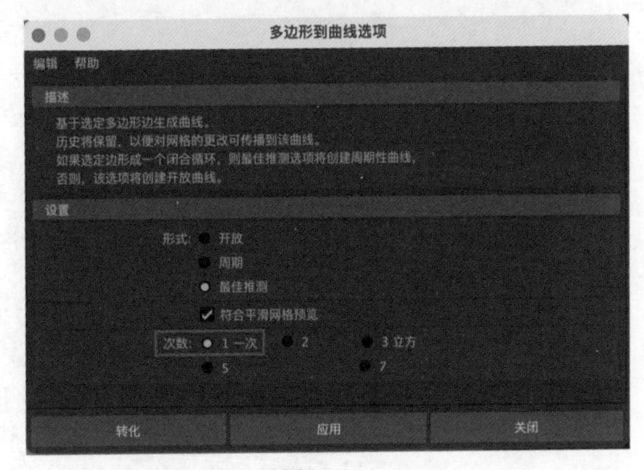

图3-149

（9）选择图3-154所示的两条线，单击菜单栏中的“曲线>圆角”命令右侧的方形按钮，在弹出的“圆角曲线选项”对话框中勾选“修剪”复选框，如图3-155所示。

图3-150

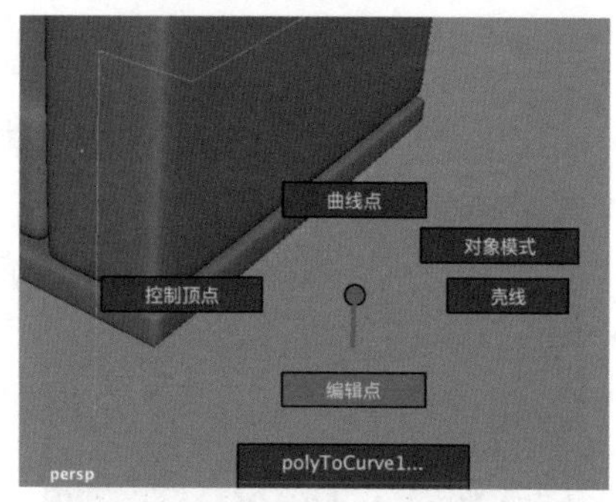

图3-151

图3-152

图3-153

图3-154

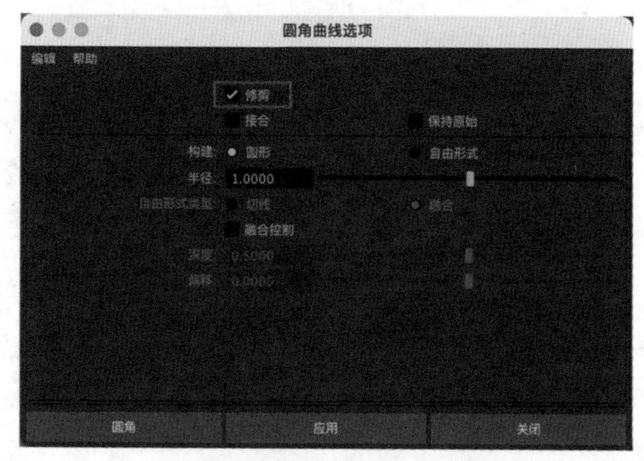

图3-155

在“圆角曲线选项”对话框中，“修剪”复选框在默认情况下处于取消勾选状态，如果不勾选该复选框，执行“圆角”命令则不会对曲线进行修剪。图3-156和图3-157所示为勾选“修剪”复选框前后的效果对比。

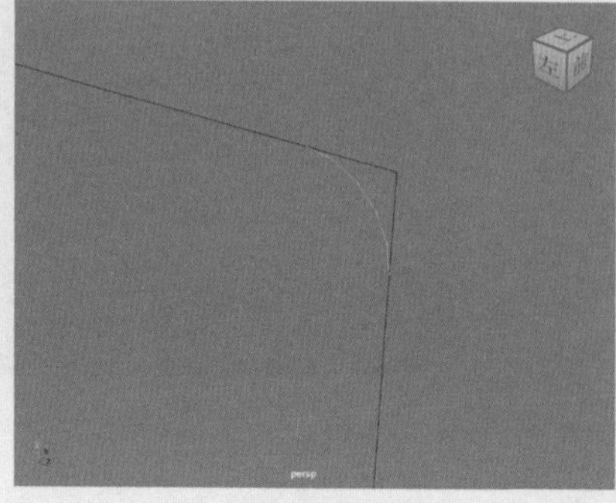
图3-156

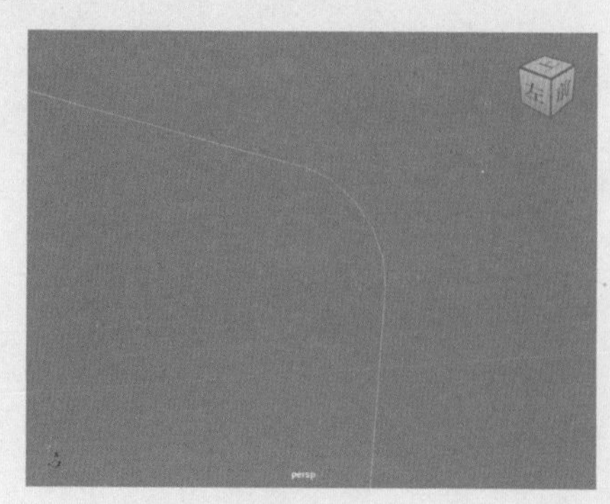
图3-157

（10）单击“圆角曲线选项”对话框下方左侧的“圆角”按钮关闭该对话框，可以看到图3-158所示的效果。

（11）在“曲线圆角历史”卷展栏中设置“半径”为5，如图3-159所示，可以得到图3-160所示的效果。

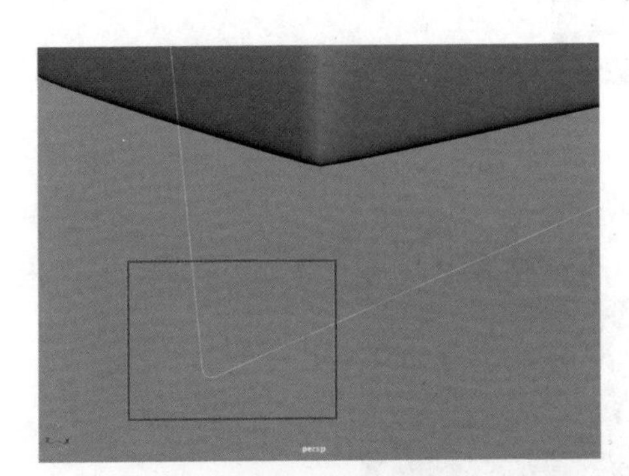

图3-158

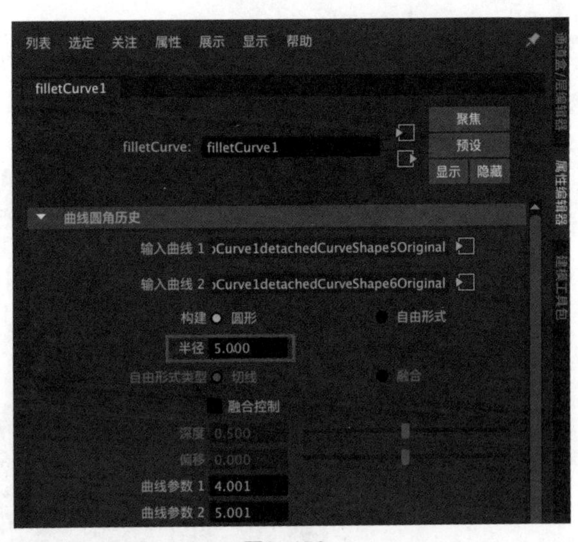

图3-159

（12）使用同样的操作步骤制作出其他线条之间的圆角效果，如图3-161所示。

图3-160

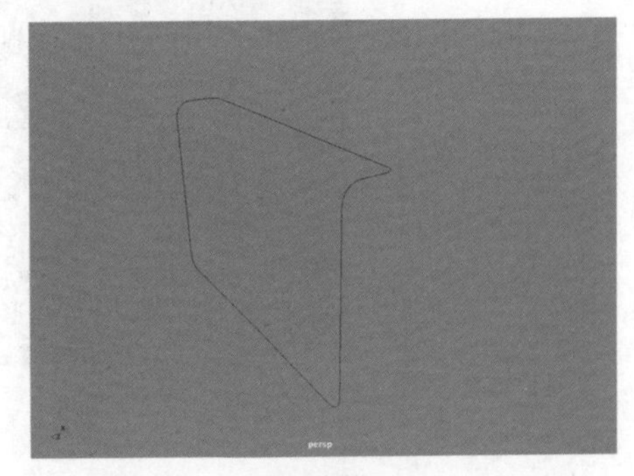

图3-161

（13）选择场景中的所有曲线，双击“曲线/曲面”工具架中的“附加曲线”图标，如图3-162所示。在弹出的“附加曲线选项”对话框中设置“附加方法”为“连接”，如图3-163所示。

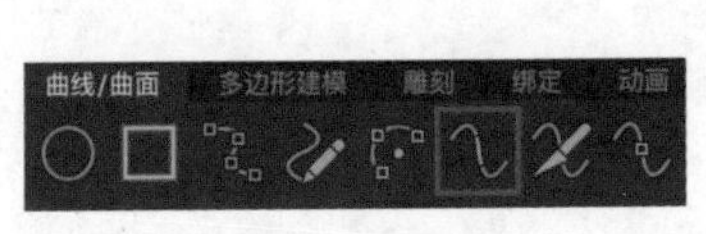

图3-162

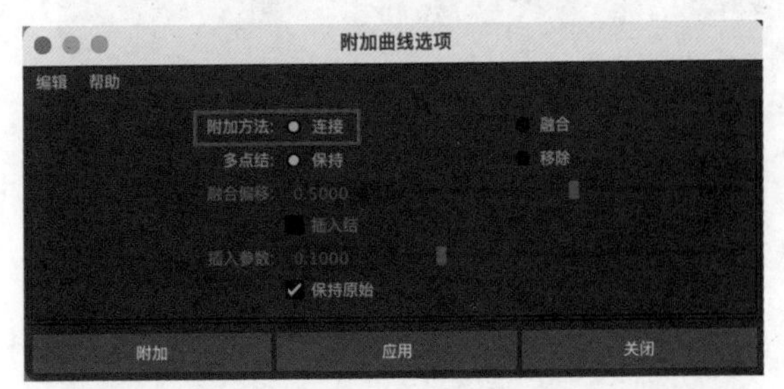

图3-163

（14）单击“附加曲线选项”对话框下方左侧的“附加”按钮关闭该对话框，可以看到一条完整的曲线，如图3-164所示。

（15）选择曲线，单击“多边形建模”工具架中的“扫描网格”图标，如图3-165所示。此时可以得到图3-166所示的模型。

图3-164

图3-165

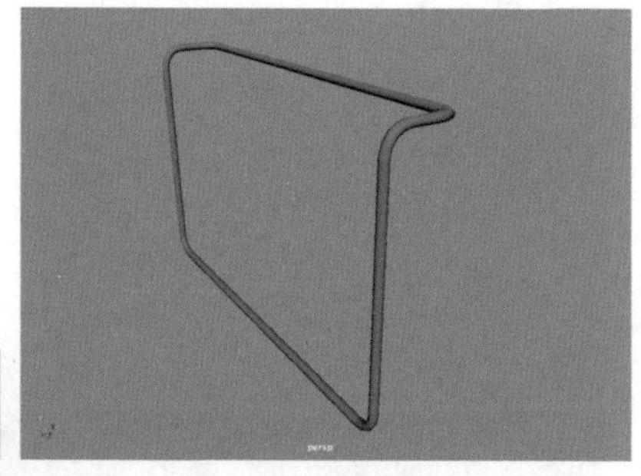

图3-166

（16）在“扫描剖面”卷展栏中选择“矩形”，设置“宽度”为7、“高度”为2、“角半径”为0.4、“角分段”为3，如图3-167所示。

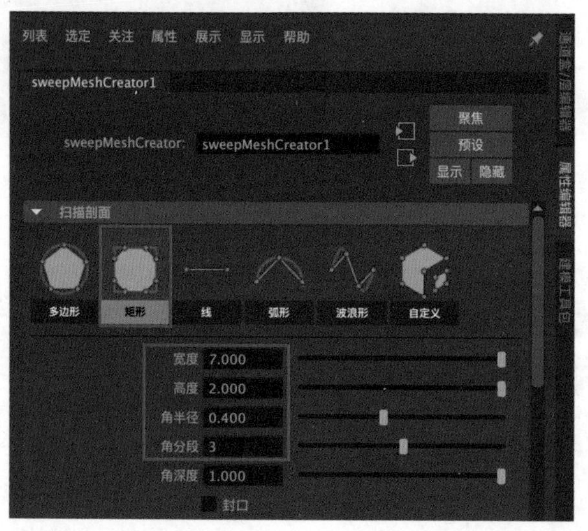

图3-167

（17）在“插值”卷展栏中设置“模式”为“EP到EP”、“步数”为8，如图3-168所示。设置完成后，得到的沙发腿模型如图3-169所示。

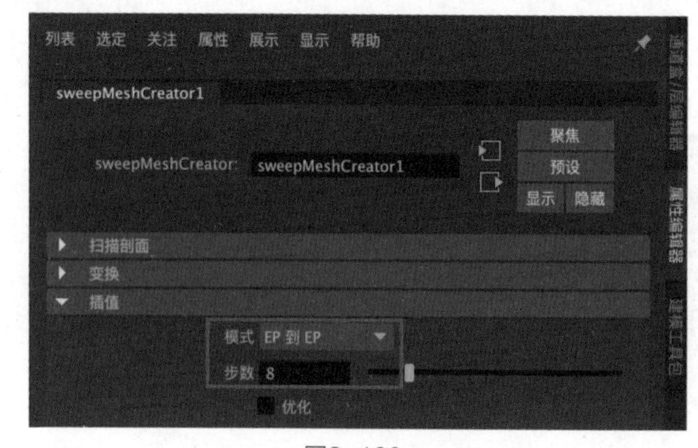

图3-168

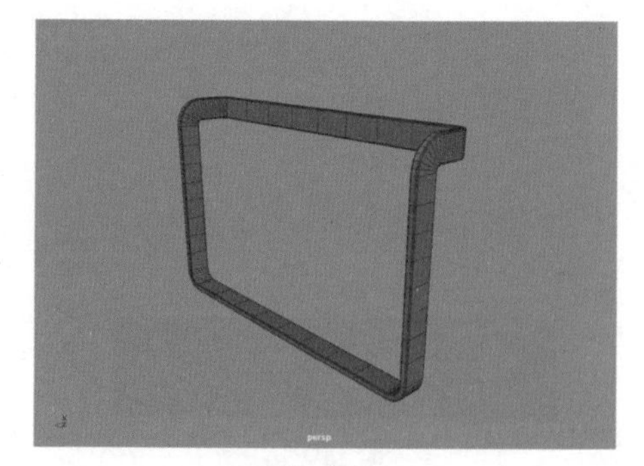

图3-169

（18）选中制作好的沙发腿模型，单击“多边形建模”工具架中的“镜像”图标，得到另一侧的沙发腿部分，如图3-170所示。

（19）本实例制作完成后，沙发模型的最终效果如图3-171所示。

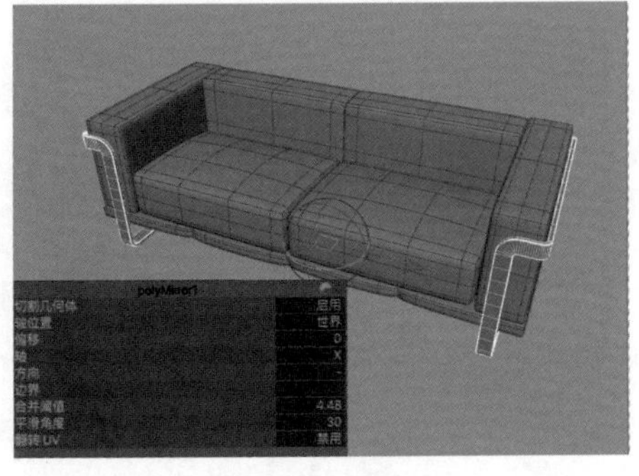

图3-170

图3-171

3.9 课后习题：制作桌子模型

在本习题中，我们将使用“多边形建模”工具架中的工具来制作一个桌子模型，其最终效果如图3-172所示。

图3-172

效果工程文件　桌子-完成.mb

素材工程文件　桌子.mb

制作思路

（1）使用“多边形立方体”工具制作桌面。

（2）使用“建模工具包”面板中的工具对桌子进行编辑。

（3）完成桌子模型的制作。

制作要点

第1步：使用“多边形立方体”工具制作出桌面，如图3-173所示。

第2步：使用“连接”工具确定出桌腿的位置，如图3-174所示。

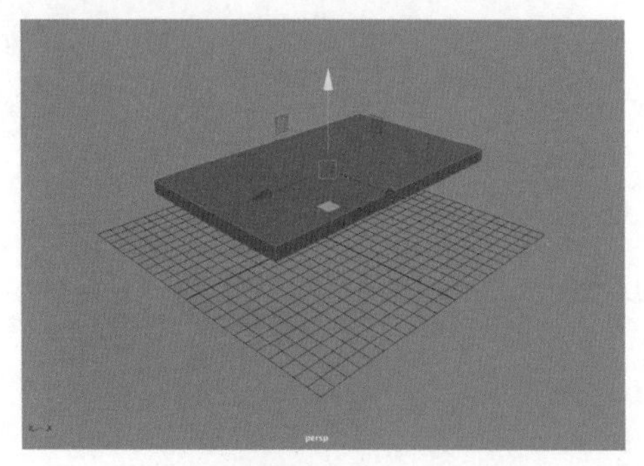

图3-173

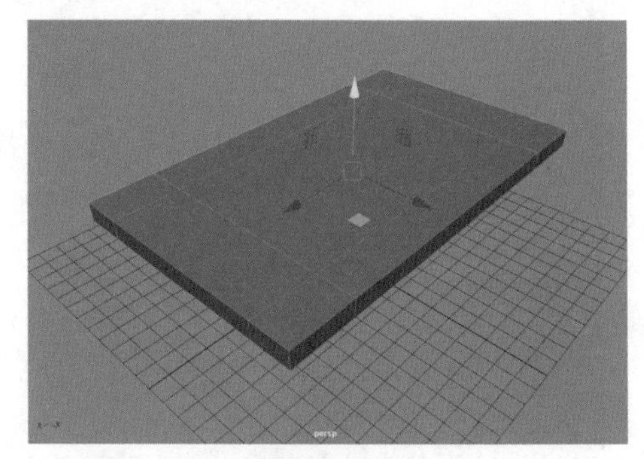

图3-174

第3步：使用“倒角”工具和“挤出”工具制作出桌腿，如图3-175所示。

第4步：使用“桥接”工具完善桌子模型的细节，如图3-176所示。

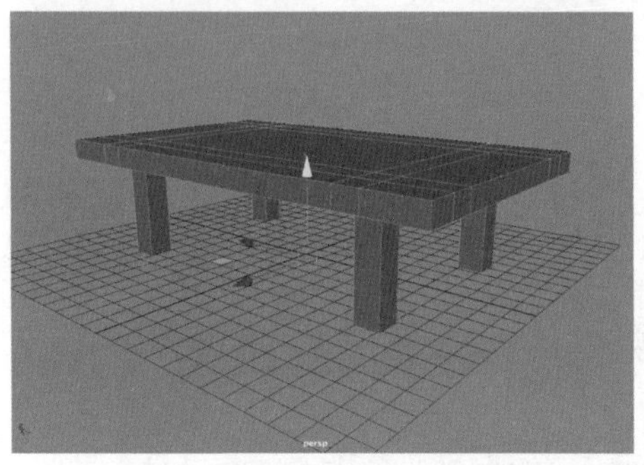

图3-175

图3-176

第4章 灯光技术

本章导读

本章将介绍Maya 2023的灯光技术，包含灯光的类型和灯光的参数设置等。与在现实世界中一样，灯光在Maya中也非常重要。如果在Maya中没有灯光，那么什么都不会被渲染出来。本章将以常见的灯光场景为例，为读者详细讲解常用灯光的使用方法。

学习要点

- ❖ 掌握灯光的类型
- ❖ 掌握Area Light（区域光）的使用方法
- ❖ 掌握Physical Sky（物理天空）的使用方法
- ❖ 掌握Skydome Light（天空光）的使用方法
- ❖ 掌握Mesh Light（网格灯光）的使用方法
- ❖ 掌握Photometric Light（光度学灯光）的使用方法
- ❖ 掌握调整渲染图像亮度的技巧

4.1 灯光概述

灯光的设置是三维制作中非常重要的一环。灯光不仅可以照亮物体，还在表现场景气氛、天气效果等方面起着至关重要的作用，如清晨的室外天光、室内自然光、阴雨天的光照效果以及午后的阳光等。

中文版Maya 2023的默认渲染器是Arnold渲染器，如果场景中没有灯光，将会是一片漆黑，什么都看不到。所以，学习摄影机技术之前，熟练掌握灯光的设置尤为重要。学习灯光技术时，需要先对模拟的灯光环境有所了解，建议读者多留意身边的光影现象并拍下照片作为制作项目时的重要参考素材。图4-1和图4-2所示分别为一处景区白天和夜晚的照片素材。

图4-1

图4-2

4.2 Arnold灯光

中文版Maya 2023内整合了全新的Arnold灯光系统，使用这一套灯光系统并配合Arnold渲染器，用户就可以渲染出超写实的画面效果。用户可以在Arnold工具架中找到并使用这些全新的灯光工具，如图4-3所示；还可以通过执行菜单栏中的“Arnold>Lights”命令找到这些灯光工具，如图4-4所示。

图4-3

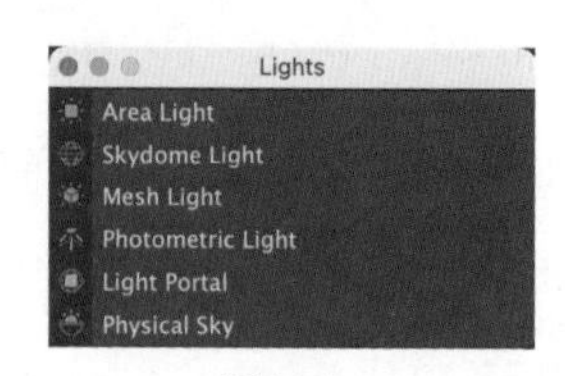

图4-4

4.2.1 Area Light

Area Light（区域光）与Maya自带的“区域光”非常相似，都是面光源。单击Arnold工具架中的Create Area Light（创建区域光）图标，即可在场景中创建出一个区域光，如图4-5所示。

在“属性编辑器”面板中展开Arnold Area Light Attributes（Arnold区域光属性）卷展栏，可以查看Arnold区域光的参数设置，如图4-6所示。

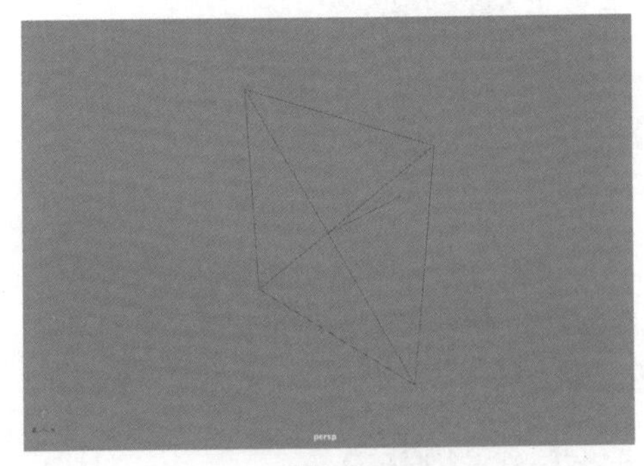

图4-5

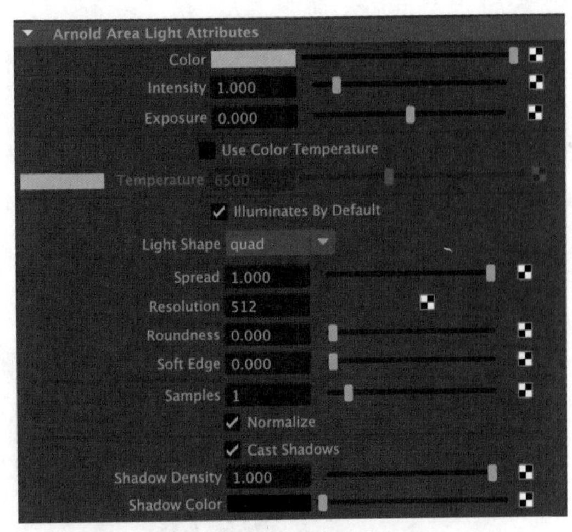

图4-6

常用参数解析

Color（颜色）：用于控制灯光的颜色。
Intensity（强度）：用于设置灯光的倍增值。
Exposure（曝光）：用于设置灯光的曝光值。
Use Color Temperature（使用色温）：勾选该复选框可以使用色温来控制灯光的颜色。

技巧与提示

色温以开尔文（K）为单位，主要用于控制灯光的颜色。色温的默认值为6500，国际照明委员会（CIE）认定此时的灯光颜色为白色。当色温值小于6500时灯光的颜色会偏向红色，当色温值大于6500时灯光的颜色则会偏向蓝色。图4-7显示了不同色温值对场景光照颜色的影响。另外，需要注意的是，勾选Use Color Temperature（使用色温）复选框后，将覆盖掉灯光的默认颜色，包括指定给颜色属性的任何纹理。

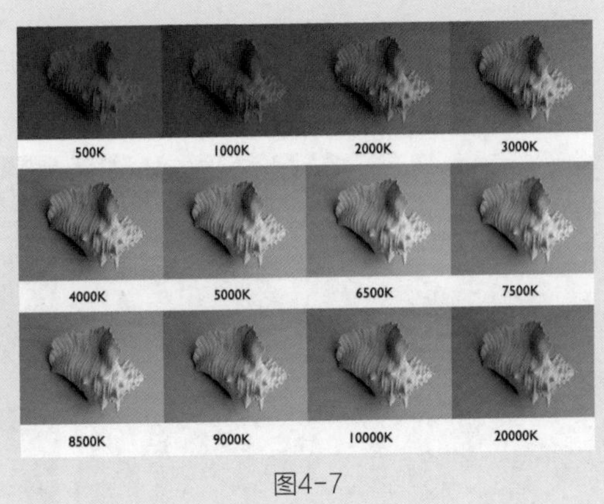

图4-7

Temperature（温度）：用于输入色温值。
Illuminates By Default（默认照明）：勾选该复选框将开启默认照明设置。
Light Shape（光的形状）：用于设置灯光的形状。
Resolution（分辨率）：用于设置灯光计算的细分值。
Samples（采样）：用于设置灯光的采样值。值越大，渲染图像的噪点越少，反之越多。图4-8所示为该参数值分别是1和10时的图像渲染效果对比。通过对比可以看出，较大的采样值会渲染出更加细腻的光影效果。
Cast Shadows（阴影）：勾选该复选框将开启灯光的阴影计算功能。
Shadow Density（阴影密度）：用于设置阴影的密度。值越小，影子越淡。图4-9所示为该参数值分别是0.8和1时的图像渲染效果对比。需要注意的是，较小的密度值可能会导致图像看起来不太真实。
Shadow Color（阴影颜色）：用于设置阴影颜色。

图4-8

图4-9

4.2.2 Physical Sky

Physical Sky（物理天空）主要用来模拟真实的日光照明及天空效果。在Arnold工具架中单击Create Physical Sky（创建物理天空）图标，即可在场景中添加物理天空，如图4-10所示。其参数如图4-11所示。

图4-10

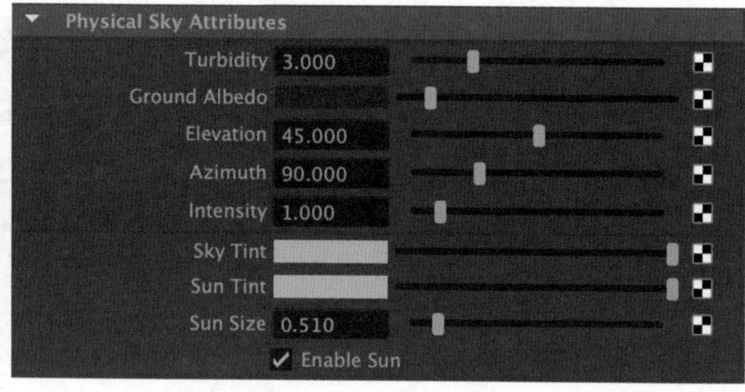

图4-11

常用参数解析

Turbidity（浊度）：用于控制天空的大气浊度。图4-12和图4-13所示为该参数值分别是1和10时的图像渲染效果。

Ground Albedo（地面反照率）：用于控制地平面以下的大气颜色。

Elevation（海拔高度）：用于设置太阳的高度。值越大，太阳的位置越高，天空越亮，物体的影子越短；反之太阳的位置越低，天空越暗，物体的影子越长。图4-14和图4-15所示为该参数值分别是70和10时的图像渲染效果。

Azimuth（方位）：用于设置太阳的方位。

图4-12

图4-13

图4-14

图4-15

Intensity（强度）：用于设置太阳的倍增值。

Sky Tint（天空的色彩）：用于设置天空的色调。默认为白色。将Sky Tint调为黄色，渲染效果如图4-16所示（可以用来模拟沙尘天气效果）；将Sky Tint调为蓝色，渲染效果如图4-17所示（可以提高天空的色彩饱和度，使渲染出来的画面更加艳丽，天空显得更加晴朗）。

图4-16

图4-17

Sun Tint（太阳的色彩）：用于设置太阳的色调。其使用方法跟Sky Tint（天空的色彩）极为相似。

Sun Size（太阳的大小）：用于设置太阳的大小。图4-18和图4-19所示为该参数值分别是1和5时的图像渲染效果。此外，该参数值还会对物体的投影产生影响，值越大，物体的投影越虚。

图4-18

图4-19

Enable Sun（启用太阳）：勾选该复选框将开启太阳计算功能。

4.2.3 Skydome Light

图4-20

在Maya 2023中，Skydome Light（天空光）可以用来模拟阴天环境下的室外光照，如图4-20所示。

Skydome Light（天空光）、Mesh Light（网格灯光）和Photometric Light（光度学灯光）的参数与Area Light（区域光）的参数非常相似，故这里不重复讲解。

4.2.4 Mesh Light

Mesh Light（网格灯光）可以用来将场景中的任意多边形对象设置为光源。使用该工具之前，需要用户先在场景中选择一个多边形对象。图4-21所示为将一个多边形圆环模型设置为Mesh Light（网格灯光）后的显示效果。

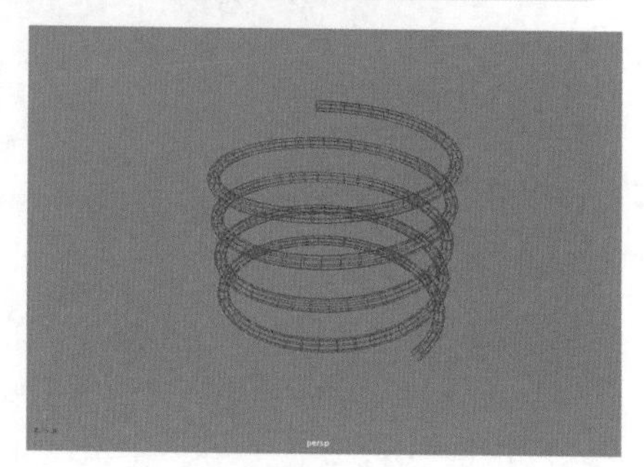

图4-21

4.2.5 Photometric Light

Photometric Light（光度学灯光）常常用来模拟射灯所产生的照明效果。单击Arnold工具架中的Create Photometric Light（创建光度学灯光）图标，即可在场景中创建出一个光度学灯光，如图4-22所示。通过在“属性编辑器”面板中添加光域网文件，可以制作出形状各异的光线效果，如图4-23所示。

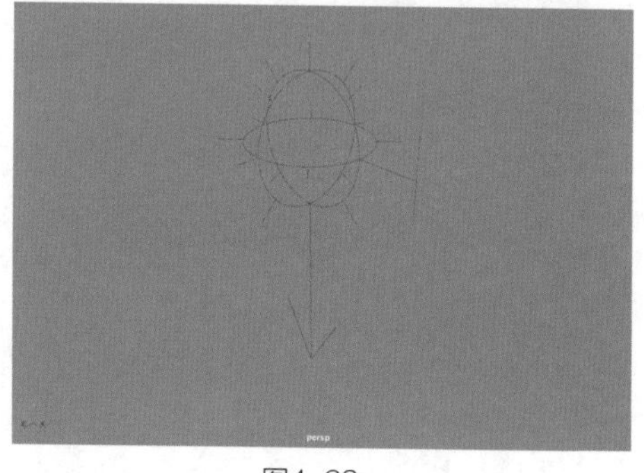

图4-22

图4-23

4.3 Maya 2023的内置灯光

图4-24

Maya 2023的内置灯光可以在“渲染”工具架的前半部分找到，如图4-24所示。用户还可以通过执行菜单栏中的“创建>灯光”命令找到这些灯光，如图4-25所示。

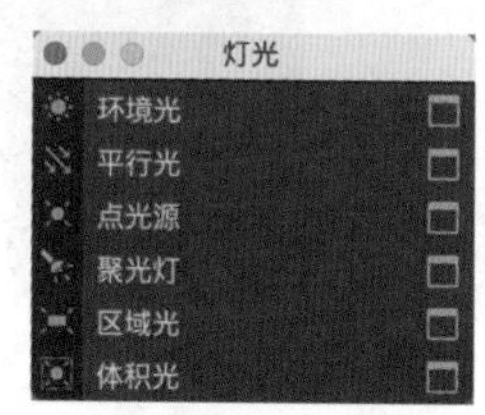

图4-25

4.3.1 环境光

“环境光”通常用来模拟场景中的对象受到的来自四周环境的均匀光照。单击“渲染”工具架中的“环境光”图标，即可在场景中创建出一个环境光，如图4-26所示。

在“属性编辑器”面板中展开“环境光属性”卷展栏，可以查看环境光的参数设置，如图4-27所示。

图4-26

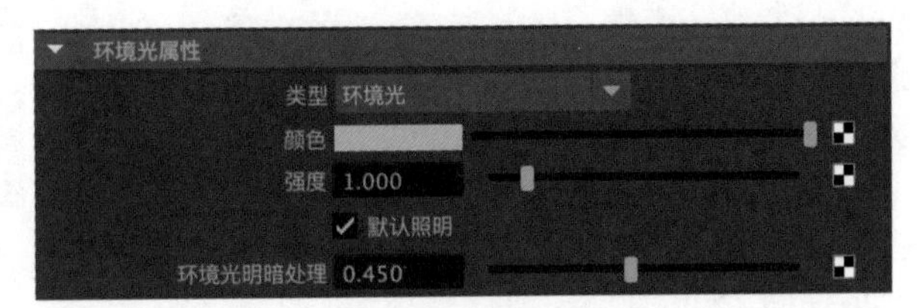

图4-27

常用参数解析

类型：用于切换当前所选灯光的类型。

颜色：用于设置灯光的颜色。

强度：用于设置灯光的光照强度。

环境光明暗处理：用于设置平行光与泛向（环境）光的比例。

4.3.2 平行光

“平行光”通常用来模拟日光直射这样的接近平行光线照射的照明效果。平行光的箭头方向代表灯光的照射方向，缩放平行光以及移动平行光均对场景照明没有任何影响。单击“渲染”工具架中的“平行光”图标，即可在场景中创建出一个平行光，如图4-28所示。

1. “平行光属性”卷展栏

在“属性编辑器”面板中展开“平行光属性”卷展栏，可以查看平行光的参数设置，如图4-29所示。

图4-28

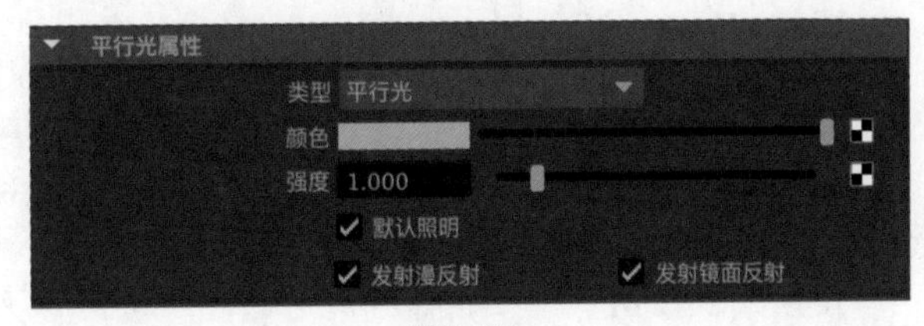

图4-29

常用参数解析

类型：用于更改灯光的类型。

颜色：用于设置灯光的颜色。

强度：用于设置灯光的光照强度。

2.“深度贴图阴影属性”卷展栏

展开“深度贴图阴影属性”卷展栏，其中的参数设置如图4-30所示。

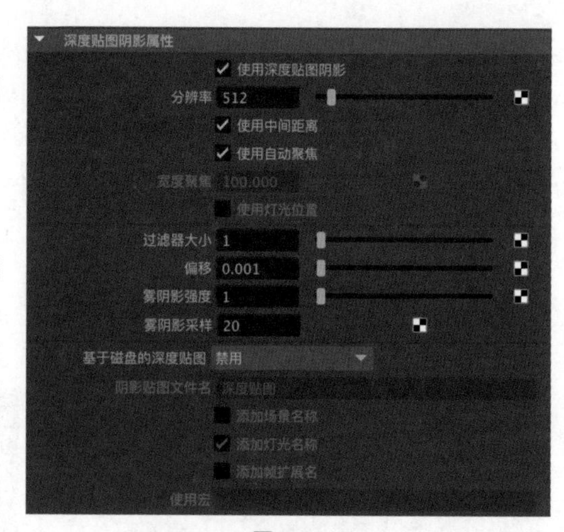

图4-30

常用参数解析

使用深度贴图阴影：该复选框处于勾选状态时，灯光会产生深度贴图阴影。

分辨率：灯光的深度贴图阴影的分辨率。设置过小的值会产生明显的锯齿或像素化效果，设置过大的值则会增加不必要的渲染时间。图4-31所示为该参数值分别是512和2048时的渲染效果对比。

使用中间距离：如果取消勾选该复选框，Maya会为深度贴图中的每个像素计算灯光与最近阴影投射曲面之间的距离。

使用自动聚焦：如果勾选该复选框，Maya会自动缩放深度贴图，使其仅填充灯光所照明的区域中包含阴影投射曲面的区域。

宽度聚焦：用于在灯光照明的区域内调整深度贴图的角度。

过滤器大小：用于控制阴影边的柔和度。图4-32所示为该参数值分别是1和4时的阴影渲染效果对比。

图4-31

图4-32

偏移：用于设置深度贴图移向或远离灯光的偏移距离。

雾阴影强度：用于控制出现在灯光雾中的阴影的黑暗度。有效范围为1到10；默认值为1。

雾阴影采样：用于控制出现在灯光雾中的阴影的粒度。

基于磁盘的深度贴图：通过该下拉列表可以将灯光的深度贴图保存到磁盘中，并在后续渲染过程中重用它们。

阴影贴图文件名：用于设置保存到磁盘的深度贴图文件的名称。

添加场景名称：勾选后会将场景名称添加并保存到磁盘的深度贴图文件的名称中。

添加灯光名称：勾选后会将灯光名称添加并保存到磁盘的深度贴图文件的名称中。

添加帧扩展名：如果勾选该复选框，Maya会为每个帧保存一个深度贴图，然后将帧扩展名添加到深度贴图文件的名称中。

使用宏：仅当“基于磁盘的深度贴图”被设置为“重用现有深度贴图”时才可用。其右侧会显示宏脚本的路径和名称，Maya会运行该宏脚本以在从磁盘中读取深度贴图时更新该深度贴图。

3.“光线跟踪阴影属性”卷展栏

展开“光线跟踪阴影属性”卷展栏，其中的参数设置如图4-33所示。

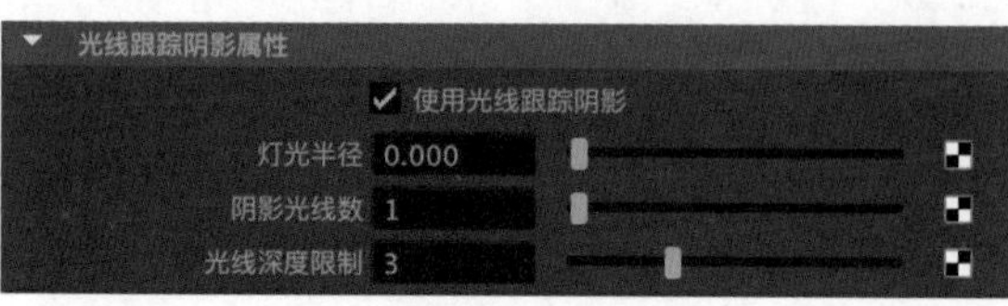

图4-33

常用参数解析

使用光线跟踪阴影：勾选该复选框，Maya将开启使用光线跟踪阴影功能。

灯光半径：用于控制阴影边的柔和度。图4-34所示为该参数值分别是0和5时的阴影渲染效果对比。

阴影光线数：用于控制软阴影边的粒度。

光线深度限制：用于设置光线反射/折射计算的次数限制。

图4-34

4.3.3 点光源

“点光源”可以用来模拟灯泡、蜡烛等的照明效果。单击“渲染”工具架中的“点光源”图标，即可在场景中创建出一个点光源，如图4-35所示。

1.“点光源属性”卷展栏

展开“点光源属性”卷展栏，其中的参数如图4-36所示。

图4-35

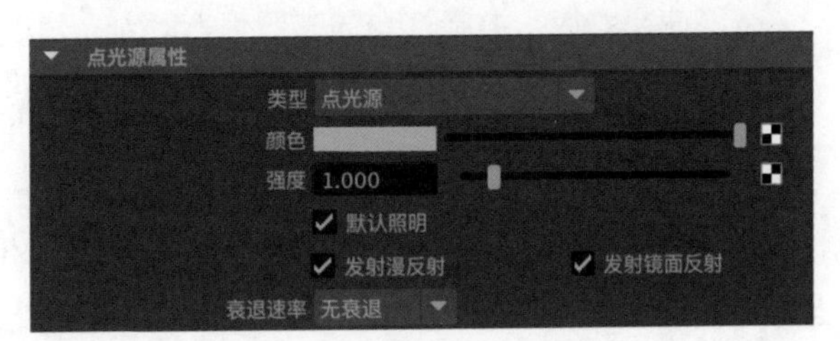

图4-36

常用参数解析

类型：用于切换当前所选灯光的类型。

颜色：用于设置灯光的颜色。

强度：用于设置灯光的光照强度。

2.“灯光效果”卷展栏

展开“灯光效果”卷展栏，其中的参数如图4-37所示。

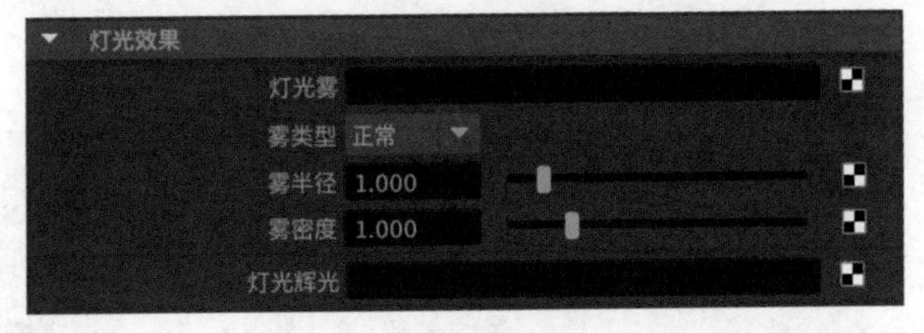

图4-37

常用参数解析

灯光雾：用于设置雾效果。

雾类型：有“正常”“线性”“指数”3种类型可选。

雾半径：用于设置雾的半径。

雾密度：用于设置雾的密度。

灯光辉光：用于设置辉光特效。

4.3.4 聚光灯

“聚光灯”可以用来模拟舞台射灯、手电筒等灯光的照明效果。单击“渲染”工具架中的“聚光灯”图标，即可在场景中创建出一个聚光灯，如图4-38所示。

展开“聚光灯属性”卷展栏，其中的参数如图4-39所示。

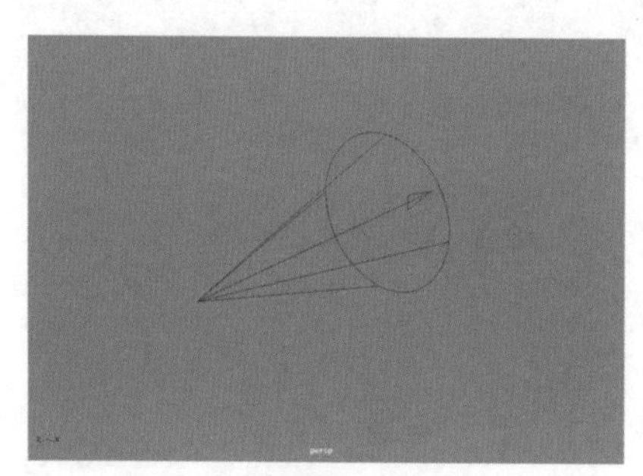

图4-38

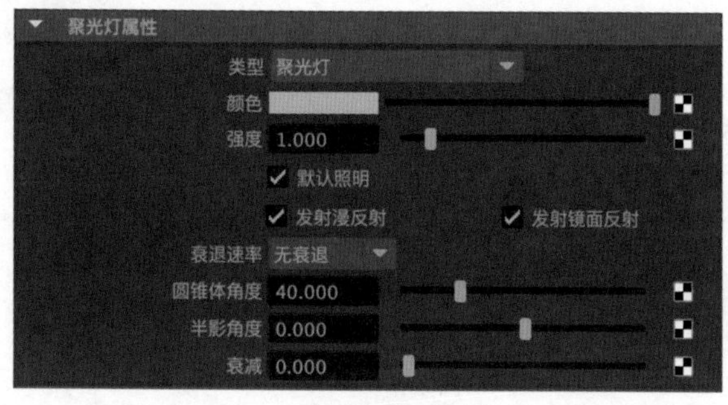

图4-39

常用参数解析

类型：用于切换当前所选灯光的类型。

颜色：用于设置灯光的颜色。

强度：用于设置灯光的光照强度。

衰退速率：用于控制灯光的光照强度随着距离变化而下降的速度。

圆锥体角度：用于设置聚光灯光束边到边的角度（度）。

半影角度：用于设置聚光灯光束的边的角度（度）。在该边上，聚光灯的光照强度以线性方式下降到零。

衰减：用于控制光照强度从聚光灯光束中心到边缘的衰减速率。

4.3.5 区域光

“区域光”是一个范围灯光，常常被用来模拟光线透过室内窗户的照明效果。单击“渲染”工具架中的“区域光”图标，即可在场景中创建出一个区域光，如图4-40所示。

展开“区域光属性”卷展栏，其中的参数如图4-41所示。

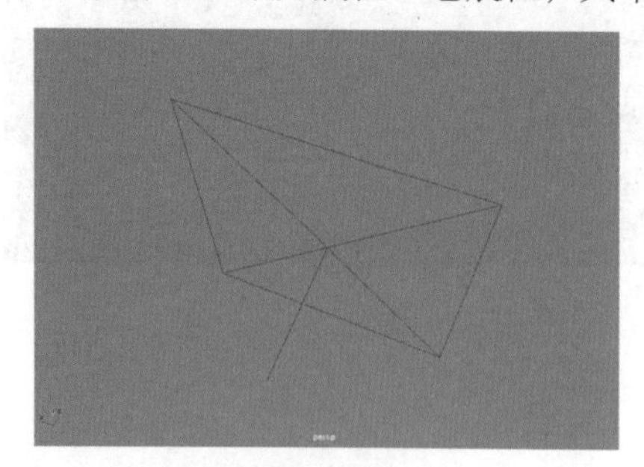

图4-40

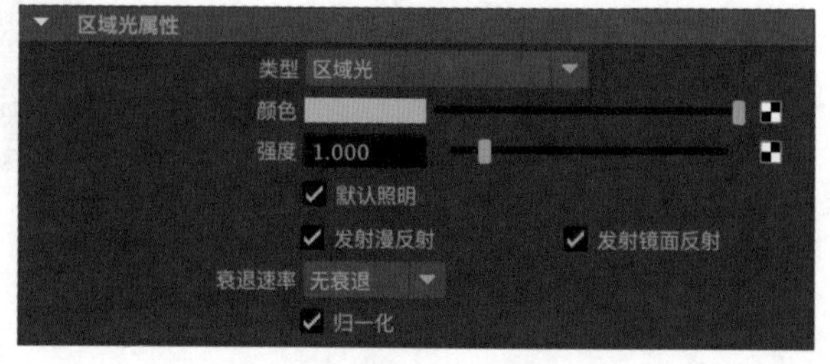

图4-41

常用参数解析

类型：用于切换当前所选灯光的类型。

颜色：用于设置灯光的颜色。

强度：用于设置灯光的光照强度。

衰退速率：用于控制灯光的光照强度随着距离变化而下降的速度。

4.4 实例：制作静物灯光照明效果

在本实例中，我们将使用Maya 2023的灯光工具来制作静物灯光照明效果，其最终效果如图4-42所示。

制作思路

（1）思考使用哪个灯光来进行照明。
（2）调整灯光的角度及参数，以得到想要的照明效果。
（3）添加辅助照明。

图4-42

4.4.1 使用聚光灯照亮场景

（1）启动中文版Maya 2023，打开本书配套资源“蘑菇.mb”文件，场景中有一组蘑菇模型，并已经设置好了摄影机的角度及材质，如图4-43所示。

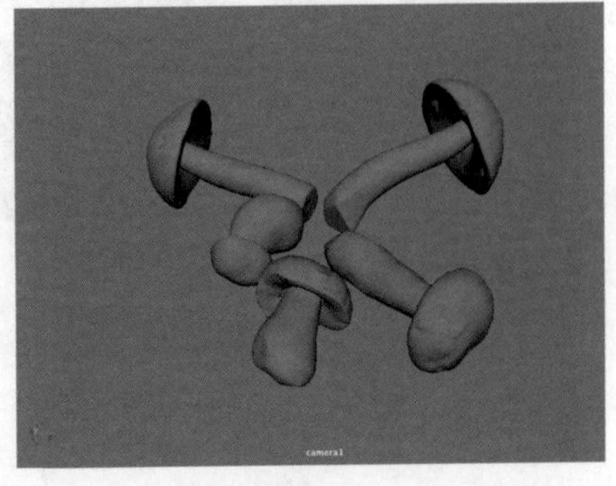

图4-43

（2）单击“渲染”工具架中的“聚光灯”图标，如图4-44所示。在场景中创建一个聚光灯，如图4-45所示。

（3）在“通道盒/层编辑器”面板中设置聚光灯的“平移X”为-20、“平移Y”为3、“平移Z”为-20、“旋转X”为-15、“旋转Y”为-135、“旋转Z”为0，如图4-46所示。

（4）在“属性编辑器”面板中展开“聚光灯属性”卷展栏，设置“强度”为10、“圆锥体角度”为80，如图4-47所示。

图4-44

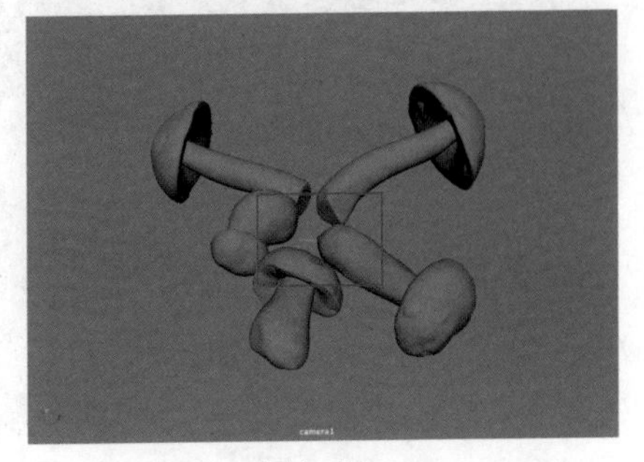

图4-45

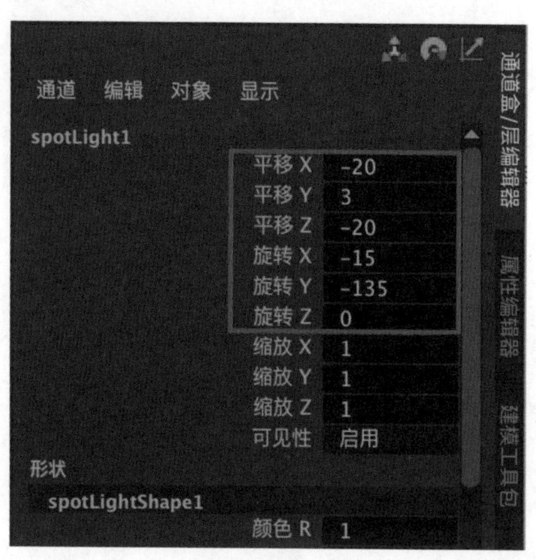

图4-46

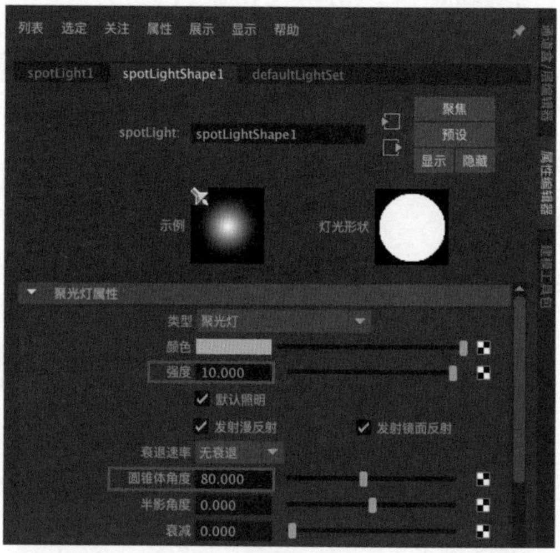

图4-47

（5）展开Arnold卷展栏，需要注意的是，这里的参数都以英文显示。勾选Use Color Temperature（使用色温）复选框，设置Temperature（温度）为5000、Exposure（曝光）为9、Samples（采样）为5，如图4-48所示。

（6）渲染场景，渲染效果如图4-49所示。

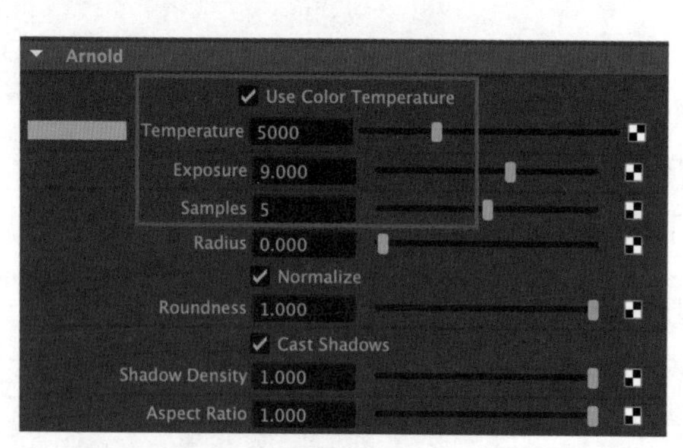

图4-48

图4-49

（7）从渲染效果图来看，蘑菇影子的边缘过于清晰，显得很不自然。在Arnold卷展栏中设置Radius（半径）为15，如图4-50所示。再次渲染场景，渲染效果如图4-51所示。

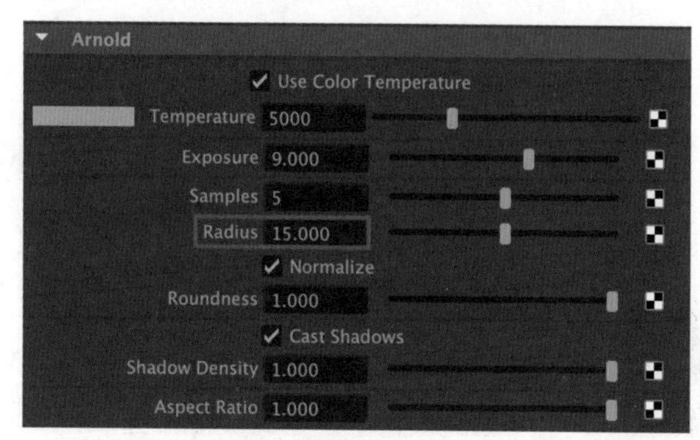

图4-50

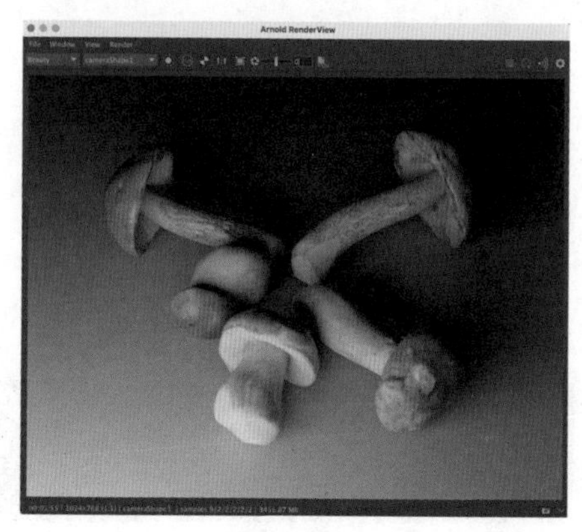

图4-51

（8）在Arnold卷展栏中设置Shadow Density（阴影密度）为0.8让阴影变淡，如图4-52所示。再次渲染场景，渲染效果如图4-53所示。

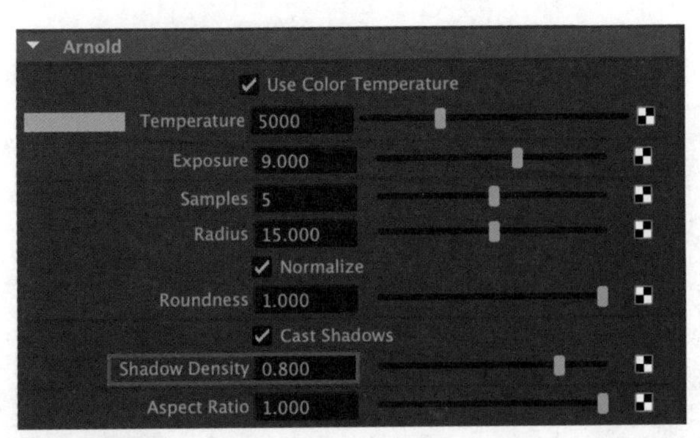

图4-52

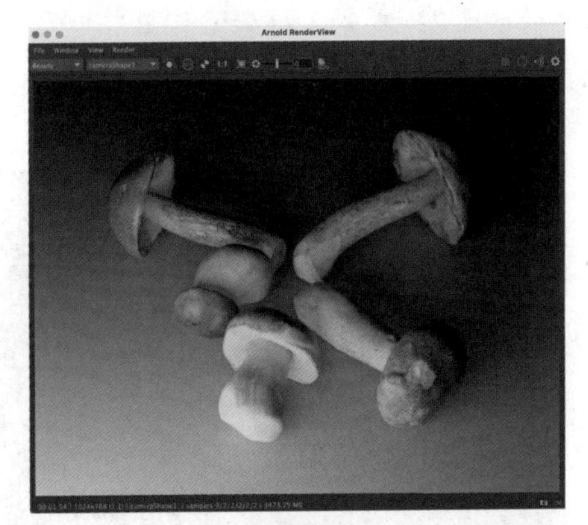

图4-53

4.4.2 使用区域光提亮整体画面

（1）单击“渲染”工具架中的“区域光”图标，如图4-54所示。
（2）在场景中创建一个区域光，如图4-55所示。

图4-54

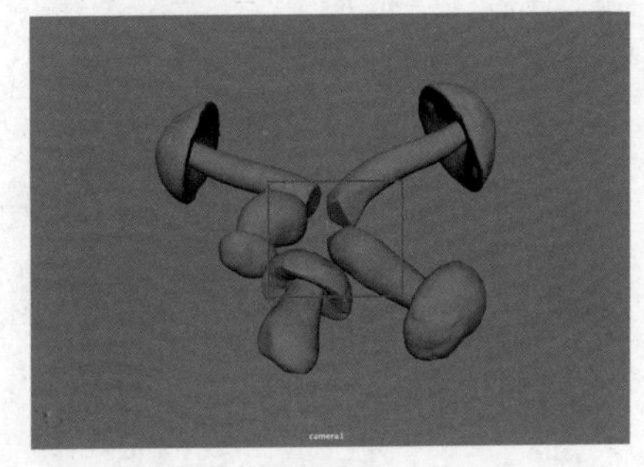

图4-55

（3）在“通道盒/层编辑器”面板中设置区域光的“平移X”为0、“平移Y”为15、“平移Z”为0、“旋转X”为-90、“旋转Y”为0、“旋转Z”为0，如图4-56所示。
（4）在“属性编辑器”面板中展开“区域光属性”卷展栏，设置“强度”为9，如图4-57所示。

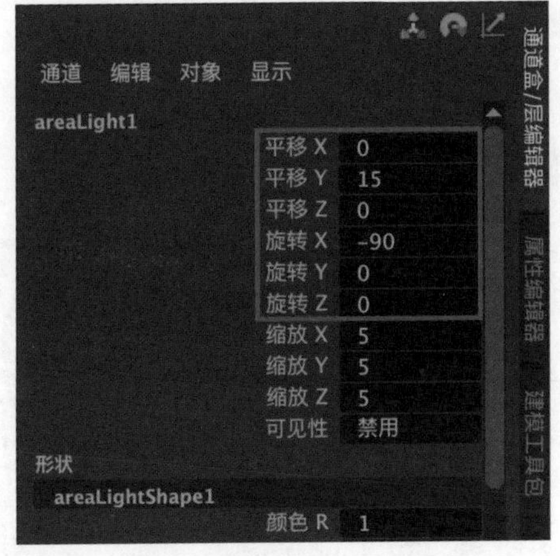

图4-56

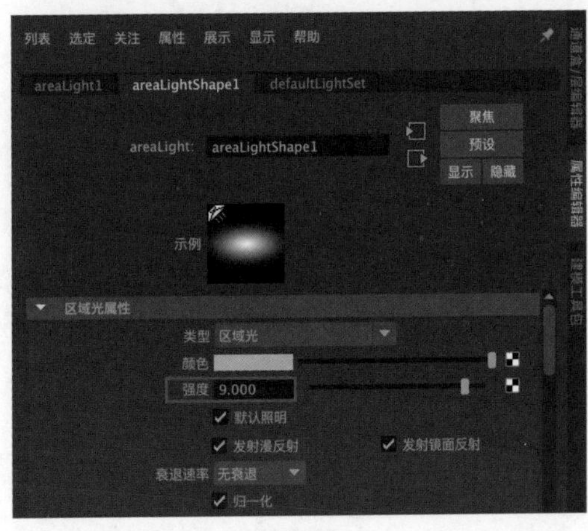

图4-57

（5）展开Arnold卷展栏，勾选Use Color Temperature（使用色温）复选框，设置Temperature（温度）为5500、Exposure（曝光）为7、Samples（采样）为5，如图4-58所示。

（6）渲染场景，渲染效果如图4-59所示。

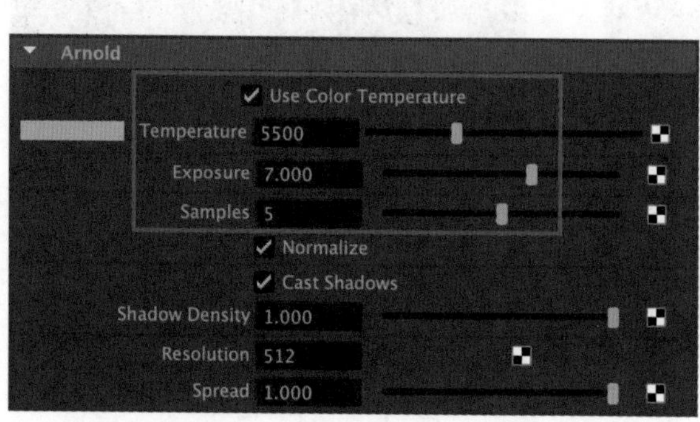

图4-58

图4-59

（7）单击齿轮形状的"Display Settings"（显示设置）按钮，设置Gamma为1.8，微调图像的亮度，如图4-60所示。

（8）本实例的最终渲染效果如图4-61所示。

图4-60

图4-61

4.5 实例：制作室外阳光照明效果

在本实例中，我们将使用Maya 2023的灯光工具来制作室外阳光照明效果，其最终效果如图4-62所示。

图4-62

制作思路

（1）思考使用哪种灯光。

（2）调整灯光的角度及参数，以得到想要的照明效果。

操作步骤

（1）启动中文版Maya 2023，打开本书配套资源“体育馆.mb”文件，场景中有一个体育馆模型，并已经设置好了材质及摄影机的角度，如图4-63所示。

图4-63

（2）单击Arnold工具架中的Create Physical Sky（创建物理天空）图标，如图4-64所示。

（3）观察场景，可以看到场景中添加了一个物理天空灯光，如图4-65所示。

（4）渲染场景，物理天空灯光作用于场景的效果如图4-66所示。

图4-64

图4-65

图4-66

（5）在“属性编辑器”面板中展开Physical Sky Attributes（物理天空属性）卷展栏，设置Elevation（海拔）为30、Azimuth（方位）为30、Intensity（强度）为3、Sun Size（太阳尺寸）为3，如图4-67所示。

（6）渲染场景，渲染效果如图4-68所示。

（7）在Display（显示）选项卡中设置Gamma为1.2，为渲染图像增加亮度，如图4-69所示。

（8）本实例的最终渲染效果如图4-70所示。

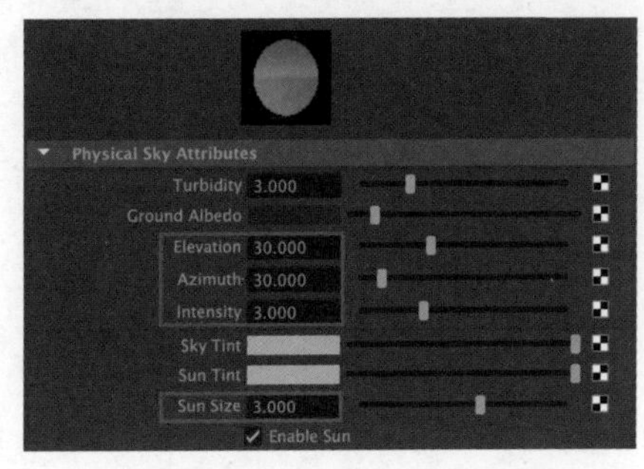

图4-67

图4-68

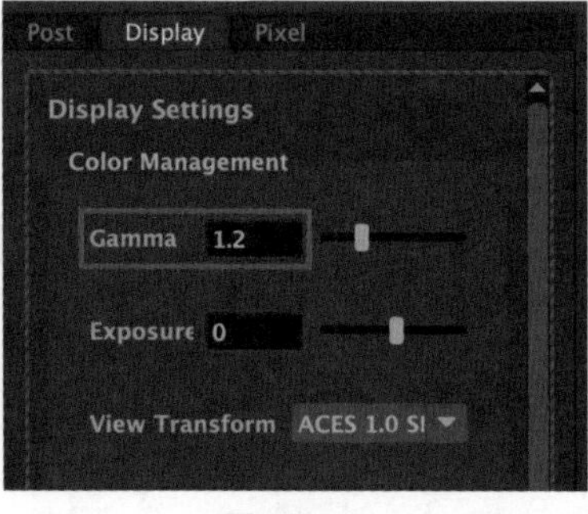

图4-69

图4-70

4.6 实例：制作室内天光照明效果

在本实例中，我们将使用Maya 2023的灯光工具来制作室内天光照明效果，其最终效果如图4-71所示。

制作思路

（1）思考使用哪种灯光。

（2）调整灯光的角度及参数，以得到想要的照明效果。

图4-71

操作步骤

（1）启动中文版Maya 2023，打开本书配套资源“室内场景.mb”文件，场景中有一个放了沙发和桌子的室内模型，并已经设置好了材质及摄影机的角度，如图4-72所示。

（2）单击“渲染”工具架中的“区域光”图标，在场景中创建一个区域光，如图4-73所示。

（3）按R键，使用“缩放工具”对区域光进行缩放，在侧视图中调整其大小，使其与场景中房间的窗户大小相近即可，如图4-74所示。

（4）使用“移动工具”调整区域光的位置，如图4-75所示。在透视视图中将灯光放置在房间中窗户模型所在的位置。

（5）在“属性编辑器”面板中展开“区域光属性”卷展栏，设置区域光的“强度”为100，如图4-76所示。

（6）在Arnold卷展栏中设置Exposure（曝光）为12，如图4-77所示。

（7）观察场景中的室内模型，可以看到一侧墙上有两个窗户，所以需将刚刚创建的区域光复制出一个，并移动其至另一个窗户模型所在的位置，如图4-78所示。

图4-72

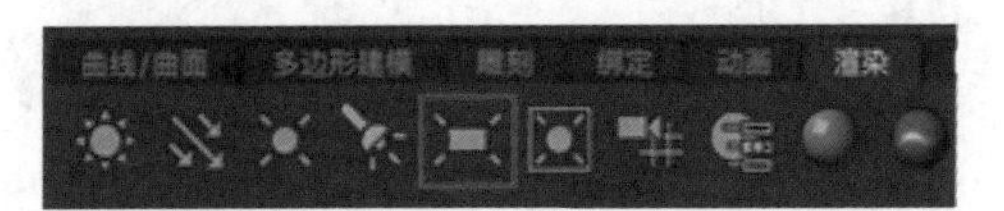

图4-73

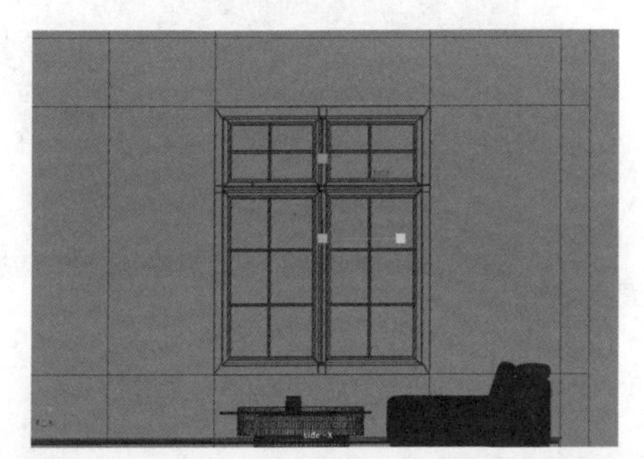

图4-74

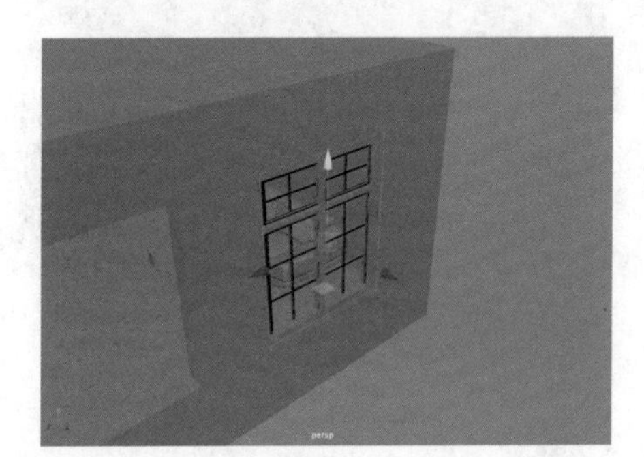

图4-75

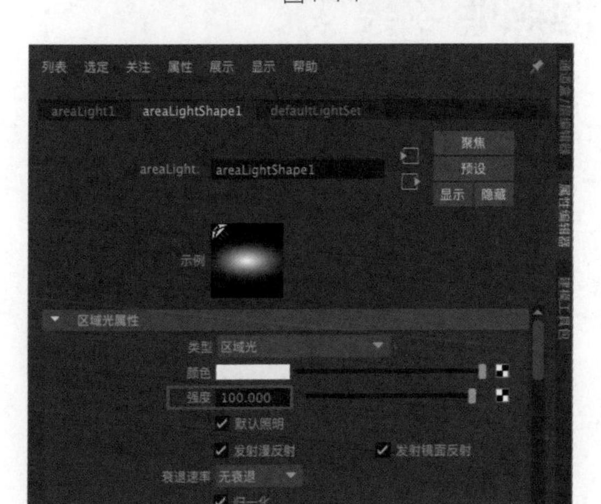

图4-76

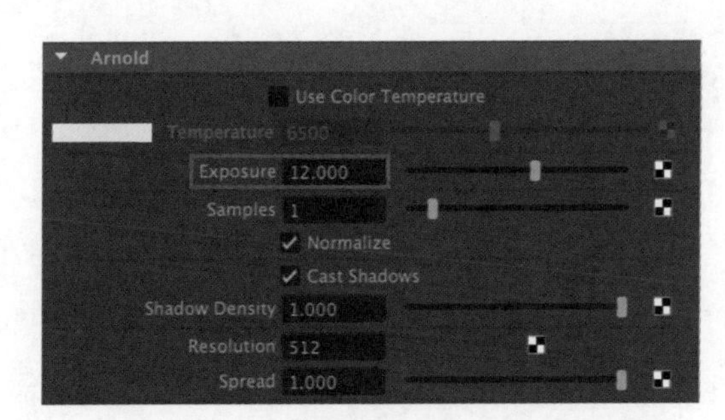

图4-77

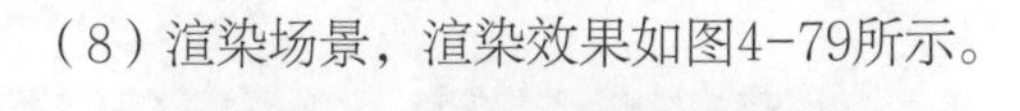

（8）渲染场景，渲染效果如图4-79所示。

图4-78

图4-79

（9）在Arnold RenderView（Arnold渲染视图）对话框右侧的Display（显示）选项卡中设置Gamma为1.5，以提高渲染图像的亮度，如图4-80所示。

（10）本实例的最终渲染效果如图4-81所示。

图4-80

图4-81

4.7 课后习题：制作灯泡照明效果

在本习题中，我们将使用Maya 2023的灯光工具来制作灯泡照明效果，其最终效果如图4-82所示。

制作思路

（1）思考使用哪种灯光。

（2）调整灯光的参数，以得到想要的照明效果。

图4-82

操作步骤

第1步：打开场景文件，查看场景中都有哪些模型，如图4-83所示。

第2步：观察场景中已经设置好的灯光，并渲染场景，如图4-84所示。

第3步：为灯泡模型添加Mesh Light（网格灯光），如图4-85所示。

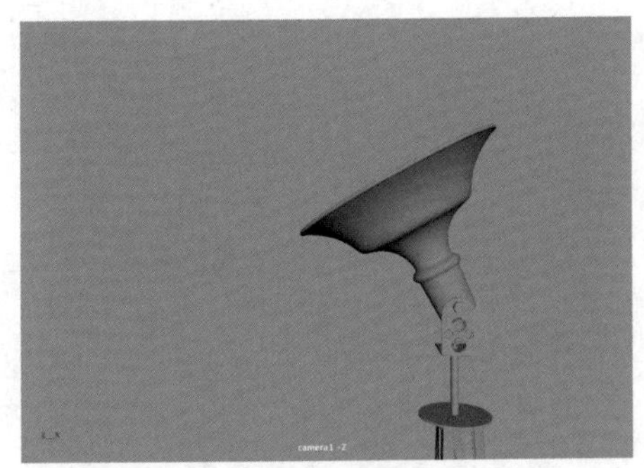
图4-83

图4-84

第4步：调整参数，最终渲染效果如图4-86所示。

图4-85

图4-86

第5章 摄影机技术

本章导读

本章将介绍Maya 2023的摄影机技术，主要内容包括摄影机的类型及基本参数设置。通过对本章的学习，读者能够掌握摄影机的使用技巧。本章内容相对比较简单，希望读者勤加练习，熟练掌握。

学习要点

- ❖ 了解摄影机的类型
- ❖ 掌握摄影机的基本参数
- ❖ 掌握摄影机景深效果的制作方法

5.1 摄影机概述

要想在不同光照环境下拍摄出优质的画面，拍摄者就需要对摄影机有很深的了解。如果说摄影机的价值由拍摄的效果来决定，那么为了保证这个效果，拥有一个性能出众的镜头则显得至关重要。摄影机的镜头分为定焦镜头、标准镜头、长焦镜头、广角镜头、鱼眼镜头等，调节不同的光圈并配合快门才可以通过控制曝光时间来抓住精彩的瞬间。中文版Maya 2023提供了多个类型的摄影机，用户可根据自己的需求选择并使用。通过为场景设定摄影机，用户可以轻松地在三维软件里记录自己摆放好的镜头位置并设置动画。摄影机的参数相对较少，但是这并不意味着每个人都可以轻松地学习、掌握摄影机技术。要想学好摄影机技术，读者最好是额外学习有关画面构图方面的知识。图5-1和图5-2所示为在日常生活中拍摄的一些画面。

图5-1

图5-2

5.2 摄影机的类型

启动中文版Maya 2023后，用户在“大纲视图”面板中可以看到场景中已经有了4台摄影机。这4台摄影机的名称呈灰色显示，说明它们目前正处于隐藏状态，分别用来控制“persp”（透视）视图、“top”（顶）视图、“front”（前）视图和“side”（侧）视图，如图5-3和图5-4所示。

图5-3

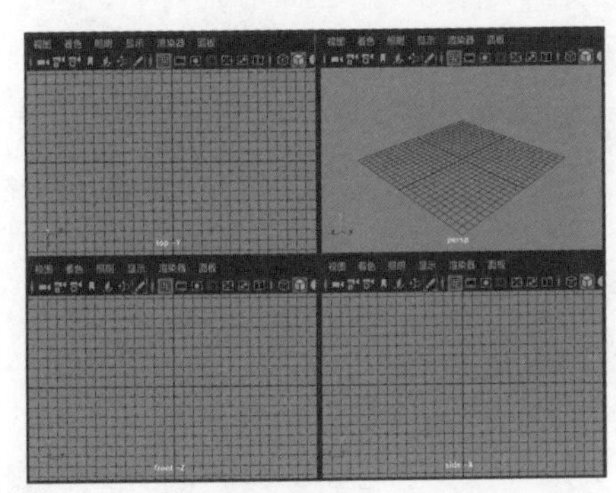
图5-4

在场景中进行的各个视图切换操作，实际上就是在这些摄影机视图里完成的。按住空格键，在弹出的菜单中单击中间的Maya按钮，就可以进行各个视图的切换操作，如图5-5所示。如果将当前视图切换至后视图、左视图或仰视图，则会在当前场景中新建一个对应的摄影机。图5-6所示为切换至左视图后，“大纲视图”面板中出现的摄影机对象。

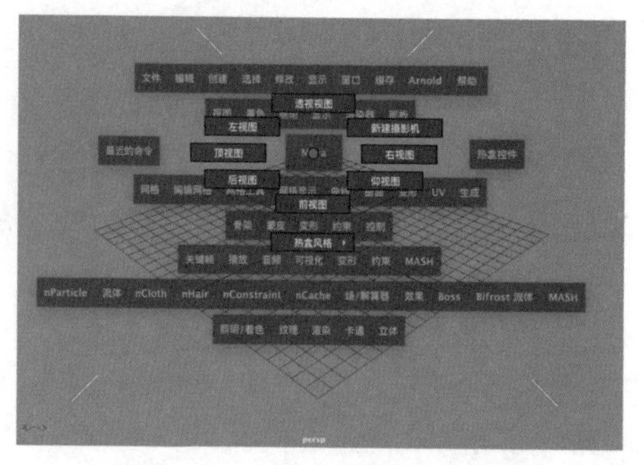

图5-5

图5-6

执行菜单栏中的“创建>摄影机”命令，可以看到Maya 2023为用户提供的多种类型的摄影机，如图5-7所示。

此外，用户在“渲染”工具架和“运动图形”工具架中可以找到“创建摄影机”图标，如图5-8和图5-9所示。

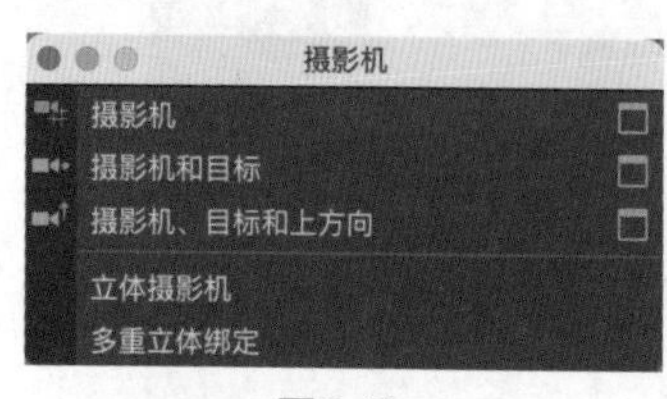

图5-7

图5-8

图5-9

5.2.1 摄影机

Maya 2023的摄影机工具可以广泛应用于静态及动态场景当中，是使用频率最高的工具，如图5-10所示。

5.2.2 摄影机和目标

通过执行“摄影机和目标”命令所创建出来的摄影机还会自动生成一个目标点，如图5-11所示。这种摄影机可以应用在需要一直追踪对象的场景中。

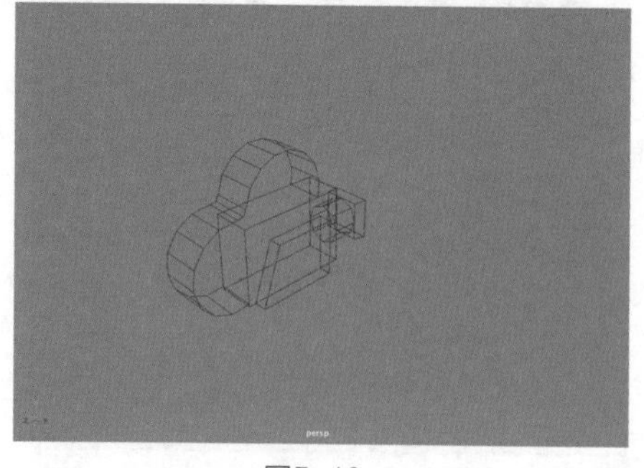

图5-10

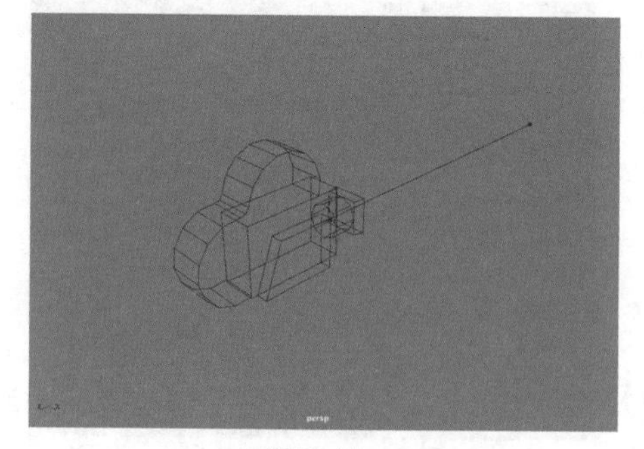

图5-11

5.2.3 摄影机、目标和上方向

通过执行“摄影机、目标和上方向”命令所创建出来的摄影机则带有两个目标点，一个目标点在摄影机的前方，另一个目标点在摄影机的上方，如图5-12所示。这种摄影机有助于适应更加复杂的动画场景。

5.2.4 立体摄影机

执行“立体摄影机”命令可以创建出一个由3台摄影机间隔一定距离并排而成的摄影机组合，如图5-13所示。这种摄影机适用于创建具有三维景深效果的场景。当渲染立体场景时，Maya 2023会考虑所有的立体摄影机属性，并进行计算以生成可被其他程序合成的立体图或平行图像。

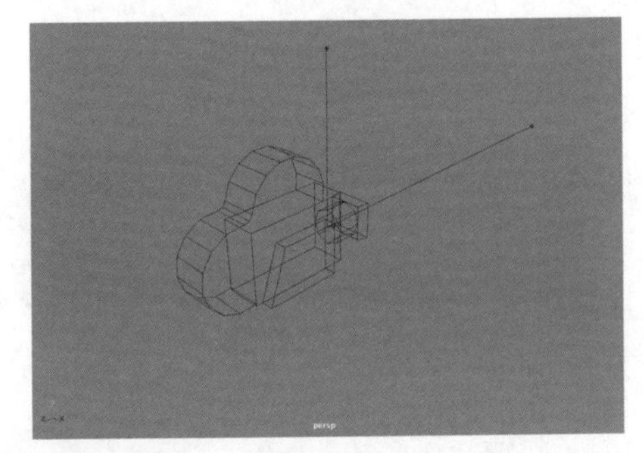

图5-12

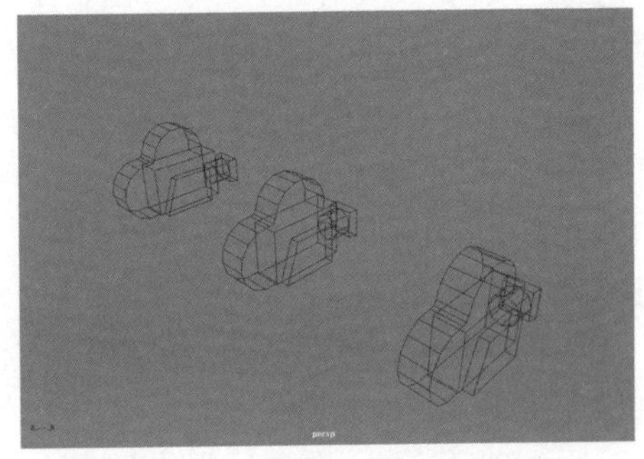

图5-13

5.3 摄影机参数设置

摄影机创建完成后，用户可以通过“属性编辑器”面板来对摄影机参数进行调试，比如控制摄影机的视角、制作景深效果或更改渲染画面的背景颜色等。这需要在不同的卷展栏内对相应的参数进行重新设置，如图5-14所示。

图5-14

5.3.1 “摄影机属性”卷展栏

展开“摄影机属性”卷展栏，其中的参数如图5-15所示。

常用参数解析

控制：用于进行当前摄影机类型的切换，包含“摄影机”“摄影机和目标”“摄影机、目标和上方向”这3个选项，如图5-16所示。

视角：用于控制摄影机所拍摄的画面的宽广程度。

焦距：加大“焦距”参数值可拉近摄影机镜头，并放大摄影机视图中的对象；减小“焦距”参数值可拉远摄影机镜头，并缩小摄影机视图中的对象。

摄影机比例：用于根据场景缩放摄影机。

自动渲染剪裁平面：该复选框处于勾选状态时，会自动设置近剪裁平面和远剪裁平面。

近剪裁平面：用于确定不需要渲染的距离摄影机较近的范围。

远剪裁平面：超过该值的范围，摄影机不会进行渲染。

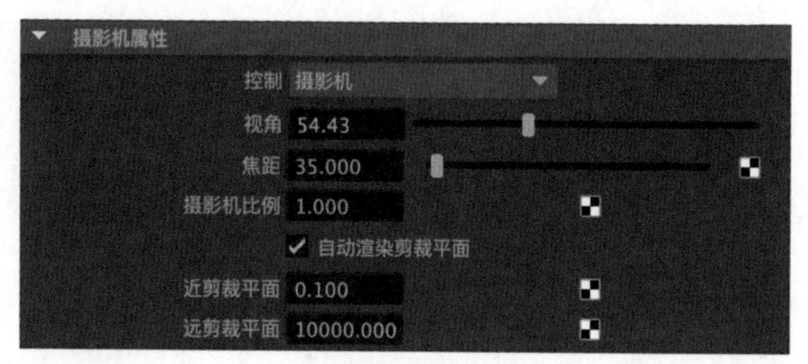

图5-15

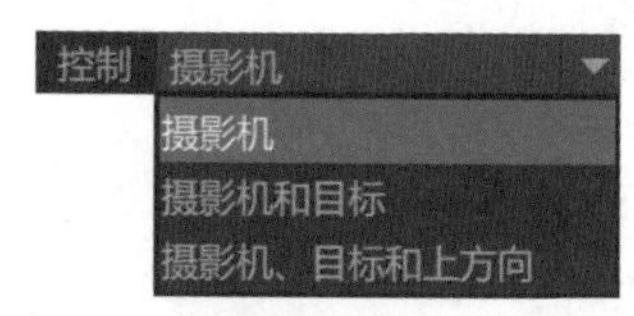

图5-16

5.3.2 “视锥显示控件”卷展栏

展开“视锥显示控件”卷展栏，其中的参数如图5-17所示。

图5-17

常用参数解析

显示近剪裁平面：勾选该复选框可显示近剪裁平面，如图5-18所示。

显示远剪裁平面：勾选该复选框可显示远剪裁平面，如图5-19所示。

显示视锥：勾选该复选框可显示视锥，如图5-20所示。

图5-18

图5-19

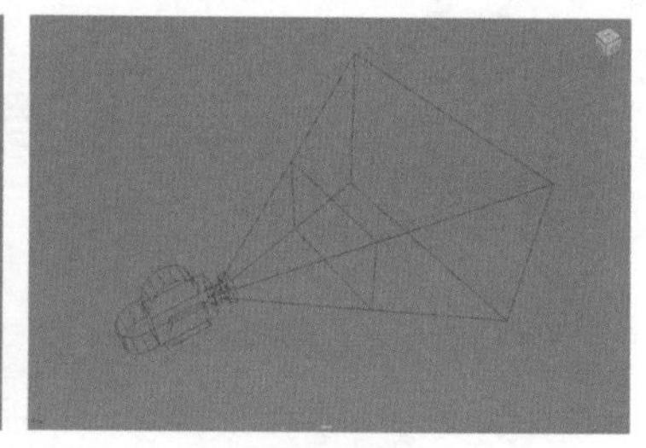

图5-20

5.3.3 “胶片背”卷展栏

展开“胶片背”卷展栏，其中的参数如图5-21所示。

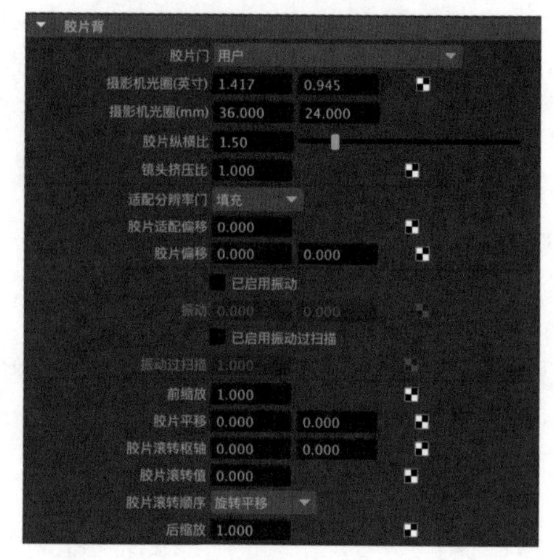

图5-21

常用参数解析

胶片门：允许用户选择某个预设的摄影机类型，Maya 2023会自动设置“摄影机光圈（mm）”“胶片纵横比”“镜头挤压比”参数。若要单独设置这些参数，可以设置“胶片门”为“用户”。除了“用户”选项，Maya 2023还提供了其他10个选项，如图5-22所示。

摄影机光圈（英寸）/摄影机光圈（mm）：用于控制摄影机胶片门的高度和宽度。

胶片纵横比：用于控制摄影机光圈宽度和高度的比。

镜头挤压比：用于控制摄影机镜头水平压缩图像的程度。

适配分辨率门：用于控制分辨率门相对于胶片门的大小。

胶片偏移：更改该参数值可以生成2D轨迹。“胶片偏移”参数值的单位是英寸，默认设置为0。

已启用振动：通过设置“振动”值来模拟地震动画中摄影机的晃动效果。

振动过扫描：用于在摄影机视图中显示出更宽广的区域。

前缩放：用于模拟2D摄影机缩放。输入一个值，该值将在胶片滚转之前应用。

胶片平移：用于模拟2D摄影机平移。

胶片滚转枢轴：用于计算摄影机的后期投影矩阵。

胶片滚转值：以度为单位指定胶片背的旋转量，旋转围绕指定的枢轴点发生。该参数值用于计算胶片滚转矩阵，胶片滚转矩阵是后期投影矩阵的一个组件。

胶片滚转顺序：用于指定如何相对于枢轴的值应用滚动。可选“旋转平移”和“平移旋转”两个选项，如图5-23所示。

后缩放：用于模拟2D摄影机缩放。输入一个值，该值将在胶片滚转之后应用。

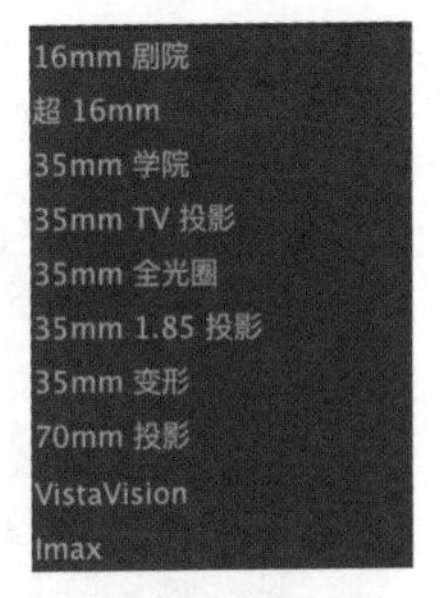

图5-22

旋转平移
平移旋转

图5-23

5.3.4 “景深”卷展栏

“景深”是摄影师常用的一种拍摄手法。当摄影机的镜头对着某一物体聚焦清晰时，在镜头中心所对的位置垂直于镜头轴线的同一平面的点都可以在胶片或者接收器上形成相当清晰的图像，沿着镜头轴线的前面和后面一定范围内的点也可以结成眼睛能接收的较清晰的像点。通常把这个平面前面和后面的所有景物所在的范围叫作摄影机的景深。在渲染中，通过“景深”效果常常可以虚化配景，从而起到突出画面主体的作用。图5-24～图5-27所示为一些带有“景深”效果的照片。

图5-24

图5-25

图5-26

图5-27

展开“景深”卷展栏，其中的参数如图5-28所示。

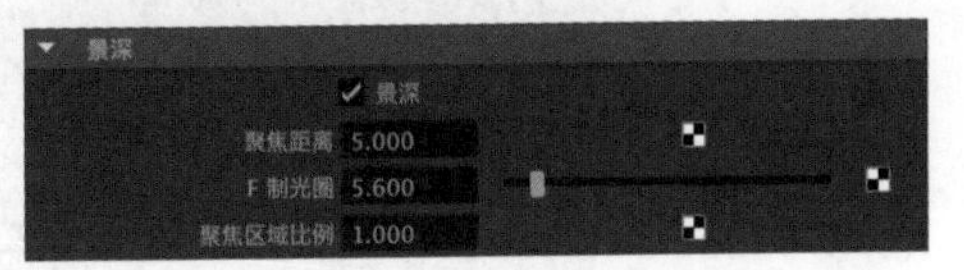

图5-28

常用参数解析

景深：如果勾选该复选框，效果将取决于对象与摄影机的距离。焦点将聚焦于场景中的某些对象，而其他对象会被渲染计算为模糊效果。

聚焦距离：用于设置聚焦的对象与摄影机之间的距离。在场景中使用线性工作单位衡量，减小“聚焦距离”参数值将降低景深。参数值的有效范围为0到无穷大，默认值为5。

F制光圈：用于控制景深的渲染效果。

聚焦区域比例：用于成倍地控制“聚焦距离”参数值。

5.3.5 “输出设置”卷展栏

展开“输出设置”卷展栏，其中的参数如图5-29所示。

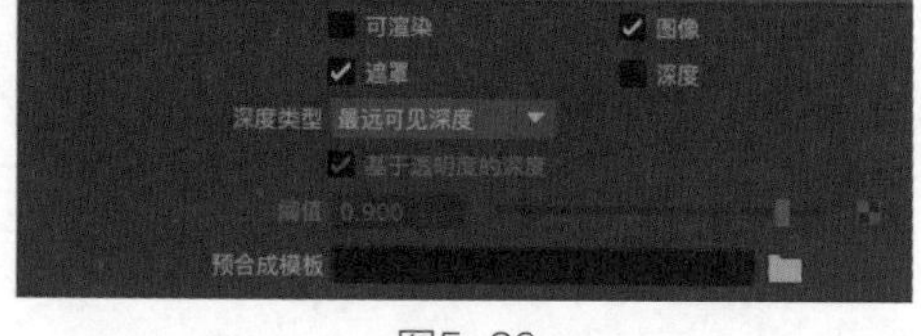

图5-29

常用参数解析

可渲染：如果勾选该复选框，摄影机将在渲染期间创建图像文件、遮罩文件或深度文件。

图像：如果勾选该复选框，摄影机将在渲染过程中创建图像文件。

遮罩：如果勾选该复选框，摄影机将在渲染过程中创建遮罩文件。

深度：如果勾选该复选框，摄影机将在渲染期间创建深度文件。深度文件是一种数据文件，用于表示对象到摄影机的距离。

深度类型：用于确定如何计算每个像素的深度。

基于透明度的深度：用于根据透明度确定哪些对象离摄影机最近。

预合成模板：用于加载合成模板文件。

5.3.6 “环境”卷展栏

展开“环境”卷展栏，其中的参数如图5-30所示。

图5-30

常用参数解析

背景色：用于控制渲染场景的背景颜色。

图像平面：用于为渲染场景的背景指定一个图像文件。

5.4 实例：制作景深效果

在本实例中，我们将学习如何在场景中创建摄影机，并渲染出景深效果。渲染前后的效果对比如图5-31所示。

图5-31

橘子-完成.mb

橘子.mb

制作思路

（1）在场景中创建摄影机。
（2）测量摄影机与目标点的距离。
（3）制作景深效果。

图5-32

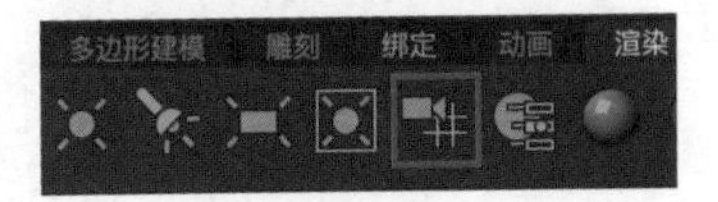

图5-33

5.4.1 创建摄影机

（1）启动中文版Maya 2023，打开本书配套资源文件“橘子.mb”，场景中有一组橘子的模型，并且已经设置好了材质和灯光，如图5-32所示。

（2）单击“渲染”工具架中的“创建摄影机”图标，即可在场景中创建一个摄影机，如图5-33所示。

（3）在“通道盒/层编辑器”面板中设置摄影机的参数，如图5-34所示。

（4）设置完成后，摄影机在场景中的位置如图5-35所示。

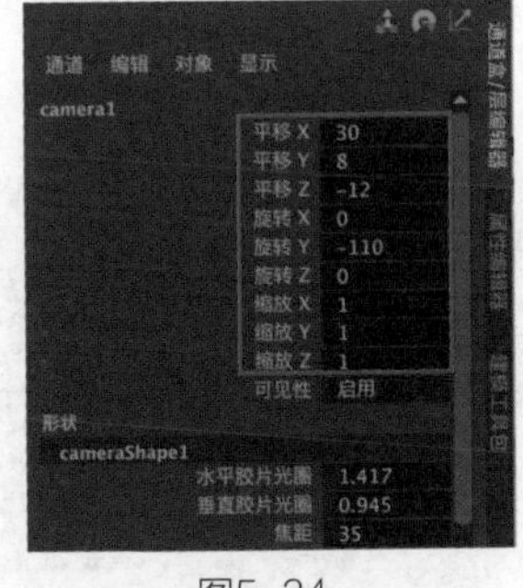

图5-34

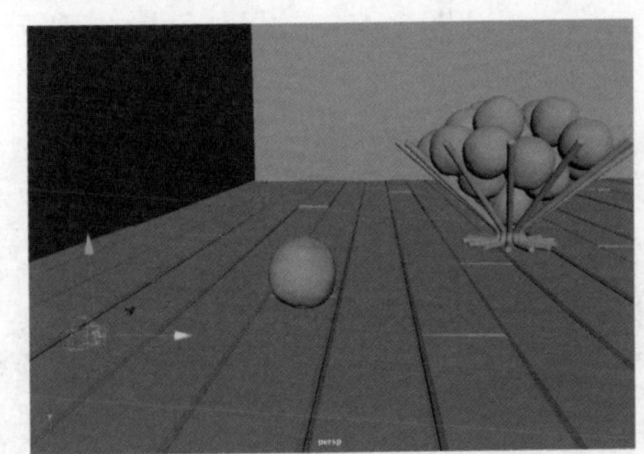

图5-35

（5）执行透视视图菜单栏中的“面板>透视>camera1”命令，如图5-36所示。此时可将操作视图切换至摄影机视图，如图5-37所示。

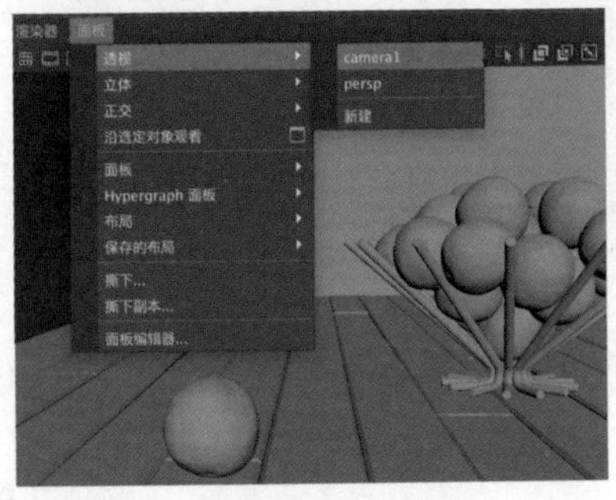

图5-36

图5-37

（6）单击“分辨率门”按钮，可以看到要渲染的场景，如图5-38所示。

（7）渲染场景，渲染效果如图5-39所示。

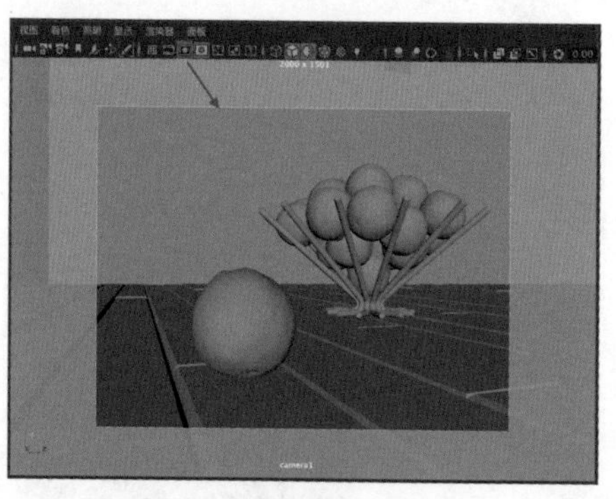
图5-38

图5-39

5.4.2 制作景深效果

（1）执行菜单栏中的“创建>测量工具>距离工具”命令，在场景中测量出摄影机和场景中与摄影机较近的橘子模型的距离，如图5-40所示。

（2）选择场景中的摄影机，在“属性编辑器”面板中展开Arnold卷展栏，勾选Enable DOF（启用景深）复选框，开启景深计算功能。设置Focus Distance（焦距）为28.3（该值就是在上一个步骤里所测量出来的距离）、Aperture Size（光圈）为1，如图5-41所示。

（3）渲染摄影机视图，渲染效果如图5-42所示。

图5-40

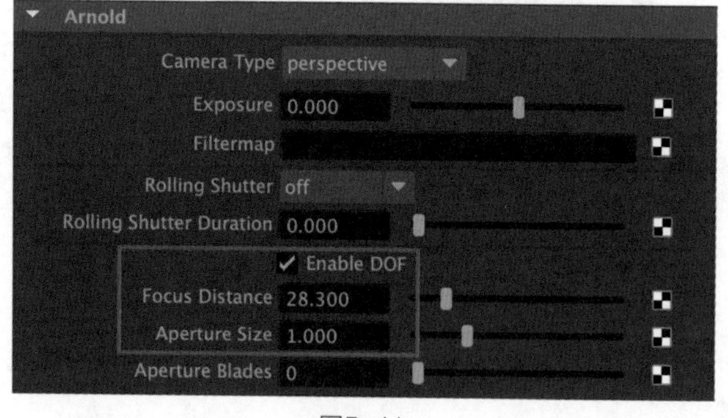

图5-41

图5-42

5.5 课后习题：制作运动模糊效果

在本习题中，我们将学习如何在场景中创建摄影机，并制作出运动模糊效果。制作出运动模糊效果前后的效果对比如图5-43所示。

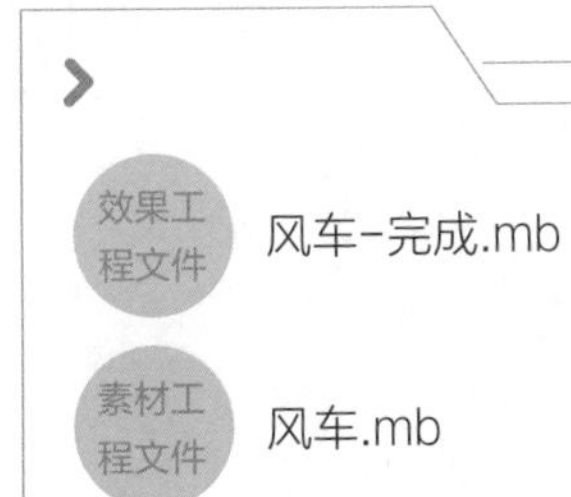

效果工程文件 风车-完成.mb

素材工程文件 风车.mb

制作思路

（1）在场景中创建摄影机。
（2）制作运动模糊效果。

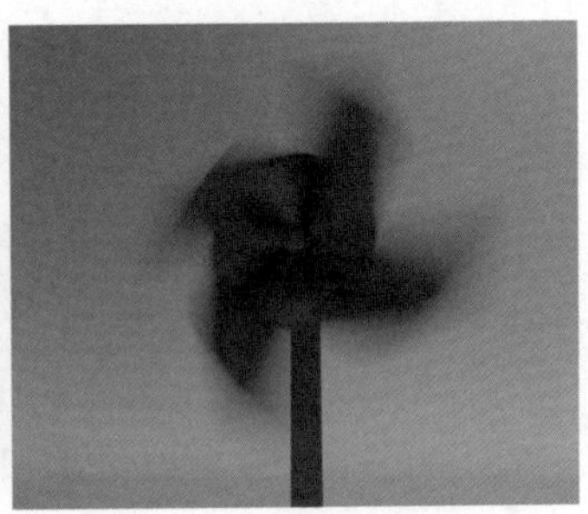

图5-43

制作要点

第1步：打开场景文件，查看场景中都有哪些模型，如图5-44所示。

第2步：为场景添加摄影机，摄影机视图如图5-45所示。

图5-44

图5-45

第3步：在Motion Blur（运动模糊）卷展栏中勾选Enable（启用）复选框，设置Length（长度）为1，如图5-46所示。

第4步：调整参数，最终渲染效果如图5-47所示。

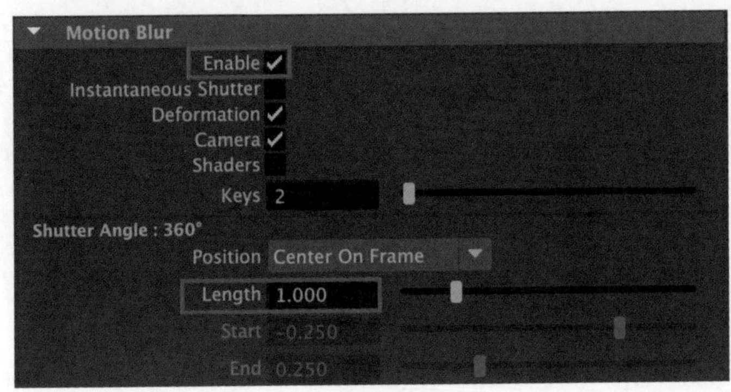

图5-46

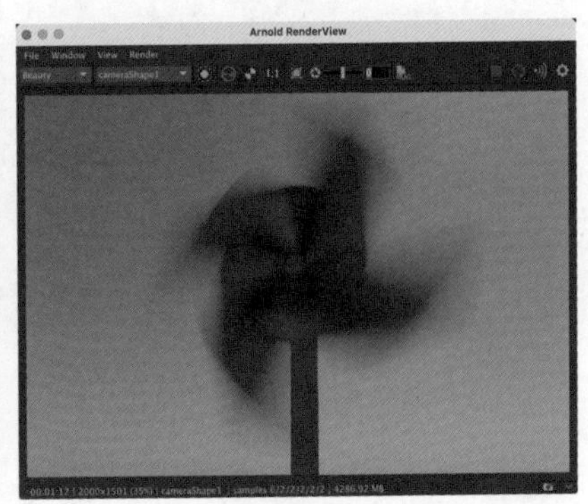

图5-47

第6章 材质与纹理

本章导读

本章将通过讲解常用材质的制作方法来介绍Maya 2023各种材质和纹理的相关知识点。好的材质不但可以美化模型，加强模型的质感表现，还能弥补模型的不足。本章是非常重要的一章，请读者务必认真学习本章内容，熟练掌握材质的制作方法与技巧。

学习要点

- ❖ 掌握Hypershade窗口的使用方法
- ❖ 掌握标准曲面材质的使用方法
- ❖ 掌握Lambert材质的使用方法
- ❖ 掌握纹理及UV的使用方法
- ❖ 掌握常用材质的制作方法

6.1 材质概述

材质可以表现出对象的色彩、质感、光泽和通透程度等属性。在Maya 2023中，利用材质技术几乎可以模拟出我们身边任何物体的质感。在行业规范中，模型只有添加了材质之后才算是制作完成。图6-1和图6-2所示分别为在三维软件中使用材质相关参数所制作出来的各种不同物体的质感表现。

图6-1

图6-2

6.2 Hypershade窗口

Maya为用户提供了一个用于管理场景中所有材质的窗口——Hypershade窗口。如果Maya用户对3ds Max有一点了解，那么可以把Hypershade窗口理解为3ds Max里的“材质编辑器”窗口。Hypershade窗口在默认状态下由“浏览器”“材质查看器”“创建”“存储箱”“工作区”“特性编辑器”这6个面板组成，如图6-3所示。

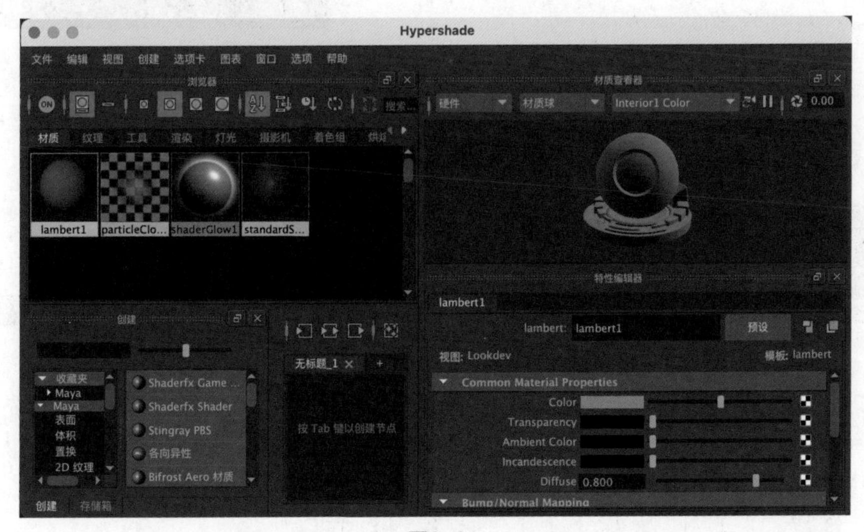

图6-3

打开Hypershade窗口的方式主要有两种：第1种是执行菜单栏中的“窗口>渲染编辑器>Hypershade”命令，如图6-4所示；第2种是单击状态行工具栏中的“显示Hypershade窗口”按钮，如图6-5所示。

图6-4

图6-5

技巧与提示　在Maya 2023中制作材质一般很少打开Hypershade窗口，大部分操作只需在模型的“属性编辑器”面板中进行就可以，只有极少数的操作需要打开Hypershade窗口。

6.2.1 “浏览器”选项卡

Hypershade窗口中的选项卡，可以以拖曳的方式使其独立出来。其中，“浏览器”选项卡中的参数如图6-6所示。

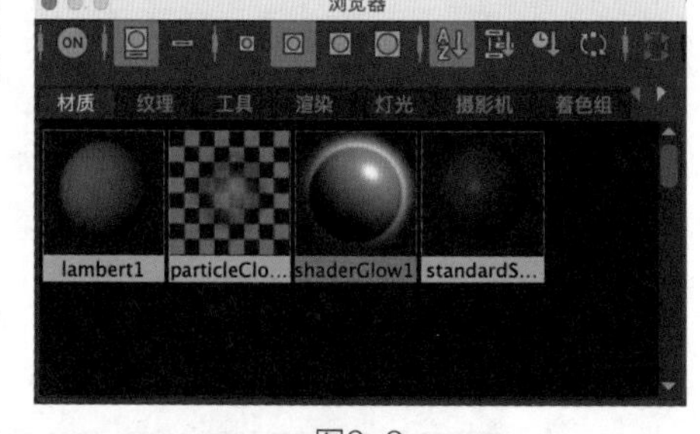

图6-6

常用参数解析

材质和纹理的样例生成：该按钮提示用户现在可以启用材质和纹理的样例生成功能。

关闭材质和纹理的样例生成：该按钮提示用户现在可以关闭材质和纹理的样例生成功能。

图标：以图标的方式显示材质球，如图6-7所示。

列表：以列表的方式显示材质球，如图6-8所示。

图6-7

图6-8

小样例：以小样例的方式显示材质球，如图6-9所示。

中样例：以中样例的方式显示材质球，如图6-10所示。

大样例：以大样例的方式显示材质球，如图6-11所示。

特大样例：以特大样例的方式显示材质球，如图6-12所示。

按名称：按材质球的名称来排列材质球。

按类型：按材质球的类型来排列材质球。

按时间：按材质球的创建时间来排列材质球。

按反转顺序：反转排列按名称、类型或创建时间排序的材质球。

图6-9

图6-10

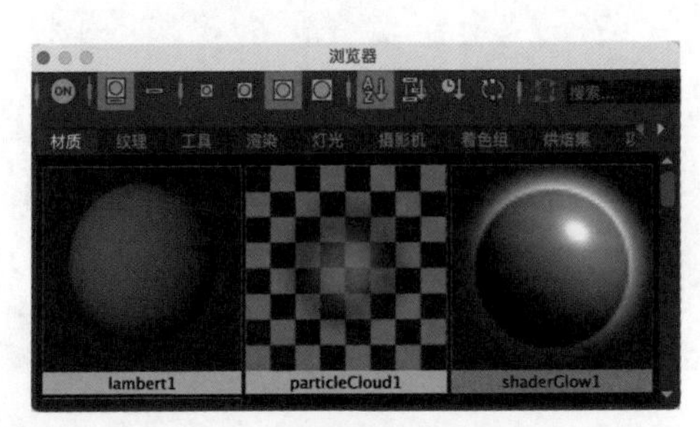

图6-11

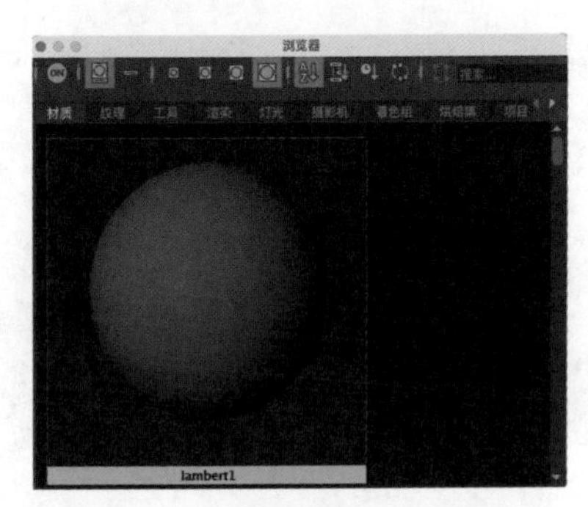

图6-12

6.2.2 “创建”选项卡

“创建”选项卡主要用来查找Maya材质节点命令并在Hypershade窗口中创建材质，其中的参数如图6-13所示。

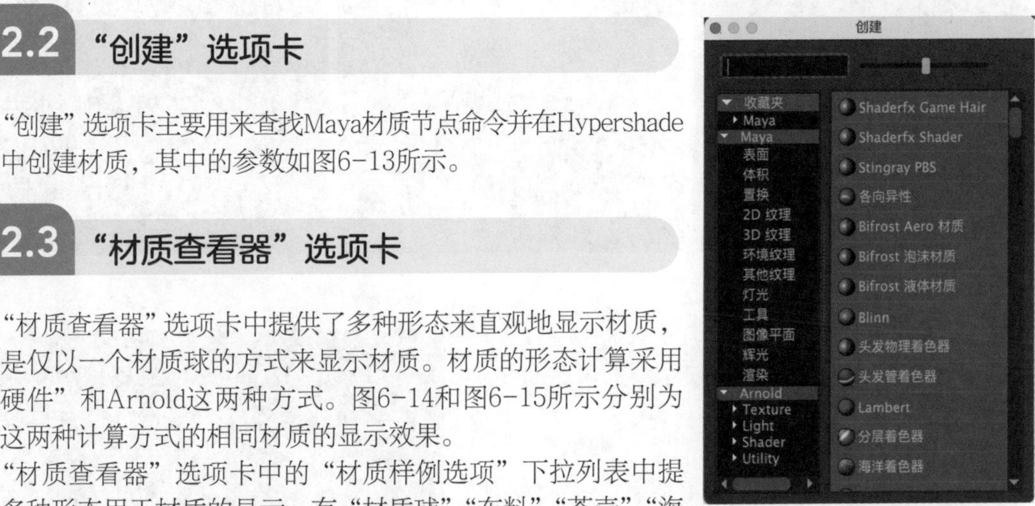

图6-13

6.2.3 “材质查看器”选项卡

“材质查看器”选项卡中提供了多种形态来直观地显示材质，而不是仅以一个材质球的方式来显示材质。材质的形态计算采用了“硬件”和Arnold这两种方式。图6-14和图6-15所示分别为采用这两种计算方式的相同材质的显示效果。

“材质查看器”选项卡中的“材质样例选项”下拉列表中提供了多种形态用于材质的显示，有“材质球”“布料”“茶壶”“海洋”“海洋飞溅”“玻璃填充”“玻璃飞溅”“头发”“球体”“平面”这10种形态可选，如图6-16所示。显示效果分别如图6-17～图6-26所示。

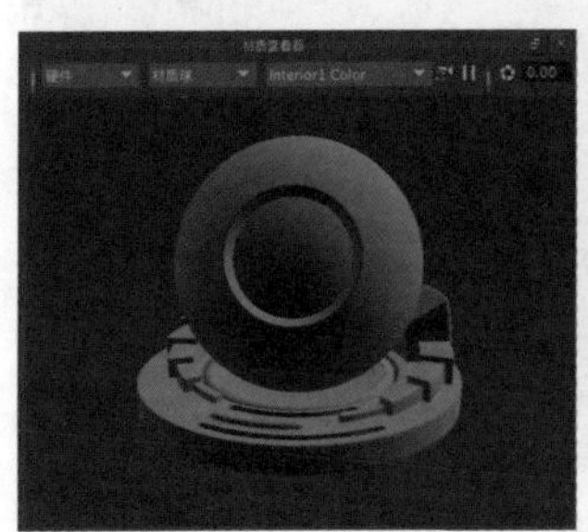

图6-14

图6-15

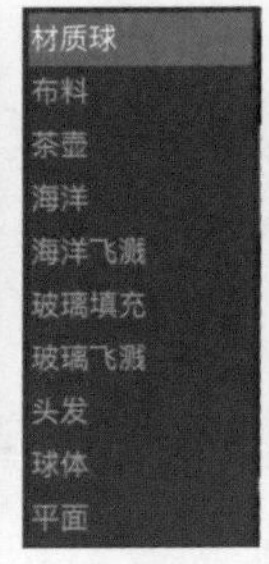

图6-16

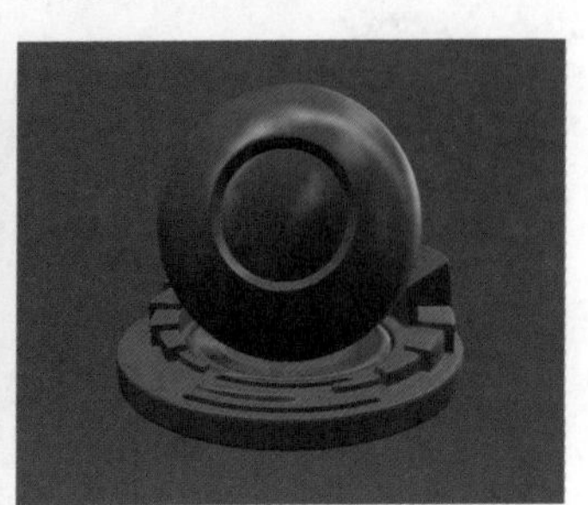

图6-17

图6-18 图6-19 图6-20

图6-21 图6-22 图6-23

图6-24 图6-25 图6-26

6.2.4 “工作区”选项卡

“工作区”选项卡主要用来显示和编辑Maya的材质节点。单击材质节点上的命令，可以在“特性编辑器”选项卡中显示出所对应的一系列参数，如图6-27所示。

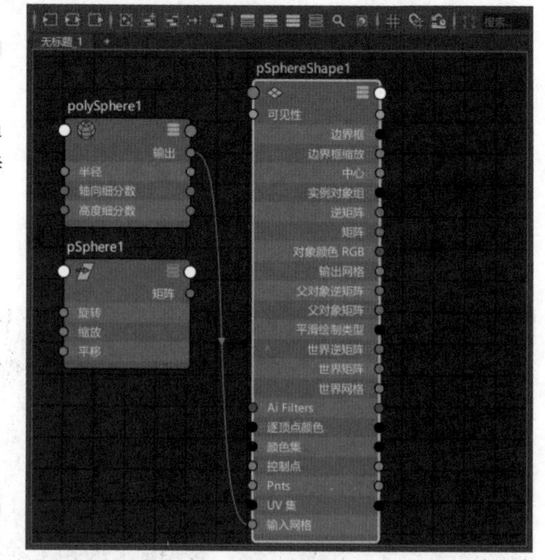

图6-27

6.3 常用材质

6.3.1 标准曲面材质

标准曲面材质是一种基于物理的着色器，能够生成许多类型的材质。它包括漫反射层、适用于金属的具有复杂菲涅尔反射的镜面反射层、适用于玻璃的镜面反射透射、适用于蒙皮的次表面散射、适用于水和冰的薄散射和次镜面反射涂层。标准曲面材质几乎可以用来制作日常生活中我们所能见到的大部分材质，其参数设置与Arnold渲染器提供的aiStandardSurface（ai标准曲面）材质几乎一模一样。标准曲面材质与Arnold渲染器的兼容性良好，而且以中文显示的参数名称更加方便用户在Maya 2023中进行材质的制作。该材质的卷展栏较多，如图6-28所示。

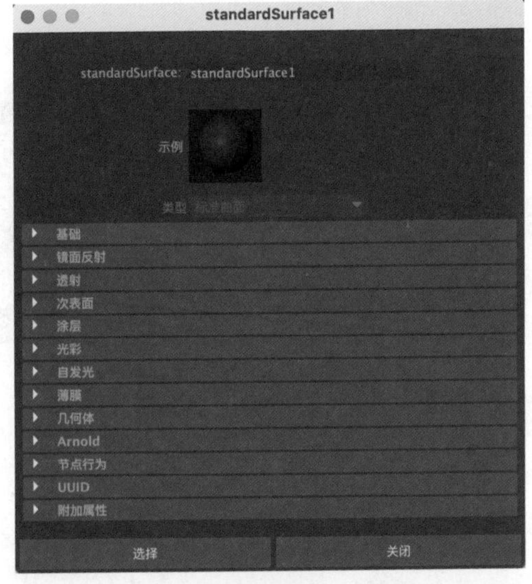

图6-28

1.“基础”卷展栏

展开“基础”卷展栏，其中的参数如图6-29所示。

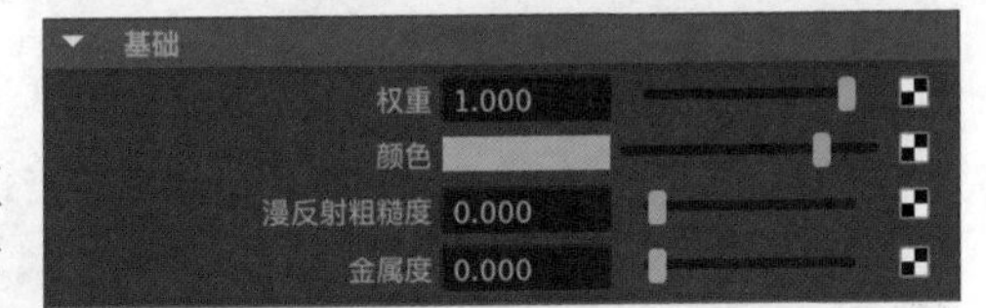

图6-29

常用参数解析

权重：用于设置基础颜色的权重。

颜色：用于设置材质的基础颜色。

漫反射粗糙度：用于设置材质的漫反射粗糙度。

金属度：用于设置材质的金属度。当该参数值为1时，材质会表现出明显的金属特性。图6-30所示为该参数值分别是0和1时的材质显示效果对比。

图6-30

2.“镜面反射”卷展栏

展开“镜面反射”卷展栏，其中的参数如图6-31所示。

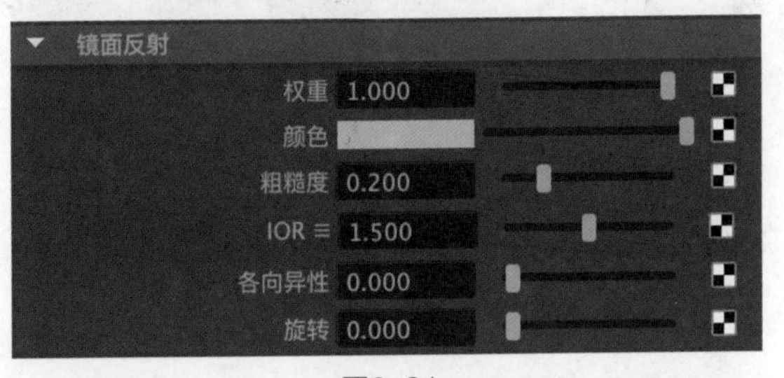

图6-31

常用参数解析

权重：用于控制镜面反射的权重。

颜色：用于调整镜面反射的颜色，为材质的高光部分染色。图6-32所示为颜色分别是黄色和蓝色的材质显示效果对比。

图6-32

粗糙度：用于控制镜面反射的光泽度。参数值越小，反射越清晰。对于两种极限条件，参数值为0将带来完美且清晰的镜像反射效果，而参数值为1则会产生接近漫反射的反射效果。图6-33所示为该参数值分别是0、0.2、

0.3和0.6时的材质显示效果对比。

图6-33

IOR：用于控制材质的折射率，在制作玻璃、水、钻石等透明材质时非常重要。图6-34所示为该参数值分别是1.1和1.6时的材质显示效果对比。

各向异性：用于控制高光的各向异性属性，可以得到具有椭圆形状的反射及高光效果。图6-35所示为该参数值分别是0和1时的材质显示效果对比。

图6-34

图6-35

旋转：用于控制材质UV空间各向异性反射的方向。图6-36所示为该参数值分别是0和0.25时的材质显示效果对比。

3.“透射”卷展栏

展开“透射”卷展栏，其中的参数如图6-37所示。

图6-36

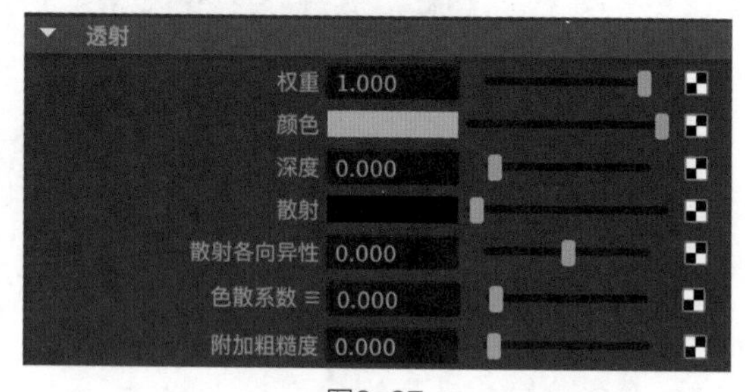

图6-37

常用参数解析

权重：用于设置光线穿过物体表面所产生的散射权重。

颜色：可根据折射光线的传播距离过滤折射。光线在网格内传播得越远，受透射颜色的影响就会越大。因此，光线穿过较厚的部分时，绿色玻璃的颜色将更深。此效应呈指数递增，可以使用比尔定律进行计算，建议使用精细的浅颜色。图6-38所示为颜色分别是浅红色和深红色的材质显示效果对比。

深度：用于控制透射颜色在物体中达到的深度。

散射：适用于各类相当稠密的液体或者有足够多的液体能使散射可见的情况，如深水体或蜂蜜。

散射各向异性：用于控制散射的方向偏差或各向异性。

色散系数：用于描述折射率随波长变化的程度。对于玻璃和钻石，该参数值通常介于10到70之间。参数值越小，色散越多。默认值为0，表示禁用色散。图6-39所示为该参数值分别是0和35时的材质显示效果对比。

图6-38

图6-39

附加粗糙度：为使用各向同性微面BTDF（双向透射分布函数）所计算的折射增加一些额外的模糊度，取值范围为0（无粗糙度）到1。

4. “次表面”卷展栏

展开“次表面”卷展栏，其中的参数如图6-40所示。

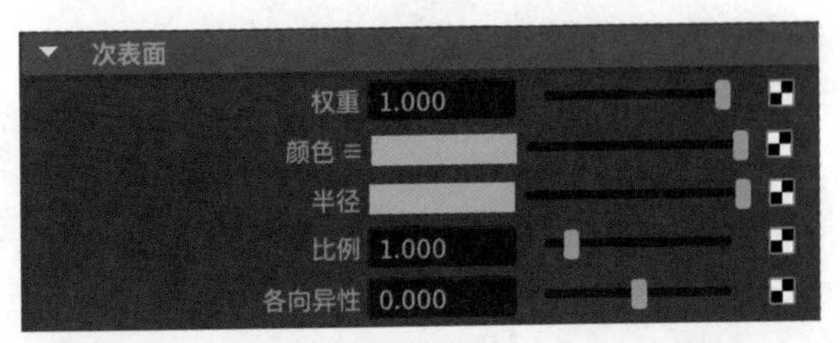

图6-40

常用参数解析

权重：用于控制漫反射和次表面散射之间的混合权重。

颜色：用于确定次表面散射效果的颜色。

半径：用于设置光线散射出曲面前在曲面下可能传播的平均距离。

比例：用于控制光线再度反射出曲面前在曲面下可能传播的距离。它将扩大散射半径，并增加次表面散射（Sub-Surface-Scattering，SSS）半径颜色。

5. “涂层”卷展栏

展开“涂层”卷展栏，其中的参数如图6-41所示。

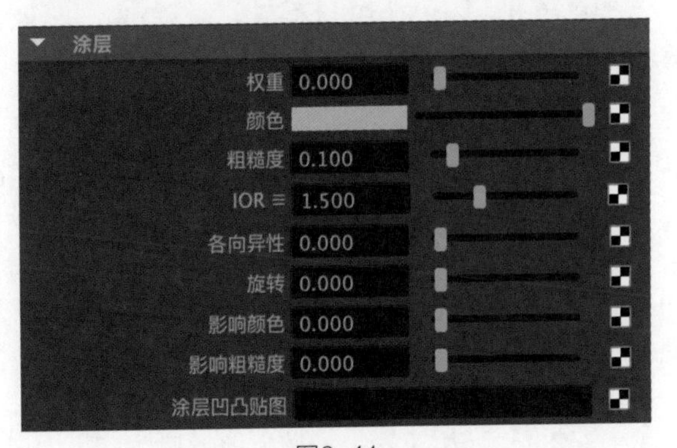

图6-41

常用参数解析

权重：用于控制材质涂层的权重。

颜色：用于控制涂层的颜色。

粗糙度：用于控制镜面反射的光泽度。

IOR：用于控制材质的菲涅尔反射率。

6. “自发光”卷展栏

展开“自发光”卷展栏，其中的参数如图6-42所示。

常用参数解析

权重：用于控制发射的灯光量。

颜色：用于控制发射的灯光颜色。

7. “薄膜”卷展栏

展开“薄膜”卷展栏，其中的参数如图6-43所示。

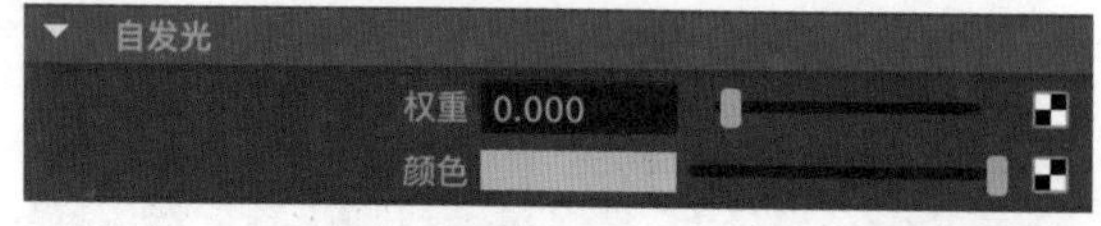

图6-42

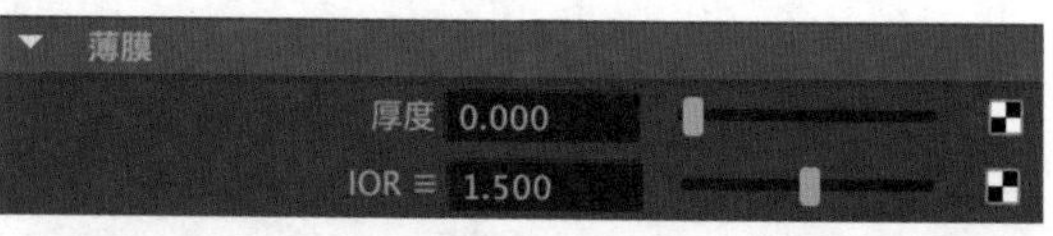

图6-43

常用参数解析

厚度：用于定义薄膜的实际厚度。

IOR：用于控制材质周围介质的折射率。

8. “几何体”卷展栏

展开“几何体”卷展栏，其中的参数如图6-44所示。

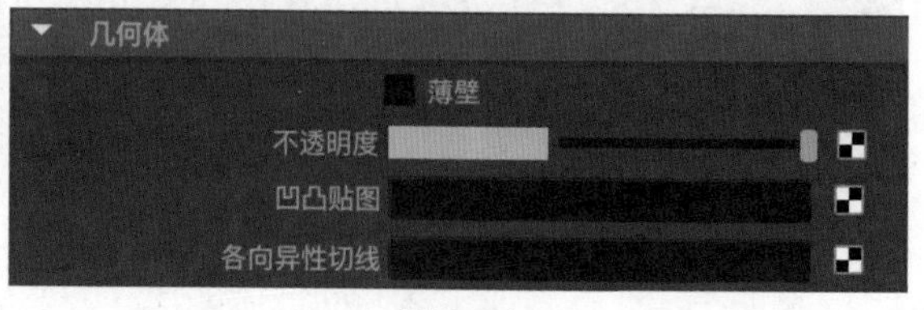

图6-44

常用参数解析

薄壁：勾选该复选框提供从背后照亮半透明对象的效果。

不透明度：用于控制不允许灯光穿过的程度。

凹凸贴图：可通过添加贴图来设置材质的凹凸属性。

各向异性切线：用于为镜面反射各向异性着色指定一个自定义切线。

6.3.2 Lambert材质

Lambert材质是Maya 2023为场景中所有物体所添加的默认材质，其参数主要位于“公用材质属性”卷展栏中，如图6-45所示。

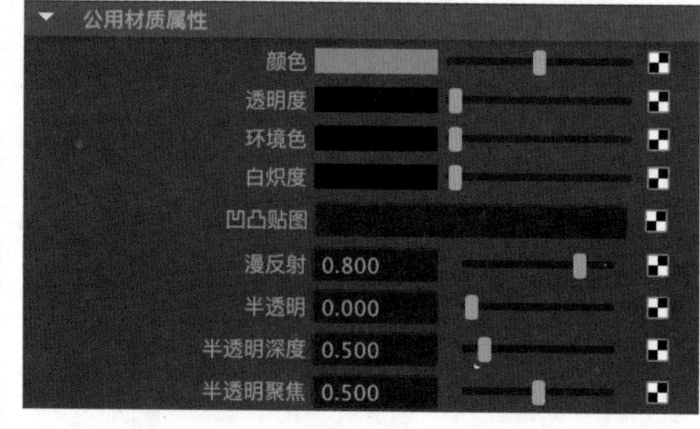

图6-45

常用参数解析

颜色：用于控制材质的基本颜色。

透明度：用于控制材质的透明程度。

环境色：用于模拟环境对该材质所产生的颜色影响。

白炽度：用于控制材质反射光线的颜色及亮度。

凹凸贴图：可通过纹理贴图来控制材质表面的粗糙纹理及凹凸程度。

漫反射：使材质能够在所有方向反射光线。

半透明：使材质可以透射和漫反射光线。

半透明深度：用于模拟光线穿透半透明对象的程度。

半透明聚焦：用于控制半透明光线的散射程度。

6.4 纹理与UV

纹理通常指材质上的纹理贴图。UV则指的是控制纹理贴图正确贴在模型表面上的坐标。两者相辅相成，缺一不可。在Maya 2023中制作三维模型后，常常需要将合适的贴图贴到这些三维模型上，比如选择一张图书的贴图指定给图书模型，但Maya 2023并不能自动确定图书的贴图以什么样的方向平铺到图书模型上。虽然Maya 2023在默认情况下会为许多基本多边形模型自动创建UV，但是在大多数情况下，还是需要用户重新为模型指定UV。根据模型形状的不同，Maya 2023为用户提供了平面映射、圆柱形映射、球形映射和自动映射这几种现成的UV贴图方式。如果模型的贴图过于复杂，那么可以使用“UV编辑器”面板来对贴图的UV进行精细调整。

6.4.1 文件

“文件”纹理属于“2D纹理”，是使用频率较高的纹理。该纹理允许用户使用计算机硬盘中的任意图像文件来作为材质表面的纹理贴图。其参数主要位于“文件属性”卷展栏中，如图6-46所示。

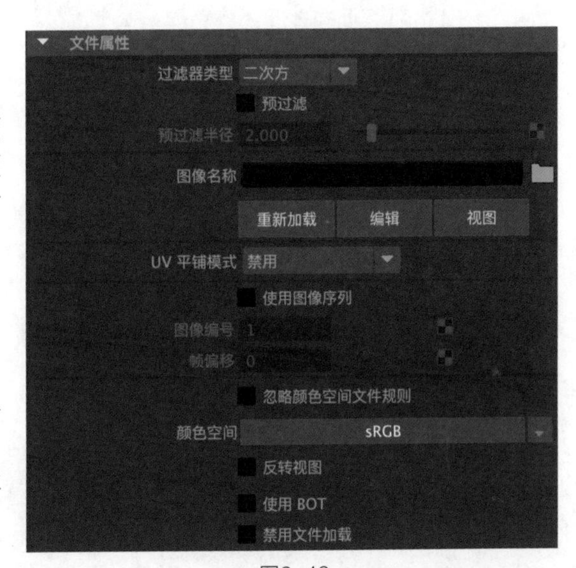

图6-46

常用参数解析

过滤器类型：用于指定渲染过程中应用于图像文件的采样技术。

预过滤：用于校正已混淆的或者在不需要的区域中包含噪波的“文件”纹理。

预过滤半径：用于确定过滤半径的大小。

图像名称：用于设置“文件”纹理使用的图像文件或影片文件的名称。

“重新加载”按钮：单击该按钮将强制刷新纹理。

“编辑”按钮：单击该按钮将启动外部应用程序，以便能够编辑纹理。

“视图”按钮：单击该按钮将启动外部应用程序，以便能够查看纹理。

UV平铺模式：启用后可使用单个“文件”纹理节点加载、预览和渲染包含对应于UV布局中栅格平面的多个图像的纹理。

使用图像序列：勾选该复选框，可以使用连续的图像序列来作为纹理贴图。

图像编号：用于设置序列图像的编号。

帧偏移：用于设置偏移帧的数值。

颜色空间：用于指定图像使用的输入颜色空间。

6.4.2 aiWireframe

aiWireframe（ai线框）纹理主要用于制作线框材质，其参数如图6-47所示。

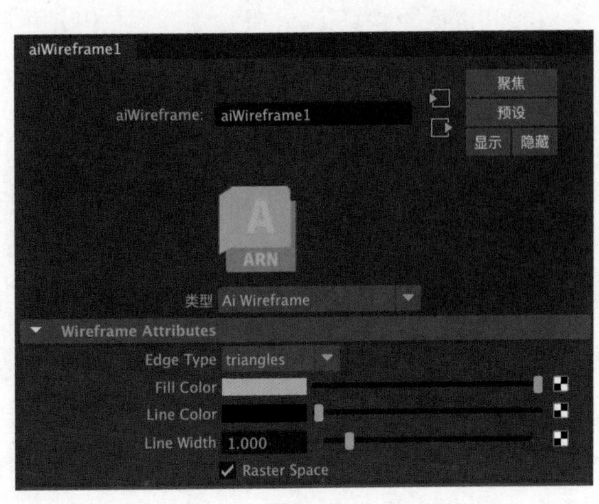

图6-47

常用参数解析

Edge Type（边类型）：用于控制模型上渲染边线的类型，有triangles（三角形）、polygons（多边形）和patches（补丁）这3个选项可选。

Fill Color（填充颜色）：用于设置模型的填充颜色。

Line Color（线颜色）：用于设置线框的颜色。

Line Width（线宽）：用于设置线框的宽度。

6.4.3 平面映射

"平面映射"通过平面将UV投影到模型上，适用于较为平坦的三维模型，如图6-48所示。单击菜单栏中的"UV>平面"命令右侧的方形按钮，即可打开"平面映射选项"对话框，如图6-49所示。

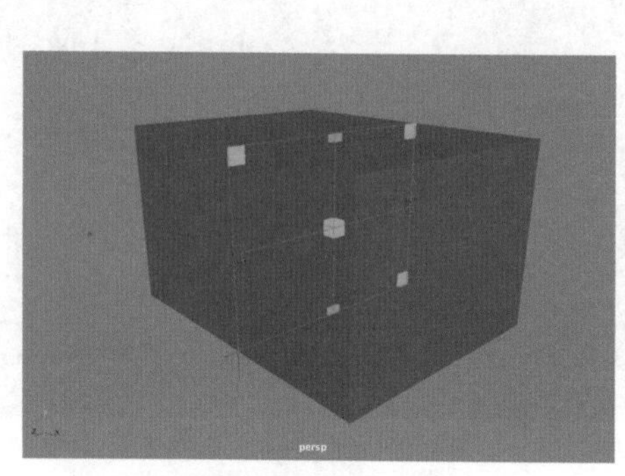

图6-48

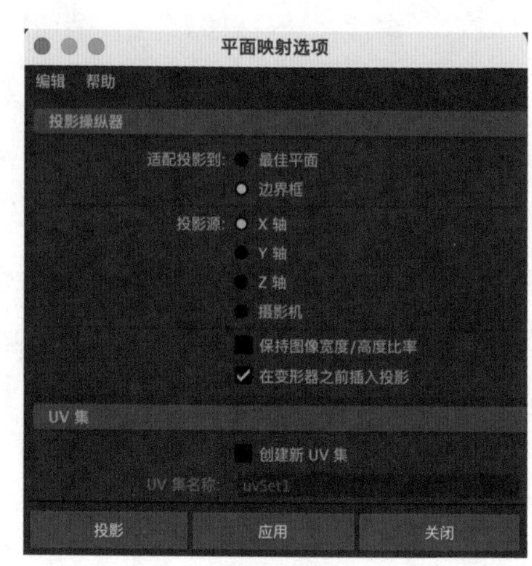

图6-49

常用参数解析

适配投影到：默认情况下，投影操纵器会根据选择的"最佳平面"或"边界框"选项自动定位。

最佳平面：如果要为对象的一部分面映射UV，则可以选择该选项，让投影操纵器在选定的面上自动捕捉一个角度，用户可在此基础上微调UV方向。

边界框：将UV映射到对象的所有面或大多数面时，该选项最有用。它将捕捉投影操纵器以适配对象的边界框。

投影源：选择"X轴""Y轴""Z轴"选项，以便投影操纵器指向对象的大多数面。如果大多数模型的面不是直接指向沿x轴、y轴或z轴的某个位置，则选择"摄影机"选项。该选项将根据当前的活动视图为投影操纵器定位。

保持图像宽度/高度比率：勾选该复选框，可以保留图像的宽度与高度之比，使图像不会扭曲。

在变形器之前插入投影：当在多边形对象中应用变形时，需要勾选"在变形器之前插入投影"复选框。如果取消勾选该复选框且已为变形设置动画，则纹理的放置将受顶点位置更改的影响。

创建新UV集：勾选该复选框，可以创建新UV集并放置由投影在该集中创建的UV。

6.4.4 圆柱形映射

"圆柱形映射"非常适合应用在形态接近圆柱体的三维模型上，如图6-50所示。单击菜单栏中的"UV>圆柱形"命令右侧的方形按钮，即可打开"圆柱形映射选项"对话框，如图6-51所示。

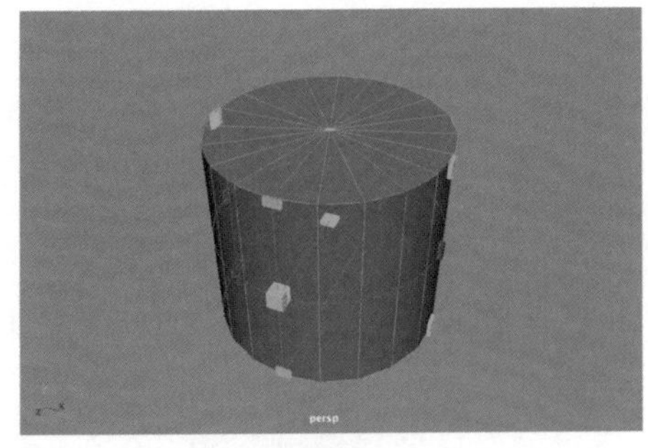

图6-50

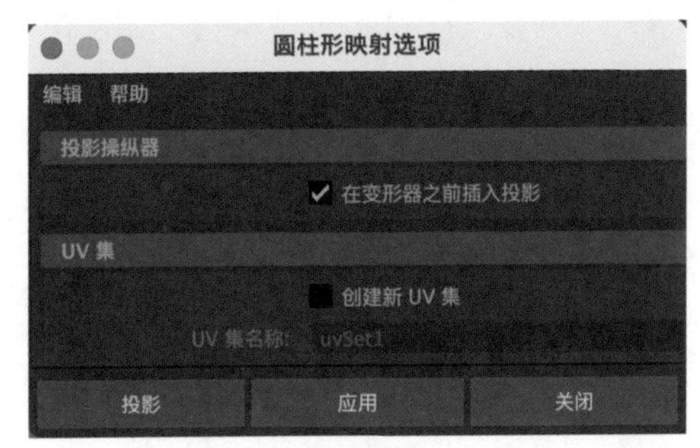

图6-51

常用参数解析

在变形器之前插入投影：勾选该复选框，可以在应用变形器前将纹理放置并应用到多边形模型上。

创建新UV集：勾选该复选框，可以创建新UV集并放置由投影在该集中创建的UV。

6.4.5 球形映射

“球形映射”非常适合应用在形态接近球形的三维模型上，如图6-52所示。单击菜单栏中的“UV>球形”命令右侧的方形按钮，即可打开“球形映射选项”对话框，如图6-53所示。

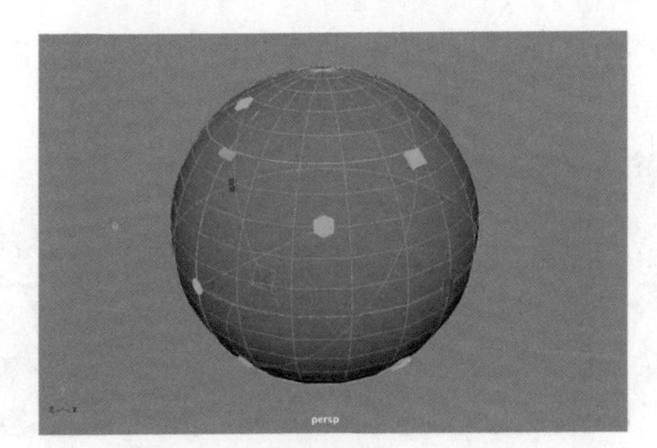

图6-52

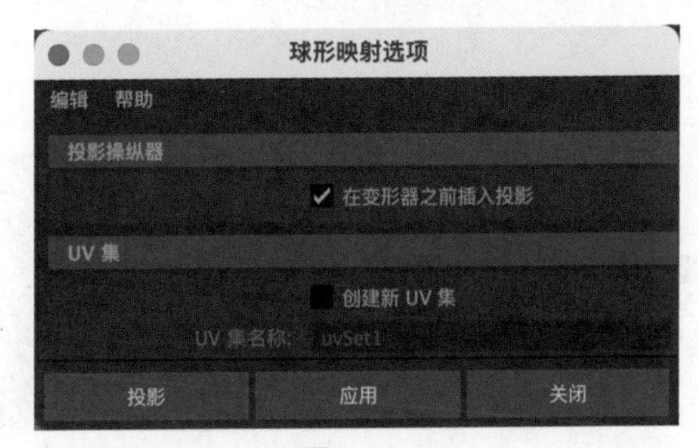

图6-53

常用参数解析

在变形器之前插入投影：勾选该复选框，可以在应用变形器前将纹理放置并应用到多边形模型上。

创建新UV集：勾选该复选框，可以创建新UV集并放置由投影在该集中创建的UV。

6.5 实例：制作玻璃材质

在本实例中，我们将通过制作玻璃材质来学习标准曲面材质的使用方法。玻璃材质的最终渲染效果如图6-54所示。

图6-54

制作思路

（1）观察场景。
（2）为模型添加标准曲面材质。
（3）思考调整哪些参数可以得到玻璃效果。

操作步骤

图6-55

（1）启动中文版Maya 2023，打开本书配套场景资源文件“玻璃材质.mb”，并选择场景中的瓶子和杯子模型，如图6-55所示。

（2）单击“渲染”工具架中的“标准曲面材质”图标，为所选模型指定标准曲面材质，如图6-56所示。

（3）在“属性编辑器”面板中展开“镜面反射”卷展栏，设置“权重”为1、“粗糙度”为0.1，以增强材质的镜面反射效果，如图6-57所示。

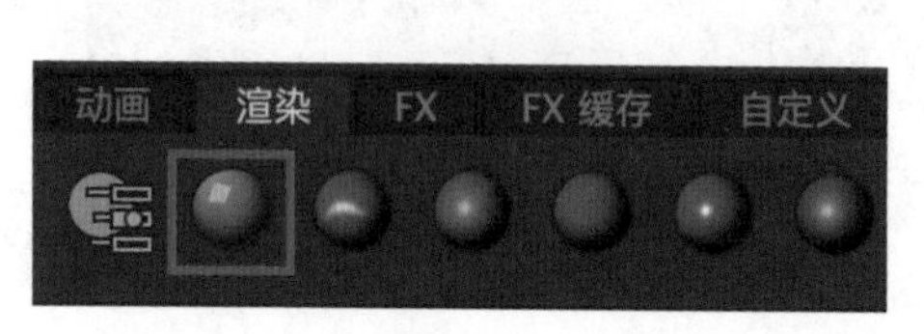

图6-56

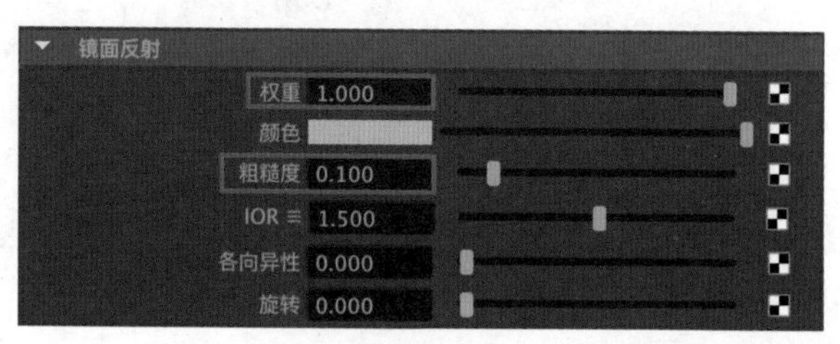

图6-57

（4）展开“透射”卷展栏，设置“权重”为1、“颜色”为浅蓝色，如图6-58所示。其中，颜色的参数设置如图6-59所示。

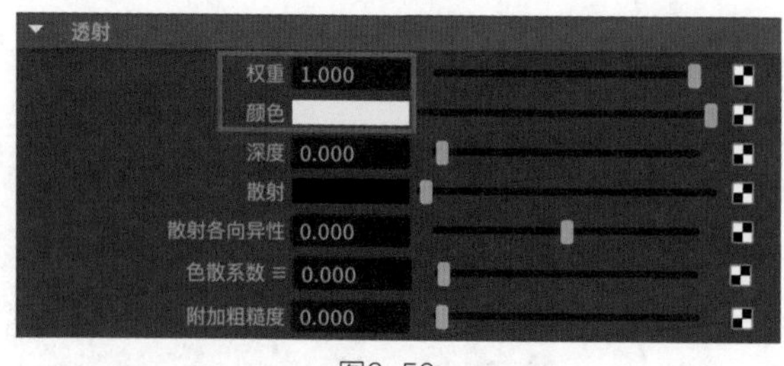

图6-58

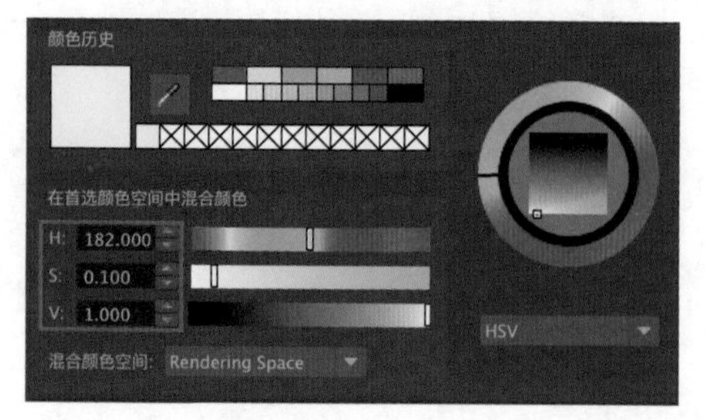

图6-59

（5）参数调整完成后，玻璃材质在“材质查看器”选项卡中的显示效果如图6-60所示。
（6）渲染场景，玻璃材质的最终渲染效果如图6-61所示。

图6-60

图6-61

6.6 实例：制作金属材质

图6-62

在本实例中，我们将通过制作金属材质来学习标准曲面材质的使用方法。金属材质的最终渲染效果如图6-62所示。

效果工程文件　金属材质-完成.mb

素材工程文件　金属材质.mb

微课视频

制作思路

（1）观察场景。

（2）为模型添加标准曲面材质。

（3）思考调整哪些参数可以得到金属效果。

操作步骤

图6-63

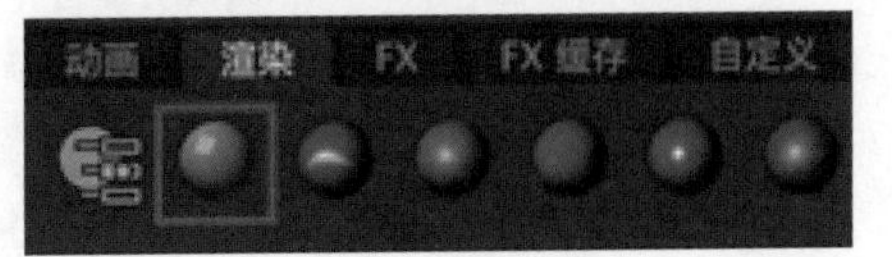

图6-64

（1）启动中文版Maya 2023，打开本书配套场景资源文件“金属材质.mb”，并选择场景中的瓶子模型，如图6-63所示。

（2）单击“渲染”工具架中的“标准曲面材质”图标，为所选模型指定标准曲面材质，如图6-64所示。

（3）在“属性编辑器”面板中展开“基础”卷展栏，设置“颜色”为金色、“金属度”为1，为材质添加金属特性，如图6-65所示。其中，颜色的参数设置如图6-66所示。

（4）展开“镜面反射”卷展栏，设置“粗糙度”为0.2，以增强材质的镜面反射效果，如图6-67所示。

（5）参数调整完成后，金属材质在“材质查看器”选项卡中的显示效果如图6-68所示。

（6）渲染场景，金属材质的最终渲染效果如图6-69所示。

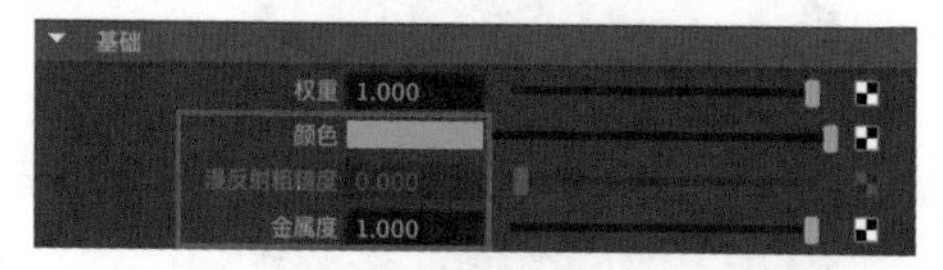

图6-65

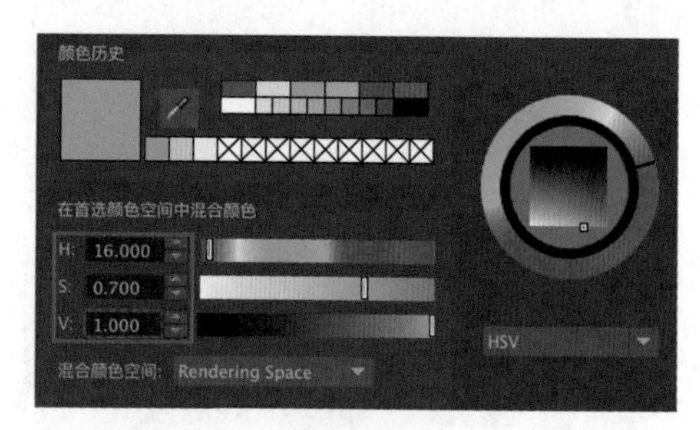

图6-66

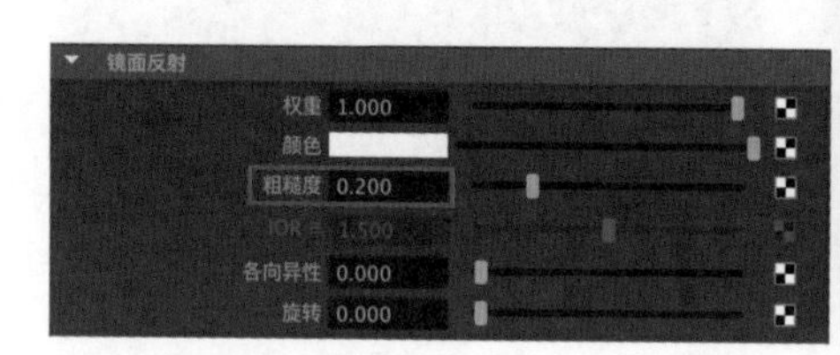

图6-67

图6-68

图6-69

6.7 实例：制作陶瓷材质

在本实例中，我们将通过制作陶瓷材质来学习标准曲面材质的使用方法。陶瓷材质的最终渲染效果如图6-70所示。

图6-70

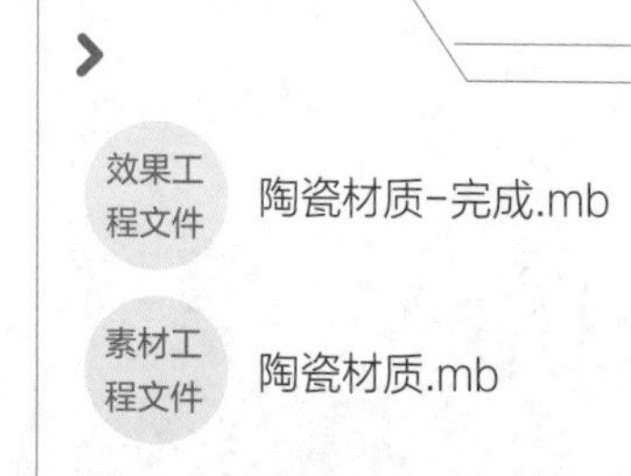

效果工程文件　陶瓷材质-完成.mb

素材工程文件　陶瓷材质.mb

制作思路

（1）观察场景。

（2）为模型添加标准曲面材质。

（3）思考调整哪些参数可以得到陶瓷效果。

操作步骤

（1）启动中文版Maya 2023，打开本书配套场景资源文件“陶瓷材质.mb”，并选择场景中的杯子模型，如图6-71所示。

图6-71

（2）单击“渲染”工具架中的“标准曲面材质”图标，

为所选模型指定标准曲面材质，如图6-72所示。

图6-72

（3）在“属性编辑器”面板中展开“基础”卷展栏，设置“颜色”为蓝色，如图6-73所示。其中，颜色的参数设置如图6-74所示。

（4）展开“镜面反射”卷展栏，设置“粗糙度”为0.1，如图6-75所示，增强材质的镜面反射效果。

（5）参数调整完成后，金属材质在“材质查看器”选项卡中的显示效果如图6-76所示。

（6）渲染场景，陶瓷材质的最终渲染效果如图6-77所示。

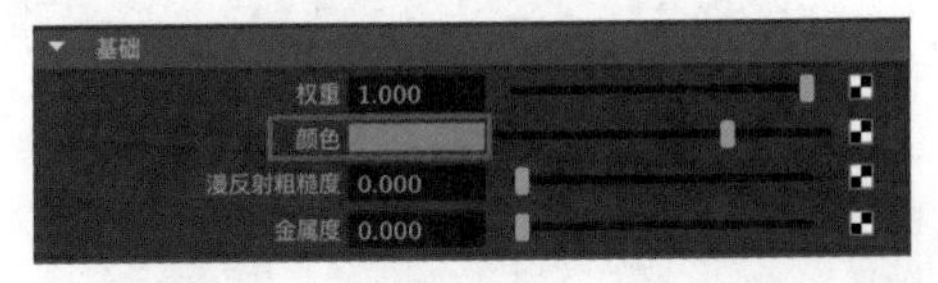

图6-73

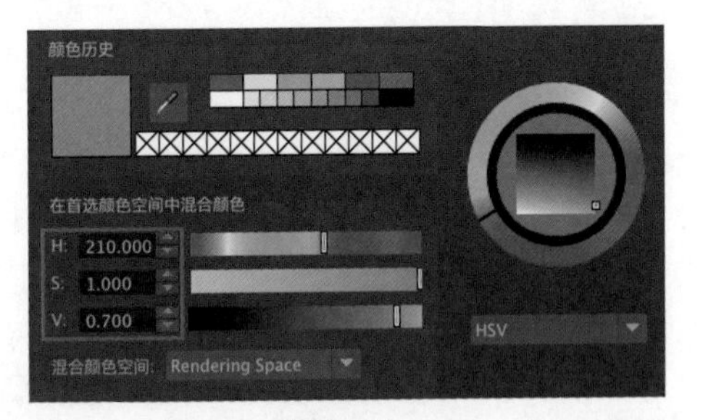

图6-74

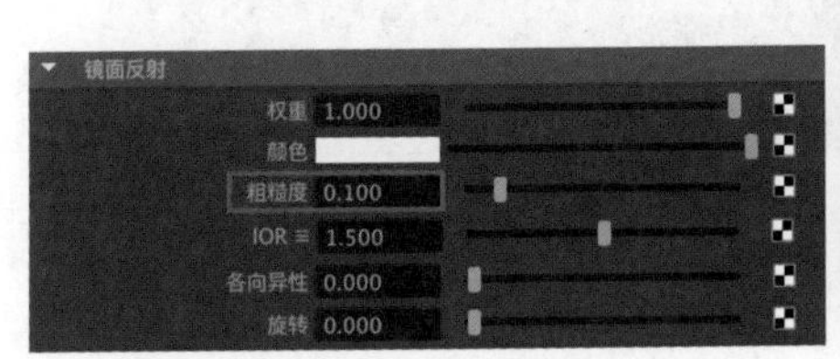

图6-75

图6-76

图6-77

6.8 实例：制作画框材质

在本实例中，我们将通过制作画框材质来学习如何在一个模型上添加不同的材质。画框材质的最终渲染效果如图6-78所示。

图6-78

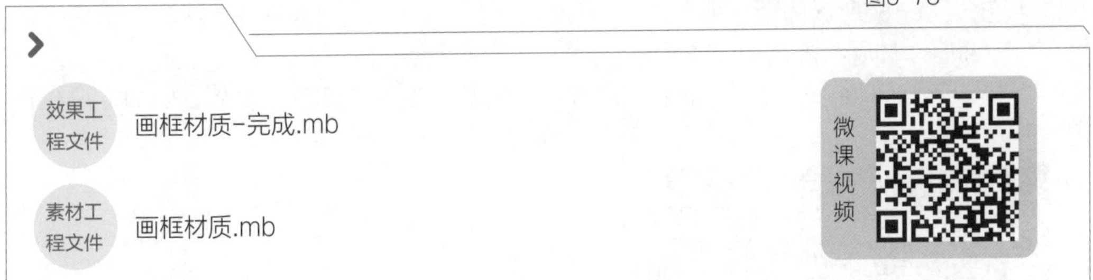

效果工程文件　画框材质-完成.mb

素材工程文件　画框材质.mb

微课视频

制作思路

（1）观察场景。

（2）为模型添加多个标准曲面材质。

（3）使用平面映射调整画框的位置。

图6-79

操作步骤

（1）启动中文版Maya 2023，打开本书配套场景资源文件“画框材质.mb”，并选择场景中的画框模型，如图6-79所示。

（2）单击“渲染”工具架中的“标准曲面材质”图标，为所选模型指定标准曲面材质，如图6-80所示。

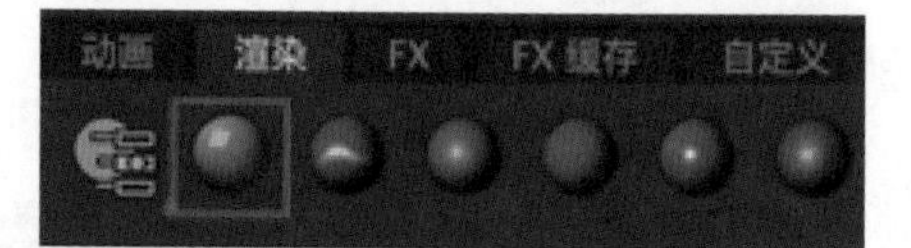

图6-80

（3）在“属性编辑器”面板中展开“基础”卷展栏，设置“颜色”为黄色，如图6-81所示。其中，颜色的参数设置如图6-82所示。

（4）选择图6-83所示的面，单击“渲染”工具架中的“标准曲面材质”图标，为所选面指定第二个标准曲面材质。

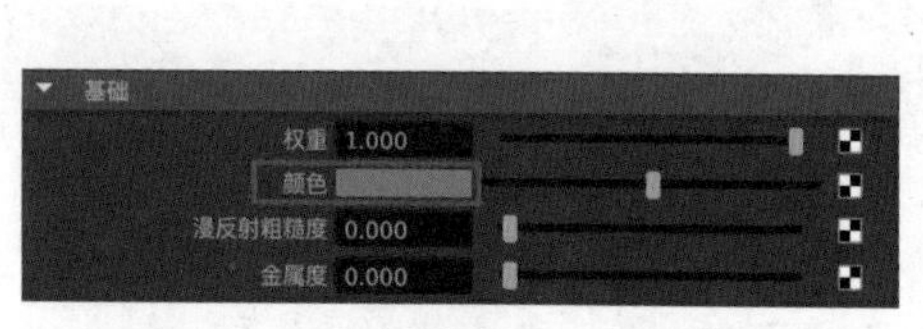

图6-81

图6-82

（5）在“属性编辑器”面板中展开“基础”卷展栏，设置“颜色”为白色，如图6-84所示。

图6-83

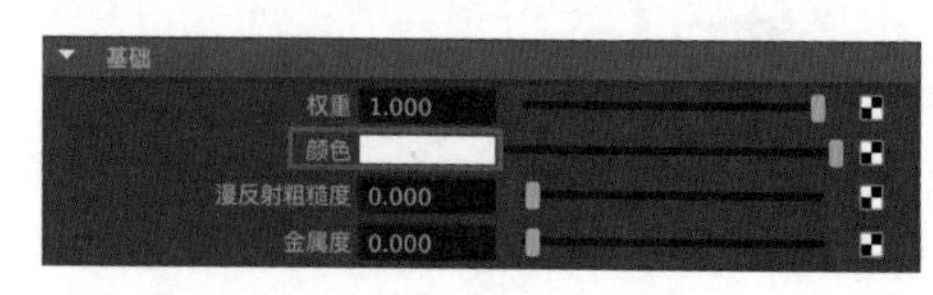

图6-84

（6）选择图6-85所示的面，单击“渲染”工具架中的“标准曲面材质”图标，为所选面指定第二个标准曲面材质。

（7）在“属性编辑器”面板中展开“基础”卷展栏，单击“颜色”参数右侧的方形按钮，如图6-86所示。

图6-85

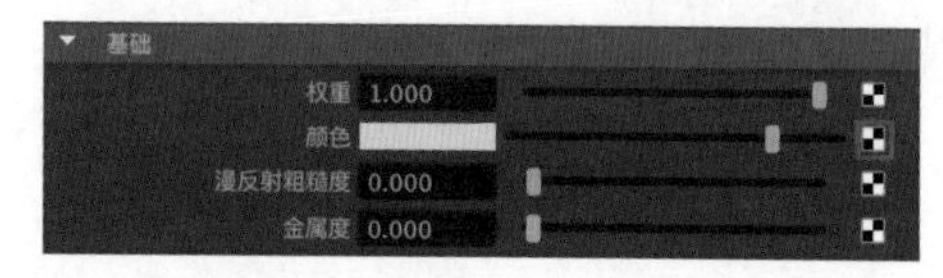

图6-86

（8）在弹出的“创建渲染节点”对话框中选择“文件”渲染节点，如图6-87所示。

（9）展开“文件属性”卷展栏，在“图像名称”通道上加载“儿童画.jpg”贴图文件，如图6-88所示。

（10）设置完成后，在视图中观察默认的贴图效果，如图6-89所示。

（11）选择图6-90所示的面，单击“多边形建模”工具架中的“平面映射”图标，如图6-91所示。为所选面添加一个平面映射，如图6-92所示。

（12）贴图及UV设置完成后，渲染场景，画框材质的最终渲染效果如图6-93所示。

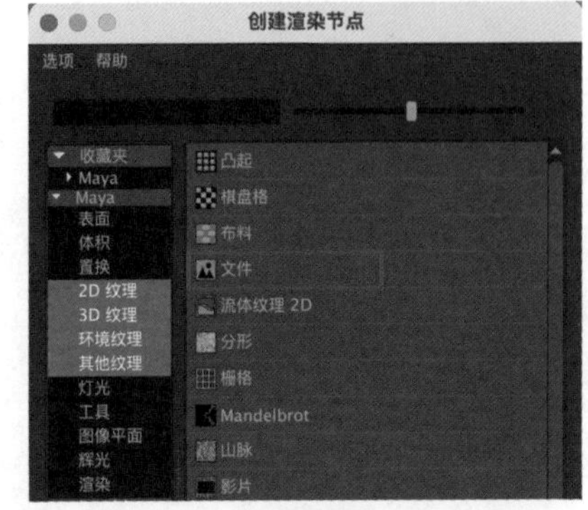

图6-87

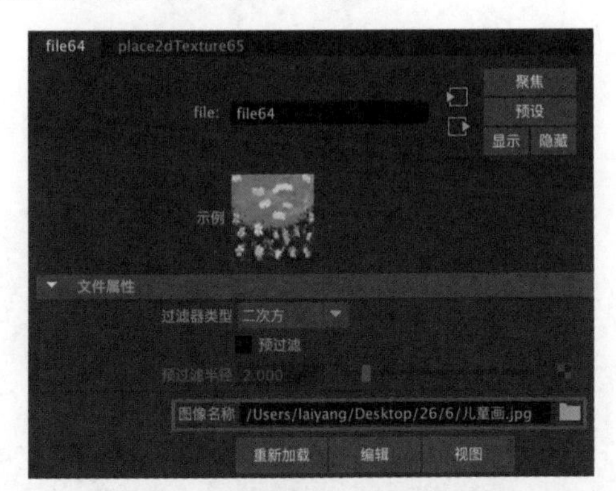

图6-88

图6-89

图6-90

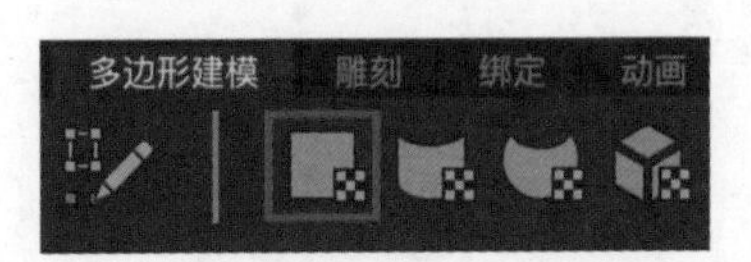

图6-91

图6-92

图6-93

6.9 实例：制作木纹材质

在本实例中，我们将通过制作木纹材质来学习标准曲面材质的使用方法。木纹材质的最终渲染效果如图6-94所示。

图6-94

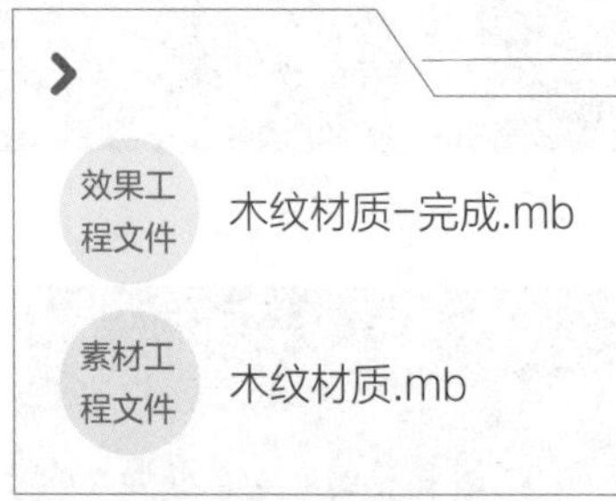

效果工程文件　木纹材质-完成.mb

素材工程文件　木纹材质.mb

制作思路

（1）观察场景。
（2）为模型添加标准曲面材质。
（3）思考调整哪些参数可以得到木纹效果。

制作要点

（1）启动中文版Maya 2023，打开本书配套场景资源文件“木纹材质.mb”，并选择场景中的摆件模型，如图6-95所示。

图6-95

（2）单击“渲染”工具架中的“标准曲面材质”图标，为所选模型指定标准曲面材质，如图6-96所示。

图6-96

（3）在“属性编辑器”面板中展开“基础”卷展栏，单击“颜色”参数右侧的方形按钮，如图6-97所示。

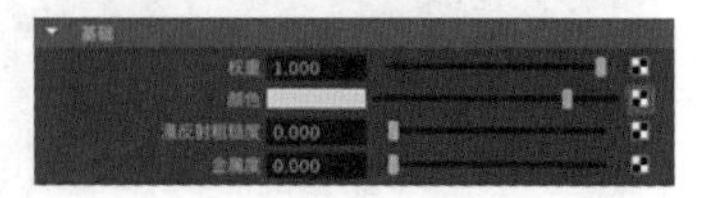
图6-97

（4）在弹出的“创建渲染节点”对话框中选择“文件”渲染节点，如图6-98所示。

（5）展开“文件属性”卷展栏，在“图像名称”通道上加载“木纹.jpg”贴图文件，如图6-99所示。

图6-98

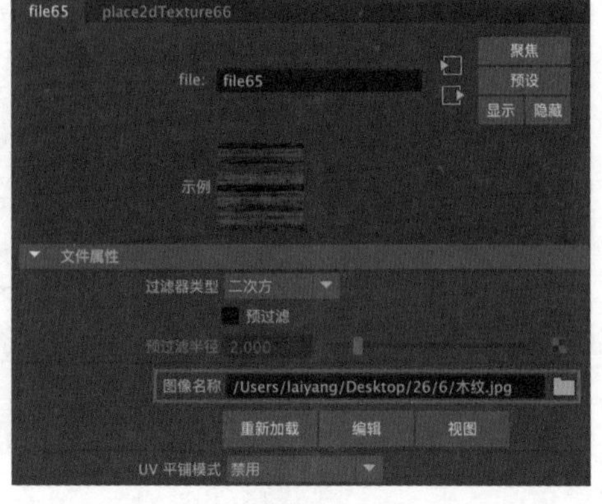

图6-99

（6）设置完成后，在视图中观察默认的贴图效果，如图6-100所示。

（7）选择国际象棋模型，单击“多边形建模”工具架中的“圆柱形映射”图标，如图6-101所示。为所选模型添加一个圆柱形映射，如图6-102所示。

（8）调整圆柱形映射的旋转角度，如图6-103所示。

（9）渲染场景，木纹材质的最终渲染效果如图6-104所示。

图6-100

图6-102

图6-101

图6-103

图6-104

6.10 课后习题：制作线框材质

在本习题中，我们将通过制作线框材质来学习标准曲面材质的使用方法。线框材质的最终渲染效果如图6-105所示。

图6-105

效果工程文件　线框材质-完成.mb

素材工程文件　线框材质.mb

微课视频

制作思路

（1）观察场景。

（2）为模型添加标准曲面材质。

（3）思考调整哪些参数可以得到线框效果。

制作要点

第1步：启动中文版Maya 2023，打开本书配套场景资源文件“线框材质.mb”，并选择场景中的雕塑模型，如图6-106所示。

第2步：为所选模型添加标准曲面材质后，展开“基础”卷展栏，为“颜色”参数添加aiWireframe（ai线框）纹理，如图6-107所示。

图6-106

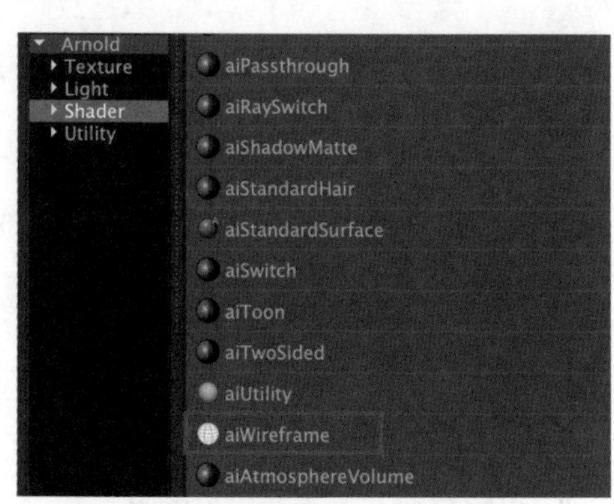

图6-107

第3步：在Wireframe Attributes（线框属性）卷展栏中设置参数，如图6-108所示。

第4步：渲染场景，最终渲染效果如图6-109所示。

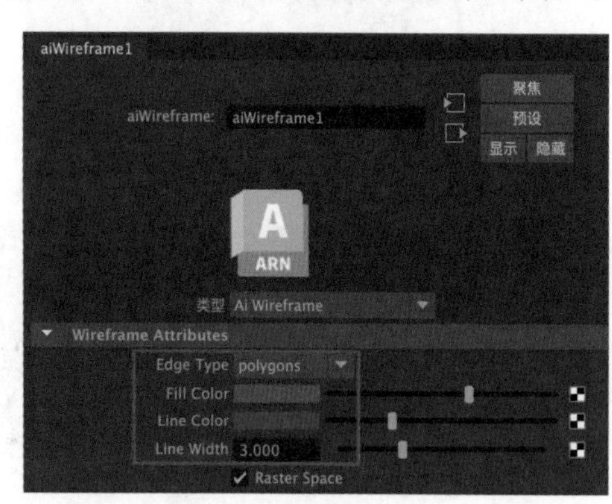

图6-108

图6-109

第7章 动画技术

本章导读

本章将讲解Maya 2023的动画技术，包括动画概述、关键帧基本知识、约束、骨骼与绑定等。通过对本章的学习，读者能够掌握动画的制作方法及相关技术。

学习要点

- ❖ 掌握关键帧动画的设置方法
- ❖ 掌握约束动画的设置方法
- ❖ 掌握“曲线图编辑器”窗口的使用方法
- ❖ 掌握“快速绑定”工具的使用方法

7.1 动画概述

动画是一门集合了漫画、电影、数字媒体等多种艺术形式的综合艺术，也是一门学科。经过100多年的发展，动画已经形成了较为完善的理论体系和多元化产业，并以其独特的艺术魅力深受人们的喜爱。在本书中，动画仅表示使用Maya 2023设置的对象的形变及运动过程。迪士尼公司早在20世纪30年代左右就提出了著名的“动画十二原理”，这些传统动画的基本原理不但适用于定格动画、黏土动画、二维动画，也同样适用于三维动画。使用Maya 2023创作的虚拟元素与现实中的对象合成在一起可以带给观众超强的视觉感受和真实体验，如图7-1和图7-2所示。在学习本章内容之前，建议读者阅读一下相关书籍并掌握一定的动画基础理论，这样非常有助于制作出更优质的动画效果。

图7-1

图7-2

7.2 关键帧基本知识

关键帧动画是Maya 2023动画技术中最常用的，也是最基础的动画设置技术。简单来说，就是在物体动画的关键时间点上设置数据记录，而Maya则根据这些关键时间点上的设置数据来完成中间时间段内的动画计算，这样一段流畅的三维动画就制作完成了。在“动画”工具架中可以找到与关键帧相关的工具，如图7-3所示。

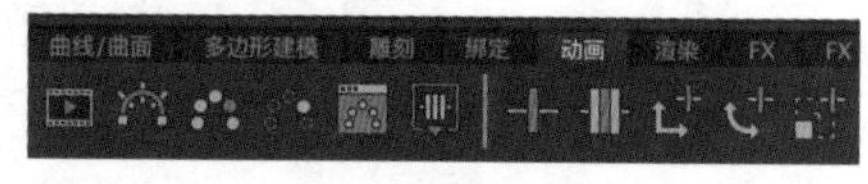

图7-3

7.2.1 播放预览

单击“播放预览”图标，可以在Maya 2023中生成动画预览影片，生成后会自动启用当前计算机中的视频播放器并播放该动画预览影片。双击“播放预览”图标，可以打开“播放预览选项”对话框，如图7-4所示。

常用参数解析

时间范围：用于设置播放预览显示的是时间滑块所在的整个范围，还是用户自己设定的开始帧和结束帧之间的范围。如果选择“开始/结束”选项，会自动激活下方的“开始时间”和“结束时间”这两个参数。

使用序列时间：勾选该复选框，会使用“摄影机序列器”对话框中的“序列时间”参数来播放预览影片。

视图：勾选该复选框，播放预览时将使用默认的查看器显示图像。

显示装饰：勾选该复选框，将显示摄影机名称以及视图左下方的坐标轴。

离屏渲染：勾选该复选框，将允许用户在不打开Maya场景视图的情况下使用脚本编辑器来播放预览。

多摄影机输出：与立体摄影机一起使用。勾选该复选框，可以捕捉左侧摄影机和右侧摄影机的输出画面。

格式：用于选择预览影片的生成格式。

编码：用于选择输出预览影片的编解码器。

质量：用于设置预览影片的压缩质量。

显示大小：用于设置预览影片的显示大小。

缩放：用于设置预览影片相对于视图的比例。

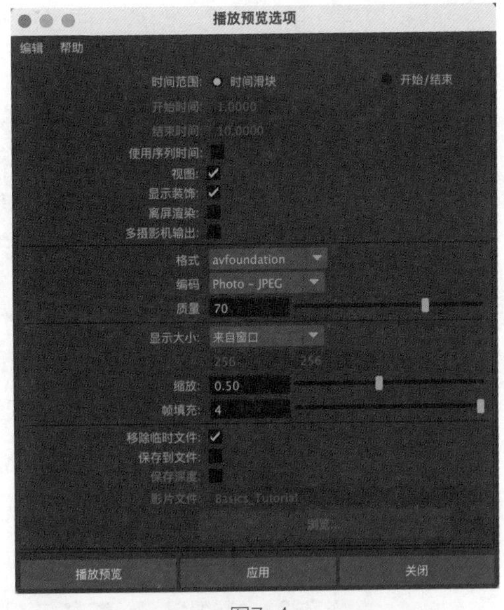

图7-4

7.2.2 运动轨迹

通过“运动轨迹”这一功能，可以很方便地在Maya的视图区域内观察物体的运动状态。比如动画师在制作角色动画时，使用该功能可以查看角色全身每个关节的动画轨迹形态。图7-5所示为一具骨架运动时的运动轨迹显示状态。其中，显示为红色的部分是已经播放完成的运动轨迹，显示为蓝色的部分是即将播放的运动轨迹。在视图中对运动轨迹进行修改会影响整个运动对象的动画效果，如图7-6所示。

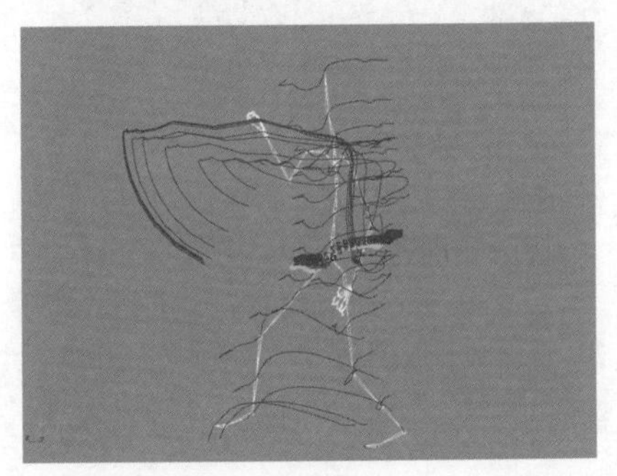

图7-5

图7-6

双击“运动轨迹”图标，可以打开“运动轨迹选项”对话框，其中的参数设置如图7-7所示。

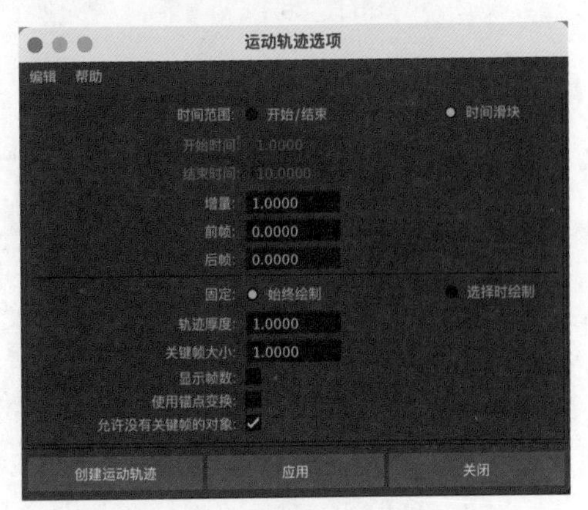

图7-7

常用参数解析

时间范围：用于设置运动轨迹显示的时间范围，有“开始/结束”和“时间滑块”这两个选项可选。

增量：用于设置运动轨迹生成的分辨率。

前帧：用于设置运动轨迹当前时间前的帧数。

后帧：用于设置运动轨迹当前时间后的帧数。

固定：当选择“始终绘制”选项时，运动轨迹在场景中总是可见；当选择“选择时绘制”选项时，仅在选择对象时显示运动轨迹。

轨迹厚度：用于设置运动轨迹曲线的粗细。图7-8所示为该参数值分别是1和5时的运动轨迹显示效果对比。

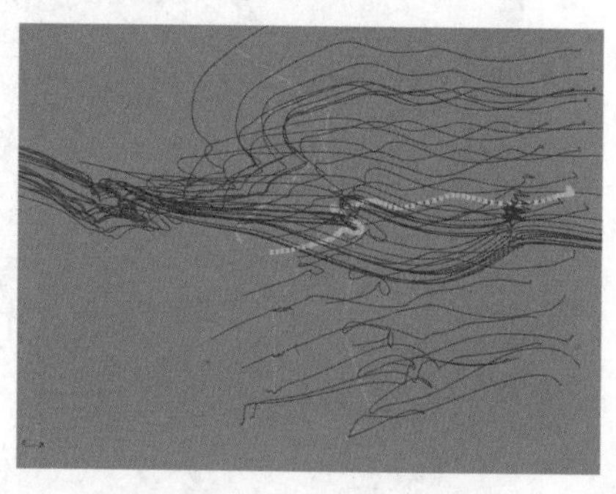 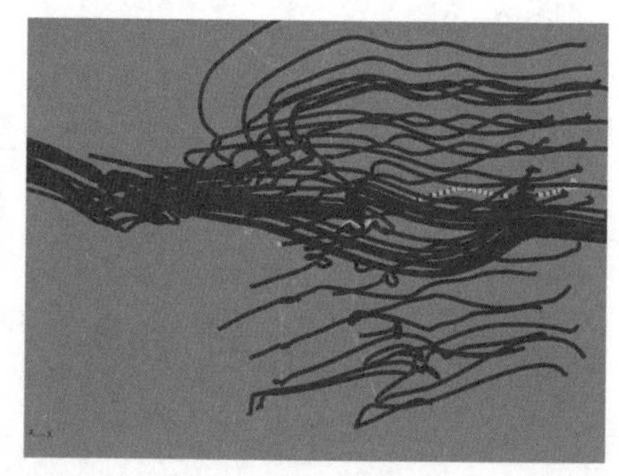

图7-8

关键帧大小：用于设置在运动轨迹上显示的关键点的大小。图7-9所示为该参数值分别是1和5时的关键帧显示效果对比。

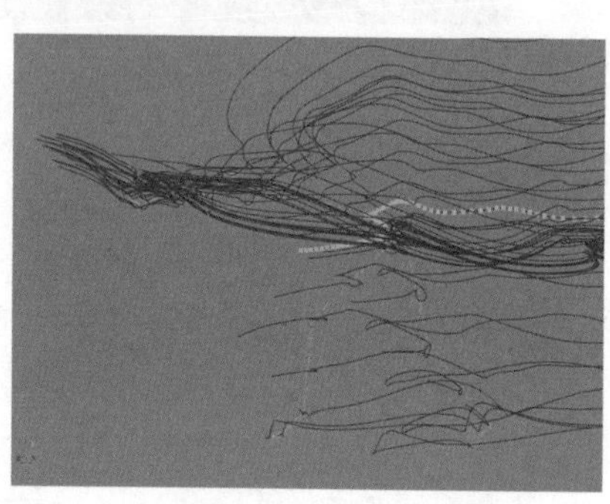 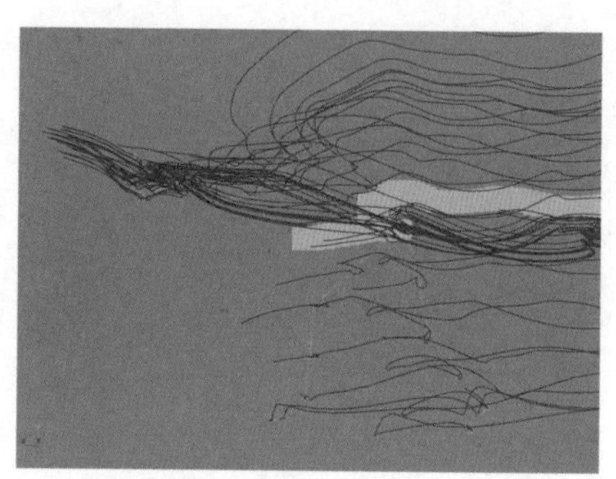

图7-9

显示帧数：用于设置显示或隐藏运动轨迹上的关键点的帧数。

7.2.3 动画重影效果

在传统动画的制作中，动画师可以通过快速翻开连续的动画图纸以观察对象的动画节奏效果。令人欣慰的是，Maya 2023也为动画师提供了用来模拟这一效果的功能，就是“重影”功能。使用Maya的“重影”功能，可为所选对象的当前帧显示多个动画对象，以便动画师观察对象的运动效果是否符合自己动画的需要。图7-10所示为在视图中设置了重影效果前后的骨骼动画显示效果对比。

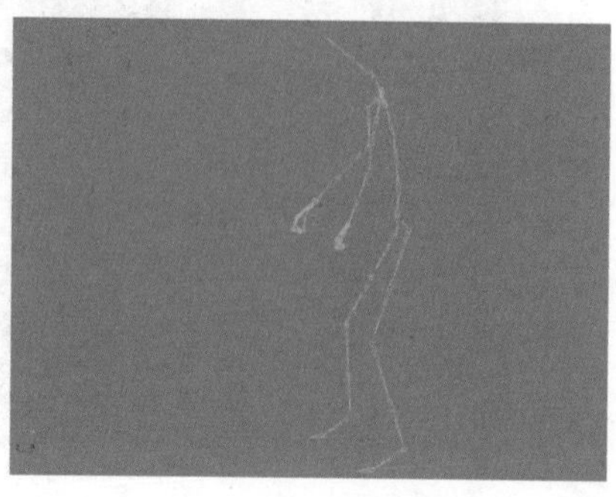 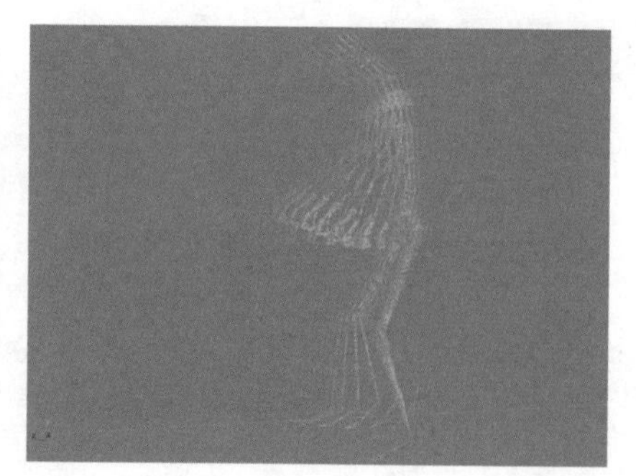

图7-10

7.2.4 烘焙动画

通过烘焙动画命令，动画师可以使用模拟生成的动画曲线来对当前场景中的对象进行动画编辑。烘焙动画的参数设置对话框如图7-11所示。

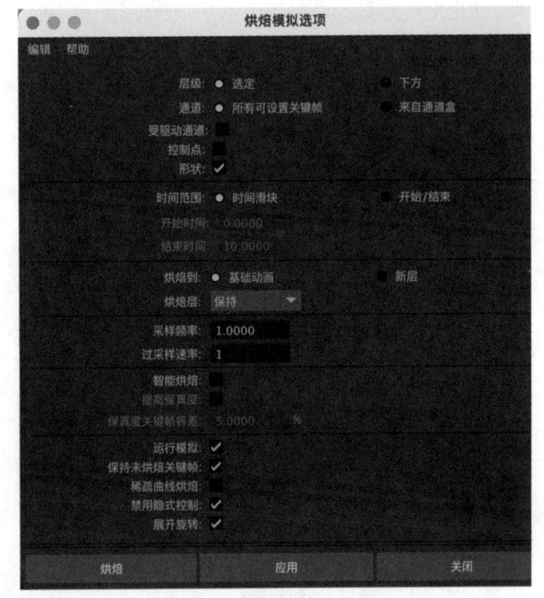

图7-11

常用参数解析

层级：用于指定将如何从分组的对象，或设置为子对象的对象的层次中烘焙关键帧集。

选定：用于指定要烘焙的关键帧集将仅包含当前选定对象的动画曲线。

下方：用于指定要烘焙的关键帧集将包含选定对象以及层级中其下方的所有对象的动画曲线。

通道：用于指定动画曲线将包含关键帧集中的通道（可设置关键帧属性）。

所有可设置关键帧：用于指定关键帧集将包含选定对象的所有可设置关键帧属性的动画曲线。

来自通道盒：用于指定关键帧集将仅包含当前在“通道盒”面板中选定的那些通道的动画曲线。

受驱动通道：用于指定关键帧集将只包含所有受驱动关键帧，受驱动关键帧使可设置关键帧属性（通道）的值能够由其他属性的值所驱动。

控制点：用于指定关键帧集是否将包含选定可变形对象的控制点的所有动画曲线，控制点包括NURBS控制顶点（CV）、多边形顶点和晶格点。

形状：用于指定关键帧集是否将包含选定对象的形状节点以及变换节点的动画曲线。

时间范围：用于指定关键帧集的动画曲线的时间范围。

时间滑块：用于指定由时间滑块的“播放开始”和“播放结束”时间定义的时间范围。

开始/结束：用于指定从“开始时间”到“结束时间”的时间范围。

开始时间：用于指定时间范围的开始时间（选择“开始/结束”选项的情况下可用）。

结束时间：用于指定时间范围的结束时间（选择“开始/结束”选项时可用）。

烘焙到：用于指定希望如何烘焙来自层的动画。

采样频率：用于指定Maya 2023对动画进行求值及生成关键帧的频率。

智能烘焙：勾选该复选框会仅在烘焙动画曲线具有关键帧的时间处放置关键帧，以限制在烘焙过程中生成的关键帧的数量。

提高保真度：勾选该复选框会根据设置的百分比值向结果（烘焙）动画曲线添加关键帧。

保真度关键帧容差：用于确定Maya 2023何时可以将附加的关键帧添加到结果动画曲线中。

保持未烘焙关键帧：勾选该复选框，可保持处于烘焙时间范围之外的关键帧，且仅适用于直接连接的动画曲线。

稀疏曲线烘焙：该复选框仅对直接连接的动画曲线起作用。勾选该复选框会生成烘焙结果，该烘焙结果仅创建足以表示动画曲线形状的关键帧。

禁用隐式控制：勾选该复选框会在进行烘焙模拟之后立即禁用诸如IK控制柄等控件的效果。

7.2.5 设置关键帧

在Maya 2023中，在不同的时间点上为模型的位置设置关键帧，软件就会自动在这段时间内生成模型的位置变换动画。使用“设置关键帧”工具可以快速记录所选对象“变换属性”的变化情况，单击该图标，可以看到所选对象的“平移”“旋转”“缩放”这3个属性会同时生成关键帧，并且其参数的背景色会变成醒目的红色，如图7-12所示。

双击“动画”工具架中的“设置关键帧”图标，即可打开“设置关键帧选项”对话框，如图7-13所示。

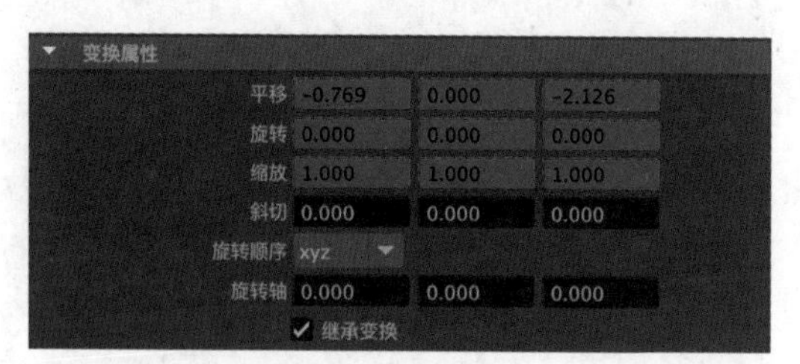

图7-12

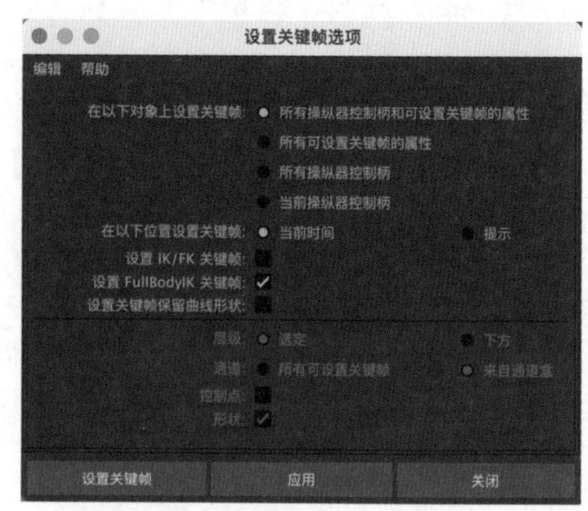

图7-13

常用参数解析

在以下对象上设置关键帧：用于指定将在哪些操纵器控制柄和属性上设置关键帧。Maya 2023为用户提供了4个可选选项，默认选择“所有操纵器控制柄和可设置关键帧的属性”。

在以下位置设置关键帧：用于指定在设置关键帧时采用何种方式确定时间。

设置IK/FK关键帧：勾选该复选框，在为一个带有IK手柄的关节链设置关键帧时，能为IK手柄的所有属性和关节链的所有关节记录关键帧。它能够创建平滑的IK/FK动画。只有“所有可设置关键帧的属性”选项处于被选中的状态，这个复选框才会有效。

设置FullBodyIK（全身IK）关键帧：勾选该复选框时，将为全身的IK记录关键帧。

层级：用于指定在有组层级或父子关系层级的物体中采用何种方式设置关键帧。

通道：用于指定将采用何种方式为所选物体的通道设置关键帧。

控制点：勾选该复选框时，将在所选物体的控制点上设置关键帧。

形状：勾选该复选框时，将在所选物体的形状节点和变换节点上设置关键帧。

7.2.6 设置动画关键帧

“设置动画关键帧”工具不能用于为没有任何属性关键帧记录的对象设置关键帧，用户需要先设置好所选对象属性的第一个关键帧，才可以使用该工具继续为有关键帧的属性设置关键帧。

7.2.7 平移、旋转和缩放关键帧

“平移关键帧”“旋转关键帧”“缩放关键帧”这3个工具分别用来对所选对象的“平移”“旋转”“缩放”这3个属性进行关键帧设置。如果用户只是想记录所选对象的位置变化情况，那么使用“平移关键帧”工具将会使动画的制作过程变得非常快捷。

7.2.8 设置受驱动关键帧

“设置受驱动关键帧”工具是“绑定”工具架中的最后一个工具。使用该工具，用户可以在

Maya 2023中为两个对象的不同属性设置联系，使用其中一个对象的某一个属性来控制另一个对象的某一个属性。双击该工具图标，可以打开“设置受驱动关键帧”对话框，然后在其中分别设置“驱动者”和“受驱动”的相关属性，如图7-14所示。

图7-14

7.3 约束

Maya 2023为用户提供了一系列的“约束”工具以解决复杂的动画设置与制作问题，用户可以在“动画”工具架中找到这些工具，如图7-15所示。

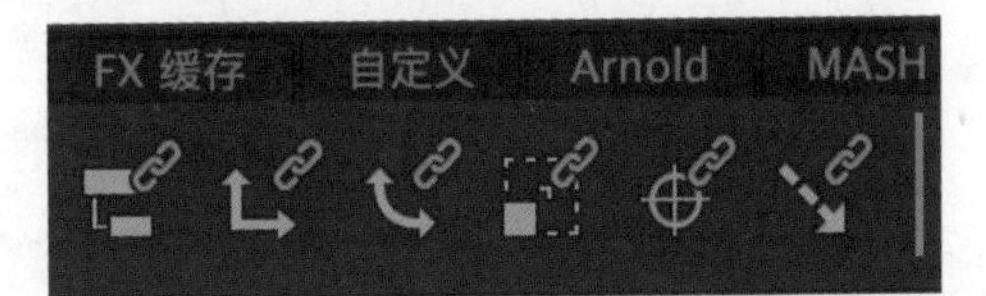

图7-15

7.3.1 父约束

使用“父约束”工具可以在一个对象与多个对象之间同时建立联系。双击“动画”工具架中的“父约束”图标，即可打开“父约束选项”对话框，如图7-16所示。

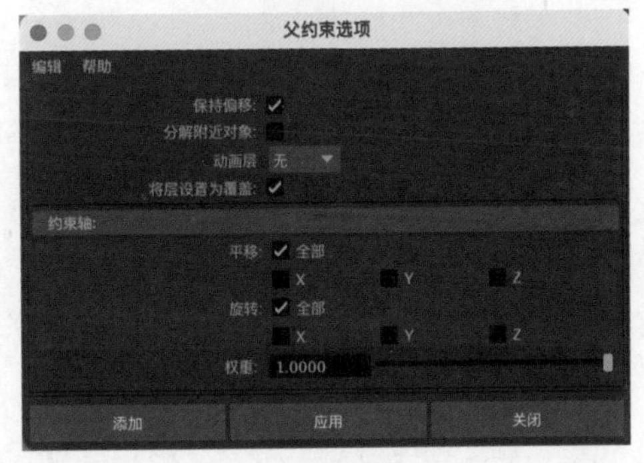

图7-16

常用参数解析

保持偏移：可保留受约束对象的原始状态（约束之前的状态）。勾选该复选框时，将保持受约束对象之间的空间和旋转关系。

分解附近对象：如果受约束对象与目标对象之间存在旋转偏移，则勾选该复选框可找到接近受约束对象（而不是目标对象）的旋转分解。

动画层：在该下拉列表中可以选择要添加父约束的动画层。

将层设置为覆盖：勾选该复选框时，在“动画层”下拉列表中选择的动画层会在将约束添加到动画层时自动设定为“覆盖”模式。

约束轴：决定父约束是受特定轴（x轴、y轴、z轴）限制还是受全部轴限制。如果勾选“全部”复选框，“X”“Y”“Z”选项将变暗。

权重：仅当存在多个目标对象时，“权重”参数才有用。

7.3.2 点约束

使用“点约束”工具可以设置一个对象的位置受另外一个或者多个对象的位置所影响。双击“动画”工具架中的“点约束”图标，即可打开“点约束选项”对话框，如图7-17所示。

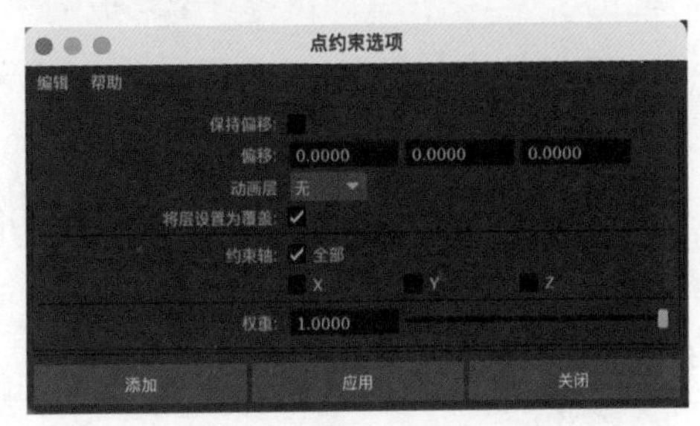

图7-17

常用参数解析

保持偏移：可保留受约束对象的原始状态（约束之前的状态）。勾选该复选框时，将保持受约束对象之间的空间关系。

偏移：可为受约束对象指定相对于目标点的偏移。请注意，目标点是目标对象旋转枢轴的位置，或是多个目标对象旋转枢轴的平均位置，默认值均为0。

动画层：允许用户选择要向其中添加点约束的动画层。

将层设置为覆盖：勾选该复选框时，在“动画层”下拉列表中选择的动画层会在将约束添加到动画层时自动设定为“覆盖”模式。

约束轴：可确定是否将点约束限制到特定轴（x轴、y轴、z轴）或全部轴。

权重：用于指定目标对象可以影响受约束对象的位置的程度。

7.3.3 方向约束

使用“方向约束”工具可以将一个对象的方向设置为受场景中的另一个或多个对象所影响。双击“动画”工具架中的“方向约束”图标，即可打开“方向约束选项”对话框，如图7-18所示。

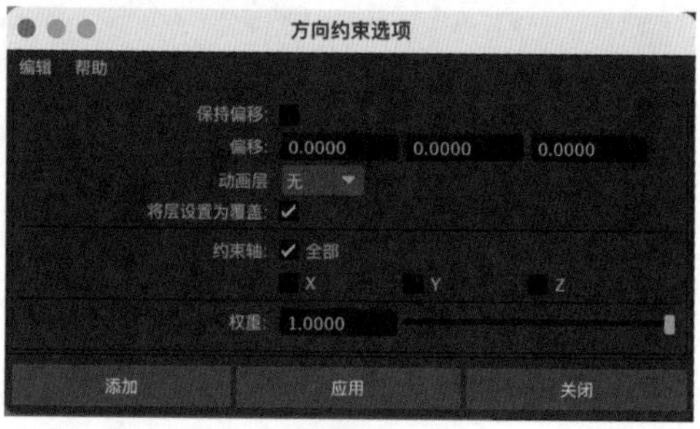

图7-18

常用参数解析

保持偏移：可保留受约束对象的原始状态（在约束之前的状态）。勾选该复选框时，将保持受约束对象之间的旋转关系。

偏移：可为受约束对象指定相对于目标点的偏移。

动画层：可用于选择要添加方向约束的动画层。

将层设置为覆盖：勾选该复选框时，在“动画层”下拉列表中选择的动画层会在将约束添加到动画层时自动设定为“覆盖”模式。

约束轴：可决定方向约束是否受到特定轴（x轴、y轴、z轴）的限制或受到全部轴的限制。如果勾选“全部”复选框，“X”“Y”“Z”选项将变暗。

权重：用于指定目标对象可以影响受约束对象的位置的程度。

7.3.4 缩放约束

使用“缩放约束”工具可以将一个缩放对象与另外一个或多个对象相匹配。双击“动画”工具架中的“缩放约束”图标，即可打开“缩放约束选项”对话框，如图7-19所示。

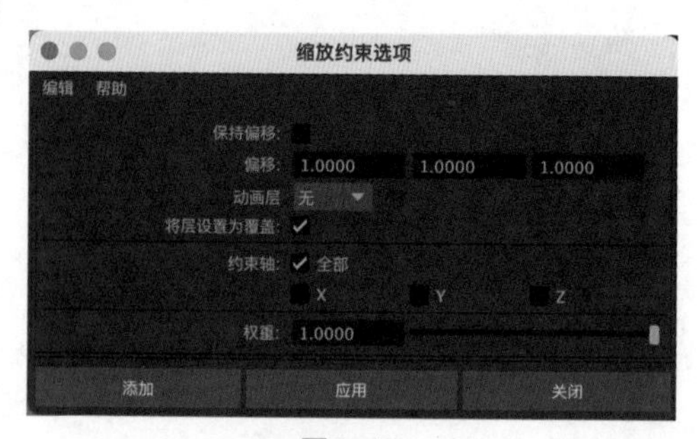

图7-19

“缩放约束选项”对话框内的参数与“方向约束选项”对话框内的参数极为相似，读者可自行参考上一小节的参数解析。

7.3.5 目标约束

使用“目标约束”工具可约束某个对象的方向，以使该对象对准其他对象。比如在角色设置中，“目标约束”工具可以用来设置用于控制眼球转动的定位器。双击“动画”工具架中的“目标约束”图标，即可打开“目标约束选项”对话框，如图7-20所示。

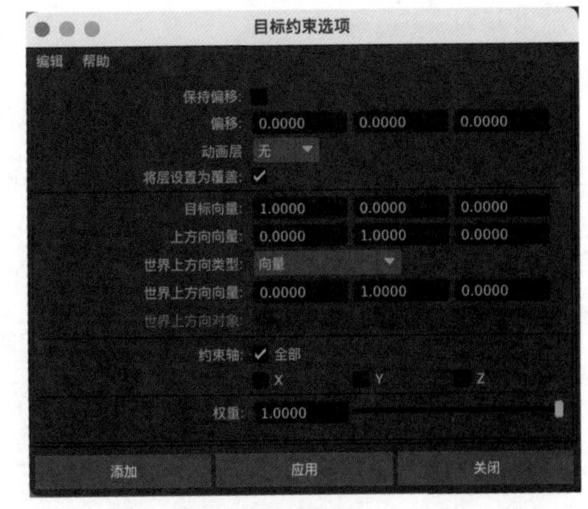

图7-20

常用参数解析

保持偏移：可保留受约束对象的原始状态（约束之前的状态）。勾选该复选框时，将保持受约束对象之间的空间和旋转关系。

偏移：可为受约束对象指定相对于目标点的偏移。

目标向量：用于指定目标向量相对于受约束对象局部空间的方向。目标向量将指向目标点，强制受约束对象相应地确定其本身的方向。默认值指定对象在*x*轴正半轴的局部旋转与目标向量对齐，以指向目标点（1，0，0）。

上方向向量：用于指定上方向向量相对于受约束对象局部空间的方向。

世界上方向向量：用于指定世界上方向向量相对于场景世界空间的方向。

世界上方向对象：用于指定上方向向量尝试对准指定对象的原点，而不是与世界上方向向量对齐。

动画层：可用于选择要添加目标约束的动画层。

将层设置为覆盖：勾选该复选框时，在“动画层”下拉列表中选择的动画层会在将约束添加到动画层时自动设定为“覆盖”模式。

约束轴：可确定是否将目标约束限制于特定轴（*x*轴、*y*轴、*z*轴）或全部轴。如果勾选“全部”复选框，“X”“Y”“Z”选项将变暗。

权重：用于指定受约束对象的方向可受目标对象影响的程度。

7.3.6 极向量约束

“极向量约束”工具常常应用于角色装备技术中手臂骨骼及腿部骨骼的设置，以及手肘弯曲的方向和膝盖的朝向的设置。双击“动画”工具架中的“极向量约束”图标，即可打开“极向量约束选项”对话框，如图7-21所示。

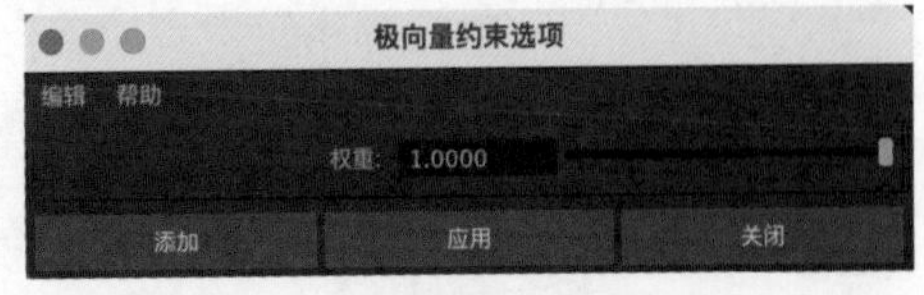

图7-21

常用参数解析

权重：用于指定受约束对象的方向可受目标对象影响的程度。

7.3.7 运动路径

“运动路径”可以将一个对象约束到一条曲线上。执行菜单栏中的“约束>运动路径>连接到运动路径”命令，可以为所选对象设置运动路径约束。有关“运动路径”的参数在“连接到运动路径选项”对话框中可以找到，如图7-22所示。

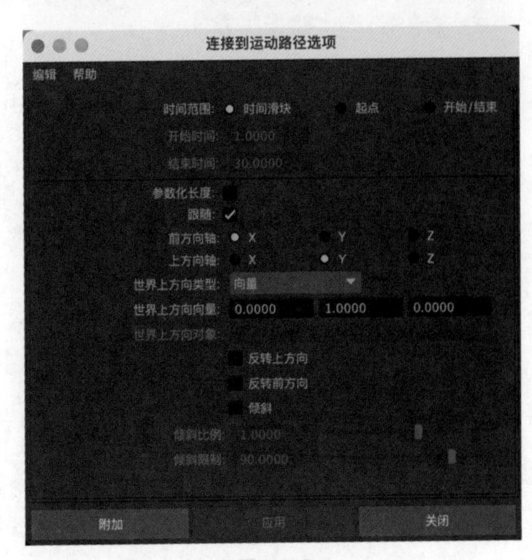

图7-22

常用参数解析

时间范围：可沿曲线定义运动路径的开始时间和结束时间。

时间滑块：可将在“时间滑块”中设置的值用于运动路径的起点和终点。

起点：仅在曲线的起点处或在下面的“开始时间”参数中设置的值处创建一个位置标记，对象将放置在路径的起点处，但除非沿路径放置其他位置标记，否则动画将无法运行，可以使用运动路径操纵器添加其他位置标记。

开始/结束：用于在曲线的起点和终点处创建位置标记，并在下面设置“开始时间”和“结束时间”参数。

开始时间：用于指定运动路径动画的开始时间，仅当选择了“时间范围”中的“起点”或“开始/结束”选项时可用。

结束时间：用于指定运动路径动画的结束时间，仅当选择了“时间范围”中的“开始/结束”选项时可用。

参数化长度：可指定Maya 2023用于定位沿曲线移动的对象的方法。

跟随：如果勾选该复选框，Maya 2023会在对象沿曲线移动时计算它的方向。

前方向轴：用于指定对象的哪个局部轴（x轴、y轴或z轴）与前方向向量对齐。这将指定对象沿运动路径移动的前方向。

上方向轴：用于指定对象的哪个局部轴（x轴、y轴或z轴）与上方向向量对齐。这将在对象沿运动路径移动时指定它的上方向，上方向向量与“世界上方向类型”中指定的世界上方向向量对齐。

世界上方向类型：用于指定上方向向量对齐的世界上方向向量类型。有“场景上方向”“对象上方向”“对象旋转上方向”“向量”“法线”这5个选项可选，如图7-23所示。

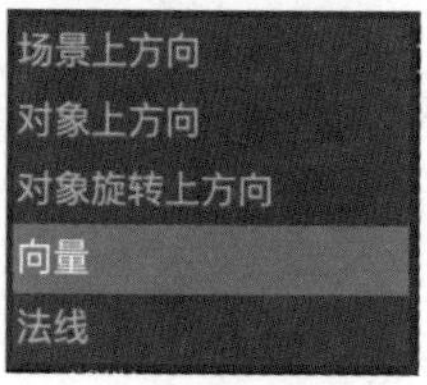

场景上方向
对象上方向
对象旋转上方向
向量
法线

图7-23

场景上方向：用于指定上方向向量尝试与场景上方向轴（而不是世界上方向向量）对齐。

对象上方向：用于指定上方向向量尝试对准指定对象的原点（而不是与世界上方向向量对齐，世界上方向向量将被忽略），该对象被称为世界上方向对象。可通过“世界上方向对象”中的选项指定世界上方向对象，如果未指定世界上方向对象，上方向向量会尝试指向场景世界空间的原点。

对象旋转上方向：用于指定相对于某个对象的局部空间（而不是相对于场景的世界空间）定义世界上方向向量。在相对于场景的世界空间中变换上方向向量后，其会尝试与世界上方向向量对齐。上方向向量尝试对准原点的对象被称为世界上方向对象，可以使用“世界上方向对象”中的选项指定世界上方向对象。

向量：用于指定上方向向量尝试与世界上方向向量尽可能地对齐。默认情况下，世界上方向向量是相对于场景的世界空间定义的，使用“世界上方向向量”指定世界上方向向量相对于场景世界空间的位置。

法线：用于指定在“上方向轴”中选择的轴将尝试匹配路径曲线的法线。

世界上方向向量：用于指定世界上方向向量相对于场景世界空间的方向。

世界上方向对象：在该下拉列表中选择“对象上方向”或“对象旋转上方向”选项的情况下指定世界上方向向量尝试对齐的对象。

反转上方向：如果勾选该复选框，则“上方向轴”会尝试使其与上方向向量的逆方向对齐。

反转前方向：可沿曲线反转对象面向的前方向。

倾斜：意味着对象将朝曲线曲率的中心倾斜。该曲线是对象移动所沿的曲线（类似于摩托车转弯），仅当勾选“跟随”复选框时，“倾斜”选项才可用，因为倾斜也会影响对象的旋转。

倾斜比例：如果增大“倾斜比例”参数值，那么倾斜效果会更加明显。

倾斜限制：允许用户限制倾斜量。

7.4 骨骼与绑定

为场景中的角色设置动画之前，需要为角色搭建骨骼并将角色模型蒙皮绑定到骨骼上。在搭建骨骼的过程中，动画师还需要在角色身上的各个骨骼之间设置约束以保证各个关节可以正常活动。为角色设置骨骼是一个非常复杂的技术工种，我们通常也称呼从事角色骨骼设置的动画师为角色绑定师。在“绑定”工具架中可以找到与骨骼绑定有关的常用工具，如图7-24所示。

图7-24

7.4.1 创建关节

双击“绑定”工具架中的“创建关节”图标，即可打开“工具设置”对话框，其中的参数设置如图7-25所示。

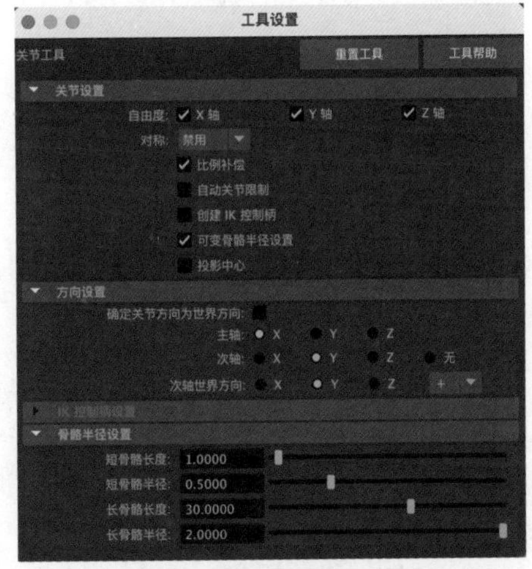

图7-25

常用参数解析

1.“关节设置”卷展栏

自由度：用于指定关节可以在反向运动学造型期间围绕该关节的哪个局部轴旋转。

对称：可在创建关节时启用或禁用对称。

比例补偿：勾选该复选框时，如果用户对关节上方的骨骼进行缩放，则不会影响该关节的比例大小。默认设置为勾选。

2.“方向设置”卷展栏

确定关节方向为世界方向：勾选该复选框后，创建的所有关节都将与世界轴对齐，且每个关节局部轴的方向与世界轴的方向相同。

主轴：用于为关节指定主局部轴。

次轴：用于为关节指定次局部轴。

次轴世界方向：用于设定次轴的世界方向。

3.“骨骼半径设置”卷展栏

短骨骼长度：用于设定短骨骼的长度。

短骨骼半径：用于设定短骨骼的半径。

长骨骼长度：用于设定长骨骼的长度。

长骨骼半径：用于设定长骨骼的半径。

7.4.2 快速绑定

在“快速绑定”对话框中，当角色绑定的方式选择为“分步”时，其参数如图7-26所示。

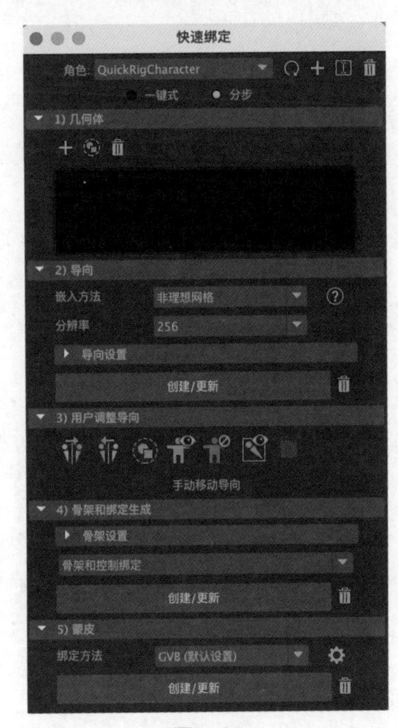

图7-26

1.“几何体”卷展栏

展开“几何体”卷展栏，其中的参数如图7-27所示。

常用参数解析

添加选定的网格：可使用选定网格填充“几何体”列表框。

选择所有网格：可选择场景中的所有网格并添加到“几何体”列表框中。

清除所有网格：可清空“几何体”列表框。

图7-27

2.“导向”卷展栏

展开“导向”卷展栏，其中的参数如图7-28所示。

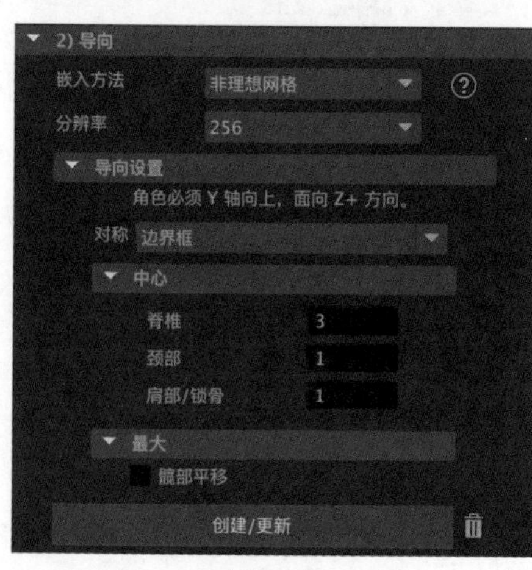

图7-28

常用参数解析

嵌入方法：用于指定使用哪种网格，以及如何以最佳方式进行装备。有“理想网格”“防水网格”“非理想网格”“多边形汤”“无嵌入”这5个选项可选，如图7-29所示。

分辨率：可选择要用于装备的分辨率。分辨率越高，处理时间就越长。

导向设置：用于配置导向，帮助Maya 2023使骨架关节与网格上的适当位置对齐。

对称：用于根据角色的边界框或髋部位置选择对称。

中心：用于设置创建的导向数量，进而设置生成的骨架和装备将拥有的关节数。

髋部平移：用于生成骨架的髋部平移关节。

“创建/更新”按钮：单击该按钮，可将导向添加到角色网格中。

“删除导向”按钮：单击该按钮，可清除角色网格中的导向。

3.“用户调整导向”卷展栏

展开“用户调整导向”卷展栏，其中的参数如图7-30所示。

图7-29

图7-30

常用参数解析

从左到右镜像：可使用选定导向作为源，以便将左侧导向镜像到右侧。

从右到左镜像：可使用选定导向作为源，以便将右侧导向镜像到左侧。

选择导向：可选择所有导向。

显示所有导向：可显示所有导向。

隐藏所有导向：可隐藏所有导向。

启用X射线关节：可在所有视口中启用X射线关节。

导向颜色：可选择导向颜色。

4.“骨架和绑定生成”卷展栏

展开“骨架和绑定生成”卷展栏，其中的参数如图7-31所示。

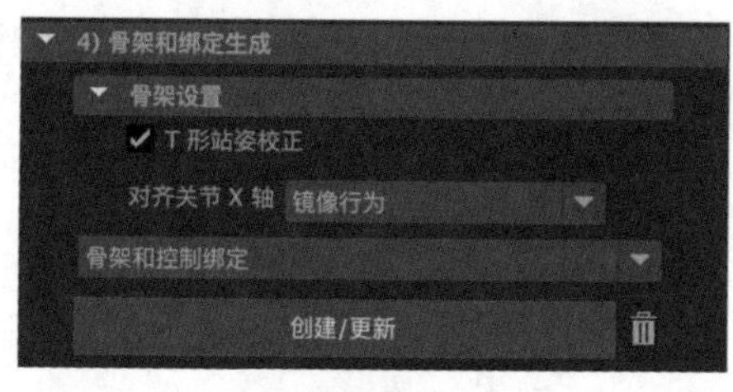

图7-31

常用参数解析

T形站姿校正：勾选该复选框后，可以在调整处于T形站姿的新Human IK（人物IK）骨架的骨骼大小以匹配嵌入骨架之后对其进行角色化，之后控制装备会将骨架还原回嵌入姿势。

对齐关节X轴：用于设置骨架上关节的方向。有“镜像行为”“朝向下一个关节的X轴”“世界-不对齐”这3个选项可选，如图7-32所示。

图7-32

骨架和控制绑定：在该下拉列表中可选择创建具有控制装备的骨架或仅创建骨架。

“创建/更新”按钮：单击该按钮，可为角色网格创建带有或不带控制装备的骨架。

5.“蒙皮”卷展栏

展开“蒙皮”卷展栏，其中的参数如图7-33所示。

常用参数解析

绑定方法：在该下拉列表中可选择蒙皮绑定方法。有“GVB（默认设置）”和“当前设置”两种方法可选，如图7-34所示。

图7-33

图7-34

“创建/更新”按钮：单击该按钮，可对角色进行蒙皮，完成角色网格的装备流程。

7.5 实例：制作排球滚动动画

在本实例中，我们将通过制作排球滚动动画来学习关键帧和表达式的使用方法，其最终效果如图7-35所示。

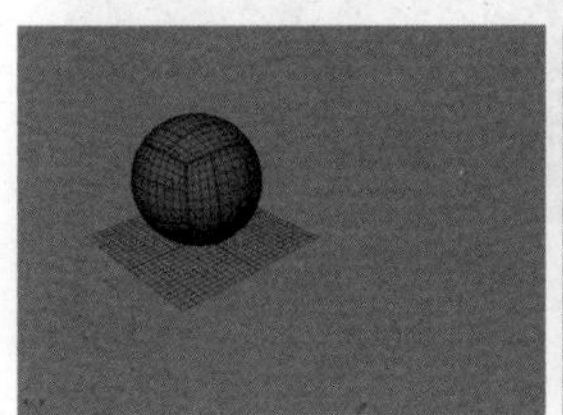
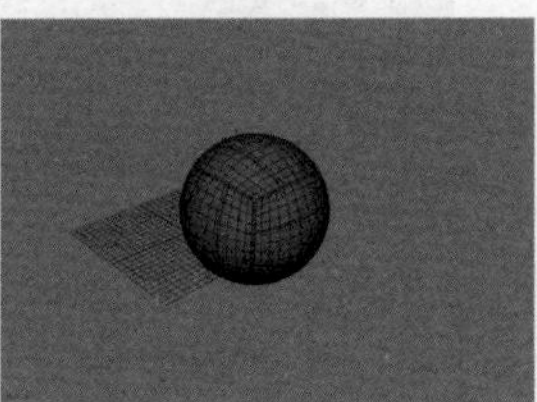
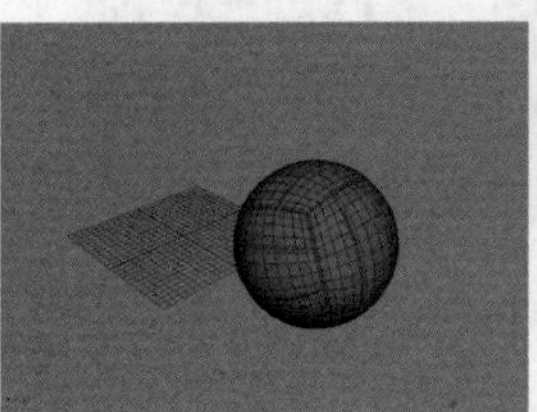
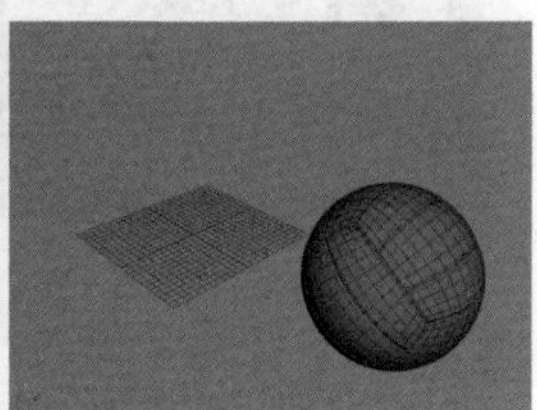
图7-35

制作思路

（1）思考排球滚动的动画效果。

（2）使用表达式来制作排球滚动动画。

操作步骤

（1）启动中文版Maya 2023，打开场景文件“排球.mb”，如图7-36所示。

（2）单击“多边形建模”工具架中的“多边形球体”图标，如图7-37所示。

（3）在顶视图中创建一个与排球模型等大的球体模型，如图7-38所示。

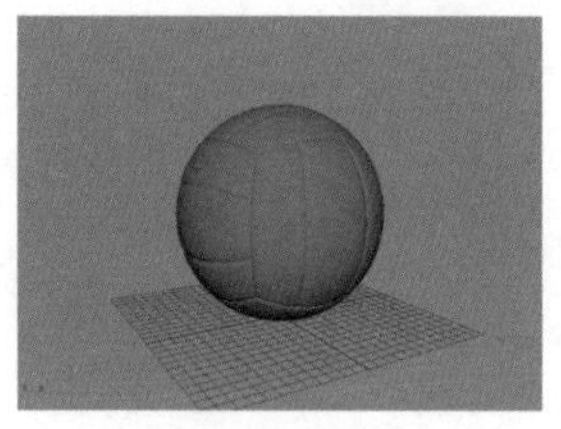
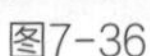
图7-36

图7-37

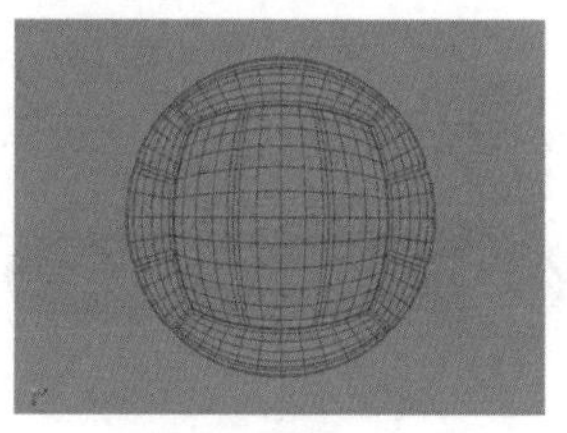
图7-38

（4）在“属性编辑器”面板中展开“多边形球体历史”卷展栏，可以看到球体的“半径”为8.8，即场景中的排球半径也是8.8，如图7-39所示。在测量出排球的半径后，可以删除刚刚创建的球体模型。

（5）排球在滚动的同时，随着位置的变换自身还会产生旋转动画。为了保证排球在移动时所产生的旋转动画不会出现打滑现象，用户可以使用表达式来进行动画的设置。选择排球模型，将鼠标指针放置于“平移”参数的第1个数值上，单击鼠标右键，在弹出的菜单中执行“创建新表达式”命令，如图7-40所示。

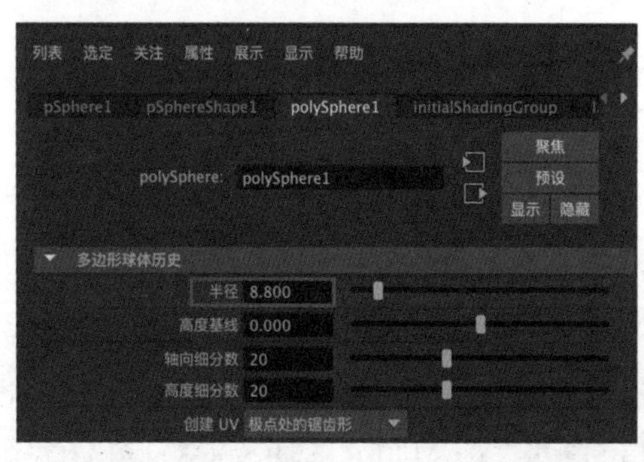

图7-39

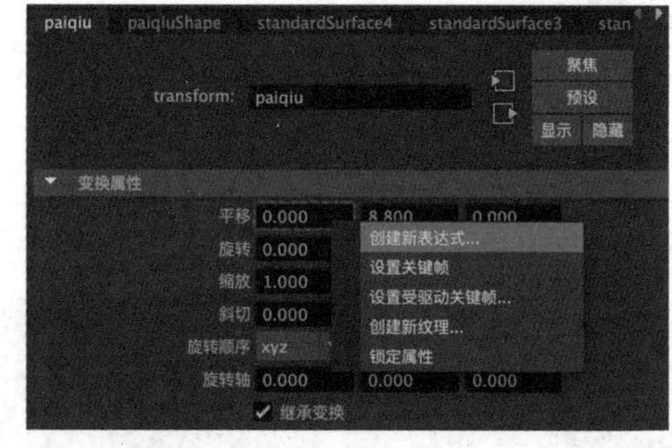

图7-40

（6）在弹出的“表达式编辑器”对话框中将代表排球*x*轴方向位移的表达式复制记录下来，如图7-41所示。

（7）在“旋转”参数的第3个数值上单击鼠标右键，在弹出的菜单中执行“创建新表达式”命令，如图7-42所示。

（8）在弹出的“表达式编辑器”对话框中的“表达式”文本框内输入表达式：

paiqiu.rotateZ=-paiqiu.translateX/8.8*180/3.14。

具体如图7-43所示。

（9）输入完成后，单击“创建”按钮，执行该表达式，可以看到现在排球的“旋转”参数的第3个数值背景色呈紫色，如图7-44所示。这说明该参数值现在受到其他参数值的影响。

（10）设置完成后，在“属性编辑器”面板中可以看到现在排球多了一个名称为expression1的选项卡，如图7-45所示。现在在场景中慢慢沿*x*轴移动排球，可以看到排球会产生正确的自旋效果。

图7-41

图7-42

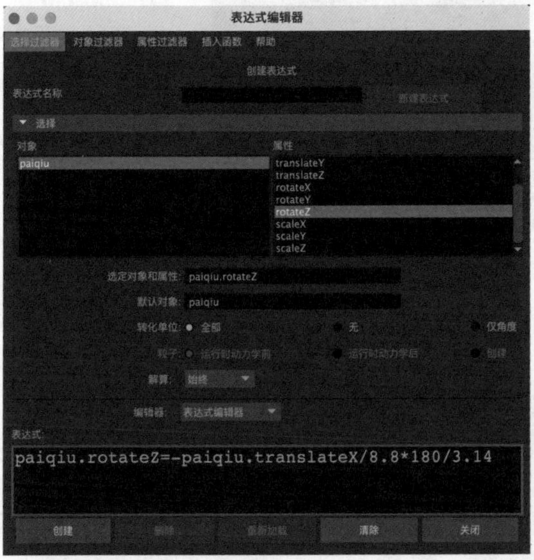

图7-43

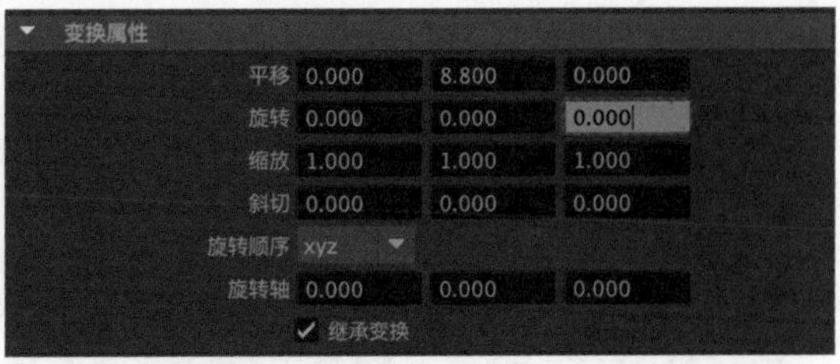

图7-44

（11）在第1帧的位置选择排球模型，在“通道盒/层编辑器”面板中为“平移X”参数设置关键帧。设置完成后，“平移X”参数右侧会出现红色方形标记，如图7-46所示。

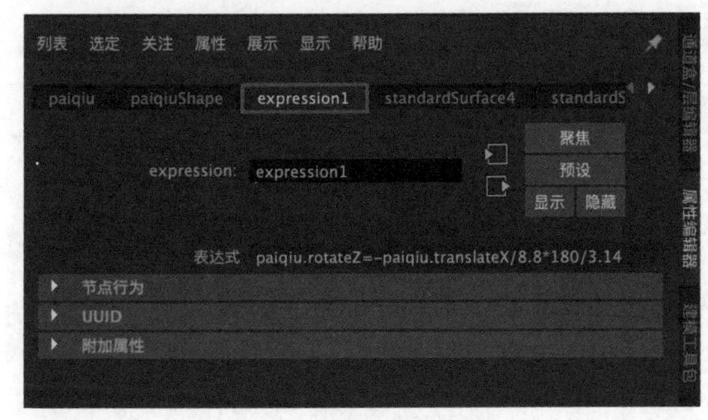

图7-45

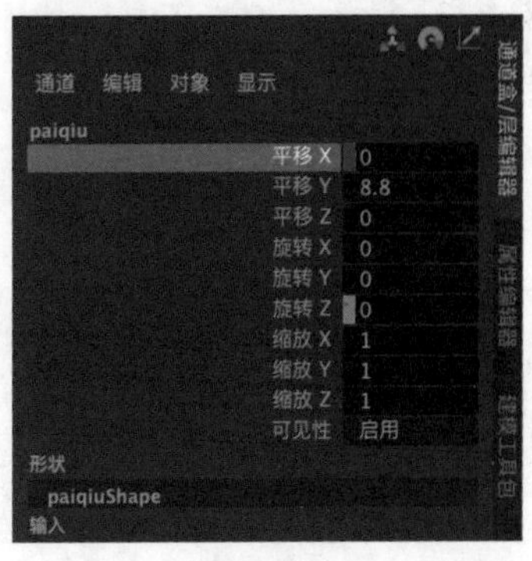

图7-46

（12）在第120帧的位置移动排球模型，如图7-47所示。再次为“平移X”参数设置关键帧，如图7-48所示。

图7-47

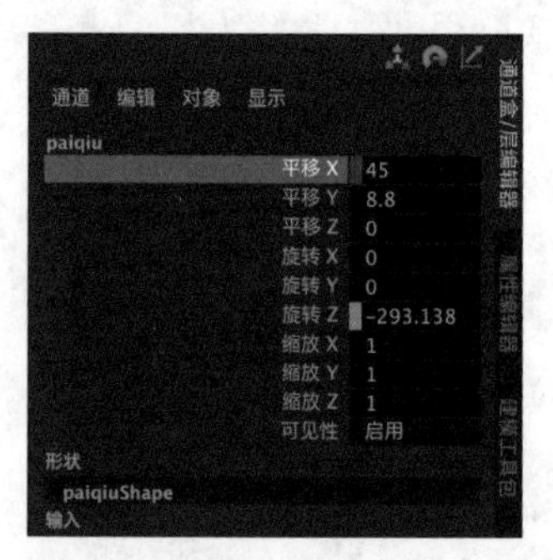

图7-48

移动排球模型时，应确保“工具设置”对话框中的“轴方向”为“世界”，如图7-49所示。

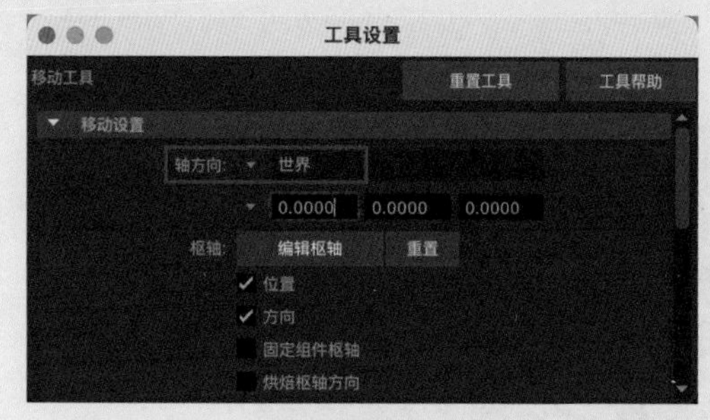

图7-49

（13）播放场景动画，可以看到排球模型在移动的同时还会产生自旋动画效果，如图7-50所示。

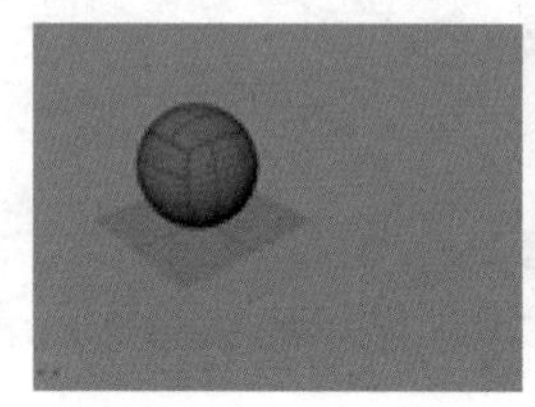
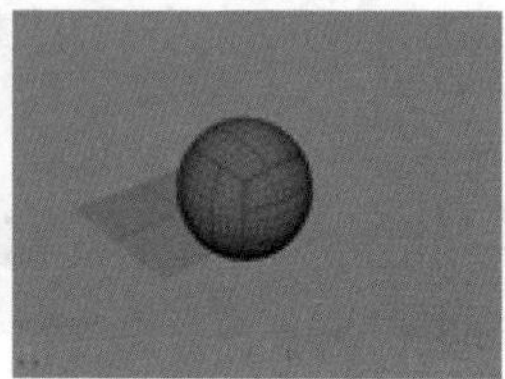
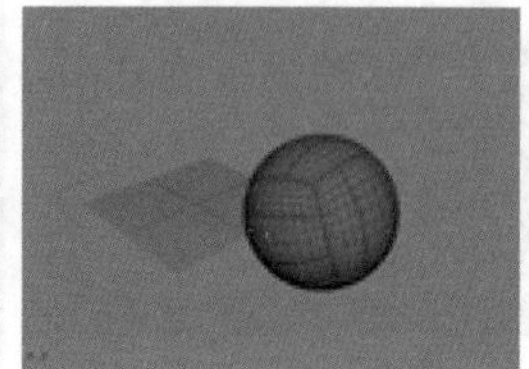

图7-50

7.6 实例：制作直升机动画

在本实例中，我们将通过制作直升机动画来学习循环动画的制作方法，其最终效果如图7-51所示。

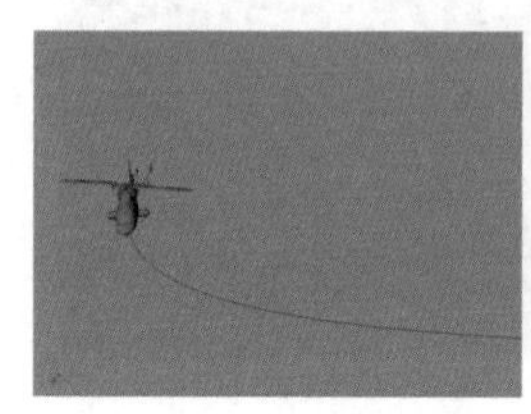
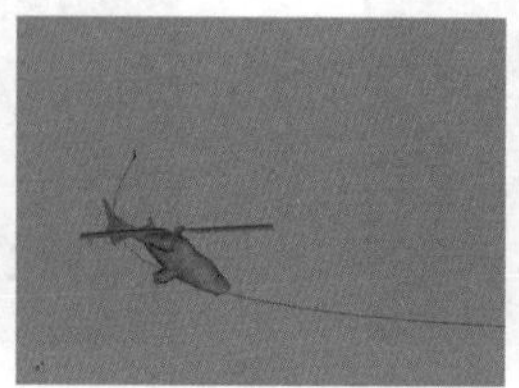
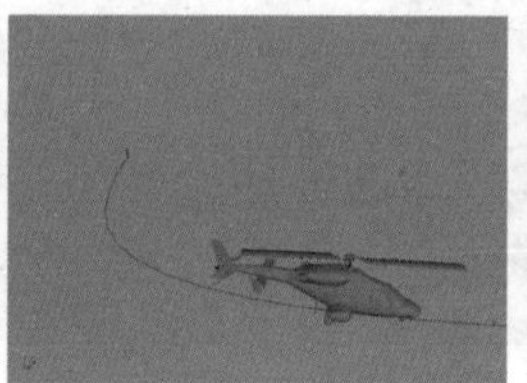
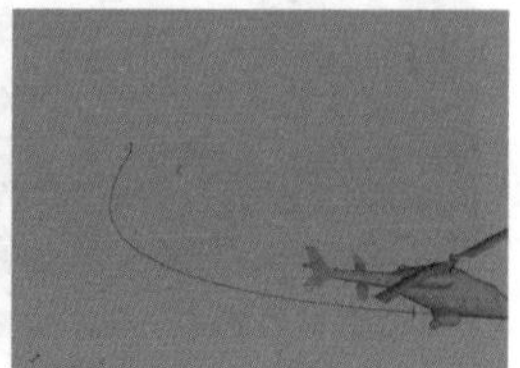

图7-51

直升机-完成.mb

直升机.mb

微课视频

制作思路

（1）观察场景，思考直升机的动画效果。

（2）为直升机的螺旋桨设置循环旋转动画。

操作步骤

（1）启动中文版Maya 2023，打开本书配套资源场景文件“直升机.mb”，场景中有一个玩具直升机的模型，如图7-52所示。

图7-52

（2）单击“绑定”工具架中的“创建定位器”图标，如图7-53所示。在场景中创建一个定位器，如图7-54所示。

图7-53

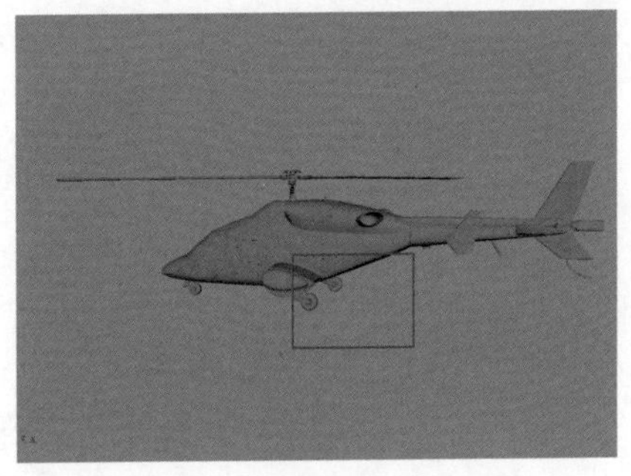

图7-54

（3）在“大纲视图”面板中先将组成直升机模型的各个部分选中，然后以拖曳的方式将其设置为定位器的子对象，如图7-55所示。

（4）选择直升机上方的螺旋桨模型，如图7-56所示。

图7-55

图7-56

（5）在第1帧的位置打开“通道盒/层编辑器”面板，为“旋转Y”参数设置关键帧。设置完成后，该参数右侧会显示出红色的方形标记，如图7-57所示。

（6）在第10帧的位置打开“通道盒/层编辑器”面板，设置“旋转Y”为360，并再次设置关键帧，如图7-58所示。

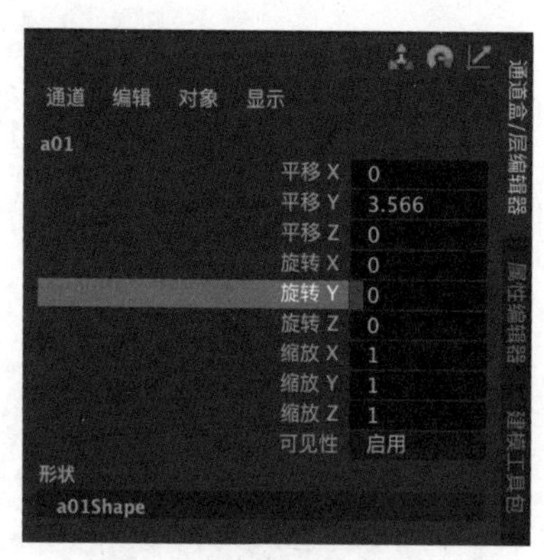

图7-57

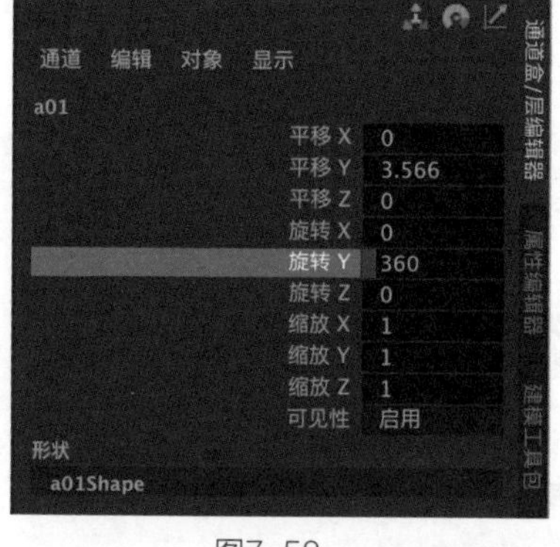

图7-58

（7）执行菜单栏中的“窗口>动画编辑器>曲线图编辑器”命令，如图7-59所示。

（8）在弹出的“曲线图编辑器”窗口中选中图7-60所示的关键点，单击“线性切线”按钮，将动画曲线设置为直线，如图7-61所示。

（9）执行菜单栏中的“曲线>后方无限>循环”命令，如图7-62所示。这样，从第10帧开始，螺旋桨会一直匀速旋转。

（10）以同样的操作步骤为直升机尾部的螺旋桨模型设置旋转动画，如图7-63所示。

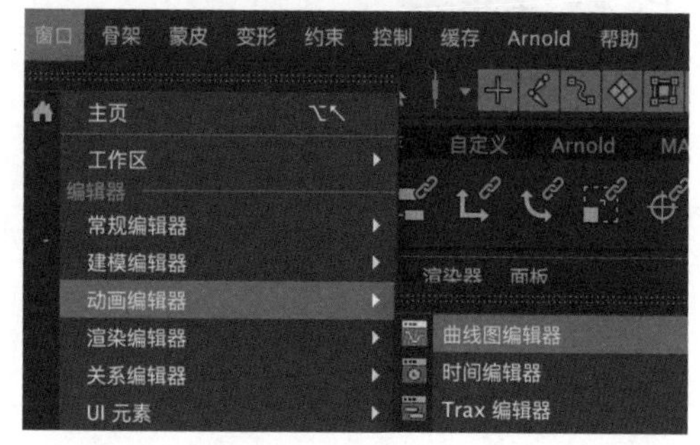

图7-59

（11）单击“曲线/曲面”工具架中的“EP曲线工具”图标，如图7-64所示。在顶视图中绘制一条曲线作为直升机的飞行路径，如图7-65所示。

（12）先选择定位器，再加选曲线，执行菜单栏中的“约束>运动路径>连接到运动路径”命令，使直升机模型沿绘制好的曲线移动，如图7-66所示。

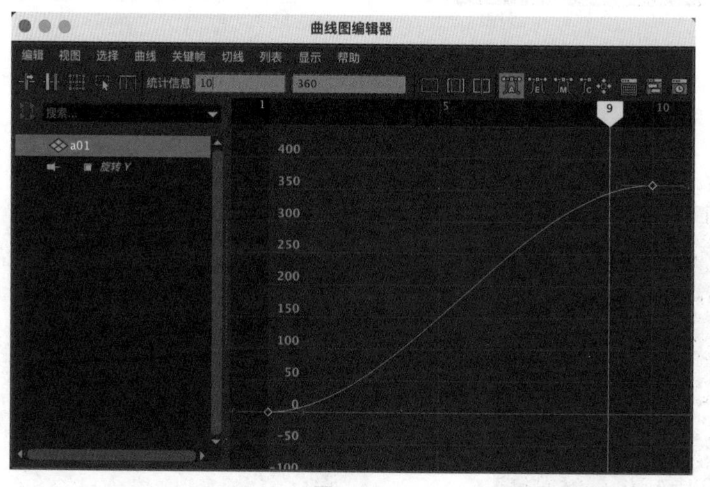

图7-60

（13）在默认状态下，直升机行进的方向与路径的方向不一致，如图7-67所示。这是因为在默认状态下，运动路径约束会影响被约束对象的“平移”和“旋转”属性。在“通道盒/层编辑器”面板中可以看到这两个属性的参数右侧会出现黄色的方形标记，如图7-68所示。

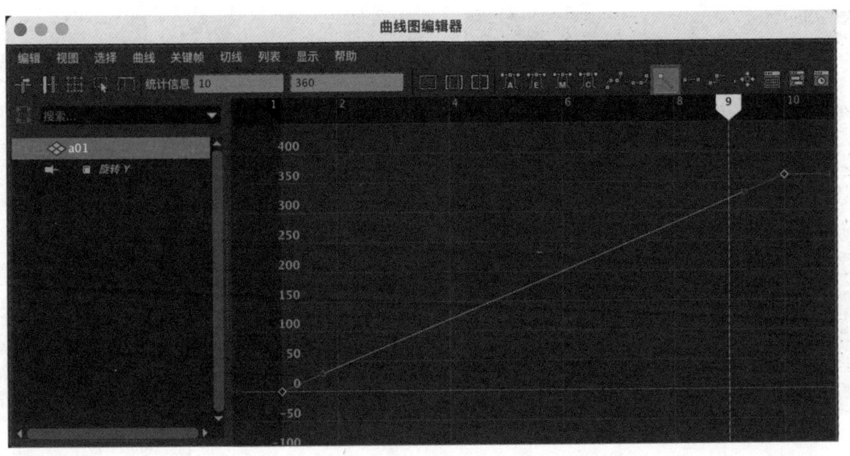

图7-61

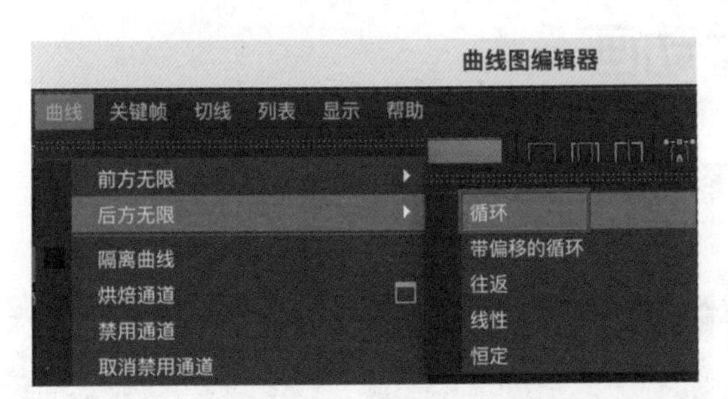

图7-62

图7-63

图7-64

图7-65

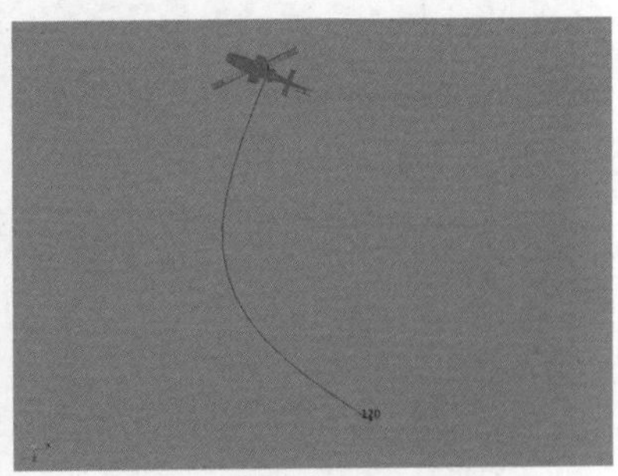

图7-66

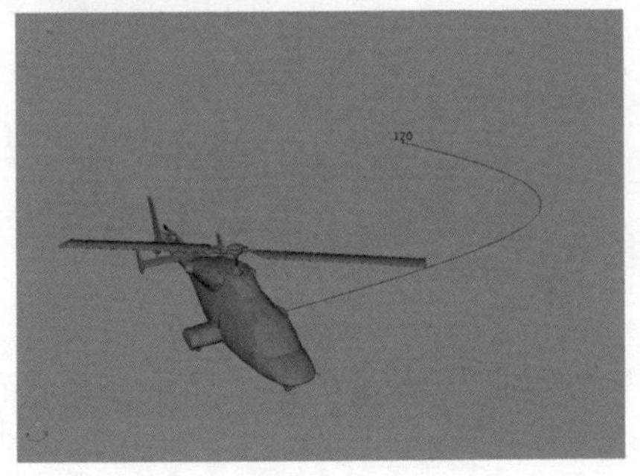

图7-67

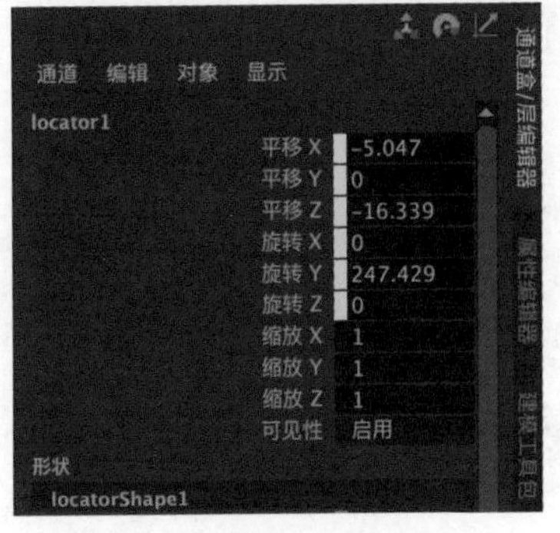

图7-68

（14）在“运动路径属性”卷展栏中设置“前方向轴”为Z，如图7-69所示。

（15）再次播放动画，本实例的最终效果如图7-70所示。

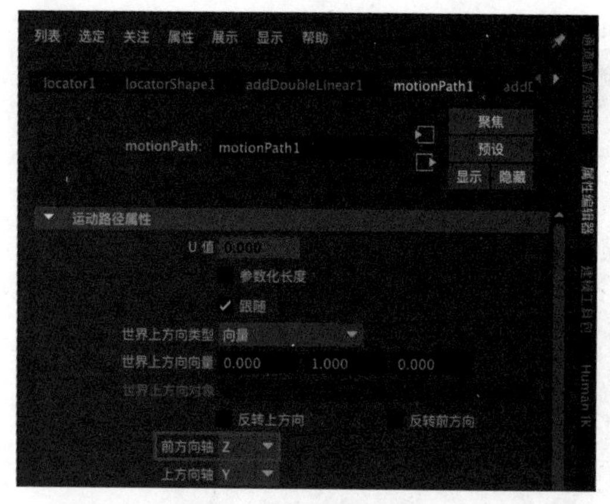

图7-69

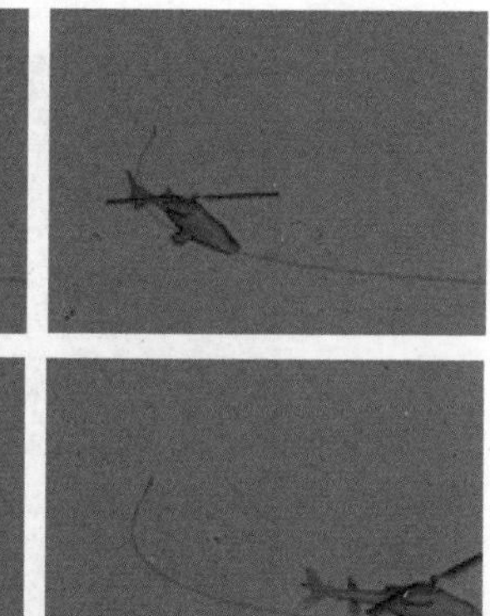
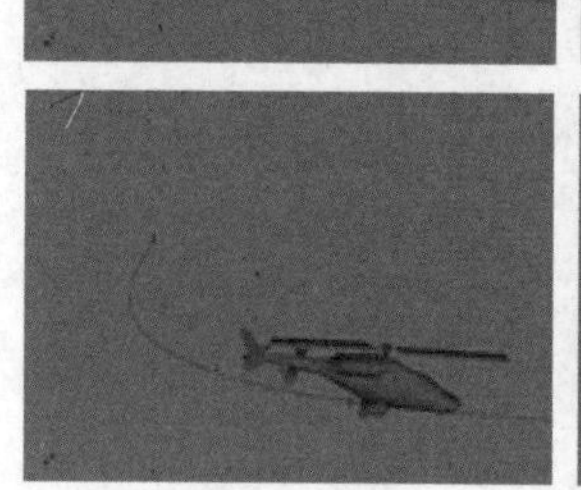

图7-70

7.7 实例：制作机械臂动画

在本实例中，我们将通过制作机械臂动画来学习多个约束命令的设置方法，其最终效果如图7-71所示。

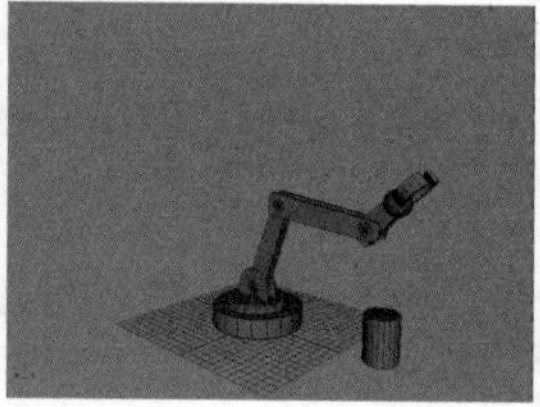

图7-71

效果工程文件 机械臂-完成.mb

素材工程文件 机械臂.mb

微课视频

制作思路

（1）对机械臂模型进行绑定。

（2）使用父约束实现拿东西效果。

7.7.1 机械臂绑定

（1）启动中文版Maya 2023，打开本书配套资源场景文件“机械臂.mb”，场景中有一个简易的机械臂模型，如图7-72所示。

（2）在“大纲视图”面板中可以看到场景中的模型名称，如图7-73所示。

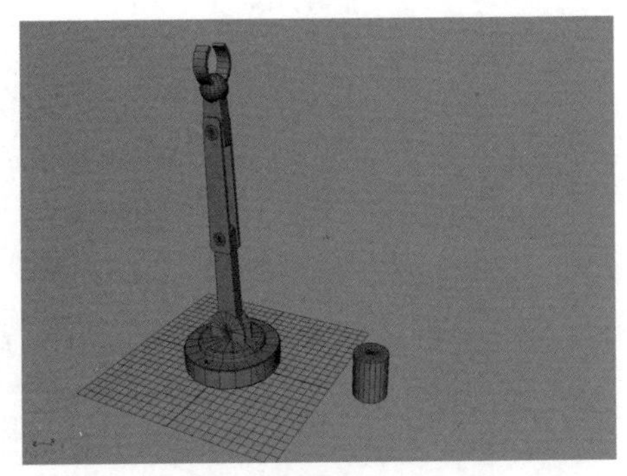

图7-72

图7-73

（3）在场景中选择图7-74所示的转动模型，在“大纲视图”面板中按住鼠标中键，以拖曳的方式将其设置为机械臂底座模型的子对象，如图7-75所示。

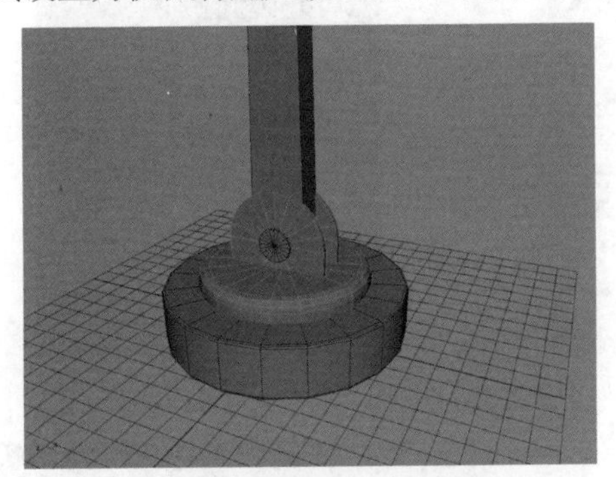

图7-74

图7-75

（4）在场景中选择图7-76所示的大臂模型，在“大纲视图”面板中按住鼠标中键，以拖曳的方式将其设置为机械臂底座上方转动模型的子对象，如图7-77所示。

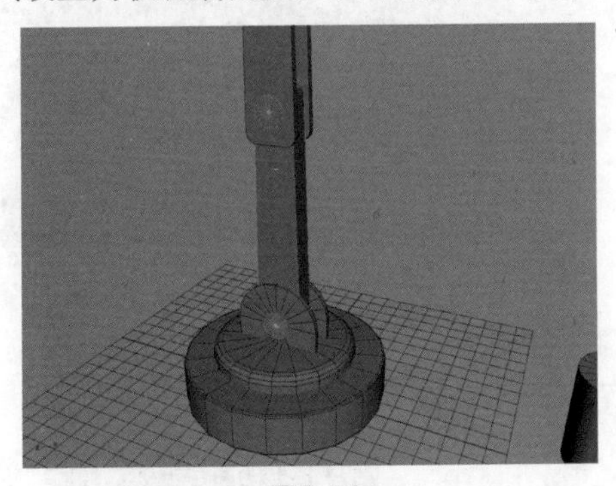

图7-76

图7-77

（5）选择机械臂上图7-78所示的顶点，执行菜单栏中的“约束>铆钉”命令，即可在选择的顶点位置生成一个铆钉约束定位器，如图7-79所示。

（6）在场景中选择图7-80所示的小臂模型，在“大纲视图”面板中按住鼠标中键，以拖曳的方式将其设置为铆钉约束定位器的子对象，如图7-81所示。

（7）选择机械臂上图7-82所示的顶点，执行菜单栏中的“约束>铆钉”命令，即可在选择的顶点位置生成一个铆钉约束定位器，如图7-83所示。

（8）在场景中选择图7-84所示的机械爪模型，在“大纲视图”面板中按住鼠标中键，以拖曳的方式将其设置为铆钉约束定位器的子对象，如图7-85所示。

（9）设置完成后，可以尝试移动一下机械臂装置来查看绑定完成后的效果。接下来，准备制作机械臂抓取动画。

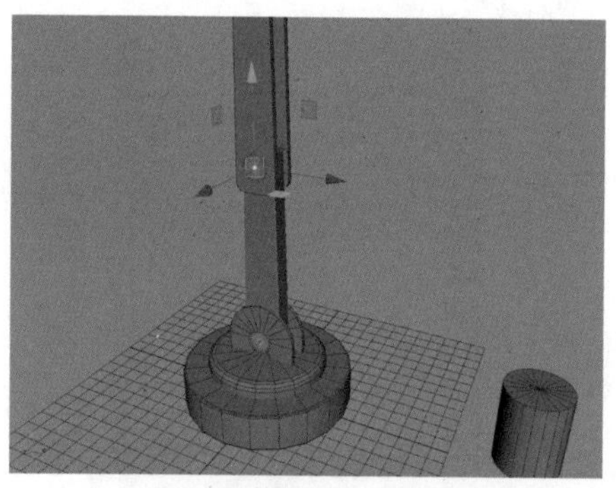

图7-78

图7-79

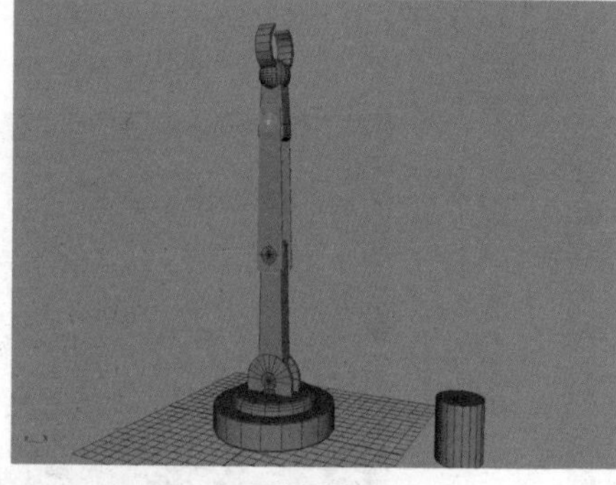

图7-80

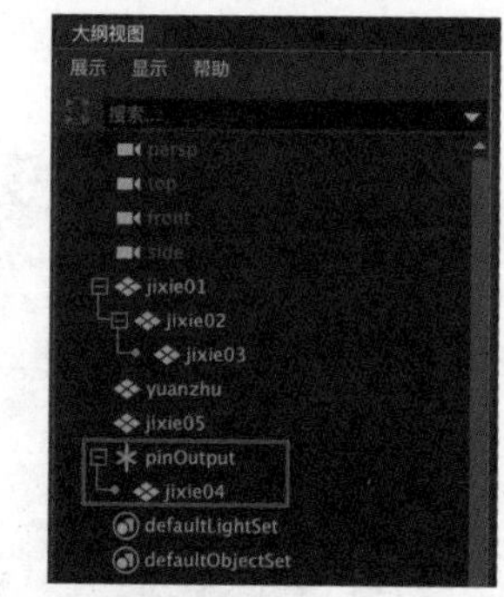

图7-81

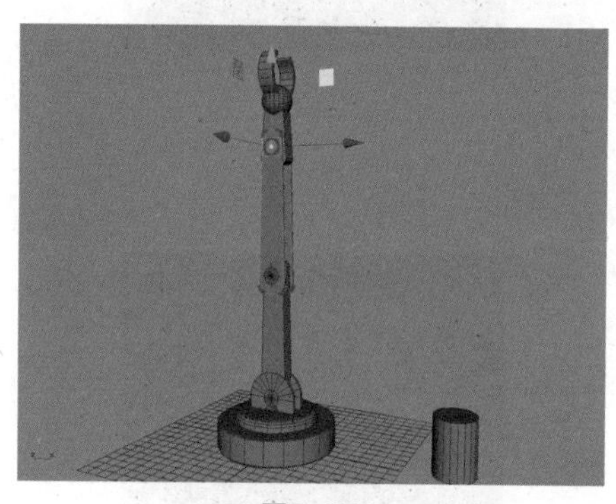

图7-82

图7-83

图7-84

图7-85

7.7.2 制作抓取动画

（1）在第1帧的位置选择场景中的机械臂底座上方的转动模型和大臂模型，如图7-86所示。

（2）在“通道盒/层编辑器”面板中为“旋转Y”参数设置关键帧，如图7-87所示。

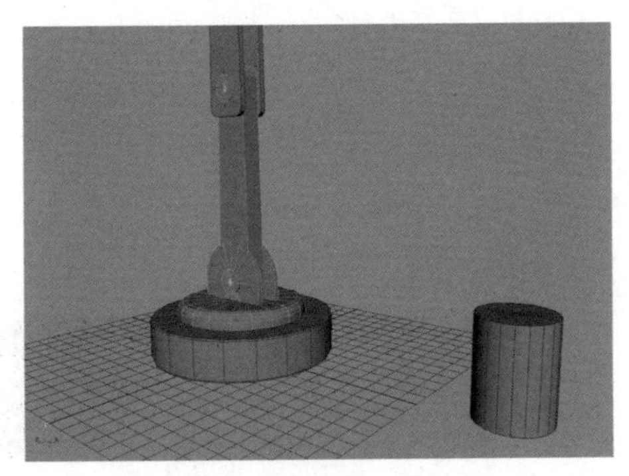
图7-86

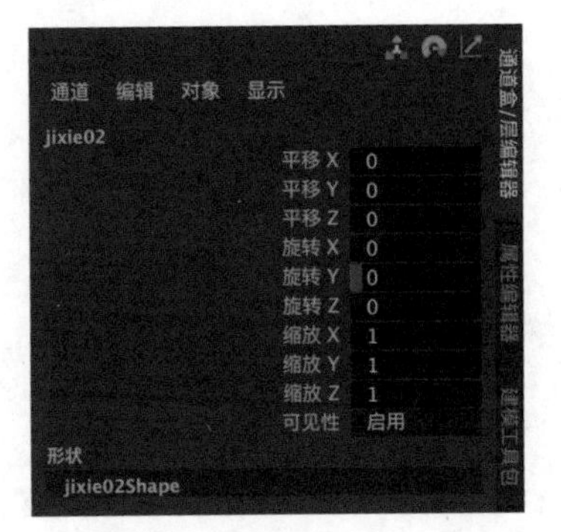

图7-87

（3）选择场景中的大臂模型，如图7-88所示。
（4）在“通道盒/层编辑器”面板中为“旋转Z”参数设置关键帧，如图7-89所示。

图7-88

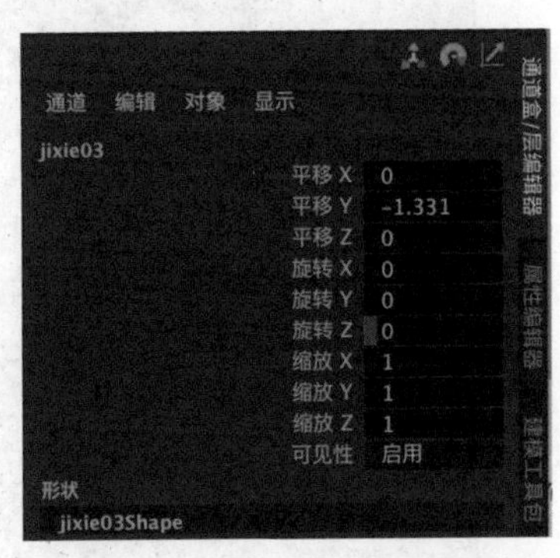

图7-89

（5）使用同样的操作步骤分别为小臂模型和机械爪模型的“旋转”属性设置关键帧。在第50帧的位置使用“旋转工具”调整机械臂模型的形态，如图7-90所示。单击“动画”工具架中的“设置动画关键帧”图标，为所选模型的“旋转”属性设置关键帧，如图7-91所示。

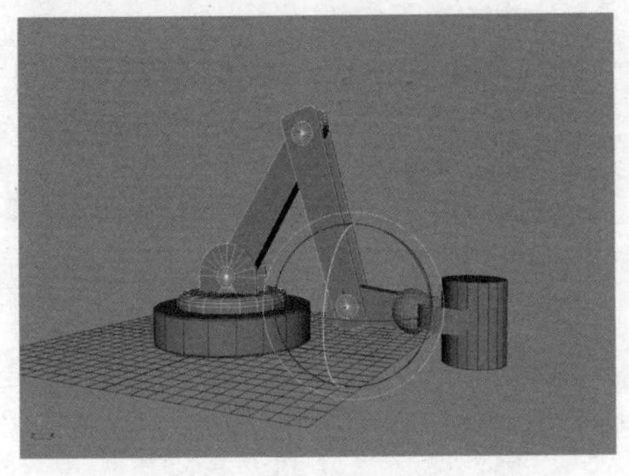
图7-90

图7-91

（6）先选择机械爪模型，再加选圆柱体模型，如图7-92所示。
（7）单击“动画”工具架中的“父约束”图标，如图7-93所示。
（8）选择圆柱体模型，在第50帧的位置打开“通道盒/层编辑器”面板，设置Jixie 05W0为0，并为其设置关键帧，如图7-94所示。
（9）在第51帧的位置打开“通道盒/层编辑器”面板，设置Jixie 05W0为1，并为其设置关键帧，如图7-95所示。
（10）在第90帧的位置使用“旋转工具”调整机械臂模型的形态，如图7-96所示。单击“动画”工具架中的“设置动画关键帧”图标，为所选模型的“旋转”属性设置关键帧。

图7-92

图7-93

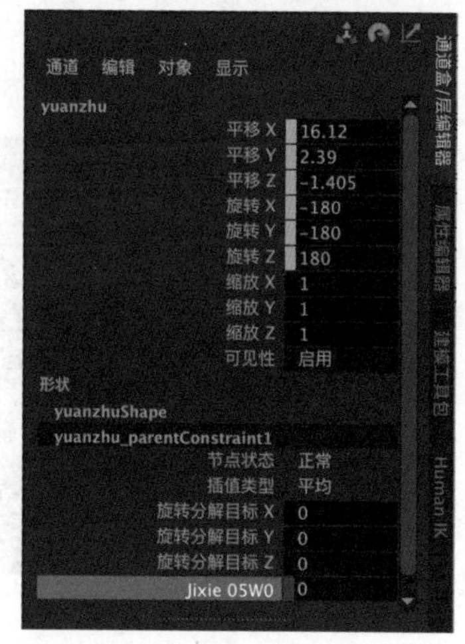

图7-94

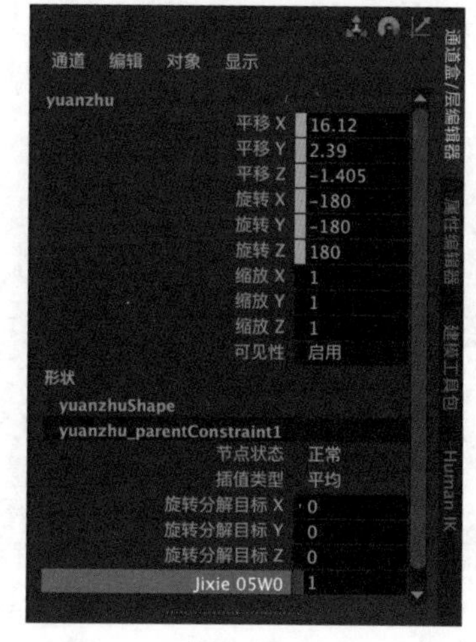

图7-95

（11）播放场景动画，本实例的最终完成效果如图7-97所示。

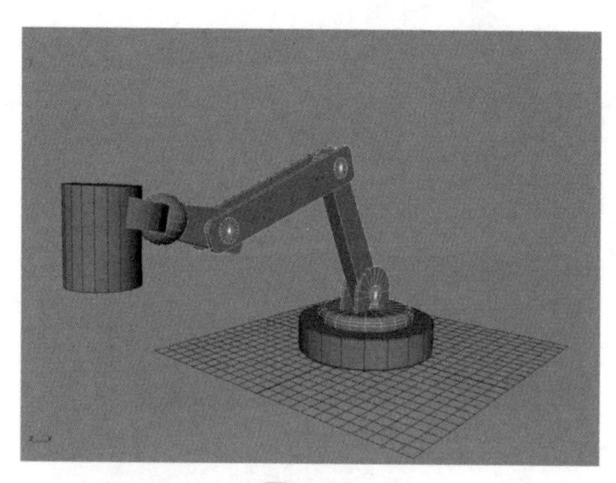

图7-96

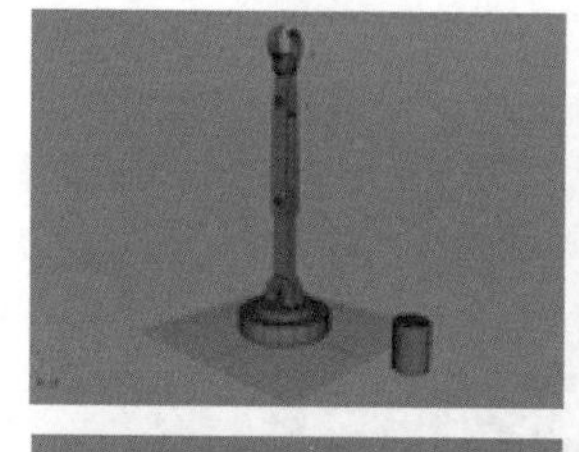

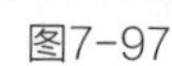

图7-97

7.8 实例：制作机器人动画

在本实例中，我们将通过制作一个简单的机器人动画来学习快速绑定的设置方法，其最终效果如图7-98所示。

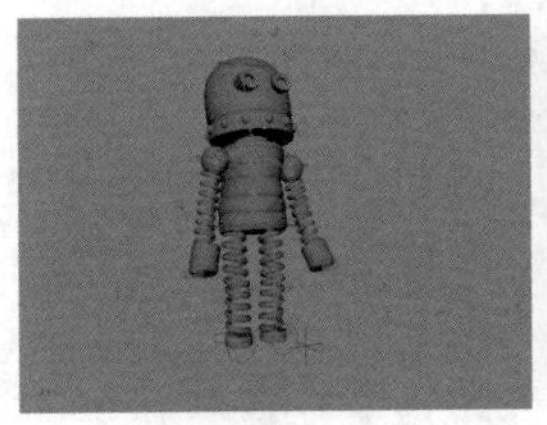 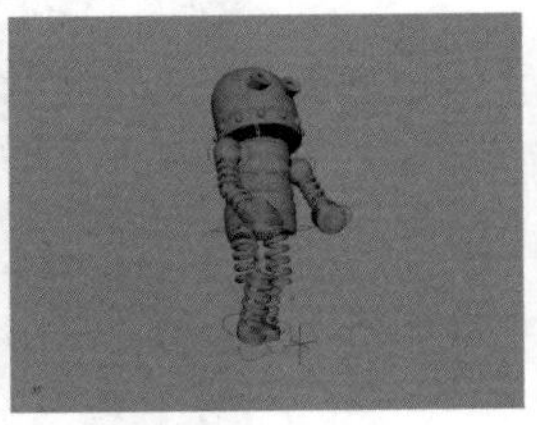  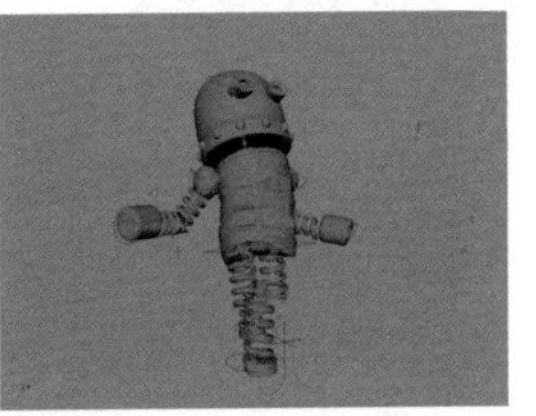

图7-98

效果工程文件 机器人-完成.mb

素材工程文件 机器人.mb

微课视频

制作思路

（1）绑定角色。

（2）绘制蒙皮权重。

（3）添加角色动画。

7.8.1 绑定角色

（1）启动中文版Maya 2023，打开本书配套资源“机器人.mb”文件，场景中是一个机器人模型，如图7-99所示。

图7-99

（2）单击“绑定”工具架中的“快速绑定”图标，如图7-100所示。

图7-100

（3）在系统自动弹出的“快速绑定”对话框中将快速绑定设置为“分步”，如图7-101所示。

（4）在“快速绑定”对话框中单击“创建新角色”按钮，从而激活其中的卷展栏，如图7-102所示。

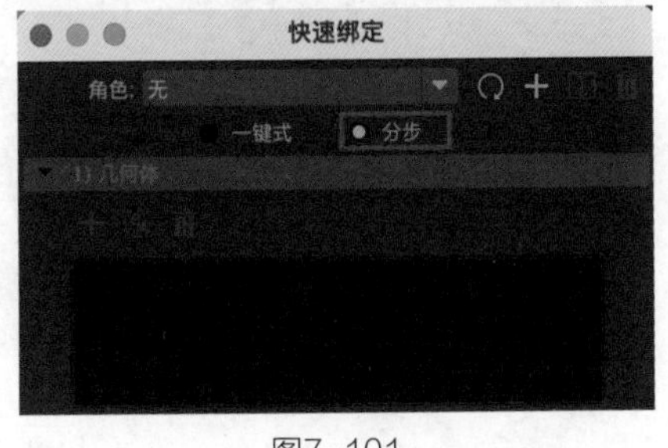

图7-101

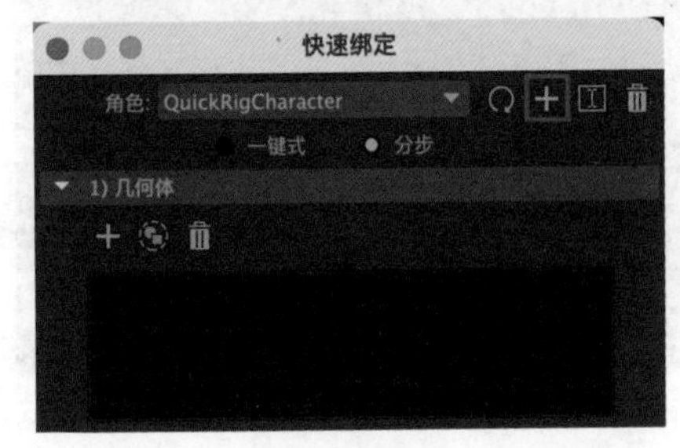

图7-102

（5）选择场景中的机器人模型，在“几何体”卷展栏内单击“添加选定的网格”按钮，将在场景中选择的角色模型的名称添加至下方的列表框中，如图7-103所示。

技巧与提示 “创建新角色”按钮与“添加选定的网格”按钮的形状都是“+”号，易混淆，请读者注意。

图7-103

（6）在“中心”卷展栏内设置“颈部”为2，如图7-104所示。单击“导向”卷展栏内的“创建/更新”按钮，即可在透视视图中看到角色模型上添加了多个导向，如图7-105所示。

（7）在透视视图中调整好角色左侧导向的位置，如图7-106所示。

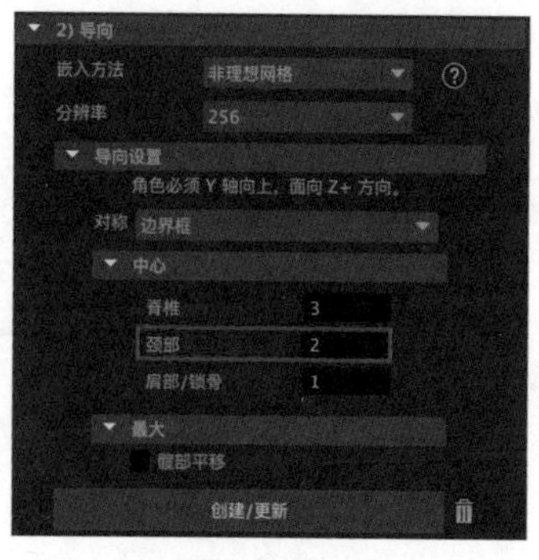

图7-104

图7-105

（8）展开“用户调整导向”卷展栏，单击“从左到右镜像”按钮，如图7-107所示。这样可以将选中的左侧导向对称至另一侧，如图7-108所示。

（9）导向调整完成后，展开“骨架和绑定生成”卷展栏，单击“创建/更新”按钮，即可在透视视图中根据之前所调整的导向位置生成骨架，如图7-109所示。

（10）读者需要注意，现在场景中的骨架并不会对角色模型产生影响。展开“蒙皮”卷展栏，单击“创建/更新”按钮，即可对当前角色进行蒙皮，如图7-110所示。只有在蒙皮计算完成后，骨架的位置才会影响角色的形变。

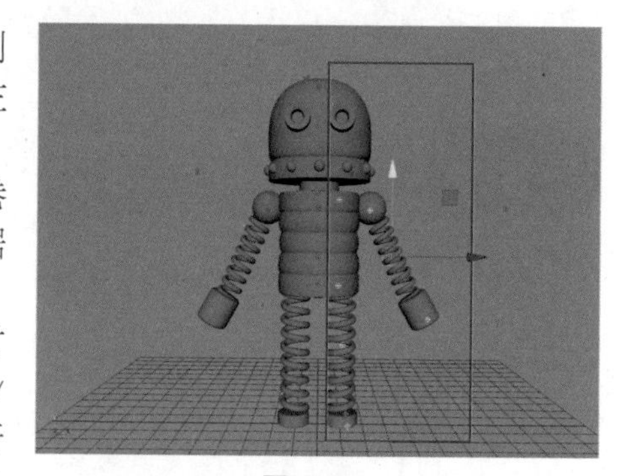
图7-106

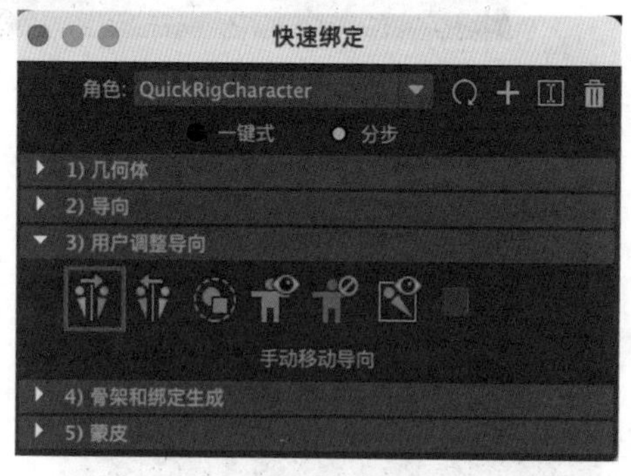

图7-107

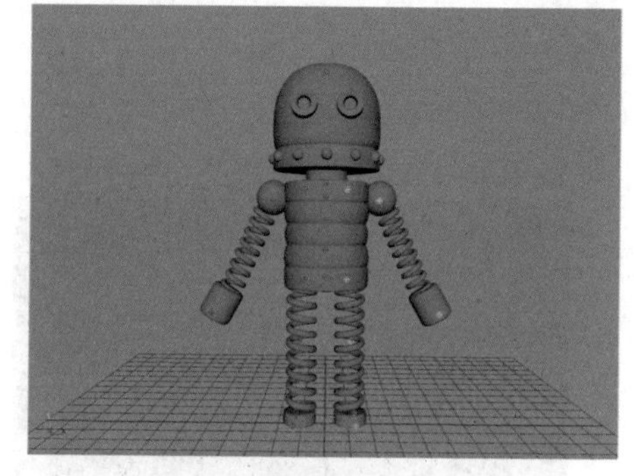
图7-108

（11）设置完成后，角色的快速装备就结束了。用户可以通过Maya 2023的Human IK面板中的图例快速选择角色的控制器来调整角色姿势，如图7-111所示。

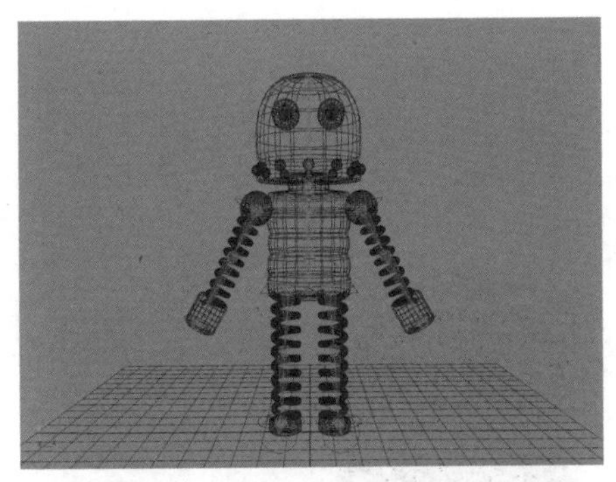
图7-109

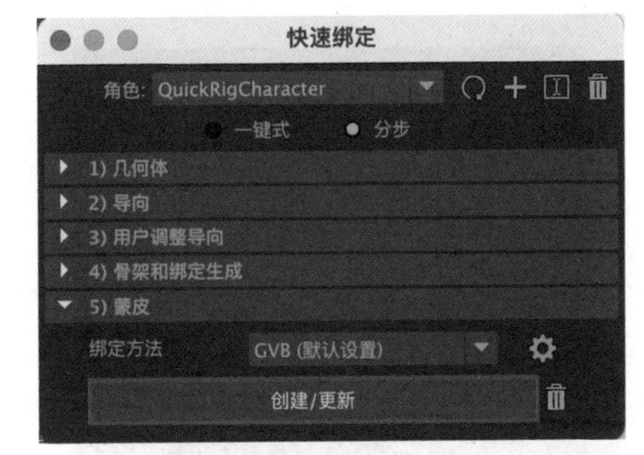

图7-110

7.8.2 绘制蒙皮权重

（1）在Human IK面板中设置“源”为“初始”，如图7-112所示。

（2）这时可以看到角色身体两侧的手臂部分均产生了不正常的变形，如图7-113所示。也就是说，“快速绑定”对话框中的蒙皮效果有时候会产生一些不太理想的效果。所以，接下来尝试执行“绘制蒙皮权重”命令来改善角色的蒙皮效果。

（3）单击菜单栏中的“蒙皮>绘制蒙皮权重”命令右侧的方形按钮，如图7-114所示。

（4）在弹出的“工具设置”对话框中选择角色左上臂位置的骨骼，设置“剖面”为“软笔刷”，如图7-115所示。

（5）在场景中，用户可以通过观察角色的颜色来判断骨架对其的影响，如图7-116所示。

（6）使用鼠标绘制角色上臂部分的网格，使其只受所选骨骼的影响，如图7-117所示。

（7）使用同样的操作步骤检查角色身体其他位置的骨骼，并对其进行权重绘制操作。最终，角色身体权重调整完成后的效果如图7-118所示。

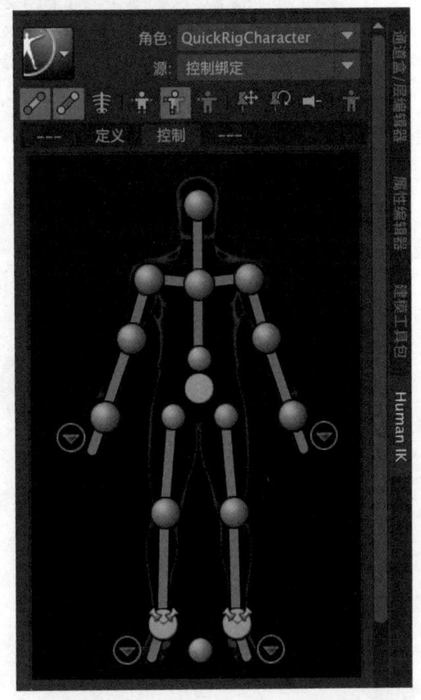

图7-111

图7-112

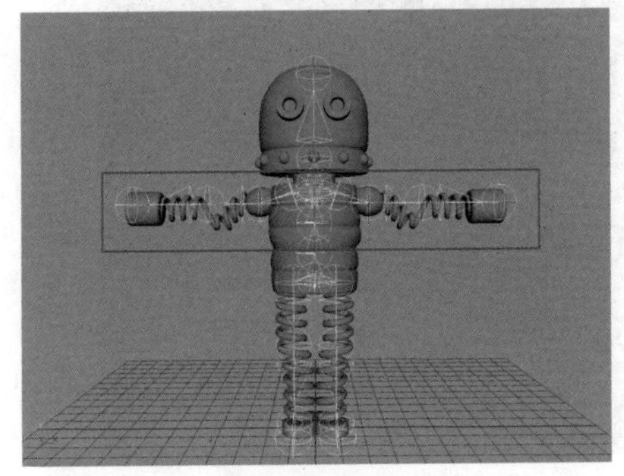
图7-113

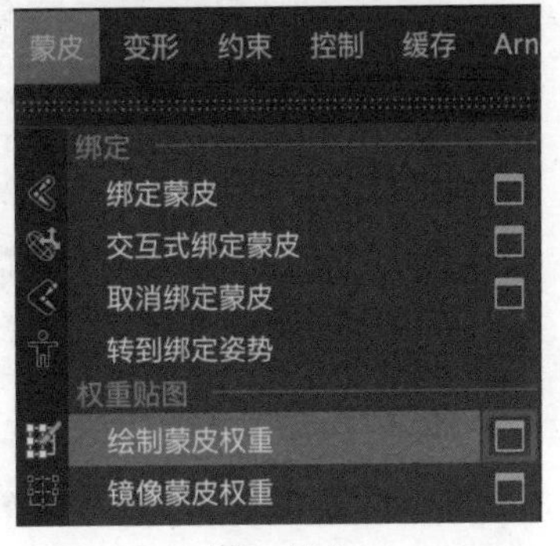

图7-114

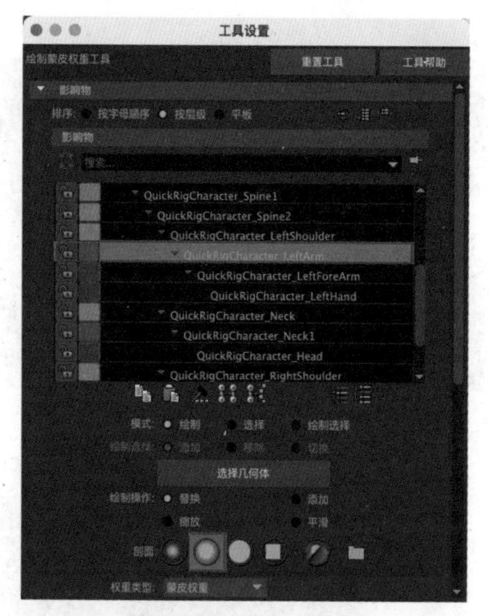

图7-115

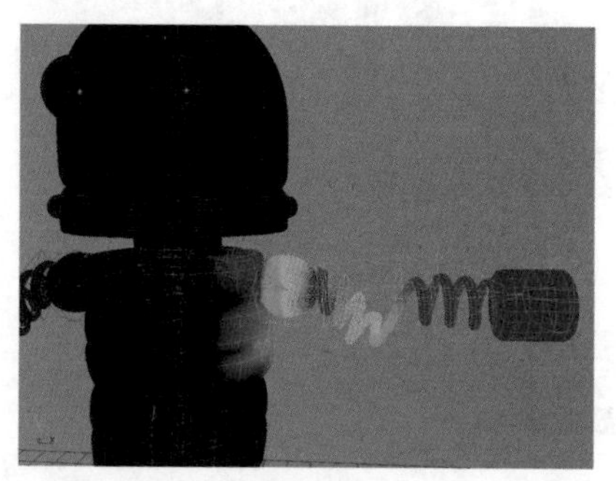

图7-116

图7-117

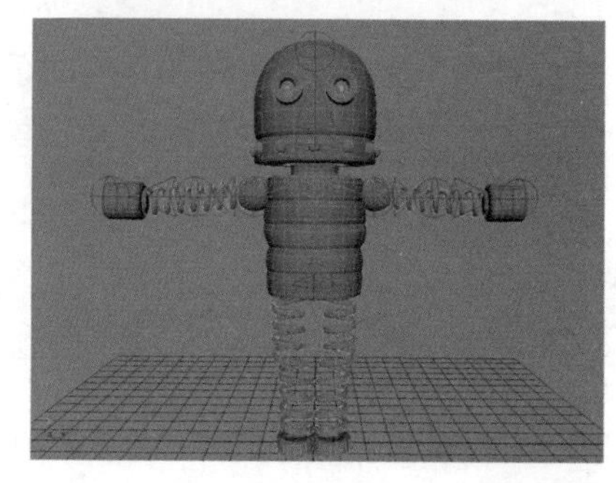

图7-118

7.8.3 添加角色动画

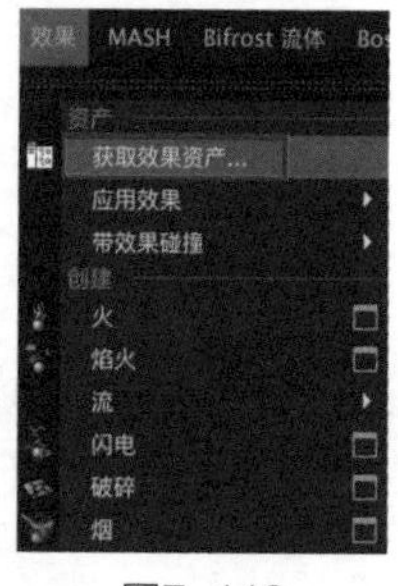

图7-119

（1）执行菜单栏中的“效果>获取效果资产”命令，如图7-119所示。

（2）弹出“内容浏览器”对话框，从软件自带的动作库中选择任意一个动作文件，单击鼠标右键，在弹出的菜单中执行“导入”命令，如图7-120所示。

（3）导入完成后，可以看到一具完整的带有动作的骨架出现在了当前场景中，如图7-121所示。

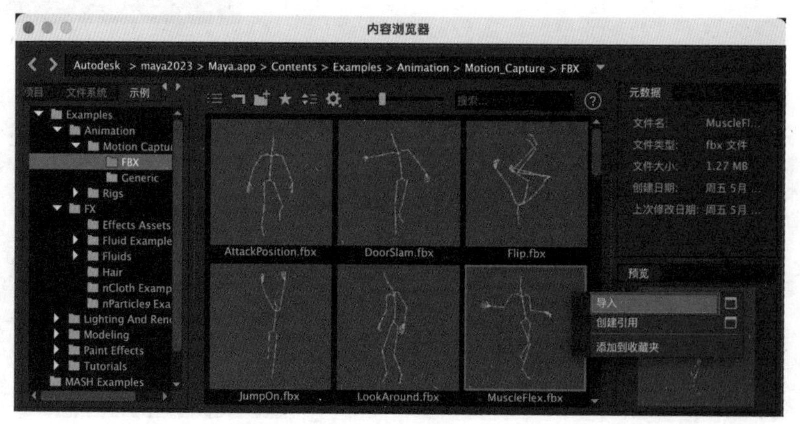

图7-120

（4）在Human IK面板中设置“源”为MuscleFlex1，如图7-122所示。

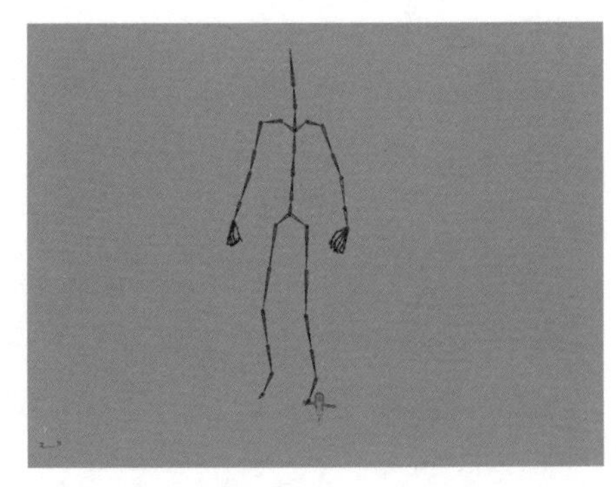

图7-121

图7-122

（5）播放场景动画，可以看到现在角色的骨架会自动匹配到从动作库导进来的带有动作的骨架上，如图7-123所示。

（6）在Human IK面板中单击鼠标右键，在弹出的菜单中执行“烘焙>烘焙到控制绑定”命令，如图7-124所示。执行完成后，就可以删除场景中从动作库导进来的骨架了。这样，场景中就只保留了角色本身的骨架，如图7-125所示。

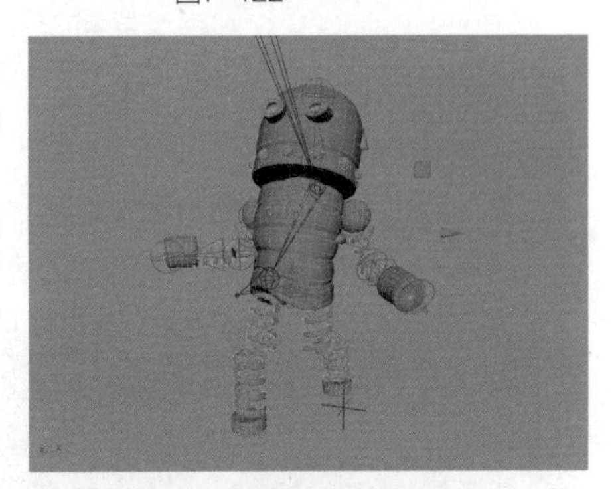

图7-123

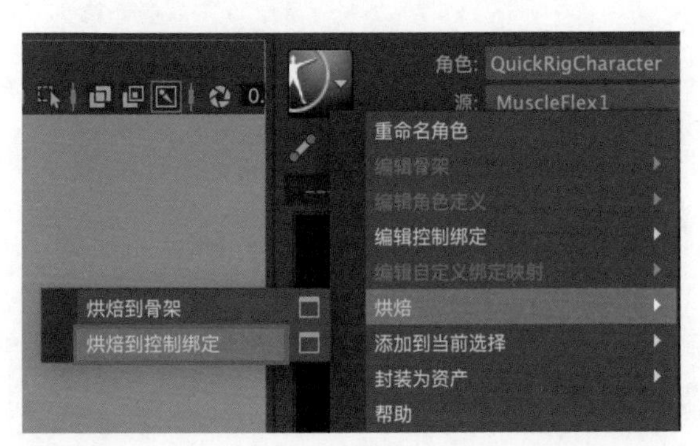

图7-124

图7-125

7.9 课后习题：制作摇椅动画

在本习题中，我们将制作一个摇椅动画，其最终效果如图7-126所示。

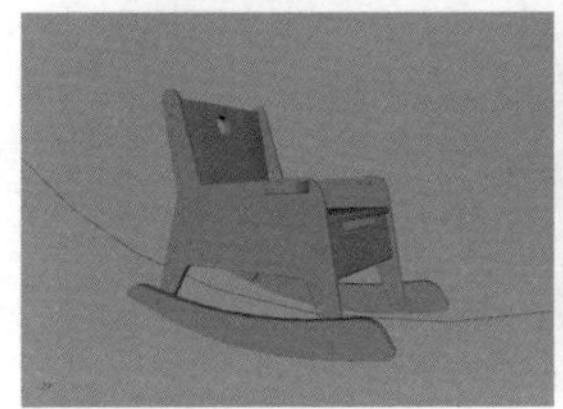
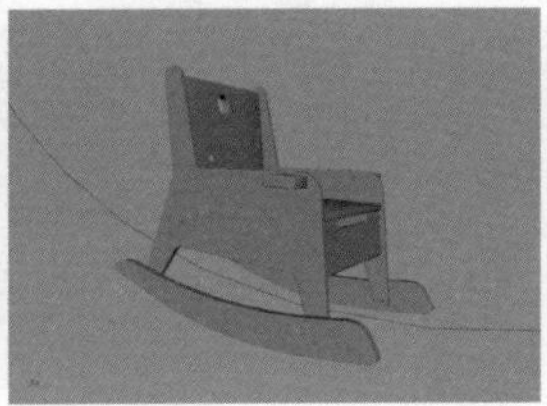
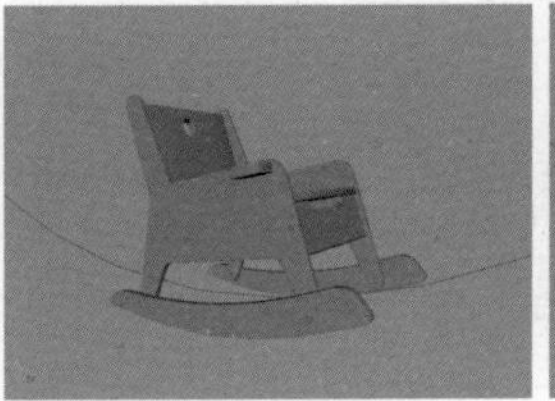

图7-126

儿童摇椅-完成.mb

儿童摇椅.mb

制作思路

（1）思考摇椅前后摇动的动画效果。
（2）使用表达式来制作摇椅动画。

制作要点

第1步：启动中文版Maya 2023，打开场景文件“儿童摇椅.mb”，如图7-127所示。
第2步：绘制一个圆形图形，并调整其位置和大小，如图7-128所示。

图7-127

图7-128

第3步：将摇椅模型设置为圆形的子对象，并进行表达式的设置，如图7-129所示。
第4步：为圆形的“平移Z”参数设置关键帧，即可制作出摇椅前后摇动的动画效果，如图7-130所示。

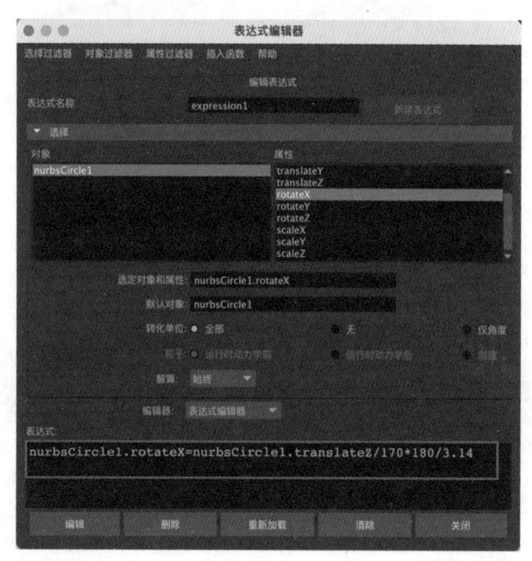

图7-129

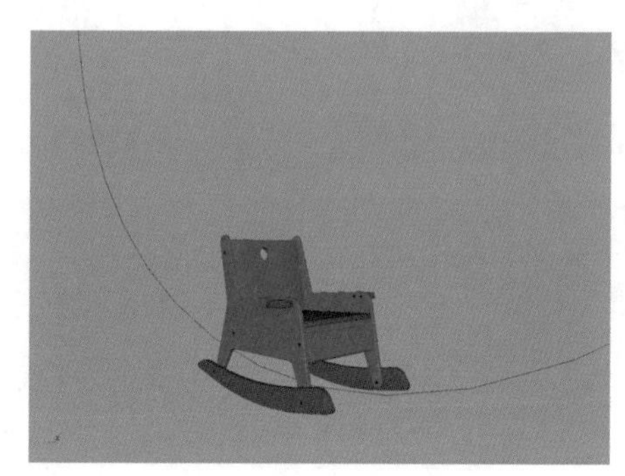

图7-130

第8章 流体动力学

本章导读

本章将介绍Maya 2023的流体动力学技术，主要包含流体动画、Bifrost流体动画以及Boss海洋动画等。流体动力学技术为特效动画师提供了制作效果逼真的火焰燃烧、烟雾流动、液体飞溅及海洋波浪等动画的方案。本章将通过多个较为典型的实例来为读者详细讲解流体动画的制作方法。

学习要点

- ❖ 掌握火焰燃烧动画的制作方法
- ❖ 掌握烟雾流动动画的制作方法
- ❖ 掌握液体飞溅动画的制作方法
- ❖ 掌握海洋波浪动画的制作方法

8.1 流体动力学概述

Maya 2023的多边形建模技术非常成熟，利用该技术几乎可以制作出我们身边的任何模型。但是如果想通过多边形建模技术来创建烟雾、火焰、液体等模型则会有些困难，更别提使用这样的模型去制作一段非常流畅的特效动画了。幸好，Maya 2023的软件工程师们早就思考到了这一点，并为用户提前设计了多种实现真实模拟和渲染流体运动的流体动力学技术。但是，如果用户想要制作出较为逼真的流体动画效果，仍然需要留意日常生活中的流体运动。图8-1和图8-2所示为一些用于制作流体特效的参考素材。

图8-1

图8-2

8.2 流体系统

流体系统是Maya从早期一直延续至今的一套优秀的流体动画制作系统。用户可以在FX工具架中找到流体系统的一些常用工具，如图8-3所示。

图8-3

8.2.1 3D流体容器

在Maya 2023中，流体模拟计算通常被限定在一个区域之中，这个区域被称为容器。如果是3D流体容器，那么该容器就是一个具有3个方向的立体空间。如果是2D流体容器，那么该容器则是一个具有两个方向的平面。如果用户要模拟细节丰富的流体动画特写镜头，大多数情况下需要单击FX工具架中的“具有发射器的3D流体容器”图标，在场景中创建一个3D流体容器来进行流体动画的制作，如图8-4所示。

双击“具有发射器的3D流体容器”图标，可以打开“创建具有发射器的3D容器选项”对话框，如图8-5所示。

常用参数解析

1.“基本流体属性”卷展栏

X分辨率/Y分辨率/Z分辨率：用于控制3D流体容器在*x*轴、*y*轴、*z*轴方向上的分辨率。

X大小/Y大小/Z大小：用于控制3D流体容器在*x*轴、*y*轴、*z*轴方向上的大小。

添加发射器：勾选该复选框，在创建3D流体容器的同时还会创建一个流体发射器。

发射器名称：可允许用户事先设置好发射器的名称。

2.“基本发射器属性”卷展栏

将容器设置为父对象：勾选该复选框，创建出来的发射器将以3D流体容器为父对象。

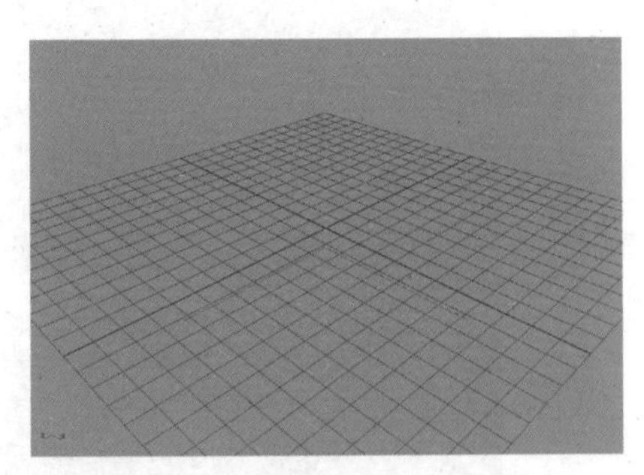

图8-4

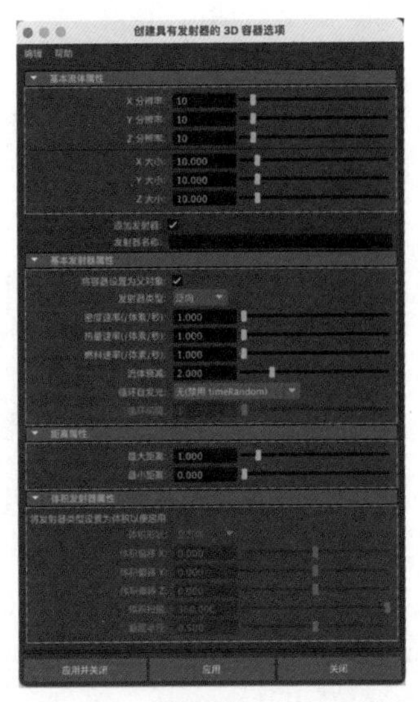

图8-5

发射器类型：用于选择发射器的类型。有“泛向”和“体积”这两个选项可选，如图8-6所示。

密度速率（/体素/秒）：用于设置每秒内将“密度”值发射到栅格体素的平均速率。

热量速率（/体素/秒）：用于设置每秒内将“温度”值发射到栅格体素的平均速率。

燃料速率（/体素/秒）：用于设置每秒内将“燃料”值发射到栅格体素的平均速率。

流体衰减：用于设置流体发射的衰减值。

循环自发光：可以一定的间隔（以帧为单位）重新启动流体发射计算。

循环间隔：用于指定随机数流在两次重新启动期间的帧数。

图8-6

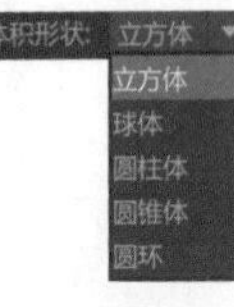

图8-7

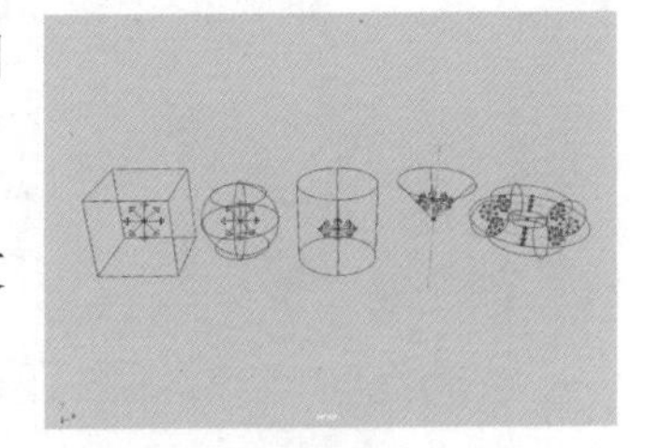

图8-8

3.“距离属性”卷展栏

最大距离：用于设置发射器在与曲面距离最大处发射流体。

最小距离：用于设置发射器在与曲面距离最小处发射流体。

4.“体积发射器属性”卷展栏

体积形状：当“发射器类型”设置为“体积”时，该发射器将使用在“体积形状”下拉列表中选择的形状。有“立方体”“球体”“圆柱体”“圆锥体”“圆环”这5个选项可选，如图8-7所示。图8-8所示分别为选择了不同选项后的流体发射器显示效果。

体积偏移X/体积偏移Y/体积偏移Z：用于指定发射体积中心相比发射器原点在x轴、y轴、z轴上的偏移值。

体积扫描：用于控制体积发射器的弧度。

截面半径：仅应用于圆环体积发射器。

8.2.2 2D流体容器

双击FX工具架中的“具有发射器的2D流体容器”图标，可以打开“创建具有发射器的2D容器选项”对话框，其中的参数设置如图8-9所示。

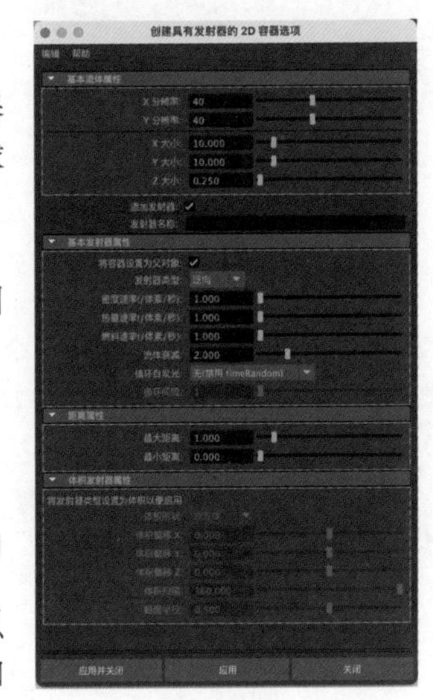

图8-9

技巧与提示 通过对“创建具有发射器的2D容器选项”对话框与“创建具有发射器的3D容器选项”对话框进行比较，读者不难发现这两个对话框的参数设置基本上一样，所以这里不再重复讲解。

8.2.3 从对象发射流体

双击FX工具架中的“从对象发射流体”图标，可以打开“从对象发射选项”对话框，其中的参数设置如图8-10所示。通过观察，可以发现里面的参数与前面所讲解的参数基本上一样，故这里不再重复讲解。

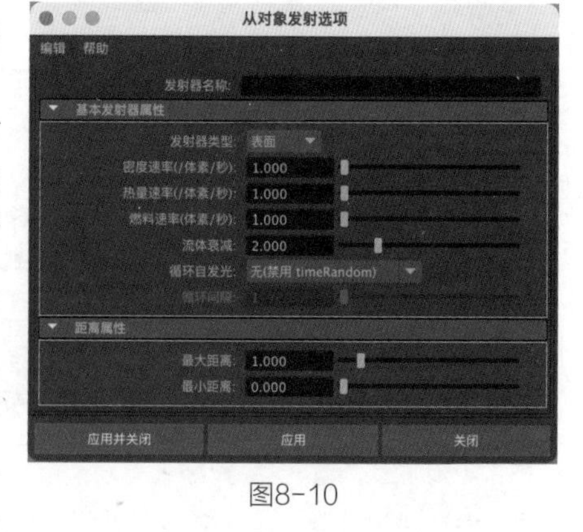

图8-10

8.2.4 使碰撞

Maya 2023允许用户设置流体与场景中的多边形对象发生碰撞。在场景中选择好要设置碰撞的流体和多边形对象，单击FX工具架中的“使碰撞”图标就可以轻易完成这一设置。图8-11和图8-12所示分别为设置碰撞效果前后的流体动画。

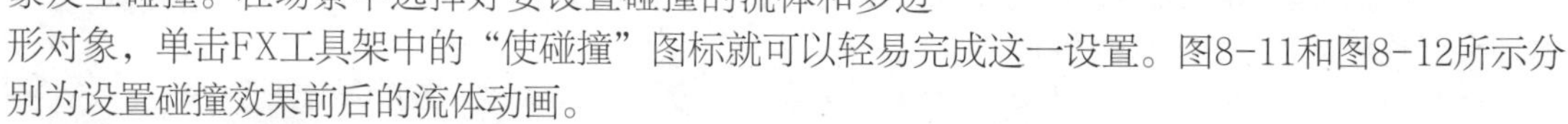

双击FX工具架中的“使碰撞”图标，可以打开“使碰撞选项”对话框，如图8-13所示。

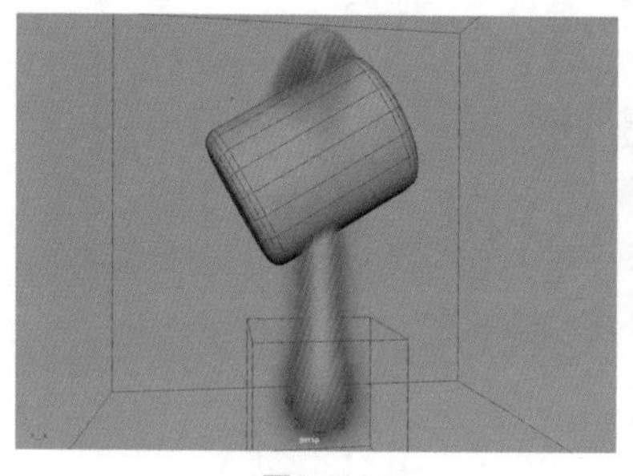

图8-11

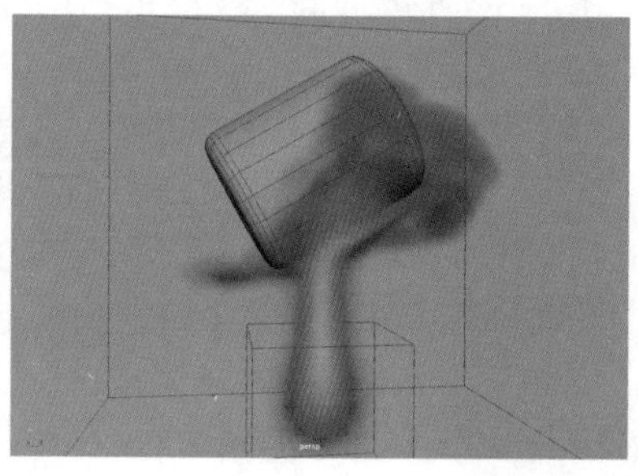

图8-12

图8-13

常用参数解析

细分因子：用于控制碰撞动画的计算精度。该参数值越大，计算越精确。

8.2.5 流体属性

控制流体属性的大部分参数都在“属性编辑器”面板的fluidShape1选项卡中，如图8-14所示。下面将详细介绍其中较为常用的卷展栏内的参数。

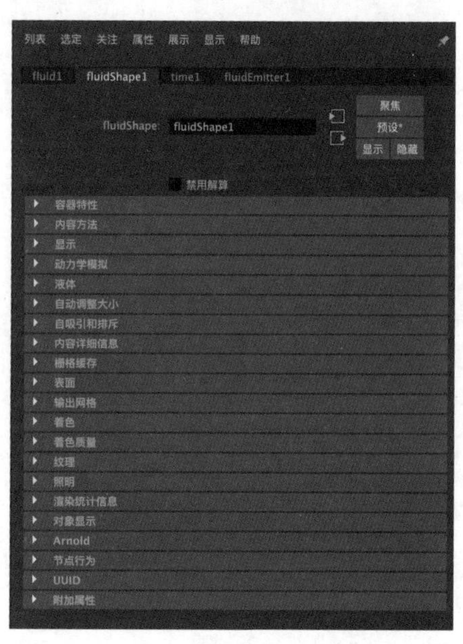

图8-14

1. “容器特性”卷展栏

展开“容器特性”卷展栏，其中的参数如图8-15所示。

常用参数解析

保持体素为方形：该复选框处于勾选状态时，可以使用“基本分辨率”参数来同时调整流体x轴、y轴、z轴的分辨率。

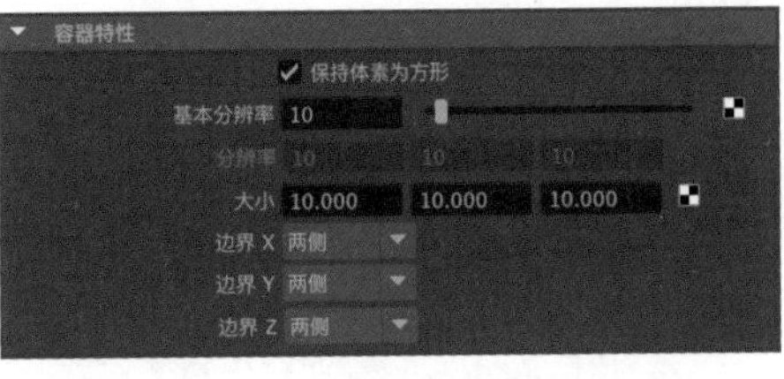

图8-15

基本分辨率：“保持体素为方形”复选框处于勾选状态时可用。该参数值越大，容器的栅格越密集，计算精度越高。图8-16和图8-17所示分别为该参数值是10和30时的栅格密度显示效果。

分辨率：可以体素为单位定义流体容器的分辨率。

大小：可以厘米为单位定义流体容器的大小。

边界X/Y/Z：用于控制流体容器的边界处理特性值的方式。有“无”“两侧”“-X/-Y/-Z侧”“X/Y/Z侧”“折回”这几种方式可选，如图8-18所示。

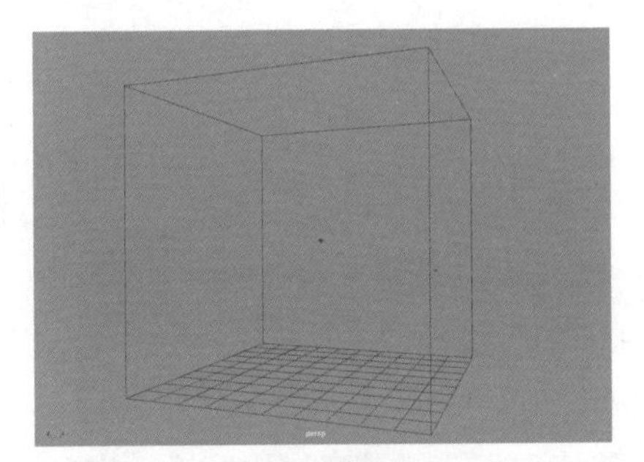
图8-16

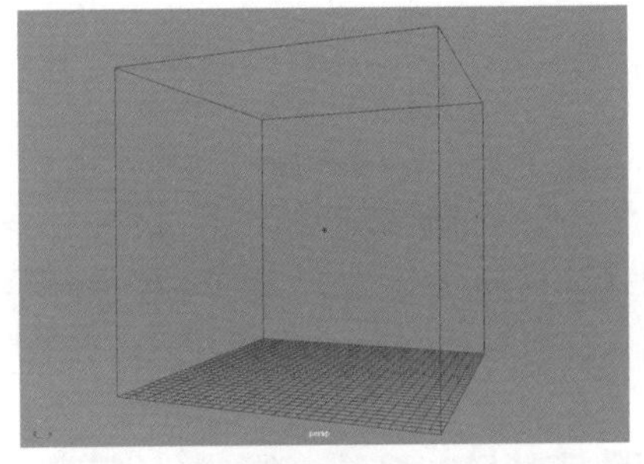
图8-17

图8-18

无：可使流体容器的所有边界保持开放状态，以便流体行为就像边界不存在一样。

两侧：可关闭流体容器的两侧边界，以使它们类似于两堵墙。

-X/-Y/-Z侧：可分别关闭x轴、y轴、z轴负半轴边界，从而使其类似于墙。

X/Y/Z侧：可分别关闭x轴、y轴、z轴正半轴边界，从而使其类似于墙。

折回：可使流体从流体容器的一侧流出，从另一侧流入。

2. “内容方法”卷展栏

展开“内容方法”卷展栏，其中的参数如图8-19所示。

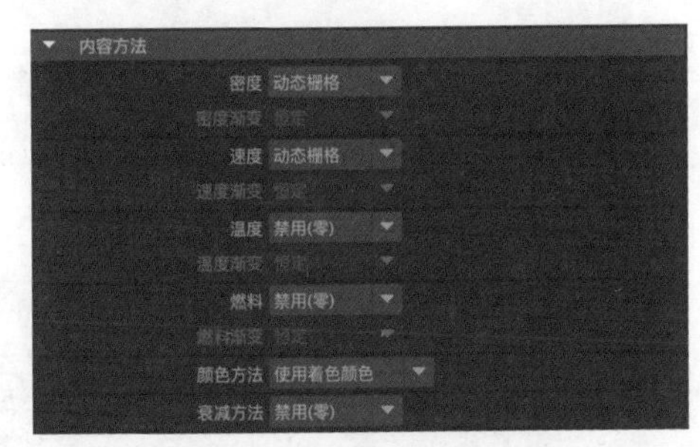

图8-19

常用参数解析

密度/速度/温度/燃料：都有“禁用(零)”“静态栅格”“动态栅格”“渐变”这几个选项可选，分别用于控制这4个属性，如图8-20所示。

禁用（零）：可在整个流体中将特性值设置为0。设置为“禁用（零）”时，该特性对动力学模拟不起作用。

静态栅格：可为特性创建栅格，允许用户用特定特性值填充每个体素，但是它们不能由于任何动力学模拟而更改。

动态栅格：可为特性创建栅格，允许用户使用特定特性值填充每个体素，以便用于动力学模拟。

渐变：可使用选定的渐变，以便用特性值填充流体容器。

颜色方法：只在定义了“密度”的位置显示和渲染。有“使用着色颜色”“静态栅格”“动态栅格”3个选项可选，如图8-21所示。

衰减方法：可将衰减边添加到流体的显示中，以避免流体出现在体积部分。

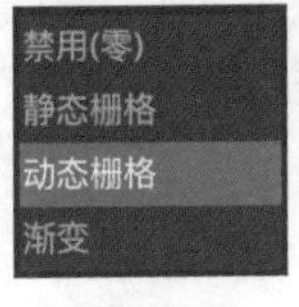

图8-20

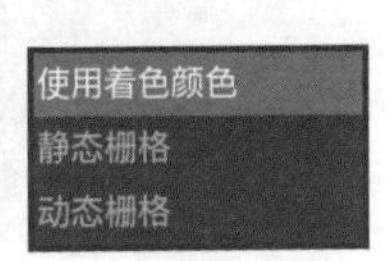

图8-21

3.“显示”卷展栏

展开“显示”卷展栏，其中的参数如图8-22所示。

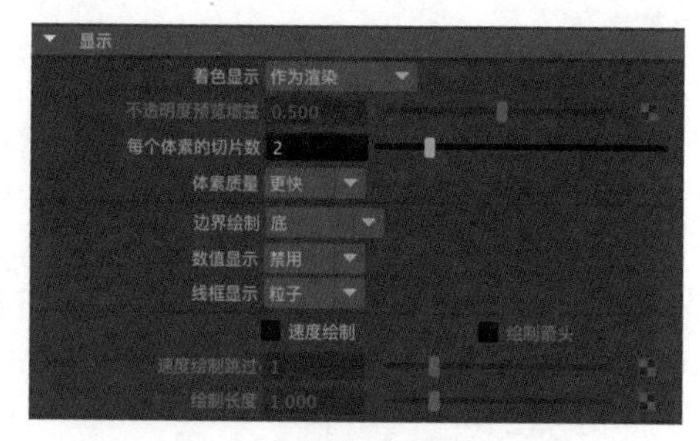

图8-22

常用参数解析

着色显示：可定义当Maya 2023处于着色显示模式时流体容器中显示哪些流体特性。

不透明度预览增益：当“着色显示”设置为“密度”“温度”“燃料”等选项时会激活该参数，用于调节硬件显示的不透明度。

每个体素的切片数：可定义当Maya 2023处于着色显示模式时每个体素显示的切片数。切片是参数值在单个平面上的显示效果，设置较大的参数值会产生更多的细节，但会降低屏幕绘制的速度。默认值为2，最大值为12。

体素质量：选择“更好”选项，在硬件显示中显示质量会较高；选择“更快”选项，在硬件显示中显示质量会较低，但绘制速度会更快。

边界绘制：可定义流体容器在3D视图中的显示方式。有“底”“精简”“轮廓”“完全”“边界框”“无”这6种方式可选，如图8-23所示。图8-24～图8-29所示分别为这6种方式的容器显示效果。

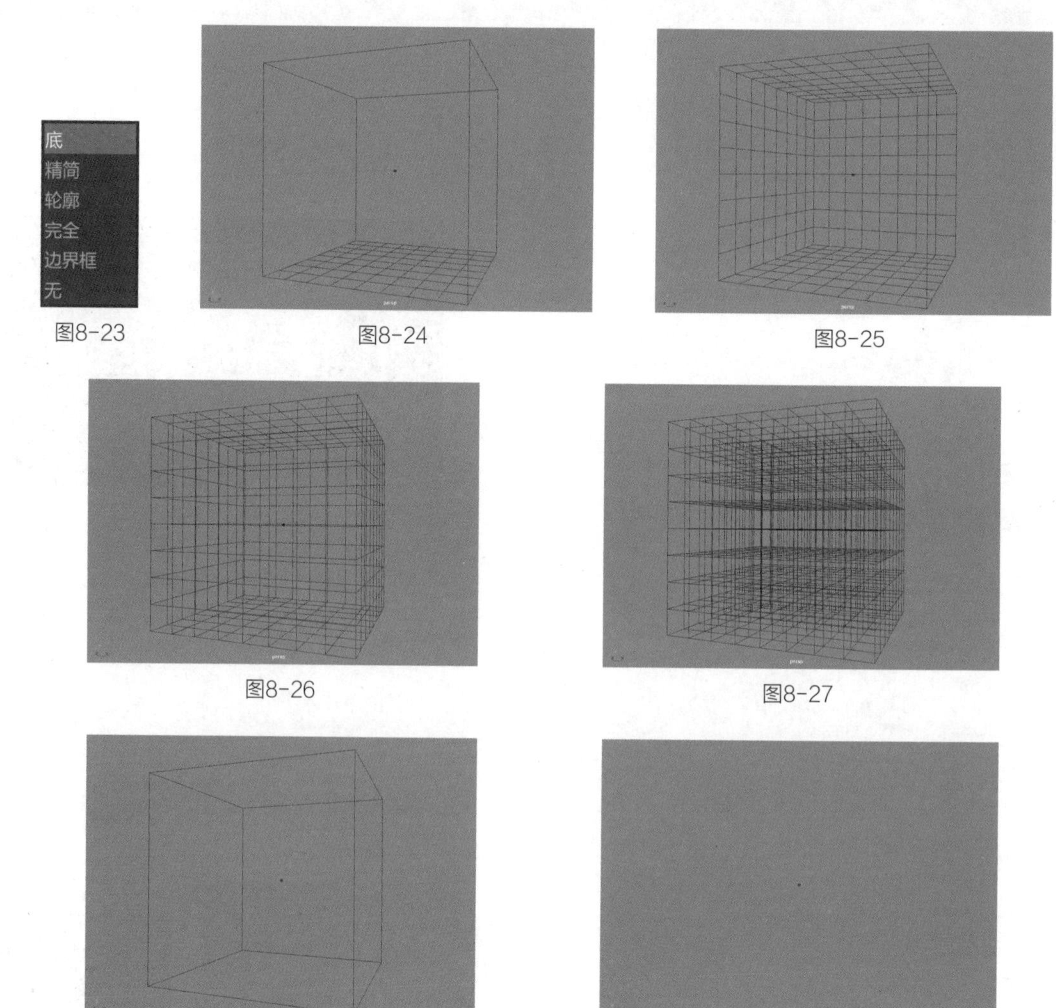

图8-23　图8-24　图8-25

图8-26　图8-27

图8-28　图8-29

数值显示：可在“静态栅格”或“动态栅格”的每个体素中显示选定特性（“密度”“温度”“燃料”）的数值。图8-30和图8-31所示为开启了“密度”数值显示前后的屏幕效果。

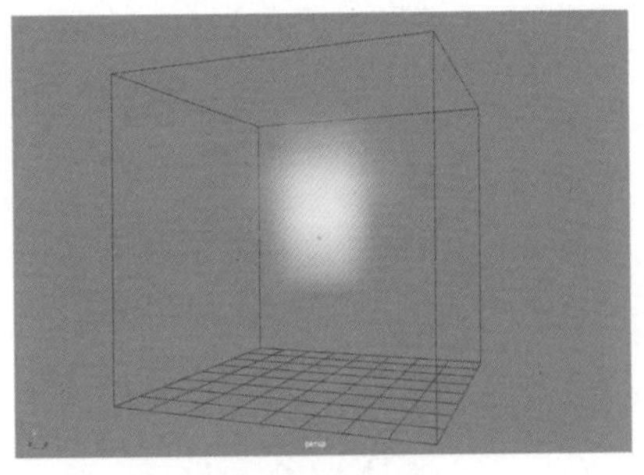

图8-30

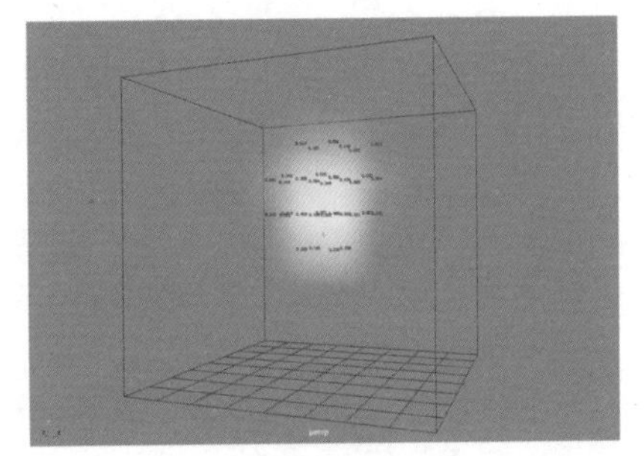

图8-31

线框显示：用于设置流体处于线框显示模式下的显示方式，有“禁用”“矩形”“粒子”3个选项可选。图8-32和图8-33所示为“线框显示”分别是“矩形”和“粒子”的显示效果。

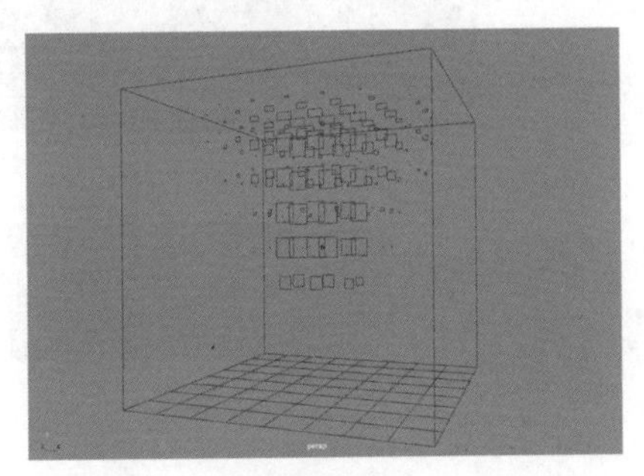

图8-32

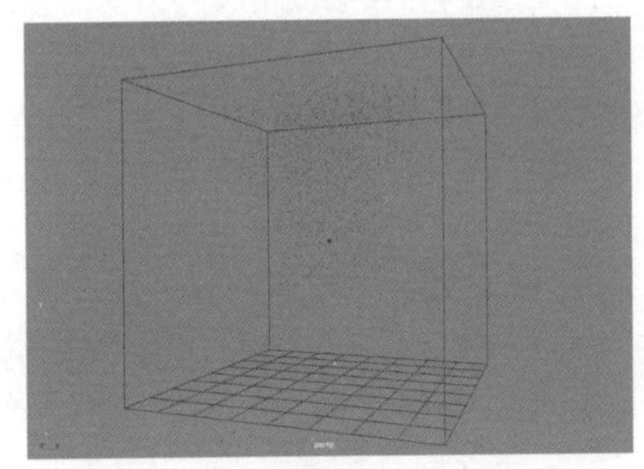

图8-33

速度绘制：勾选该复选框可显示流体的速度向量。

绘制箭头：勾选该复选框可在速度向量上显示箭头。

速度绘制跳过：增大该参数值可减少所绘制的箭头数。如果该参数值为1，则每隔一个箭头省略（或跳过）一次；如果该参数值为0，则绘制所有箭头。在使用高分辨率的栅格上增大该参数值可减少视觉混乱。

绘制长度：可定义速度向量的长度（应用于速度幅值的因子）。该参数值越大，速度分段或箭头就越长。对于具有非常小的力的模拟，速度场可能具有非常小的幅值。在这种情况下，增大该参数值将有助于可视化速度流。

4.“动力学模拟”卷展栏

展开“动力学模拟”卷展栏，其中的参数如图8-34所示。

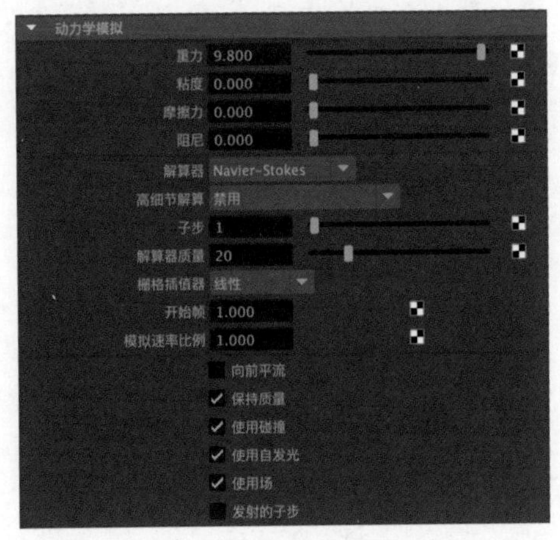

图8-34

常用参数解析

重力：用于模拟流体所受到的地球引力。

粘度：用于表示流体流动所受到的阻力，或材质的厚度及非液态程度。该参数值很大时，流体像焦油一样流动；该参数值很小时，流体像水一样流动。

摩擦力：可定义在“速度”解算中使用的内部摩擦力。

阻尼：可在每个时间步上定义阻尼接近零的“速度”分散量。该参数值为1时，流完全被抑制。当边界处于开放状态以防止强风逐渐增大并导致不稳定时，少量的阻尼可能会很有用。

解算器：Maya 2023提供的解算器有“无”、Navier-Stokes和“弹簧网格”这3种。Navier-Stokes解算器适用于模拟烟雾流体动画，“弹簧网格”则适用于模拟水面波浪动画。

高细节解算：启用“高细节解算”可减少模拟期间密度、速度和其他属性的扩散。例如，它可以在不增加分辨率的情况下使流体看起来更细腻，并允许模拟翻滚的旋涡。“高细节解算”非常适用于制作爆炸、翻滚的云和巨浪似的烟雾等效果。

子步：指定解算器在每帧进行计算的次数。

解算器质量：提高“解算器质量”会增加解算器计算流体流的不可压缩性所使用的步骤数。

栅格插值器：用于选择要使用哪种插值算法，以便从相应栅格内检索相应的值。

开始帧：用于设置在哪个帧之后开始流模拟。

模拟速率比例：用于设置在发射和解算中使用的时间步数。

5.“液体”卷展栏

展开“液体”卷展栏，其中的参数如图8-35所示。

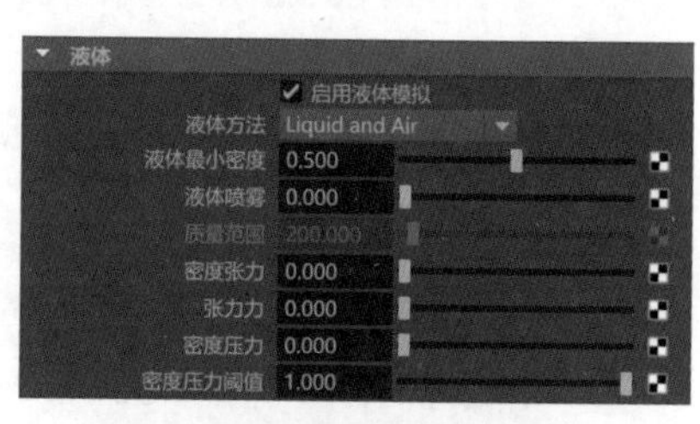

图8-35

常用参数解析

启用液体模拟：如果勾选该复选框，可以使用“液体”属性来制作外观和行为与真实液体类似的流体效果。

液体方法：可指定用于流体效果的模拟方法。有“液体和空气”和“基于密度的质量”这两种方式可选，如图8-36所示。

图8-36

液体最小密度：使用“液体和空气”模拟方法时，指定解算器用于区分液体和空气，液体将被计算为不可压缩的流体，而空气是完全可压缩的。当参数值为0时，解算器不区分液体和空气，并将所有流体视为不可压缩的流体，从而使其行为像单个流体。

液体喷雾：可将一种向下的力应用于流体计算中。

质量范围：可定义质量和流体密度之间的关系。当该参数值较大时，流体中的密集区域比低密度区域要重得多，从而模拟类似于空气和水的关系。

密度张力：可将密度推进到圆化形状，使密度边界在流体中更明确。

张力力：应用一种力，该力基于栅格中的密度模拟曲面张力，通过在流体中添加少量的速度来修改动量。

密度压力：应用一种向外的力，以便抵消向前平流可能应用于流体密度的压缩效果，特别是沿容器边界。这样会尝试保持总体流体体积，以确保不损失密度。

密度压力阈值：用于指定密度值，达到该值时将基于每个体素应用密度压力。对于密度值小于“密度压力阈值”参数值的体素，不应用密度压力。

6.“自动调整大小”卷展栏

展开“自动调整大小”卷展栏，其中的参数如图8-37所示。

常用参数解析

自动调整大小：如果勾选该复选框，当容器外边界附近的体素具有正密度时，会动态调整2D和3D流体容器的大小。图8-38所示为勾选该复选框前后的流体动画计算效果对比。

调整闭合边界大小：如果勾选该复选框，流体容器将沿其各自“边界”属性设置为“无”和“两侧”的轴调整大小。

调整到发射器大小：如果勾选该复选框，流体容器会使用流体发射器的位置在场景中设置其偏移距离和分辨率。

调整大小的子步：如果勾选该复选框，已自动调整大小的流体容器会调整每个子步的大小。

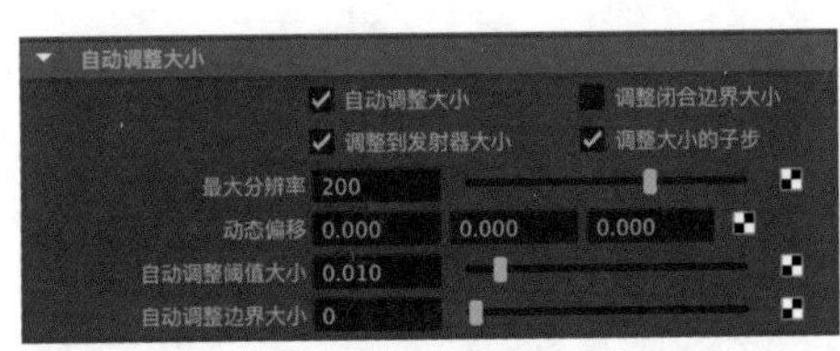

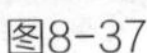
图8-37

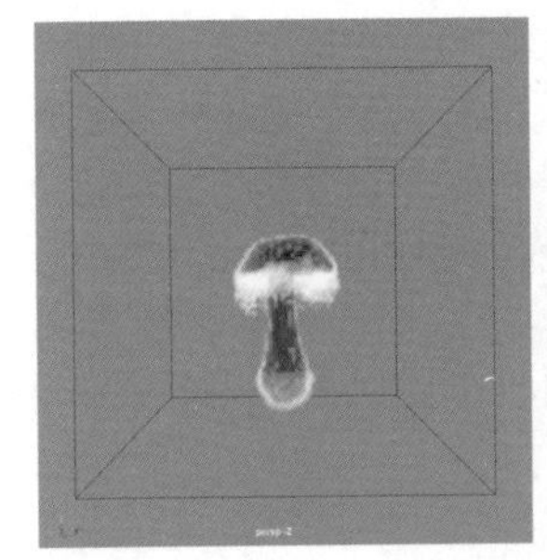
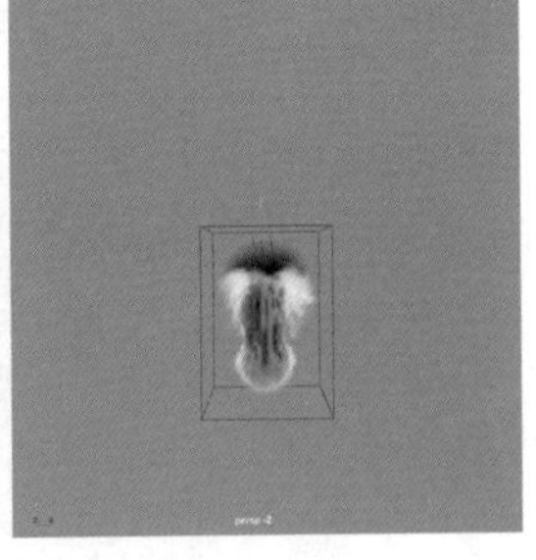
图8-38

最大分辨率：用于设置流体容器调整大小的每侧的平均最大分辨率。

动态偏移：用于控制计算流体的局部空间偏移效果。

自动调整阈值大小：用于设置导致流体容器调整大小的密度阈值。

自动调整边界大小：用于指定在流体容器边界和流体中正密度区域之间添加的空体素数量。

7.“自吸引和排斥”卷展栏

展开“自吸引和排斥”卷展栏，其中的参数如图8-39所示。

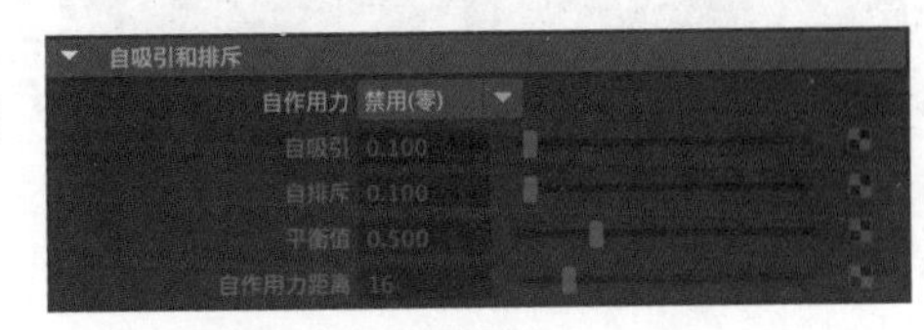

图8-39

常用参数解析

自作用力：用于设置流体的自作用力是基于密度还是基于温度来计算。

自吸引：用于设置吸引力的强度。

自排斥：用于设置排斥力的强度。

平衡值：用于设置可确定体素是生成吸引力还是生成排斥力的目标值。密度或温度值小于设置的“平衡值”参数值的体素会生成吸引力，密度或温度值大于设置的“平衡值”参数值的体素会生成排斥力。

自作用力距离：用于设置体素中应用自作用力的最大距离。

8.“内容详细信息”卷展栏

展开“内容详细信息”卷展栏，可以看到该卷展栏又分为“密度”“速度”“湍流”“温度”“燃料”“颜色”这6个卷展栏，如图8-40所示。

图8-40

常用参数解析

①“密度”卷展栏中的参数如图8-41所示。

图8-41

密度比例：将流体容器中的密度值乘以比例值，使用小于1的“密度比例”参数值会使流体显得更透明，使用大于1的“密度比例”参数值会使流体显得更不透明。

浮力：用于控制流体所受到的向上的力。该参数值越大，单位时间内流体上升的距离越远。

消散：用于定义密度在栅格中逐渐消失的速率。

扩散：用于定义在动态栅格中密度扩散到相邻体素的速率。

压力：应用一种向外的力，以便抵消向前平流可能应用于流体密度的压缩效果，特别是沿容器边界。这样会尝试保持总体流体体积，以确保不损失密度。

压力阈值：用于指定密度值。达到该值时，将基于每个体素应用密度压力。

噪波：可基于体素的速度变化，使每个模拟步骤的密度值随机。

张力：可将密度推进到圆化形状，使密度边界在流体中更明确。

张力力：应用一种力，该力基于栅格中的密度模拟曲面张力。

渐变力：可沿密度渐变或法线的方向应用力。

②“速度”卷展栏中的参数如图8-42所示。

速度比例：可根据流体的x轴、y轴、z轴方向来改变速度。

漩涡：可在流体中生成小比例漩涡和涡流。图8-43和图8-44所示为该参数值分别是0和10时的流体动画效果。

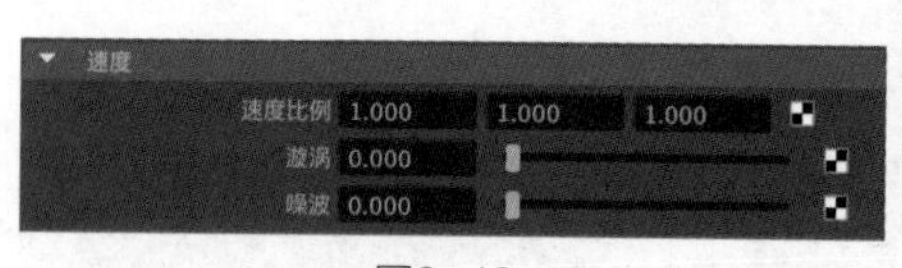

图8-42

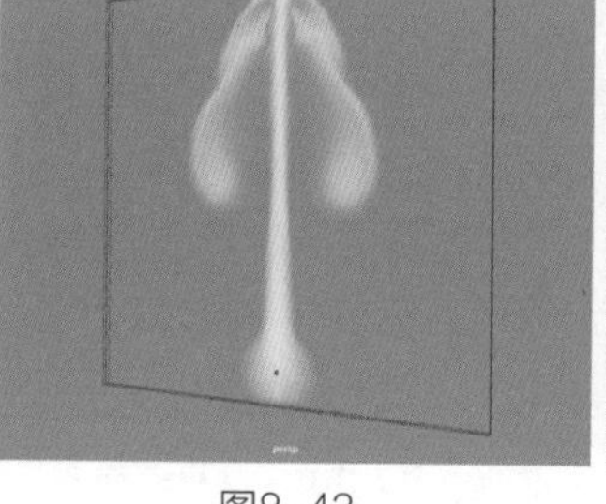
图8-43

图8-44

噪波：可使速度值随机，以便在流体中创建湍流。图8-45和图8-46所示为该参数值分别是0和1时的流体动画效果。

③“湍流”卷展栏中的参数如图8-47所示。

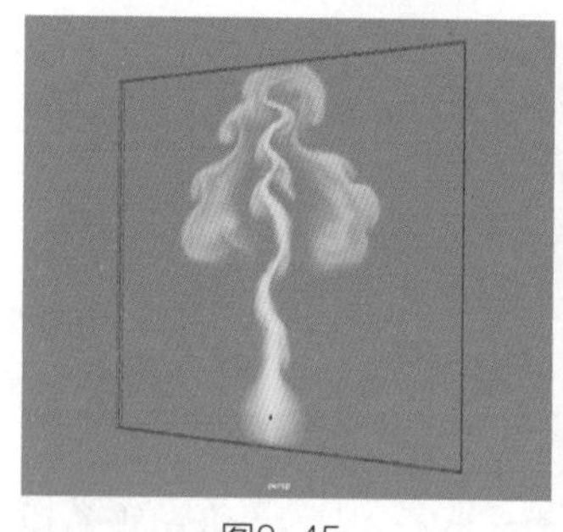
图8-45

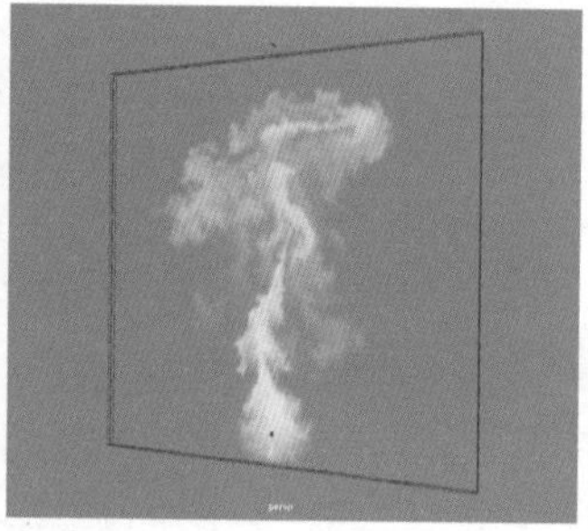
图8-46

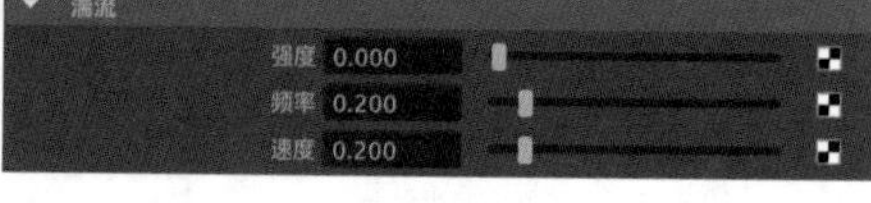

图8-47

强度：增大该参数值，可增加湍流应用的力的强度。

频率：降低该参数值会使湍流的漩涡更大，这是湍流函数中的空间比例因子。如果湍流强度为零，则不产生任何效果。

速度：用于定义湍流模式随时间更改的速率。

④“温度”卷展栏中的参数如图8-48所示。

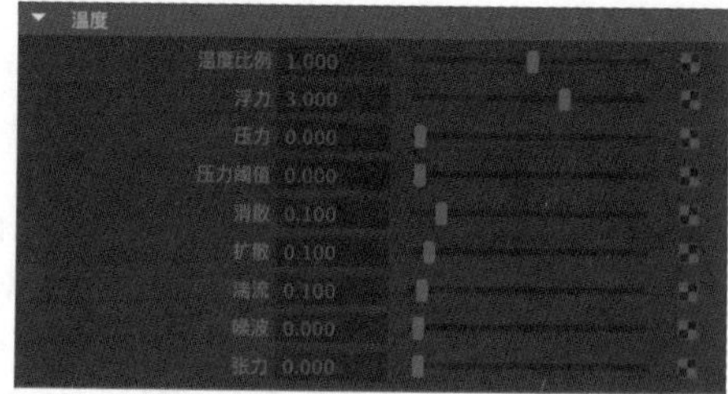

图8-48

温度比例：可与容器中定义的温度值相乘来得到流体动画效果。

浮力：可解算定义内置的浮力强度。

压力：可模拟由于气体温度升高而导致压力增加，从而使流体快速展开。

压力阈值：指定温度值。达到该值时，将基于每个体素应用压力。对于温度值小于“压力阈值”参数值的体素，不应用压力。

消散：用于定义温度在栅格中逐渐消散的速率。

扩散：用于定义温度在动态栅格中的体素之间扩散的速率。

湍流：可应用于温度的湍流上的乘数。

噪波：可使每个模拟步骤中体素的温度值随机。

张力：可将温度推进到圆化形状，从而使温度边界在流体中更明确。

⑤“燃料”卷展栏中的参数如图8-49所示。

燃料比例：可与容器中定义的燃料值相乘来得到流体动画效果。

反应速度：在温度值等于或大于“最大温度”参数值时，反应参数值从1变化到0的快速程度，参数值为1会导致瞬间反应。

空气/燃料比：用于设置完全燃烧的燃料所需的密度量。

点燃温度：用于定义将发生反应的最低温度。

最大温度：用于定义一个温度，超过该温度后反应会以最快速度进行。

释放的热量：用于定义整个反应过程将有多少热量释放到温度栅格。

释放的光：用于定义反应过程释放了多少光。这将直接添加到着色的最终白炽灯强度中，而不会输入任何栅格中。

灯光颜色：用于定义反应过程所释放的光的颜色。

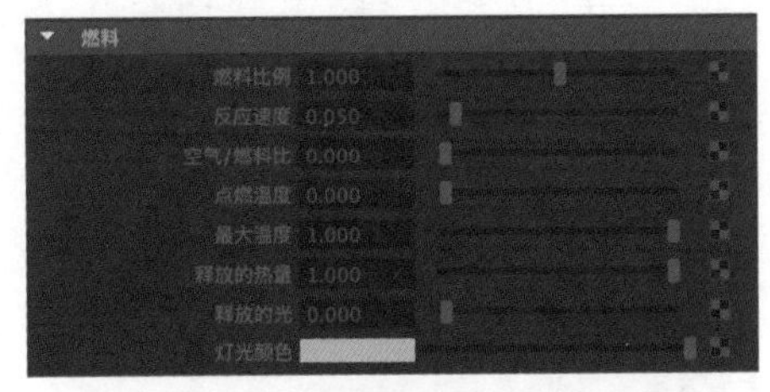

图8-49

⑥“颜色”卷展栏中的参数如图8-50所示。

颜色消散：用于定义颜色在栅格中消散的速率。

颜色扩散：用于定义在动态栅格中颜色扩散到相邻体素的速率。

图8-50

9.“栅格缓存”卷展栏

展开“栅格缓存”卷展栏，其中的参数如图8-51所示。

图8-51

常用参数解析

读取密度：如果缓存包含密度栅格，则从缓存读取密度值。

读取速度：如果缓存包含速度栅格，则从缓存读取速度值。

读取温度：如果缓存包含温度栅格，则从缓存读取温度值。

读取燃料：如果缓存包含燃料栅格，则从缓存读取燃料值。

读取颜色：如果缓存包含颜色栅格，则从缓存读取颜色值。

读取纹理坐标：如果缓存包含纹理坐标，则从缓存读取它们。

读取衰减：如果缓存包含衰减栅格，则从缓存读取它们。

10.“表面”卷展栏

展开“表面”卷展栏，其中的参数如图8-52所示。

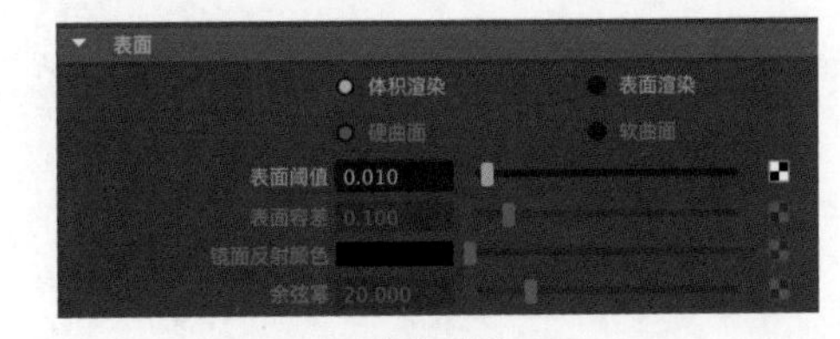

图8-52

常用参数解析

体积渲染：可将流体渲染为体积云。

表面渲染：可将流体渲染为曲面。

硬曲面：选中“硬曲面”选项可使材质的透明度在材质内部保持恒定（如玻璃或水）。该透明度仅由“透明度”属性和在物质中移动的距离确定。

软曲面：选中“软曲面”选项可基于“透明度”和“不透明度”属性对不断变化的密度进行求值。

表面阈值：用于创建隐式表面。

表面容差：用于确定对表面取样的点与密度对应的精确表面阈值的接近程度。

镜面反射颜色：用于控制由于自发光从密度区域发出的光的数量。

余弦幂：用于控制曲面上镜面反射高光（也称为“热点”）的大小。最小值为2，参数值越大，高光就越紧密集中。

11.“输出网格”卷展栏

展开“输出网格”卷展栏，其中的参数如图8-53所示。

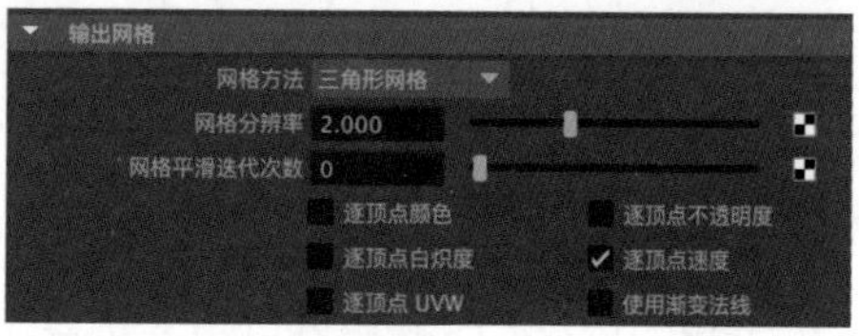

图8-53

常用参数解析

网格方法：可指定用于生成输出网格等曲面的多边形网格的类型。

网格分辨率：使用此参数可调整流体输出网格的分辨率。

网格平滑迭代次数：可指定应用于输出网格的平滑量。

逐顶点颜色：如果勾选该复选框，在将流体对象转化为多边形网格时会生成逐顶点颜色数据。

逐顶点不透明度：如果勾选该复选框，在将流体对象转化为多边形网格时会生成逐顶点不透明度数据。

逐顶点白炽度：如果勾选该复选框，在将流体对象转化为多边形网格时会生成逐顶点白炽度数据。

逐顶点速度：如果勾选该复选框，在将流体对象转化为多边形网格时会生成逐顶点速度数据。

逐顶点UVW：如果勾选该复选框，在将流体对象转化为多边形网格时会生成UV和UVW颜色集。

使用渐变法线：如果勾选该复选框，可使流体输出网格上的法线更平滑。

12.“着色”卷展栏

展开“着色”卷展栏，其中的参数如图8-54所示。

图8-54

常用参数解析

透明度：用于控制流体的透明程度。

辉光强度：用于控制辉光的亮度（流体周围的微弱光晕）。

衰减形状：可选择一个形状用于定义外部边界，以创建软边流体。

边衰减：用于定义密度值向由“衰减形状”定义的边衰减的速率。

8.3 Bifrost流体

Bifrost流体是独立于流体系统的另一套动力学系统，主要用于在Maya 2023中模拟真实细腻的水花飞溅、火焰燃烧、烟雾缭绕等流体动力学效果。在Bifrost工具架中可以找到对应的工具，如图8-55所示。

图8-55

8.3.1 创建液体

使用“液体”工具可以将所选的多边形网格模型设置为液体的发射器。当在“属性编辑器”面板中勾选“连续发射”复选框时，该模型会源源不断地发射液体，如图8-56所示。

“液体”工具的大部分参数都在“属性编辑器”面板的bifrostLiquidPropertiesContainer1选项卡的“特性”卷展栏中，如图8-57所示。接下来将对“液体”工具的部分常用参数进行详细讲解。

1.“解算器特性”卷展栏

展开“解算器特性”卷展栏，其中的参数如图8-58所示。

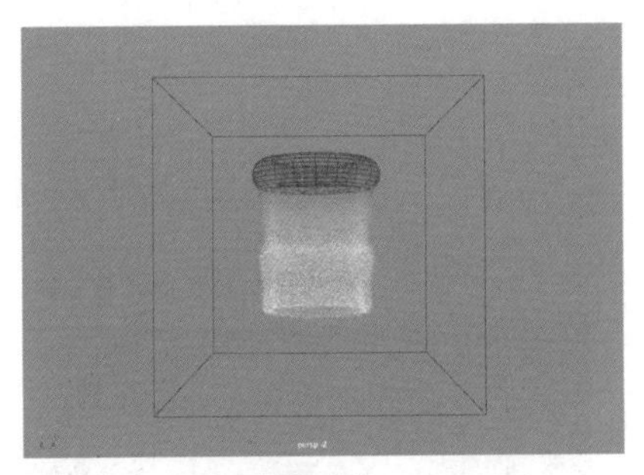

图8-56

图8-57

常用参数解析

重力幅值：用于设置重力的强度。默认情况下以m/s²为单位，一般不需要更改。

重力方向：用于设置重力在世界空间中的方向，一般不需要更改。

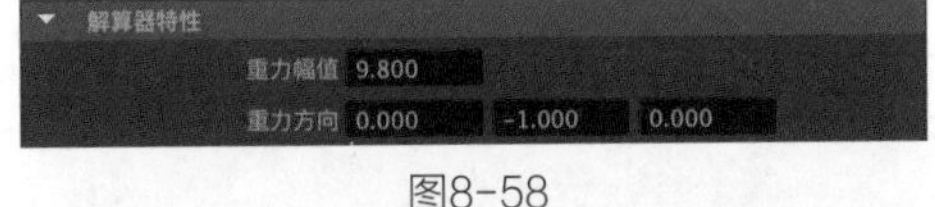

图8-58

2.“分辨率”卷展栏

展开“分辨率”卷展栏，其中的参数如图8-59所示。

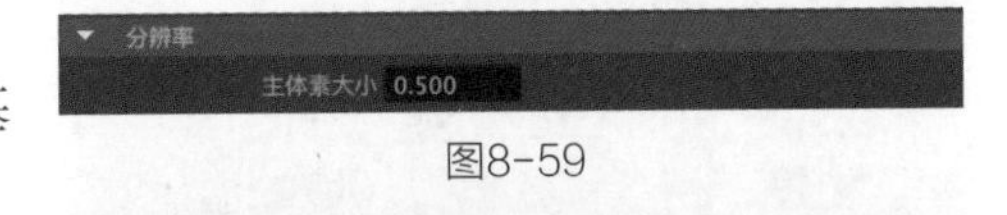

图8-59

常用参数解析

主体素大小：用于控制Bifrost流体模拟计算的基本分辨率。

3.“自适应性”卷展栏

展开“自适应性”卷展栏，可以看到该卷展栏还内置有“空间”“传输”“时间步”这3个卷展栏，其中的参数如图8-60所示。

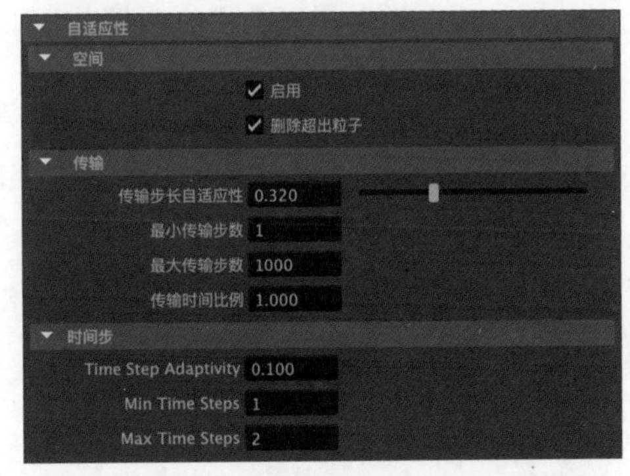

图8-60

常用参数解析

启用：勾选该复选框可以减少内存消耗及液体的模拟计算时间，一般情况下无须取消勾选。

删除超出粒子：勾选该复选框会自动删除超出计算阈值的粒子。

传输步长自适应性：用于控制粒子每帧进行计算的精度。该参数值越接近1，液体模拟所消耗的计算时间越长。

传输时间比例：用于更改粒子流的速度。

4.“粘度”卷展栏

展开“粘度”卷展栏，其中的参数如图8-61所示。

图8-61

常用参数解析

粘度：用于设置所要模拟液体的黏稠度。

缩放：用于调整液体的速度以达到微调模拟液体的黏稠度的效果。

8.3.2 创建烟雾

使用Aero工具可以将所选的多边形网格模型快速设置为烟雾的发射器，并制作烟雾升腾的特效动画，如图8-62所示。

Aero工具的大部分参数都在“属性编辑器”面板的bifrostAeroPropertiesContainer1选项卡的“特性”卷展栏中，如图8-63所示。通过对比不难看出其中的大部分卷展栏都与上一小节模拟液体的卷展栏相同，只是增加了“空气”卷展栏和“粒子密度”卷展栏。

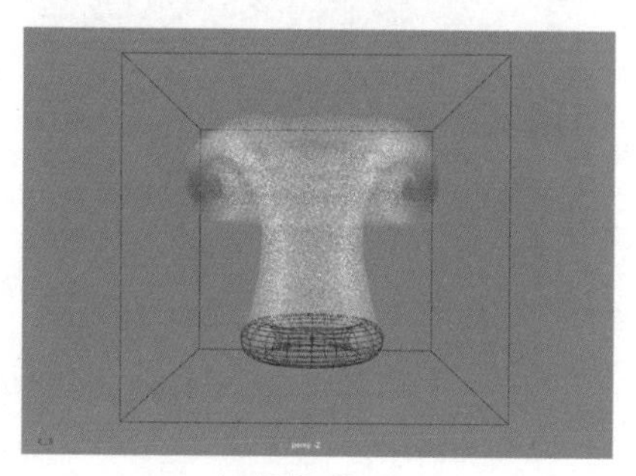

图8-62

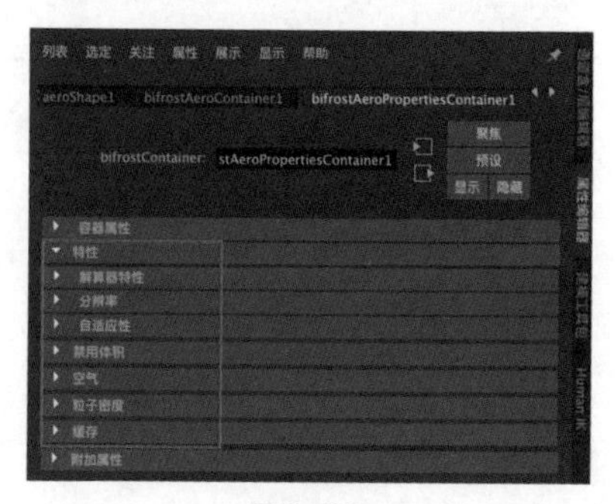

图8-63

1. “空气”卷展栏

展开“空气”卷展栏，其中的参数如图8-64所示。

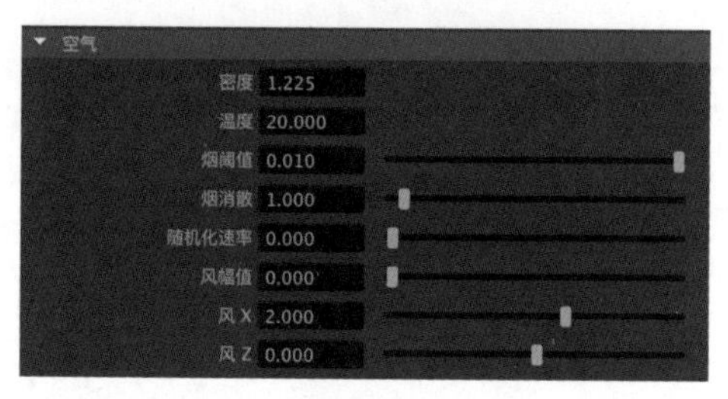

图8-64

常用参数解析

密度：用于控制烟雾的密度。

温度：用于设置模拟环境的温度。

烟阈值：当烟阈值小于所设置的值时，烟雾会自动消隐。

烟消散：用于控制烟雾的消散效果。

随机化速率：用于控制烟雾的随机变化细节。

风幅值：用于控制风的强度。

风X/风Y：用于控制风的方向。

2. “粒子密度”卷展栏

展开“粒子密度”卷展栏，其中的参数如图8-65所示。

图8-65

常用参数解析

翻转：用于控制用来计算模拟的粒子数。

渲染：用于控制每个渲染体素的渲染粒子数。

减少流噪波：勾选该复选框可以增加Aero体素渲染的平滑度。

8.3.3 Boss海洋模拟系统

Boss海洋模拟系统允许用户使用波浪、涟漪和尾迹创建逼真的海洋表面。其“属性编辑器”面板的BossSpectralWave1选项卡是用来调整Boss海洋模拟系统参数的核心部分，由“全局属性”“模拟属性”“风属性”“反射波属性”“泡沫属性”“缓存属性”“诊断”“附加属性”这8个卷展栏组成，如图8-66所示。

1. “全局属性”卷展栏

展开“全局属性”卷展栏，其中的参数如图8-67所示。

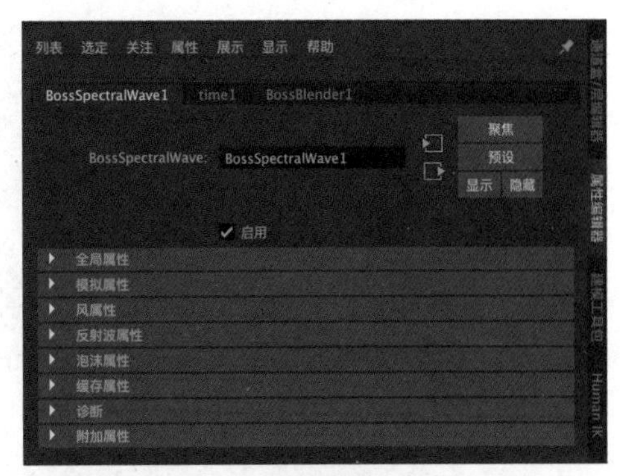

图8-66

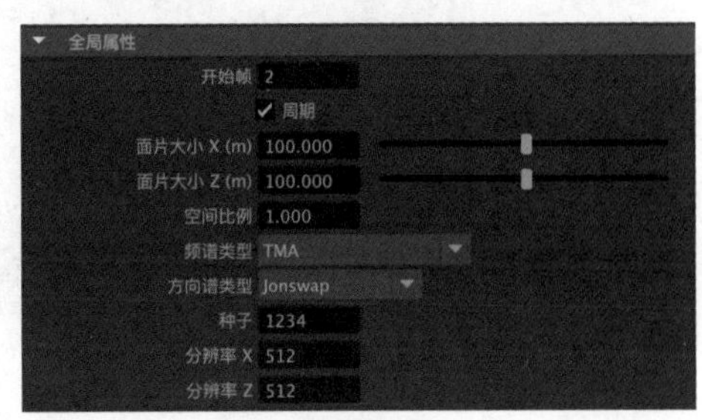

图8-67

常用参数解析

开始帧：用于设置Boss海洋模拟系统开始计算的第一帧。

周期：用于设置在海洋网格上是否重复显示计算出来的波浪图案，该复选框默认处于勾选状态。图8-68所示为勾选“周期”复选框前后的海洋网格显示效果对比。

面片大小X（m）/面片大小Z（m）：用于设置海洋网格表面的纵横尺寸。

空间比例：用于设置海洋网格x轴和z轴方向上面片的线性比例大小。

频谱类型/方向谱类型：Maya 2023为用户提供了多种不同的频谱类型/方向谱类型，可以用于模拟不同类型的海洋表面效果。

种子：用于初始化伪随机数生成器。更改该参数值可生成具有相同总体特征的不同结果。

分辨率X/Z：用于计算波高度的栅格x轴或z轴方向的分辨率。

图8-68

2. “模拟属性”卷展栏

展开“模拟属性”卷展栏，其中的参数如图8-69所示。

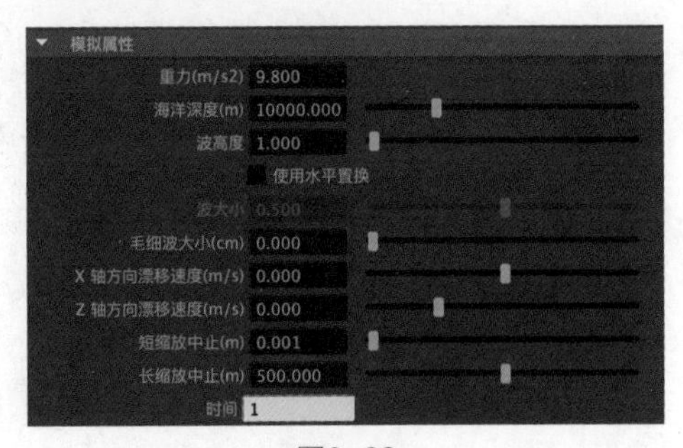

图8-69

常用参数解析

重力（m/s2）：该参数值默认为9.8。参数值越小，产生的波浪越高且移动速度越慢；参数值越大，产生的波浪越低且移动速度越快。可调整该参数值以更改比例。

海洋深度（m）：用于计算波浪运动的水深。在浅水中，波浪往往较长、较高及较慢。

波高度：用于控制波浪的高度。如果参数值介于0和1之间，则会降低波浪高度；如果参数值大于1，则会增加波浪高度。图8-70所示为该参数值分别是1和5时的波浪显示效果对比。

使用水平置换：在水平方向和垂直方向置换网格的顶点，这会导致波浪的形状更尖锐、更不圆滑。勾选该复选框还会生成适合向量置换贴图的缓存，因为3个轴上都存在偏移。图8-71所示为勾选“使用水平置换”复选框前后的显示效果对比。

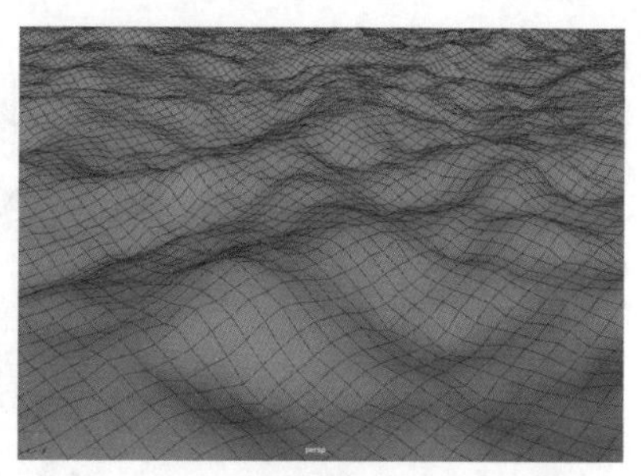

图8-70

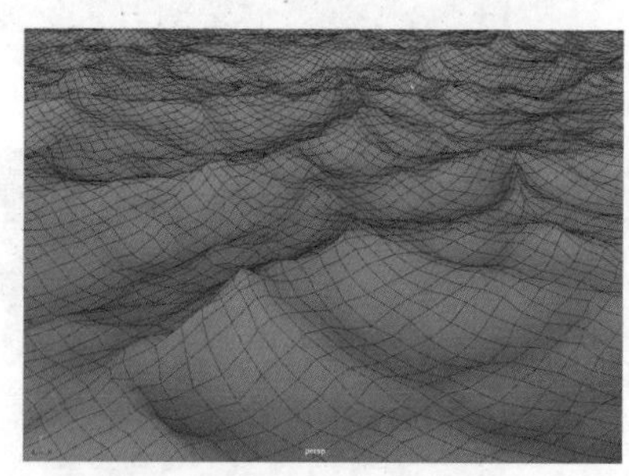
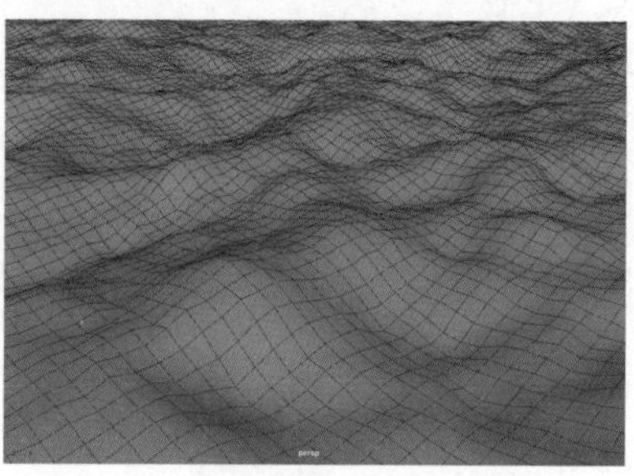

图8-71

波大小：用于控制水平置换量。调整该参数值可以避免输出网格中出现自相交情况。图8-72所示为该参数值分别是5和12时的海洋波浪显示效果对比。

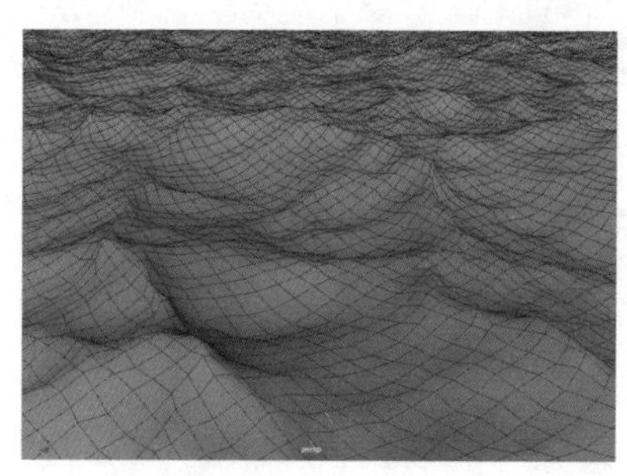
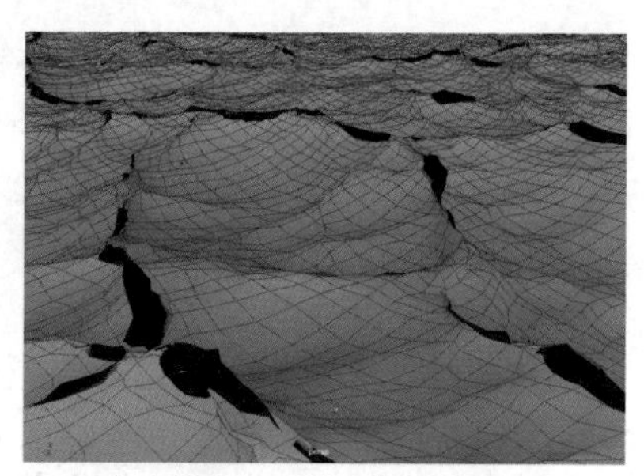

图8-72

毛细波大小（cm）：毛细波（曲面张力传播的较小、较快的涟漪，有时可在重力传播的较大波浪顶部看到）的最大波长，毛细波通常仅在比例较小且分辨率较高的情况下可见。因此在许多情况下，可以让该参数值保持为0以避免执行不必要的计算。

X轴方向漂移速度（m/s）/Z轴方向漂移速度（m/s）：用于设置*x*轴/*z*轴方向波浪的运动，以使其行为就像是水按指定的速度移动一样。

短缩放中止（m）/长缩放中止（m）：用于设置计算中的最短/最长波长。

时间：用于设置对波浪进行求值的时间。在默认状态下，该参数值背景色为黄色，代表该参数值直接连接到场景时间。但用户也可以断开连接，然后使用表达式或其他控件来减慢或加快波浪运动速度。

3. “风属性”卷展栏

展开“风属性”卷展栏，其中的参数如图8-73所示。

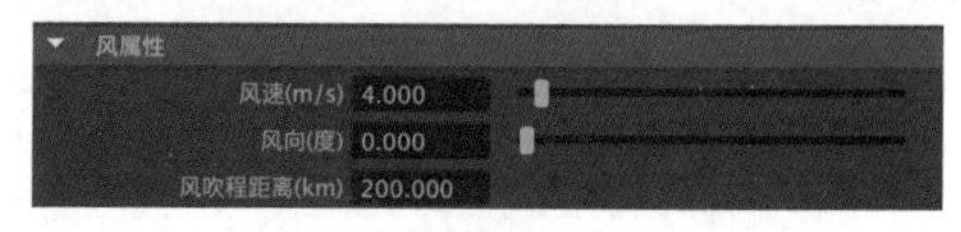

图8-73

常用参数解析

风速（m/s）：用于设置生成波浪的风的速度。该参数值越大，波浪越高、越长。图8-74所示为“风速（m/s）”参数值分别是4和15时的显示效果对比。

风向（度）：用于设置生成波浪的风的方向。其中，0代表x轴负半轴方向，90代表z轴负半轴方向，180代表x轴正半轴方向，270代表z轴正半轴方向。图8-75所示为“风向（度）”参数值分别是0和180时的显示效果对比。

风吹程距离（km）：用于设置风作用于水面时的距离。距离较小时，波浪往往会较短、较低且较慢。图8-76所示为“风吹程距离（km）”参数值分别是5和60时的显示效果对比。

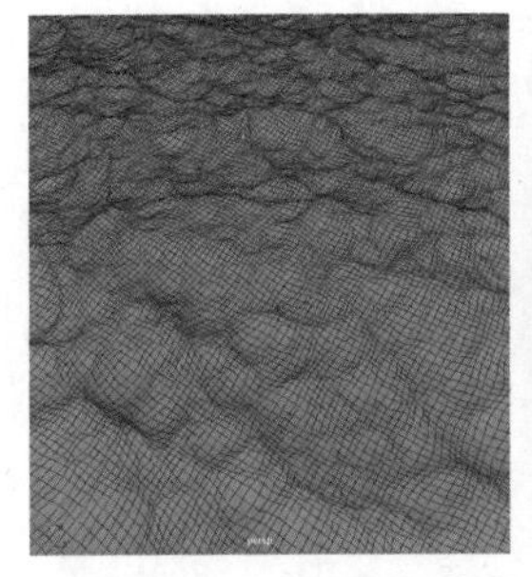
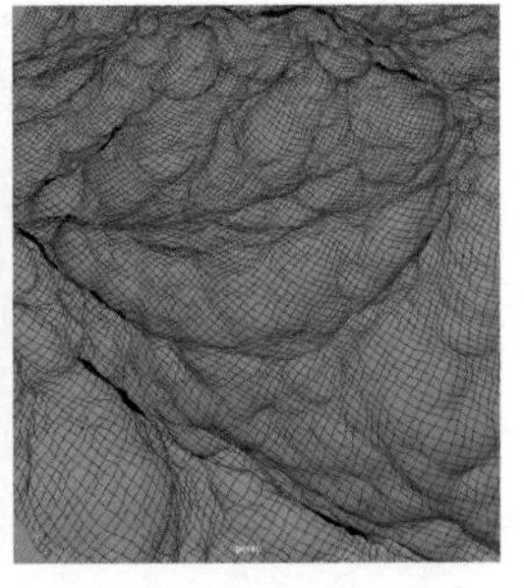

图8-74

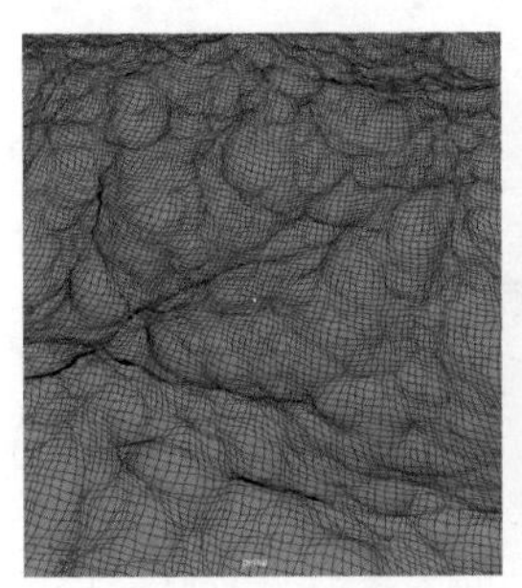
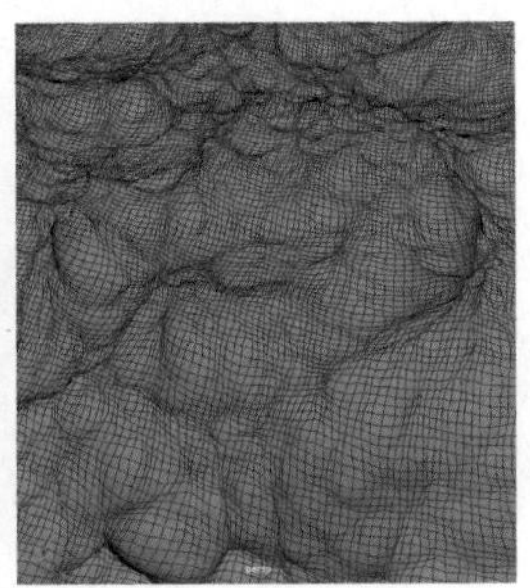
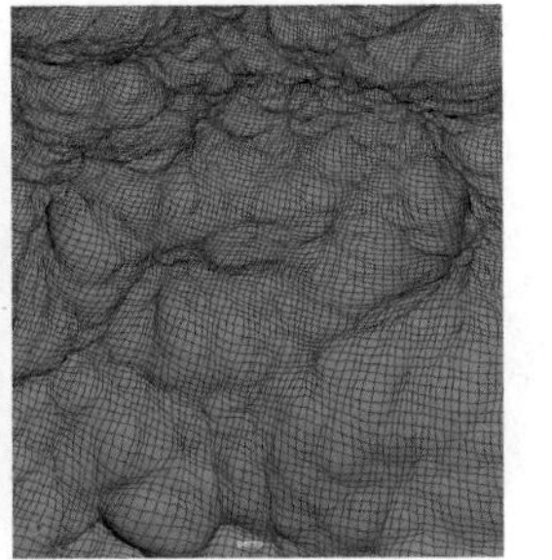

图8-75

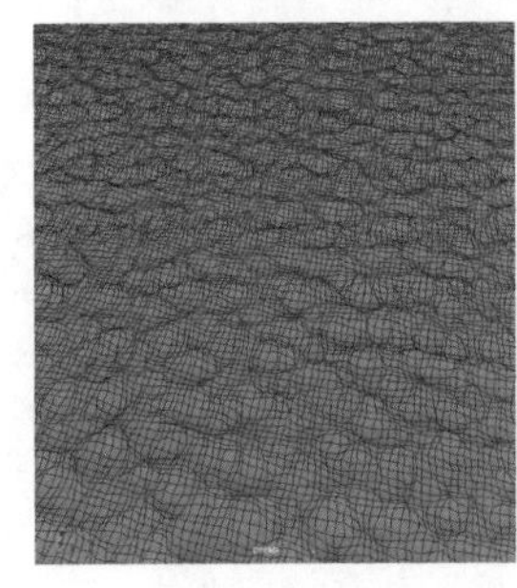
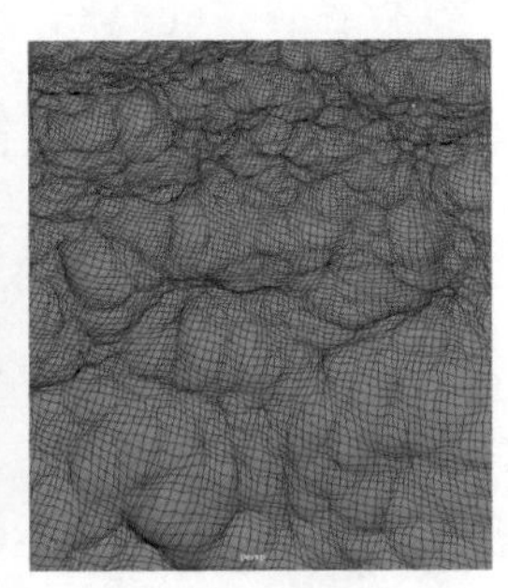

图8-76

4.“反射波属性”卷展栏

展开“反射波属性”卷展栏，其中的参数如图8-77所示。

▼ 反射波属性
✔ 使用碰撞对象
反射高度 1.000
反射大小 0.100
反射衰退宽度 0.100
反射衰退 Alpha 0.050
反射摩擦 0.000
反射漂移系数 1.000
反射风系数 1.000
反射毛细波大小(厘米) 0.000

图8-77

常用参数解析

使用碰撞对象：勾选该复选框可开启海洋与物体碰撞而产生的波纹的计算功能。

反射高度：用于设置反射波纹的高度。

反射大小：应用于反射波的水平置换量的倍增。可调整该参数值以避免输出网格中出现自相交情况。

反射衰退宽度：用于控制抑制反射波的域边界处区域的宽度。

反射衰退Alpha：用于控制沿面片边界的抑制反射波的平滑度。

反射摩擦：反射波的速度的阻尼因子。参数值为0时反射波自由传播，参数值为1时几乎立即使反射波衰减。

反射漂移系数：应用于反射波的“X轴方向漂移速度（m/s）”和“Z轴方向漂移速度（m/s）”量的倍增。

反射风系数：应用于反射波的“风速（m/s）”量的倍增。

反射毛细波大小（厘米）：用于设置能够产生反射时涟漪的最大波长。

8.4 实例：制作火焰燃烧动画

在本实例中，我们将通过制作火焰燃烧动画来为读者详细讲解3D流体容器的使用技巧，其最终效果如图8-78所示。

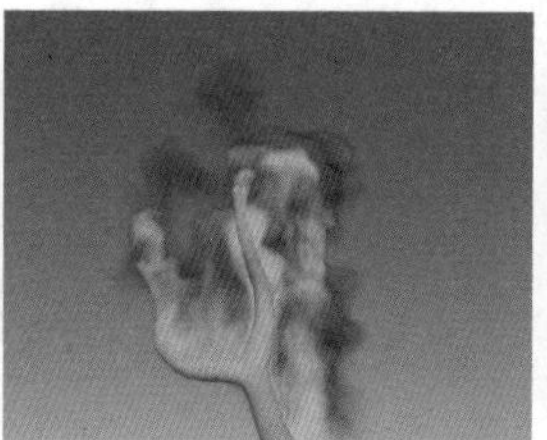

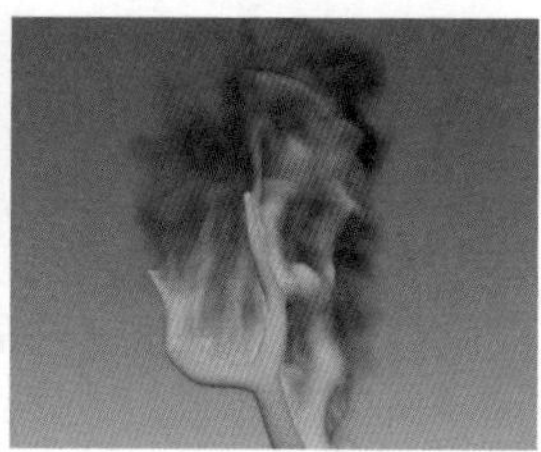

图8-78

效果工程文件 树枝-完成.mb

素材工程文件 树枝.mb

微课视频

制作思路

（1）创建流体发射器和3D流体容器。
（2）使用3D流体容器模拟燃烧效果。
（3）调整火焰颜色。
（4）提高模拟精度，创建缓存。

8.4.1 燃烧模拟

（1）启动中文版Maya 2023，打开本书配套资源场景文件“树枝.mb”，场景中有一个树枝模型，如图8-79所示。

图8-79

（2）单击FX工具架中的“具有发射器的3D流体容器”图标，如图8-80所示。在场景中创建一个3D流体容器，如图8-81所示。

图8-80

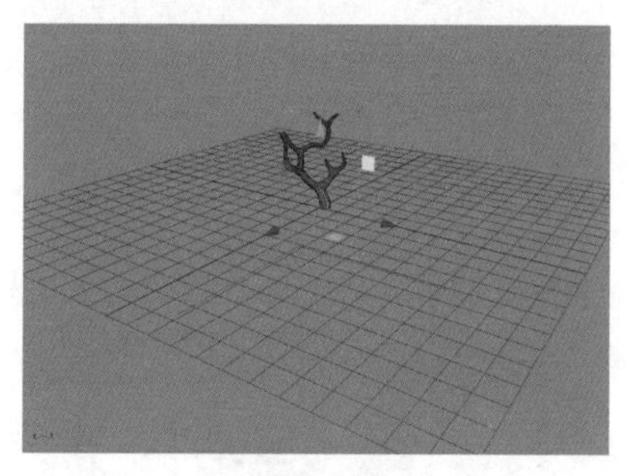

图8-81

（3）在“属性编辑器”面板中展开“容器特性”卷展栏，调整3D流体容器的参数，如图8-82所示。如果读者希望得到较为快速的燃烧模拟效果，可以尝试减小“基本分辨率”参数值来进行流体动画模拟。

（4）在“大纲视图”面板中选择流体发射器，如图8-83所示。然后将其删除。

（5）在场景中选择3D流体容器和树枝模型，单击FX工具架中的“从对象发射流体”图标，如图8-84所示。

（6）在“自动调整大小”卷展栏中勾选“自动调整大小”复选框，如图8-85所示。

（7）播放场景动画，流体动画的默认效果如图8-86所示。

（8）展开“内容详细信息”卷展栏内的“速度”卷展栏，设置“漩涡”为10、“噪波”为0.1，如图8-87所示。这样做可以给烟雾上升的形体增加许多细节，如图8-88所示。

（9）展开“颜色”卷展栏，设置“选定颜色”为黑色，如图8-89所示。

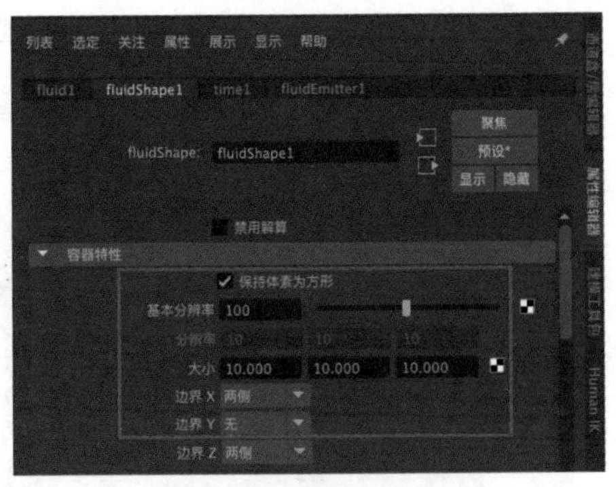

图8-82

图8-83

图8-84

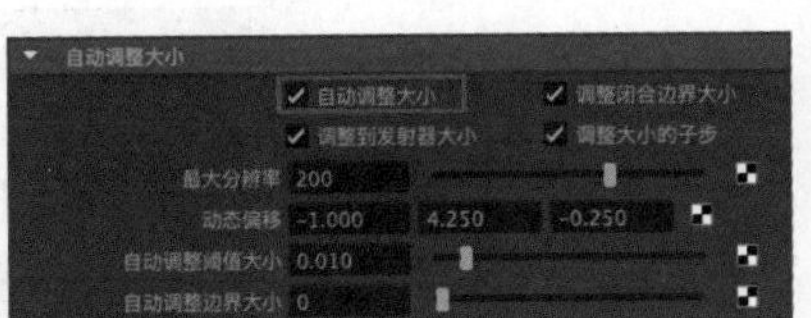

图8-85

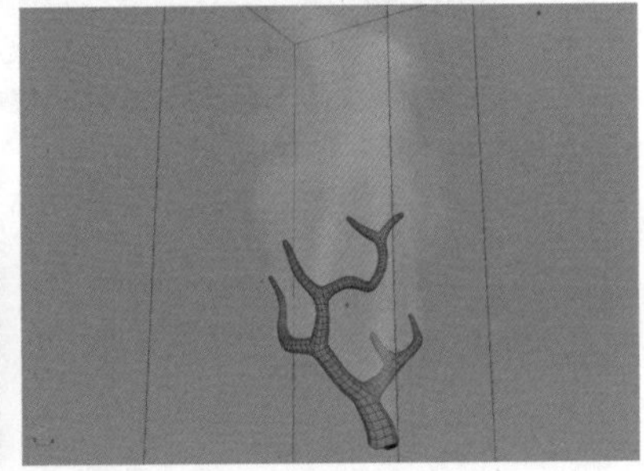

图8-86

图8-87

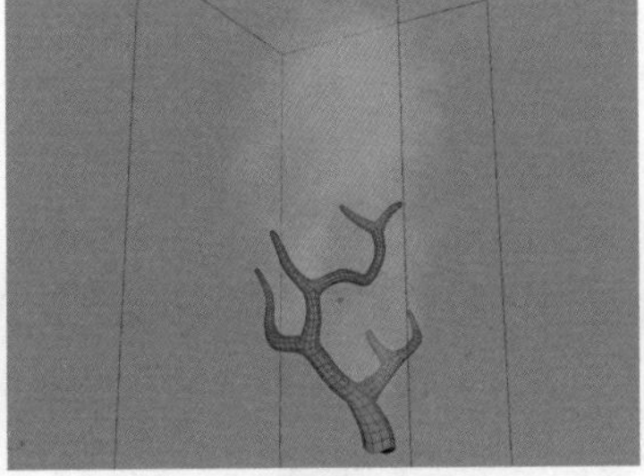

图8-88

图8-89

（10）展开“白炽度”卷展栏，设置白炽度默认颜色的“选定位置”为0.5、0.6、0.7，并设置“白炽度输入”为“密度”、“输入偏移”为0.6，如图8-90～图8-92所示。

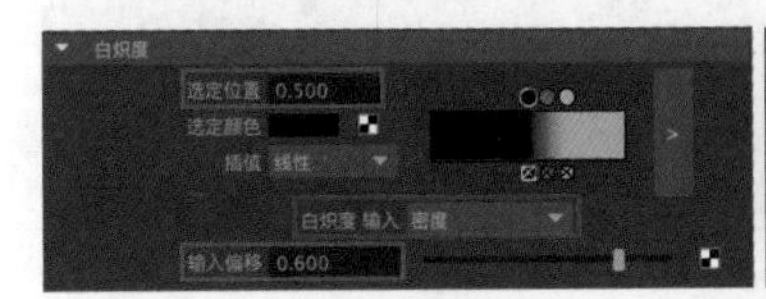

图8-90

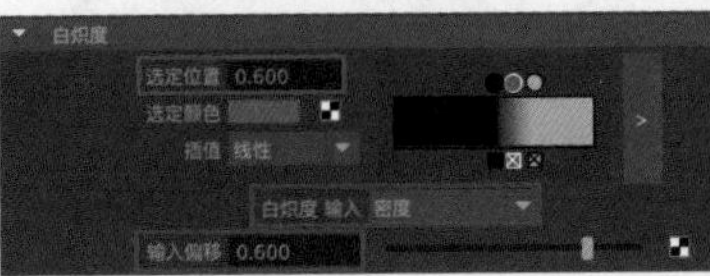

图8-91

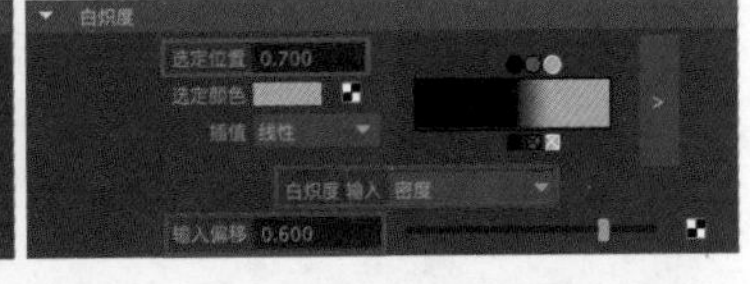

图8-92

（11）设置完成后，场景中的流体效果如图8-93所示。

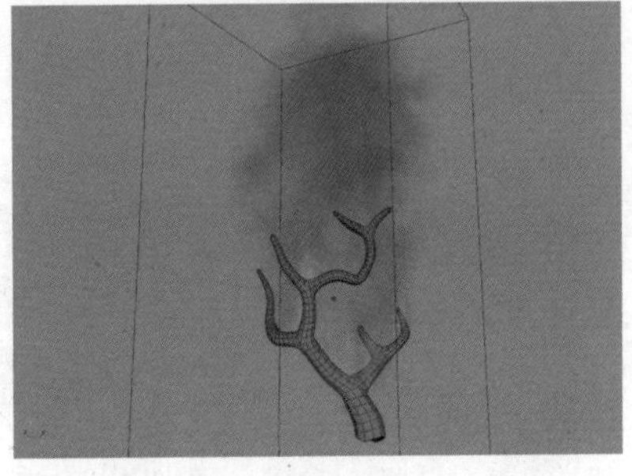

图8-93

8.4.2 创建缓存

（1）单击Arnold工具架中的Create Physical Sky（创建物理天空）图标，为场景设置灯光，如图8-94所示。

（2）在“属性编辑器”面板中展开Physical Sky Attributes（物理天空属性）卷展栏，设置Elevation（海拔）为15、Intensity（强度）为4，以提高物理天空灯光的强度，如图8-95所示。

图8-94

（3）渲染场景，火焰燃烧的效果如图8-96所示。

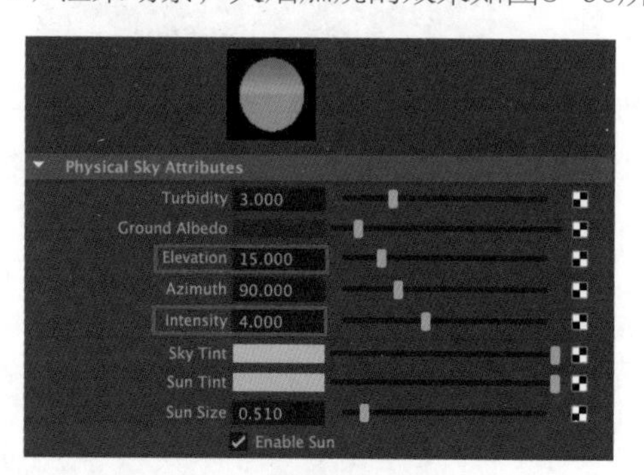

图8-95

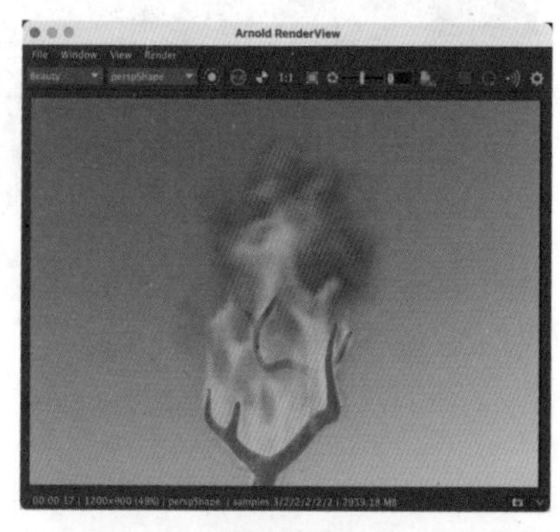

图8-96

（4）展开“容器特性”卷展栏，设置3D流体容器的“基本分辨率”为200，如图8-97所示。

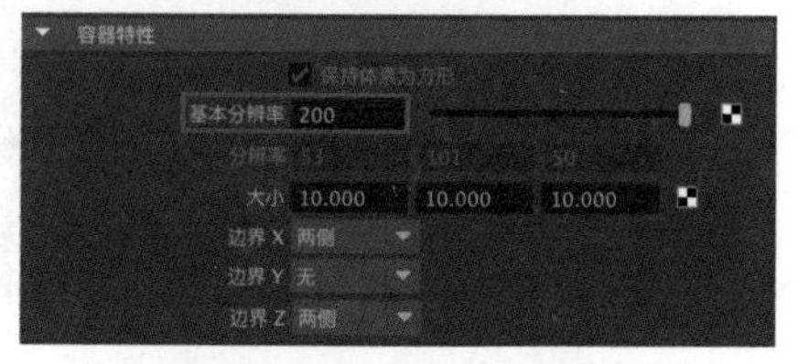

图8-97

（5）单击“FX缓存”工具架中的“创建缓存”图标，为燃烧动画创建缓存，如图8-98所示。

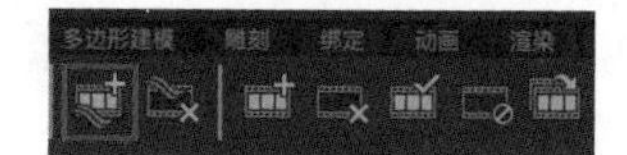

图8-98

（6）可以看到增大了“基本分辨率”参数值后，燃烧动画的视图质量有了很大的提高，显示效果如图8-99和图8-100所示。

（7）再次渲染场景，最终渲染效果如图8-101所示。

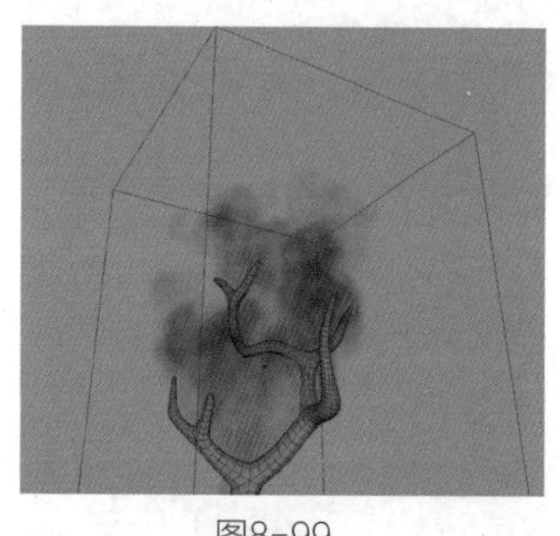
图8-99

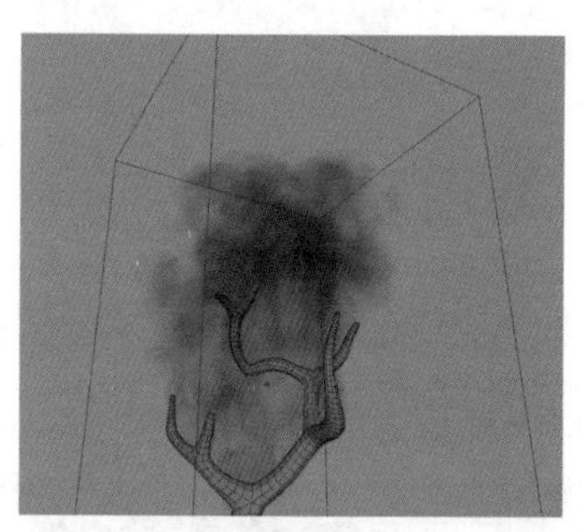
图8-100

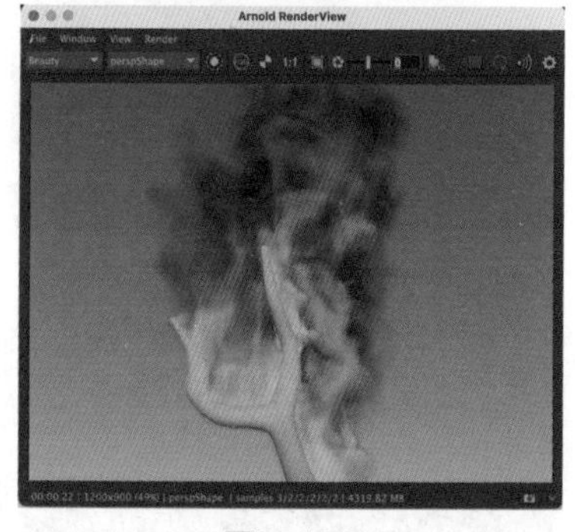

图8-101

8.5 实例：制作饮料倒入动画

在本实例中，我们将通过制作饮料倒入动画来为读者详细讲解Bifrost流体的使用技巧，其最终效果如图8-102所示。

图8-102

效果工程文件 茶碗-完成.mb

素材工程文件 茶碗.mb

微课视频

制作思路

（1）创建液体发射器。

（2）制作液体倒入动画。

8.5.1 创建液体发射器

图8-103

图8-104

（1）启动Maya 2023，打开本书配套资源“茶碗.mb”文件，如图8-103所示。

（2）单击“多边形建模”工具架中的“多边形球体”图标，如图8-104所示。

（3）在顶视图中的茶碗模型旁边创建一个球体模型，如图8-105所示。

（4）在“通道盒/层编辑器”面板中设置球体模型的“平移X”为94、“平移Y”为10、“平移Z”为0、“半径”为0.6，如图8-106所示。

（5）设置完成后，观察场景中球体模型的位置，如图8-107所示。

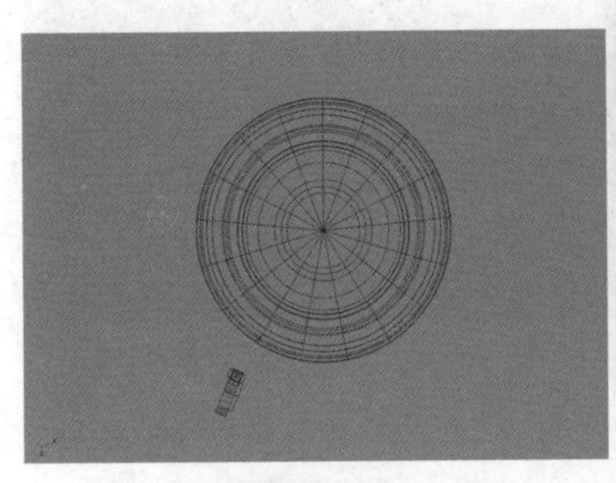

图8-105

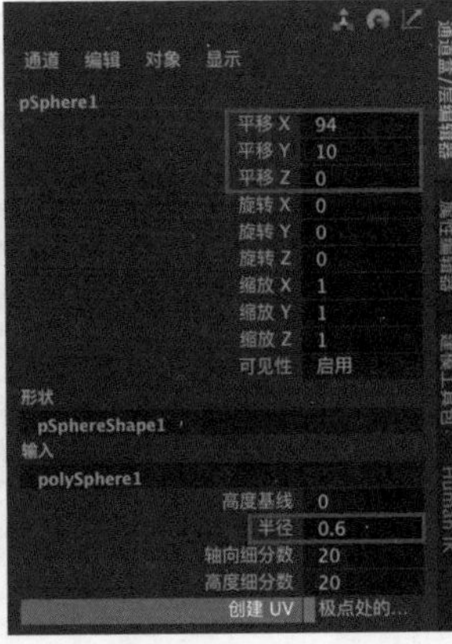

图8-106

图8-107

（6）选择球体模型，单击Bifrost工具架中的“液体”图标，将球体模型设置为液体发射器，如图8-108所示。

图8-108

（7）在“属性编辑器”面板中展开“特性”卷展栏，勾选“连续发射”复选框，如图8-109所示。

（8）展开“显示”卷展栏，勾选“体素”复选框，如图8-110所示。这样就可以在场景中观察液体的形态。

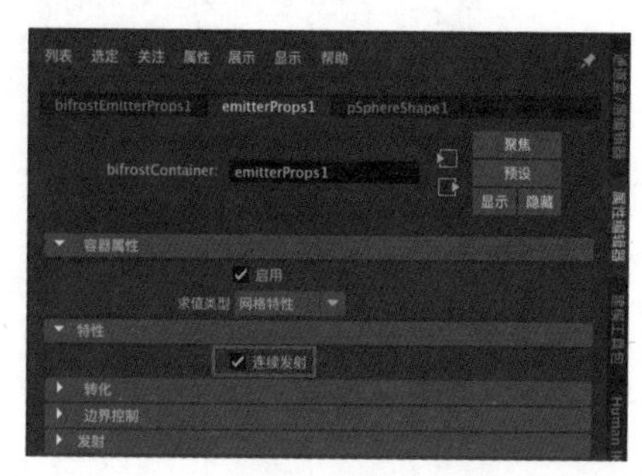

图8-109

图8-110

（9）选择液体与场景中的茶碗模型，单击Bifrost工具架中的“碰撞对象”图标，设置液体可以与茶碗模型发生碰撞，如图8-111所示。

图8-111

（10）在场景中选择液体，单击Bifrost工具架中的“场”图标，如图8-112所示。

图8-112

（11）调整场的位置和方向，如图8-113所示。

（12）播放场景动画，可以看到液体同时受到重力和场的影响，向斜下方运动，如图8-114所示。

图8-113

图8-114

（13）展开“分辨率”卷展栏，设置“主体素大小”为0.2，如图8-115所示。

图8-115

（14）设置完成后，计算动画，液体的模拟效果如图8-116和图8-117所示。可以看到减小了“主体素大小”参数值后，计算时间明显增加了，得到的液体形态细节更多了，液体与茶碗模型的贴合也更加紧密了。但是，这里出现了一个问题，就是有少量的液体穿透了茶碗模型。

（15）展开“自适应性”卷展栏内的“传输”卷展栏，设置“传输步长自适应性”为0.5，如图8-118所示。

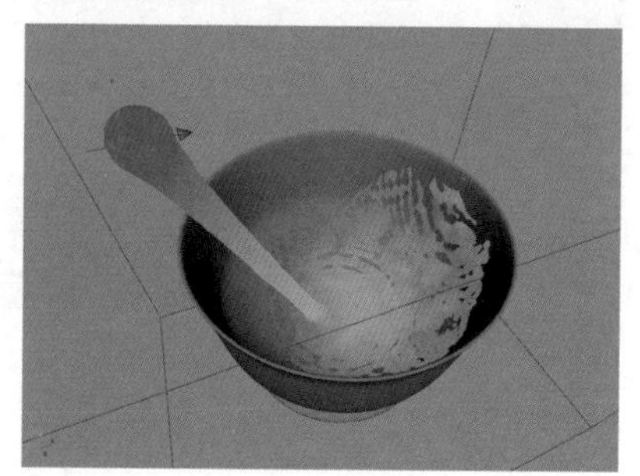
图8-116

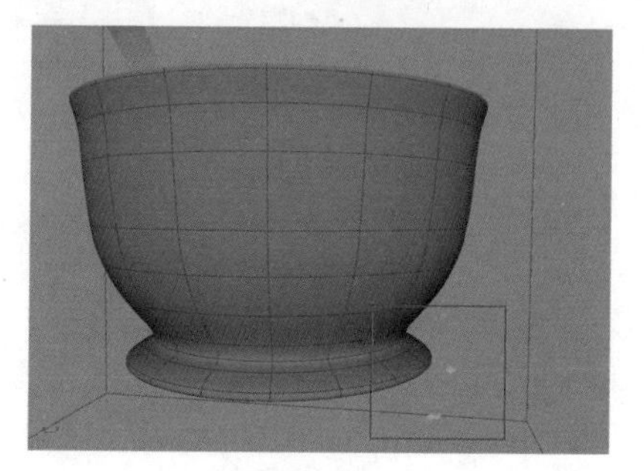
图8-117

（16）再次播放场景动画，可以看到液体的碰撞计算更加精确了，没有出现液体穿透茶碗模型的问题，如图8-119所示。

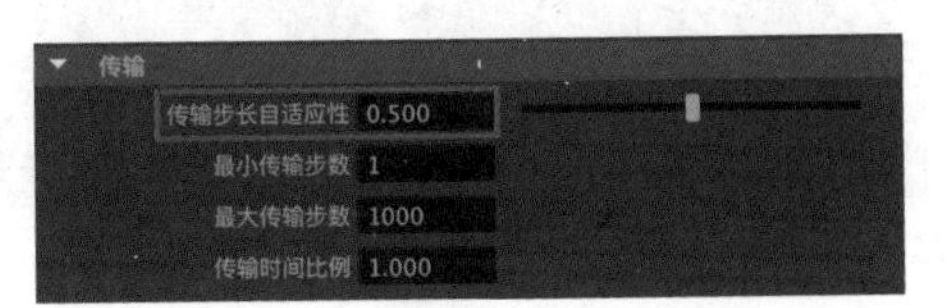

图8-118

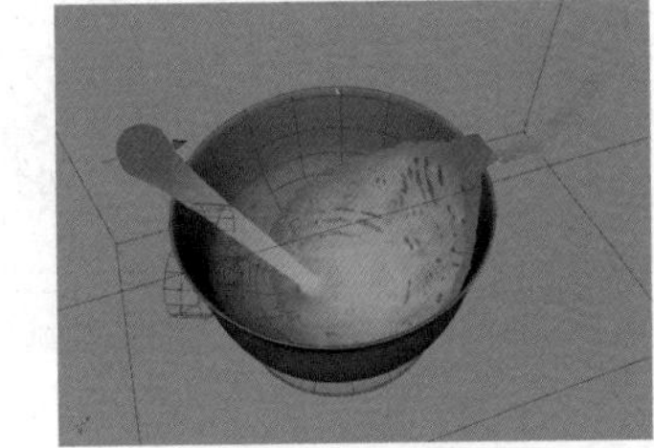

图8-119

8.5.2 制作液体材质

（1）渲染场景，液体的默认渲染效果如图8-120所示。可以看到，液体在默认状态下呈现透明且几乎无色的状态。

图8-120

（2）在场景中选择液体，单击“渲染”工具架中的“标准曲面材质”图标，如图8-121所示。

（3）在“属性编辑器”面板中展开“镜面反射”卷展栏，设置“权重”为1、“粗糙度”为0.1，如图8-122所示。

（4）展开“透射”卷展栏，设置“权重”为1、“颜色”为茶绿色，如图8-123所示。其中，颜色的参数设置如图8-124所示。

（5）渲染场景，最终渲染效果如图8-125所示。

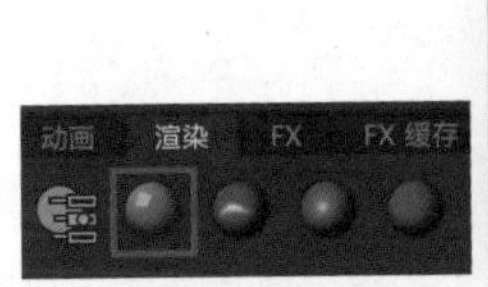

图8-121

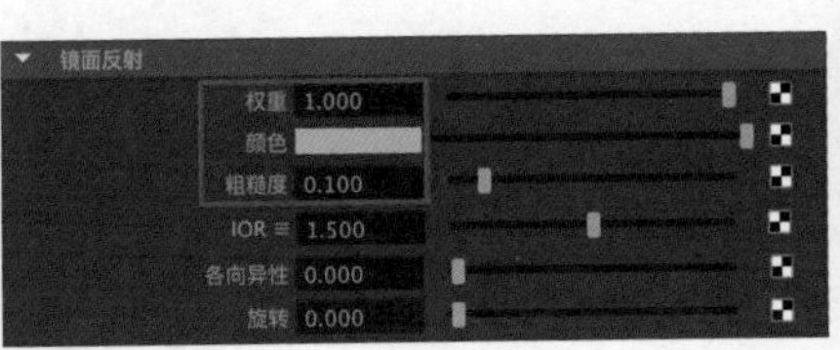

图8-122

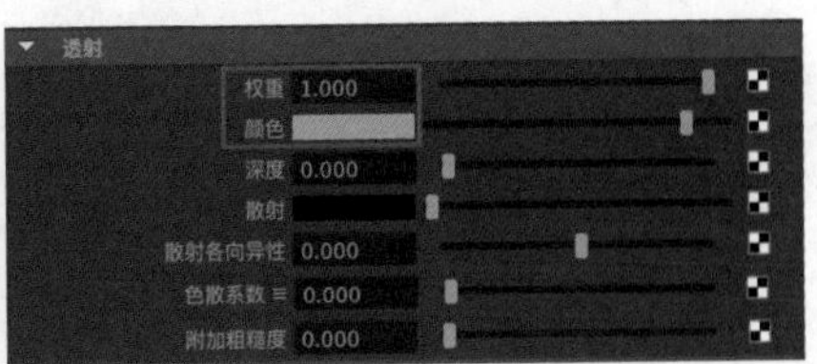

图8-123

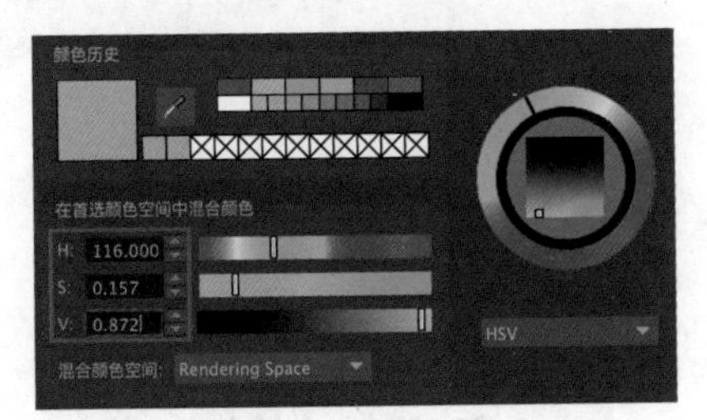

图8-124

图8-125

8.6 课后习题：制作海洋波浪动画

在本习题中，我们将使用Maya 2023的Boss海洋模拟系统来制作海洋波浪动画，其最终效果如图8-126所示。

图8-126

制作思路

（1）创建平面模型。
（2）创建光谱波浪。

制作要点

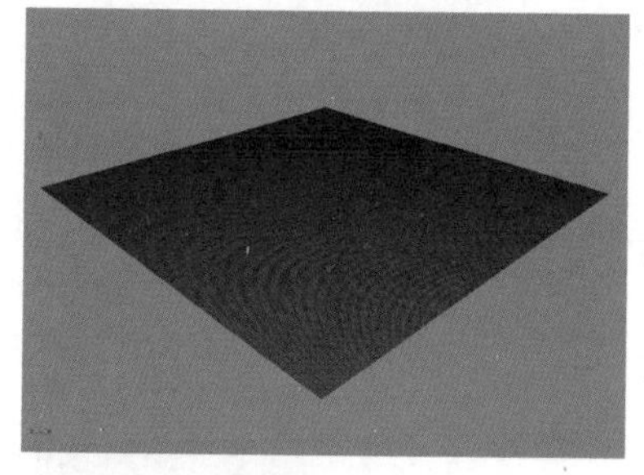

图8-127

图8-128

第1步：启动中文版Maya 2023，单击“多边形建模”工具架中的“多边形平面”图标，在场景中创建一个平面模型，如图8-127所示。

第2步：根据创建出来的平面模型创建海洋对象，如图8-128所示。

第3步：调整波浪的高度和大小，制作出海洋波浪动画，如图8-129所示。

第4步：为场景设置灯光和材质，动画的最终渲染效果如图8-130所示。

图8-129

图8-130

第9章 粒子动画

本章导读

本章将介绍Maya 2023的粒子动画技术，包含粒子的创建、场的设置等动画设置技巧。本章将通过较为典型的动画案例来为读者详细讲解粒子动画的制作方法。

学习要点

- ❖ 掌握粒子的创建方式
- ❖ 掌握粒子的常用参数设置

9.1 粒子系统概述

粒子动画，顾名思义，主要指用粒子来模拟大量对象一起运动的动画特效。比如古装影视剧中的经典箭雨镜头、不断下落的雨点或雪花、大量物体碎片的特殊运动以及文字特效动画等，如图9-1和图9-2所示。

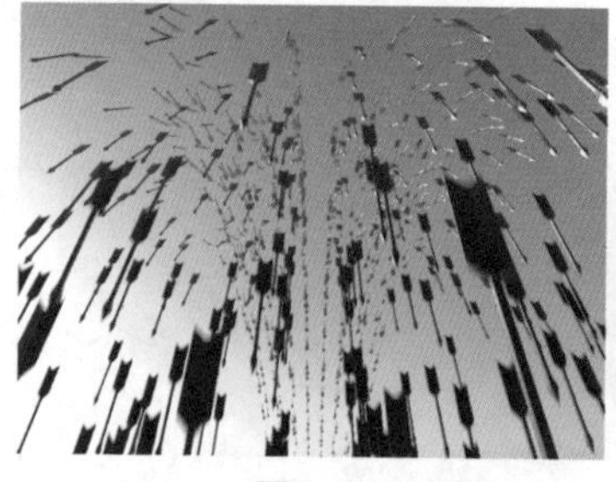

图9-1

图9-2

9.2 创建粒子

有关粒子的工具可以在FX工具架中找到，如图9-3所示。

图9-3

9.2.1 创建粒子发射器

单击FX工具架中的“发射器”图标，可以在场景中创建一个粒子发射器和一个粒子对象，如图9-4所示。播放场景动画，可以看到默认状态下的粒子发射形态，如图9-5所示。

在“属性编辑器”面板中可以找到有关控制粒子形态及颜色的大部分参数，这些参数被分门别类地放置在不同的卷展栏当中，如图9-6所示。下面将介绍其中较为常用的参数。

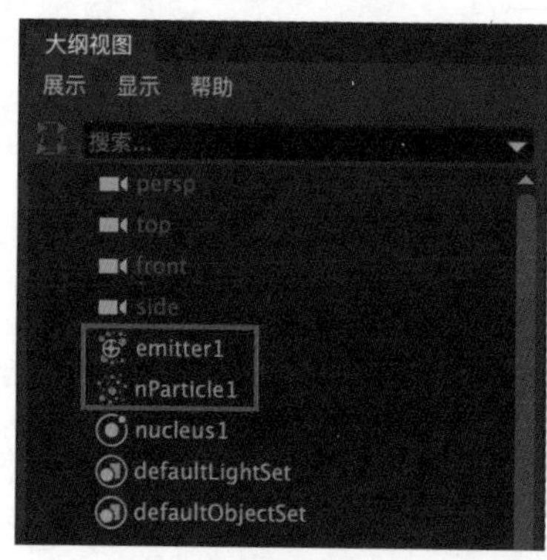

图9-4

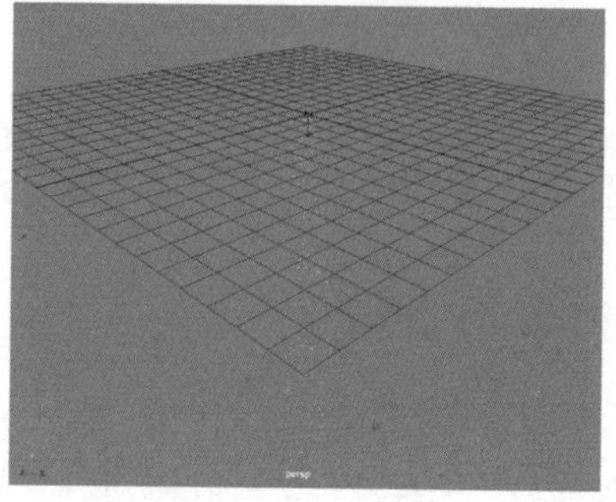

图9-5

图9-6

1. “计数”卷展栏

“计数”卷展栏内的参数如图9-7所示。

图9-7

常用参数解析

计数：用于显示场景中当前n粒子的数量。

事件总数：用于显示粒子的事件数量。

2. “寿命”卷展栏

“寿命”卷展栏内的参数如图9-8所示。

图9-8

常用参数解析

寿命模式：用于设置粒子在场景中的存在时间。有“永生”“恒定”“随机范围”“仅寿命PP”4个选项可选，如图9-9所示。

永生
恒定
随机范围
仅寿命 PP

图9-9

寿命：用于指定粒子的寿命。

寿命随机：用于设置每个粒子的寿命的随机变化范围。

常规种子：用于生成随机数的种子。

3. “粒子大小”卷展栏

“粒子大小”卷展栏内置有“半径比例”卷展栏，其参数如图9-10所示。

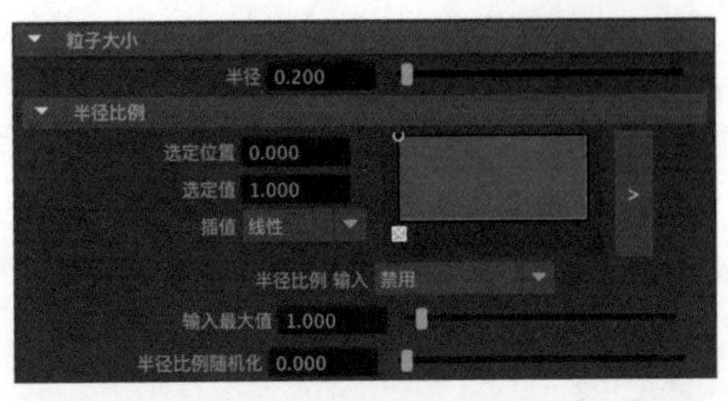

图9-10

常用参数解析

半径：用于设置粒子的半径大小。

半径比例输入：用于设置“半径比例”的计算依据。

输入最大值：用于设置渐变使用的范围的最大值。

半径比例随机化：用于设定每个粒子半径比例的随机值。

4. “碰撞”卷展栏

“碰撞”卷展栏内的参数如图9-11所示。

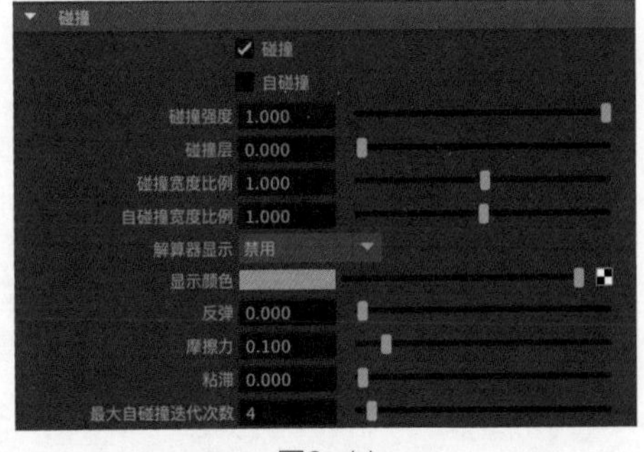

图9-11

常用参数解析

碰撞：勾选该复选框时，当前的粒子对象将与共用同一个Maya Nucleus解算器的被动对象、nCloth对象和其他粒子对象发生碰撞。图9-12所示为勾选“碰撞”复选框前后的n粒子的运动效果对比。

自碰撞：勾选该复选框时，粒子对象生成的粒子将互相碰撞。

碰撞强度：用于指定粒子与其他Nucleus对象之间的碰撞强度。

碰撞层：用于将当前的粒子对象指定给特定的碰撞层。

碰撞宽度比例：用于指定相对于粒子半径的碰撞厚度。图9-13所示为该参数值分别是0.5和5时的n粒子运动效果对比。

自碰撞宽度比例：用于指定相对于n粒子半径的自碰撞厚度。

解算器显示：用于指定场景视图中将显示当前粒子对象的Maya Nucleus解算器信息。

显示颜色：用于指定碰撞体积的显示颜色。

反弹：用于指定n粒子在进行自碰撞或与共用同一个Maya Nucleus解算器的被动对象、nCloth对象和其他粒子对象发生碰撞时的偏转量或反弹量。

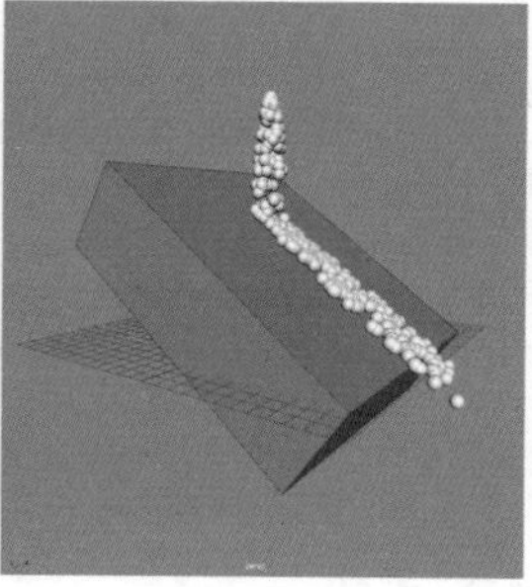

图9-12

图9-13

摩擦力：用于指定n粒子在进行自碰撞或与共用同一个Maya Nucleus解算器的被动对象、nCloth对象和其他粒子对象发生碰撞时的相对运动阻力。

粘滞：用于指定当nCloth对象、粒子对象和被动对象发生碰撞时，粒子对象粘贴到其他Nucleus对象的倾向。

最大自碰撞迭代次数：用于指定当前粒子对象的动力学自碰撞每模拟一步的最大迭代次数。

5."动力学特性"卷展栏

"动力学特性"卷展栏内的参数如图9-14所示。

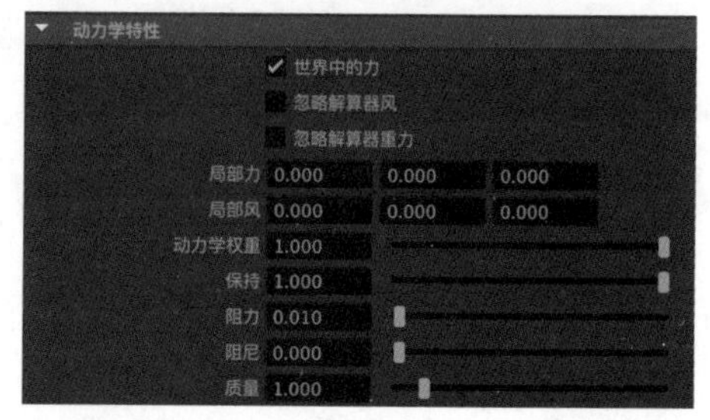

图9-14

常用参数解析

世界中的力：勾选该复选框可以使粒子进行额外的世界空间的重力计算。

忽略解算器风：勾选该复选框将禁用当前粒子对象的解算器"风"。

忽略解算器重力：勾选该复选框将禁用当前粒子对象的解算器"重力"。

局部力：将一个类似于Nucleus重力的力按照指定的量和方向应用于粒子对象。该力仅应用于局部，并不影响指定给同一解算器的其他Nucleus对象。

局部风：将一个类似于Nucleus风的风按照指定的量和方向应用于粒子对象。该风仅应用于局部，并不影响指定给同一解算器的其他Nucleus对象。

动力学权重：可用于调整场、碰撞、弹簧和目标对粒子产生的效果。该参数值为0时将使连接至粒子对象的场、碰撞、弹簧和目标没有效果，该参数值为1时将提供全部效果，输入小于1的参数值时将设定比例效果。

保持：用于控制粒子对象的速率在帧与帧之间的保持程度。

阻力：用于指定施加于当前粒子对象的阻力大小。

阻尼：用于指定当前粒子对象运动的阻尼量。

质量：用于指定当前粒子对象的基本质量。

6."液体模拟"卷展栏

"液体模拟"卷展栏内的参数如图9-15所示。

图9-15

常用参数解析

启用液体模拟：勾选该复选框后，"液体模拟"属性将添加给粒子，这样粒子就可以重叠，从而形成液体的连续曲面。

不可压缩性：用于指定液体粒子抗压缩的量。

静止密度：用于设置粒子对象处于静止状态时液体中粒子的排列情况。

液体半径比例：用于指定基于粒子半径的粒子重叠量。设置较小的参数值将增加粒子之间的重叠。对于大多数液体而言，设置参数值为0.5可以取得良好效果。

粘度：代表液体流动的阻力，或材质的厚度和不流动程度。如果该参数值很大，液体将像柏油一样流动；如果该参数值很小，液体将像水一样流动。

7. “输出网格”卷展栏

“输出网格”卷展栏内的参数如图9-16所示。

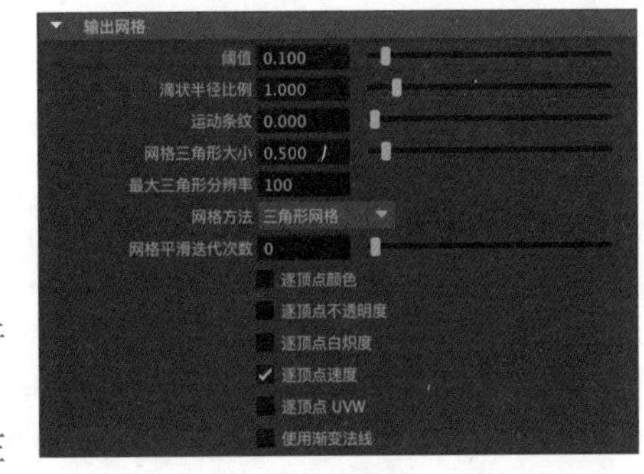

图9-16

常用参数解析

阈值：用于调整n粒子创建的曲面的平滑度。图9-17所示为该参数值分别是0.01和0.1时的液体曲面模型效果对比。

滴状半径比例：用于指定粒子半径的比例，以便在粒子上创建适当平滑的曲面。

运动条纹：用于根据粒子运动的方向及其在一个时间步内移动的距离拉长单个粒子。

网格三角形大小：用于设置创建粒子输出网格所使用的三角形的尺寸。图9-18所示为该参数值分别是0.2和0.4时的粒子液体效果对比。

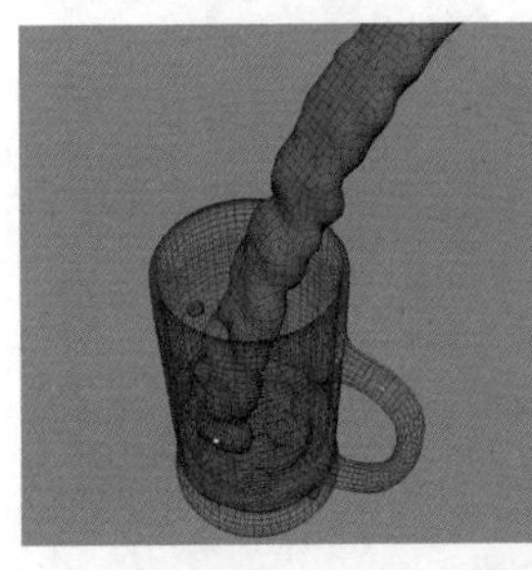
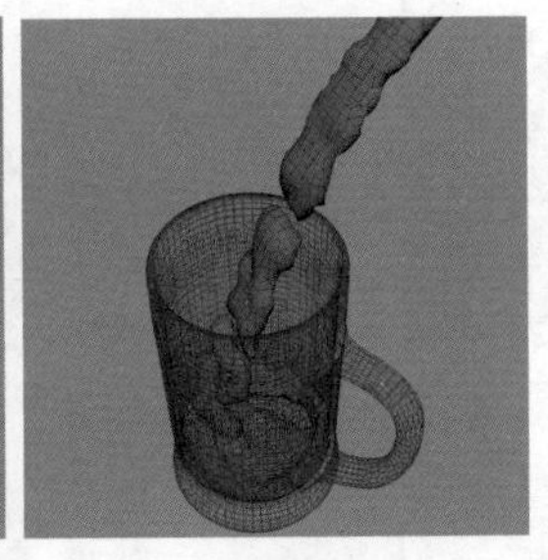

图9-17

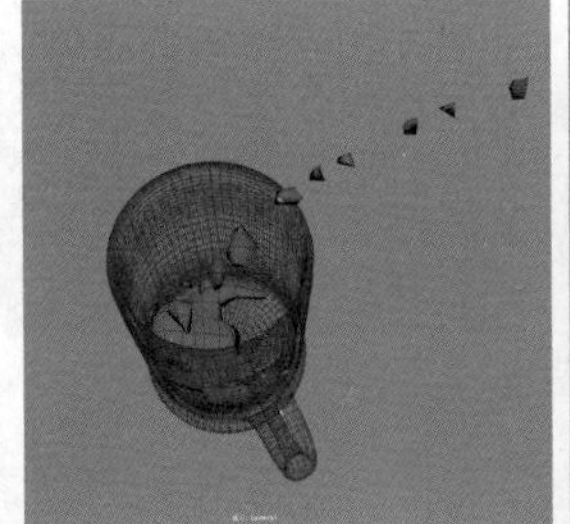
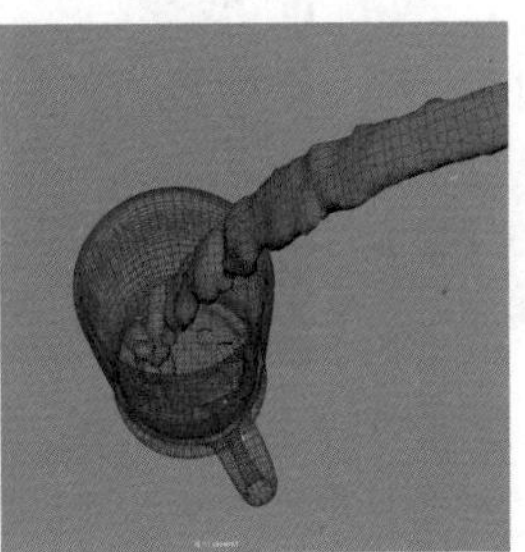

图9-18

最大三角形分辨率：用于指定创建粒子输出网格所使用的栅格大小。

网格方法：用于指定多边形网格的类型。有“三角形网格”“四面体”“锐角四面体”“四边形网格”这4种类型，如图9-19所示。图9-20～图9-23所示分别为4种不同类型的液体输出网格形态。

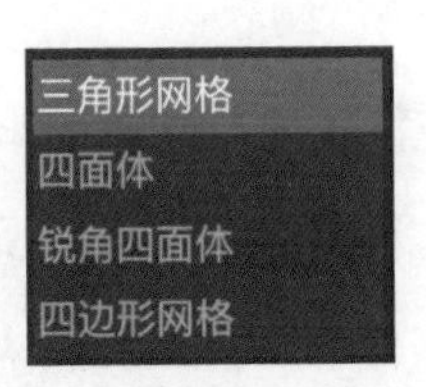

图9-19

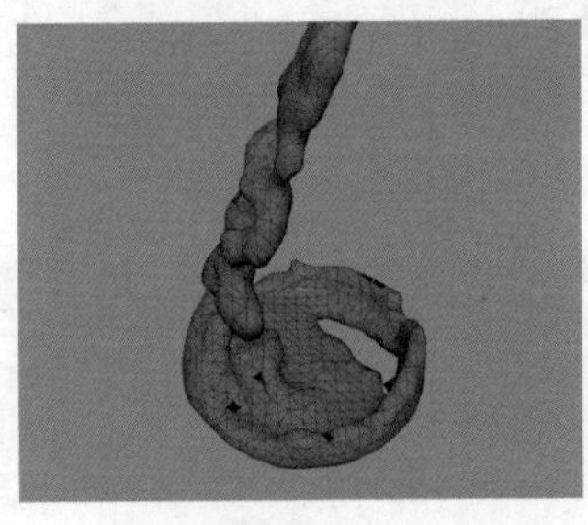

图9-20

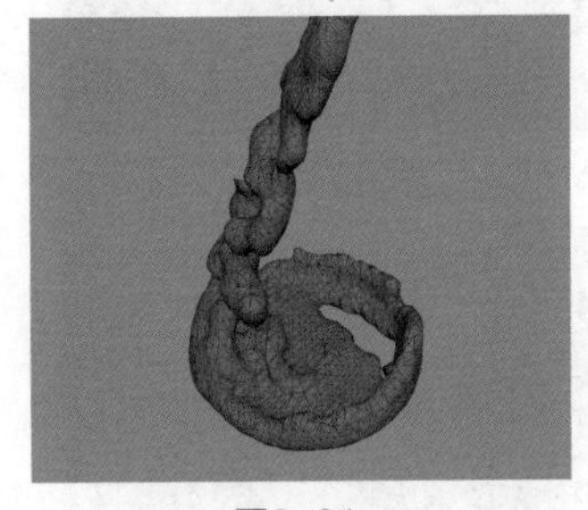

图9-21

网格平滑迭代次数：用于指定应用于粒子输出网格的平滑度。平滑迭代次数可增加三角形各边的长度，使拓扑更均匀，并生成更为平滑的等值面。输出网格的平滑度随着“网格平滑迭代次数”参数值的增大而增加，但计算时间也将随之增加。图9-24所示为该参数值分别是0和2时的液体平滑效果对比。

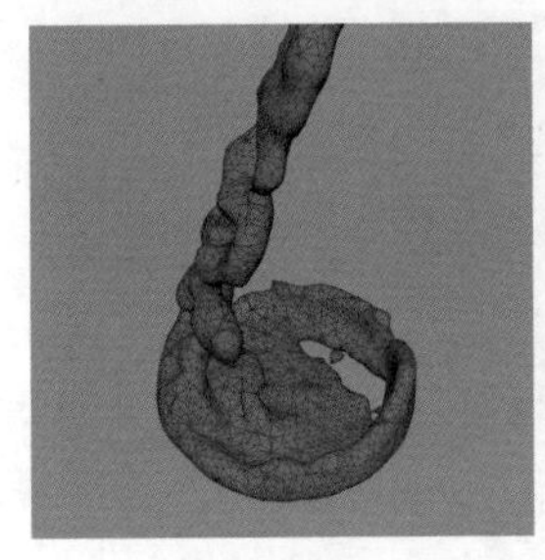

图9-22

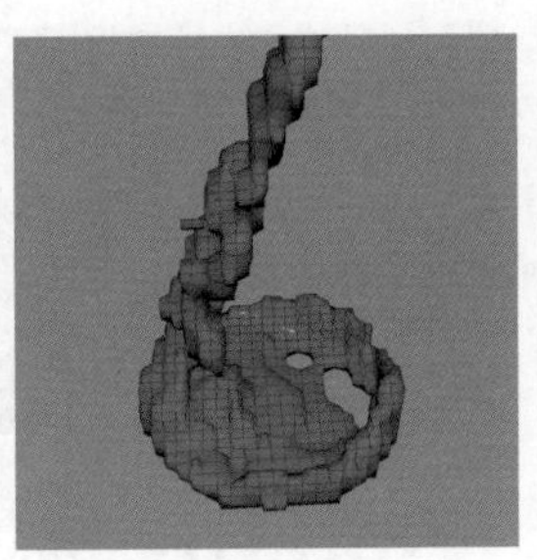

图9-23

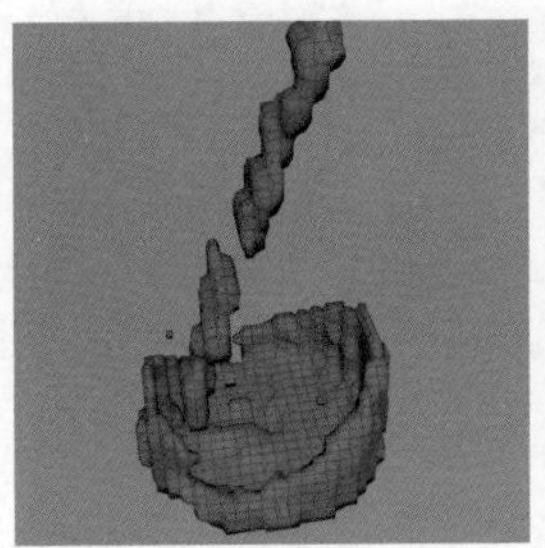
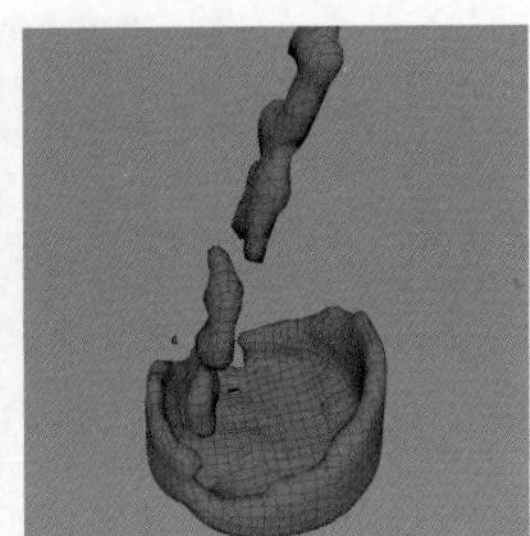

图9-24

8.“着色”卷展栏

“着色”卷展栏内的参数如图9-25所示。

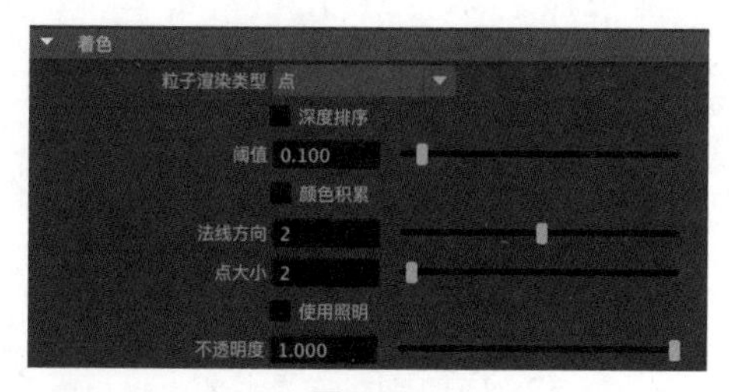

图9-25

常用参数解析

粒子渲染类型：用于设置粒子渲染类型。Maya 2023为用户提供了多达10种粒子渲染类型，如图9-26所示。使用不同的粒子渲染类型，粒子在场景中的显示也不尽相同。图9-27～图9-36所示分别为粒子渲染类型是“多点”“多条纹”“数值”“点”“球体”“精灵”“条纹”“滴状曲面（s/w）”“云（s/w）”“管状体（s/w）”的显示效果。

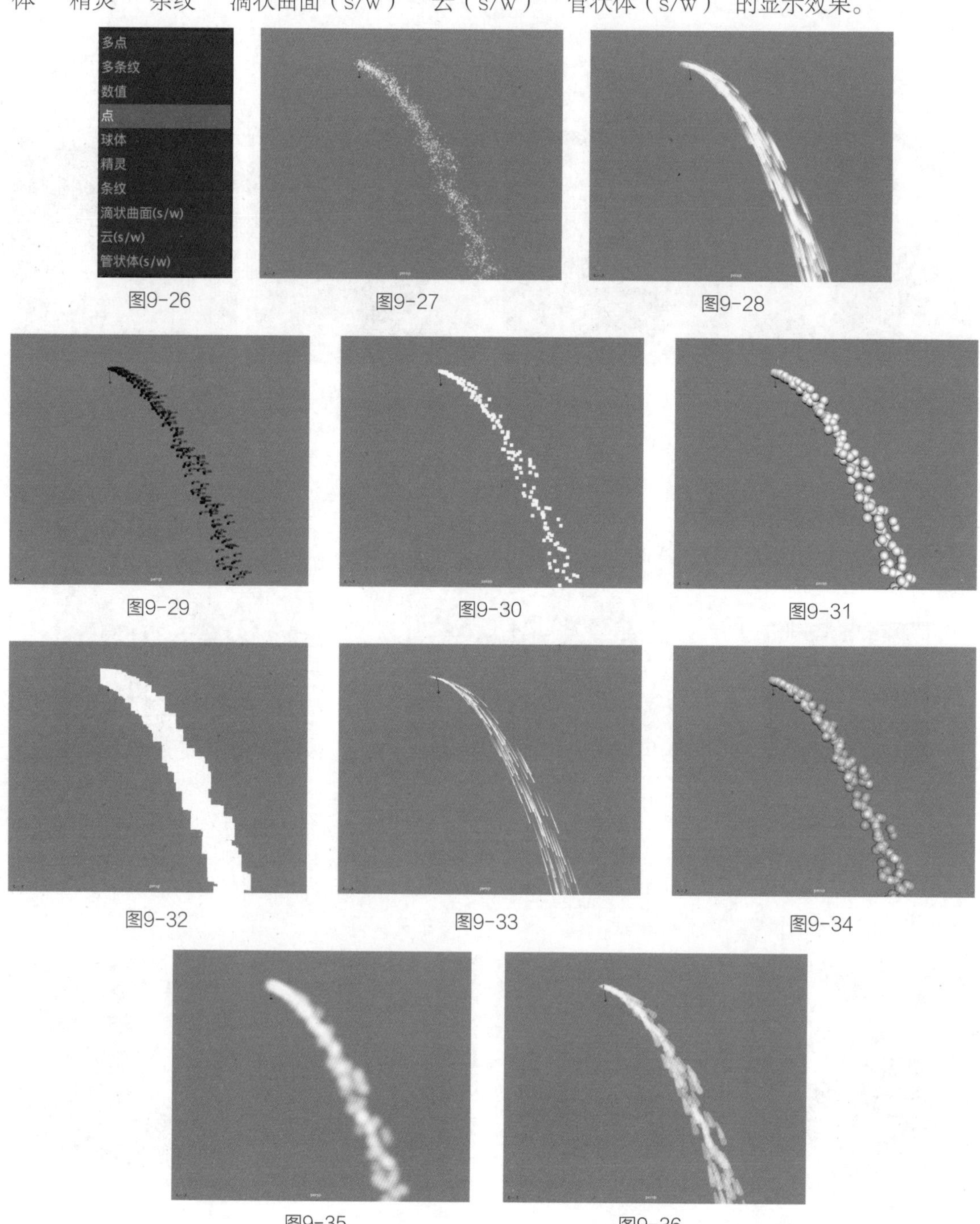

图9-26 图9-27 图9-28

图9-29 图9-30 图9-31

图9-32 图9-33 图9-34

图9-35 图9-36

深度排序：用于设置布尔属性是否对粒子进行深度排序计算。

阈值：用于控制粒子生成的曲面的平滑度。

法线方向：用于更改粒子的法线方向。

点大小：用于控制粒子的显示大小。图9-37所示为该参数值分别是6和16时的显示效果对比。

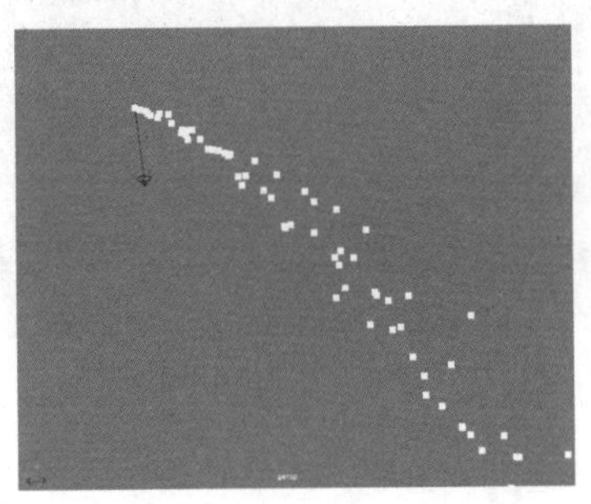
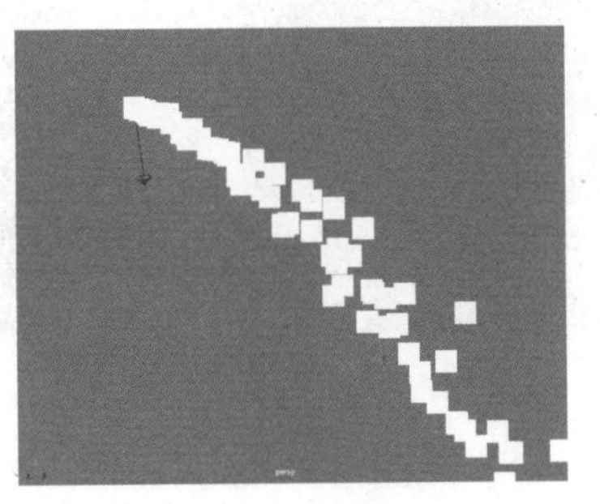

图9-37

不透明度：用于控制n粒子的不透明程度。图9-38所示为该参数值分别是1和0.3时的显示效果对比。

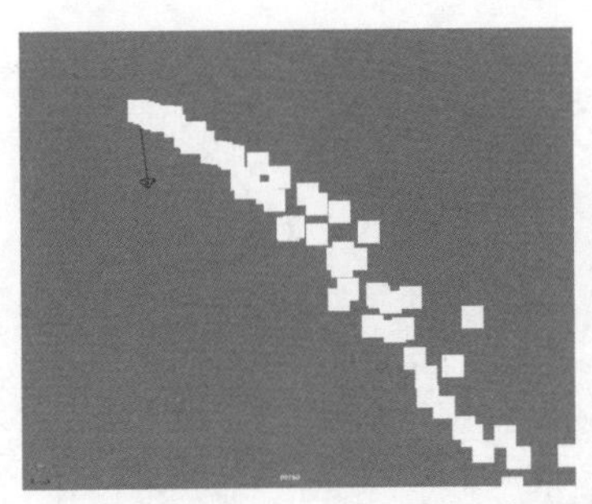
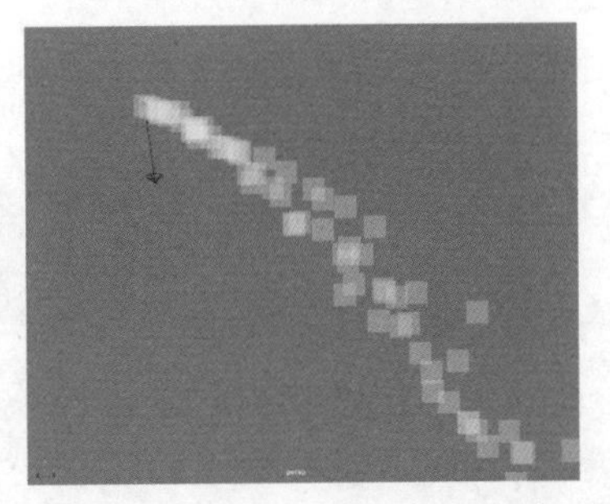

图9-38

9.2.2 以其他对象来发射粒子

在Maya 2023中，用户还可以使用场景中的多边形对象和曲线对象来发射粒子，如图9-39和图9-40所示。

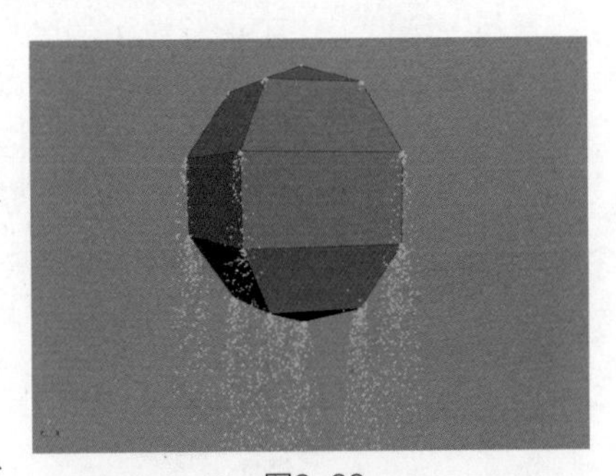

图9-39

9.2.3 填充对象

在Maya 2023中，用户还可以为场景中的模型填充粒子，这一操作多用来制作杯子里面的液体动画特效。单击菜单栏中的“nParticle>填充对象”命令右侧的方形图标，即可打开“粒子填充选项”对话框，如图9-41所示。其中的参数设置如图9-42所示。

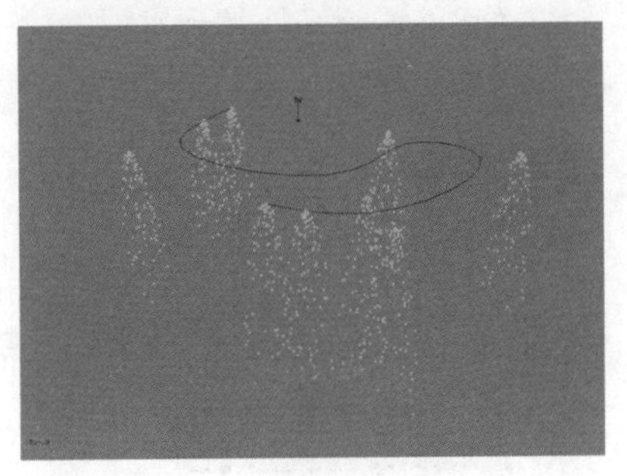

图9-40

常用参数解析

解算器：用于指定粒子所使用的动力学解算器。

分辨率：用于设置粒子填充的精度。该参数值越大，粒子越多，模拟的效果越好。图9-43和图9-44所示分别为该参数值是10和50时的粒子填充效果。

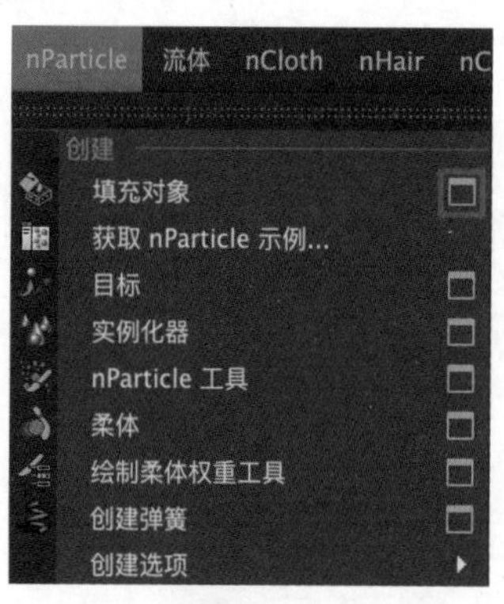

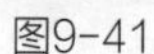
图9-41

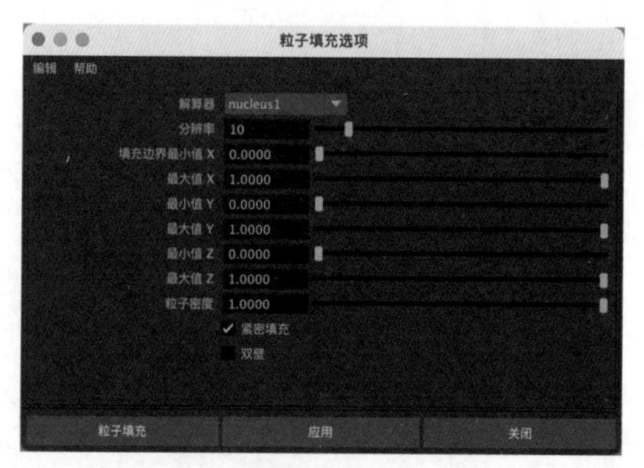

图9-42

填充边界最小值X/最小值Y/最小值Z：用于设置沿相对于填充对象边界的x轴/y轴/z轴填充的粒子填充下边界。参数值为0时表示填满，参数值为1时则表示空。

最大值X/最大值Y/最大值Z：用于设置沿相对于填充对象边界的x轴/y轴/z轴填充的粒子填充上边界。参数值为0时表示填满，参数值为1时则表示空。图9-45和图9-46所示分别为“最大值Y”参数值是1和0.6时的粒子填充效果。

图9-43

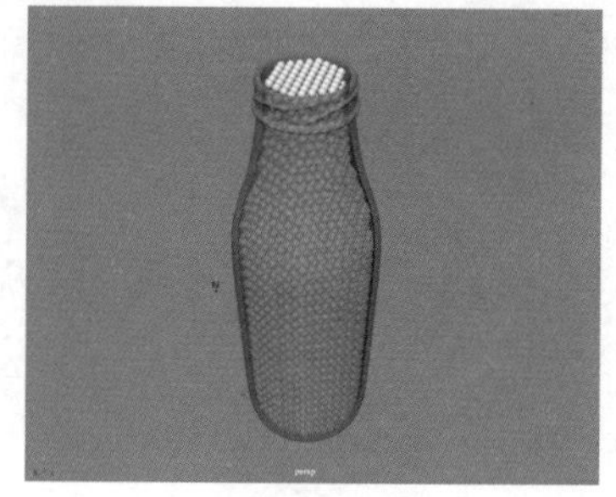
图9-44

图9-45

粒子密度：用于设置粒子的大小。

紧密填充：勾选该复选框后，将以六角形尽可能紧密地排列填充粒子，否则就以一致栅格晶格排列填充粒子。

双壁：如果要填充的模型具有厚度，则需要勾选该复选框。

图9-46

9.3 场

“场”是用于为动力学对象（如流体、柔体、nParticle和nCloth）的运动设置动画的力。例如，可以将漩涡场连接到发射的粒子以创建漩涡运动、使用空气场可以吹动场景中的粒子以创建飘散动画效果。

9.3.1 空气场

空气场主要用来模拟风对场景中的粒子或者nCloth对象所产生的影响，其参数如图9-47所示。

常用参数解析

“风”按钮：可将空气场参数设置为与风的效果近似的一种预设。

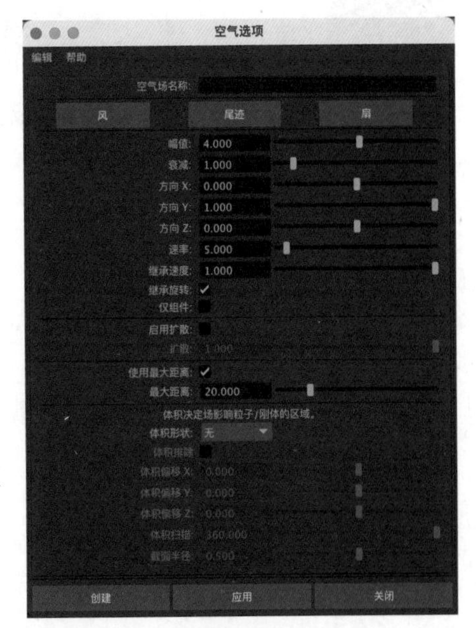

图9-47

“尾迹”按钮：可将空气场参数设置为用来模拟尾迹运动的一种预设。

“扇”按钮：可将空气场参数设置为与本地风扇效果近似的一种预设。

幅值：用于设置空气场的强度。

衰减：用于设置空气场的强度随着空气场到受影响对象的距离增加而减少的量。

方向X/方向Y/方向Z：用于设置空气吹动的方向。

速率：用于控制连接的对象与空气场速度匹配的快慢。

继承速度：当空气场移动或把移动对象作为父对象时，其速率受父对象速率的影响。

继承旋转：当空气场正在旋转或把旋转对象作为父对象时，气流会经历同样的旋转。空气场旋转中的任何更改都会更改空气场指向的方向。

仅组件：用于设置空气场仅在“方向X”“方向Y”“方向Z”“速率”“继承速度”中所指定的方向应用力。

启用扩散：用于指定是否使用“扩散”角度。如果勾选“启用扩散”复选框，空气场将只影响“扩散”指定的区域内的连接对象。

扩散：表示与“方向”所成的角度。只有该角度内的对象才会受到空气场的影响。

使用最大距离：用于设置空气场所影响的范围。

最大距离：用于设置空气场能够施加影响的对象与该场的最大距离。

体积形状：Maya 2023为用户提供了多达6种空气场形状，如图9-48所示。这6种形状的空气场如图9-49所示。

体积排除：勾选该复选框后，体积定义空间中场对粒子或刚体没有任何影响。

体积偏移X/体积偏移Y/体积偏移Z：用于设置从场的不同方向来偏移体积。

体积扫描：用于定义除立方体外的所有体积的旋转范围。该参数值可以是介于0和360之间的值。

截面半径：用于定义圆环体的实体部分的厚度（相对于圆环体的中心环的半径）。中心环的半径由场的比例确定。

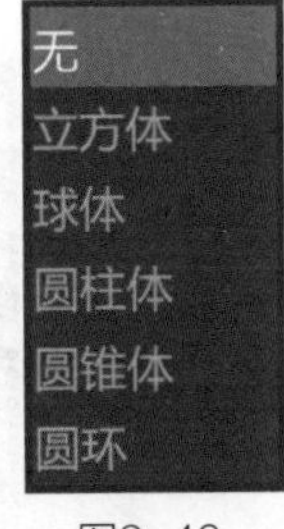

图9-48

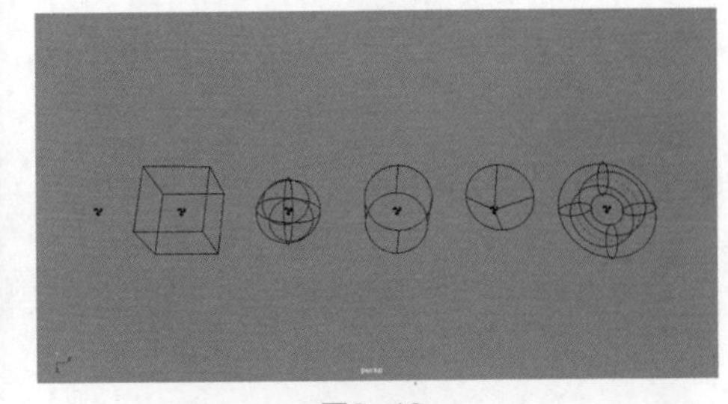

图9-49

9.3.2 阻力场

阻力场主要用来设置阻力效果，其参数如图9-50所示。

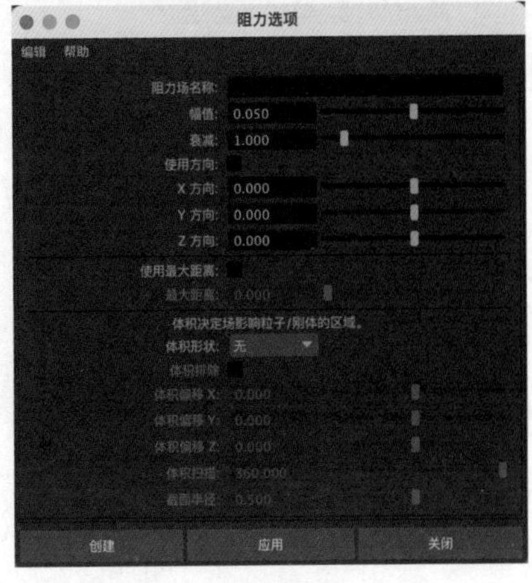

图9-50

常用参数解析

幅值：用于设置阻力场的强度。幅值越大，对象移动时所受到的阻力就越大。

衰减：用于设置阻力场的强度随着阻力场到受影响对象的距离增加而减少的量。

使用方向：用于根据不同的方向来设置阻力。

X方向/Y方向/Z方向：用于设置阻力的方向。

9.3.3 重力场

重力场主要用来模拟重力效果，其参数如图9-51所示。

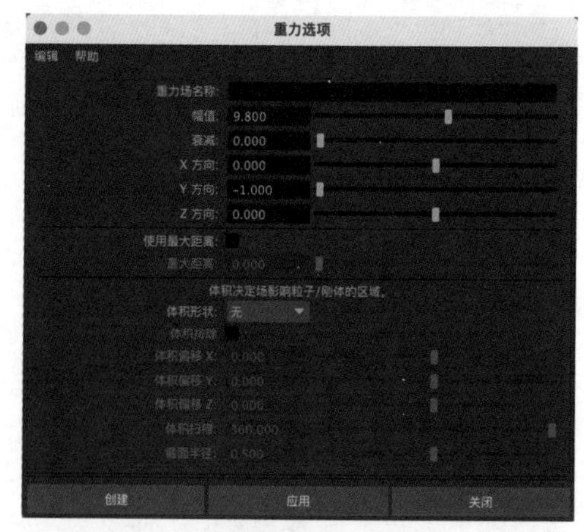

图9-51

常用参数解析

幅值：用于设置重力场的强度。

衰减：用于设置重力场的强度随着重力场到受影响对象的距离增加而减少的量。

X方向/Y方向/Z方向：用于设置重力的方向。

9.3.4 牛顿场

牛顿场主要用来模拟拉力和推力效果，其参数如图9-52所示。

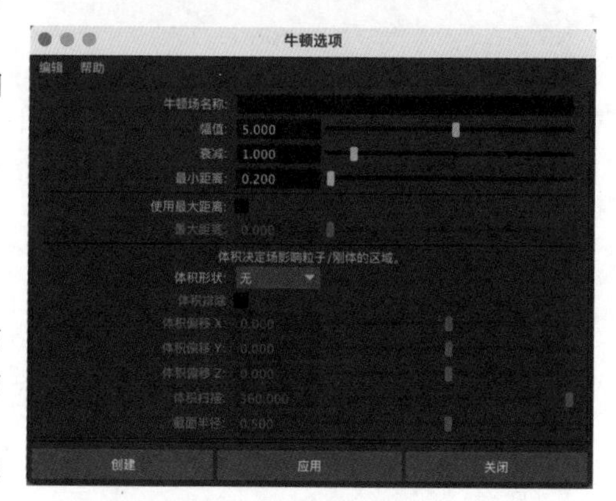

图9-52

常用参数解析

幅值：用于设置牛顿场的强度。该参数值越大，力就越强。如果参数值为正值，则会向场的方向拉动对象；如果参数值为负值，则会向场的相反方向推动对象。

衰减：用于设置牛顿场的强度随着牛顿场到受影响对象的距离增加而减少的量。

最小距离：用于设置牛顿场中能够施加场的最小距离。

9.3.5 径向场

径向场与牛顿场有点相似，也是用来模拟推力及拉力效果的，其参数如图9-53所示。

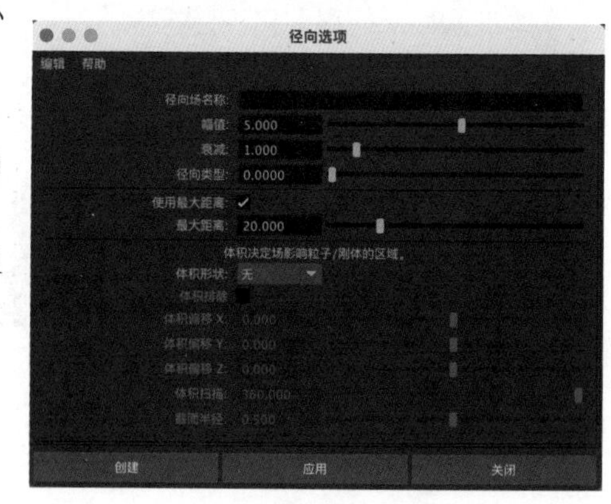

图9-53

常用参数解析

幅值：用于设置径向场的强度。该参数值越大，力越强；参数值为正值会推离对象，参数值为负值会向指向场的方向拉近对象。

衰减：用于设置径向场的强度随着径向场与受影响对象的距离增加而减少的量。

径向类型：用于指定径向场的影响如何随着“衰减”参数值减小；如果参数值为1，当对象与场之间的距离接近“最大距离”时，将导致径向场的影响快速降到零。

9.3.6 湍流场

湍流场主要用来模拟混乱气流使粒子产生随机运动的效果，其参数如图9-54所示。

常用参数解析

幅值：用于设置湍流场的强度。该参数值越大，力越强；可以使用正值或负值，在随机方向上移动受影响对象。

衰减：用于设置湍流场的强度随着湍流到受影响对象的距离增加而减少的量。

频率：用于设置湍流场的频率。较高的频率会产生频繁的不规则运动。

相位X/相位Y/相位Z：用于设置湍流场的相位移。这决定了中断的方向。

噪波级别：该参数值越大，湍流越不规则。

噪波比：用于指定噪波连续查找的权重。

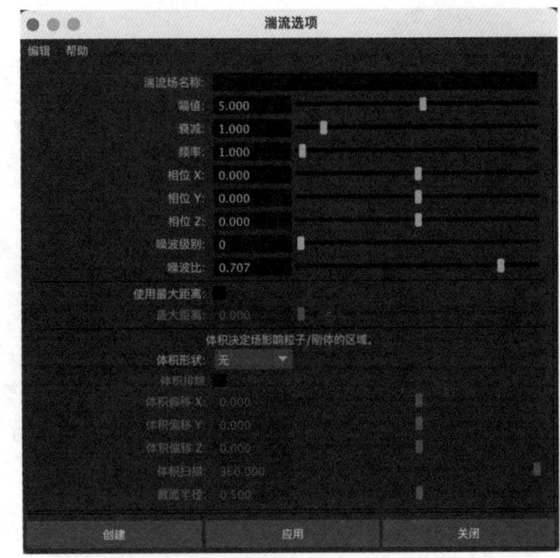

图9-54

9.3.7 一致场

一致场也可以用来模拟推力及拉力效果，其参数如图9-55所示。

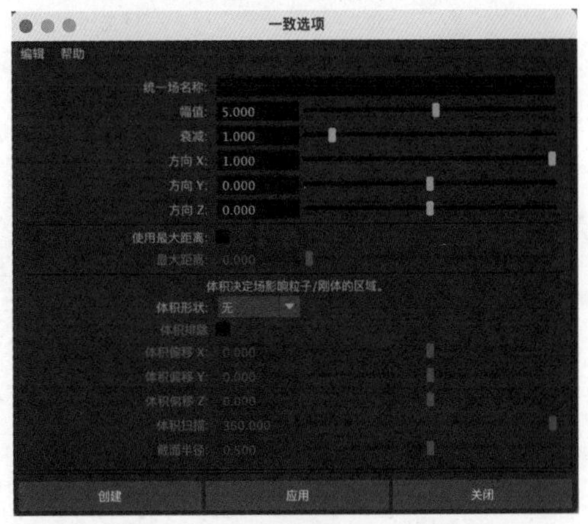

图9-55

常用参数解析

幅值：用于设置一致场的强度。该参数值越大，力越强；参数值为正值会推开受影响的对象，参数值为负值会将受影响的对象拉向场。

衰减：用于设置一致场的强度随着一致场到受影响对象的距离增加而减少的量。

方向X/方向Y/方向Z：用于指定一致场推动受影响对象的方向。

9.3.8 旋涡场

旋涡场用来模拟类似漩涡的旋转力，其参数如图9-56所示。

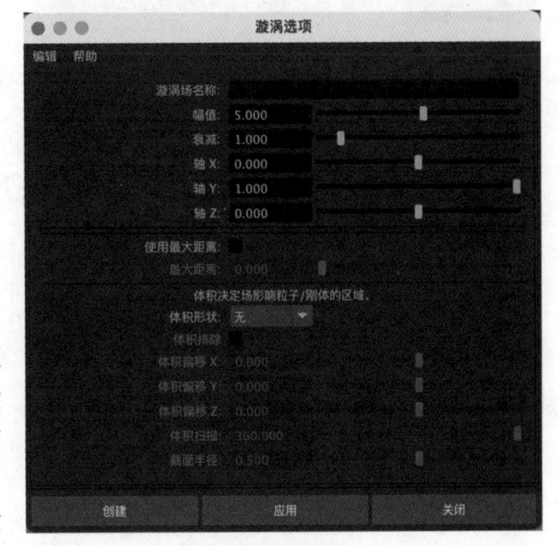

图9-56

常用参数解析

幅值：用于设置漩涡场的强度。该参数值越大，力越强；参数值为正值会按逆时针方向移动受影响的对象，而参数值为负值会按顺时针方向移动受影响的对象。

衰减：用于设置漩涡场的强度随着漩涡场到受影响对象的距离的增加而减少的量。

轴X/轴Y/轴Z：用于指定漩涡场对其周围施加力的轴。

9.4 实例：制作下雪动画

在本实例中，我们将使用粒子系统来制作下雪动画，其最终渲染效果如图9-57所示。

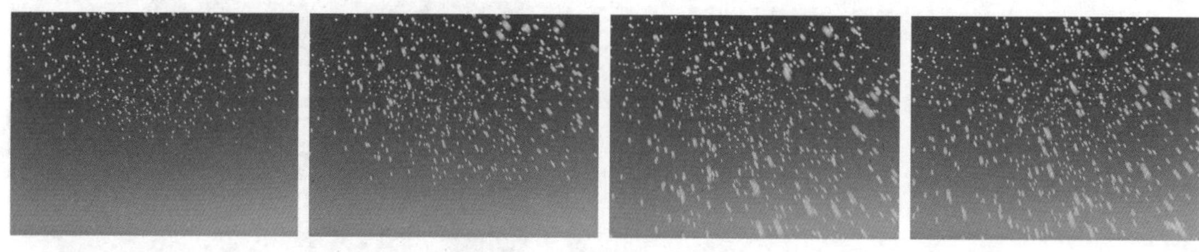

图9-57

制作思路

（1）创建粒子发射器。

（2）模拟雪花飘落动画效果。

9.4.1 制作雪花飘落动画

（1）启动中文版Maya 2023，单击“多边形建模”工具架中的“多边形平面”图标，在场景中创建一个平面模型，如图9-58所示。

图9-58

（2）在“通道盒/层编辑器”面板中设置“平移Y”“宽度”“高度”均为100，如图9-59所示。

（3）设置完成后，平面模型的视图显示效果如图9-60所示。

（4）选择平面模型，单击FX工具架中的“添加发射器”图标，将所选模型设置为粒子发射器，如图9-61所示。

（5）展开“基本发射器属性”卷展栏，设置“发射器类型”为“表面”、“速率（粒子/秒）”为200，如图9-62所示。

（6）展开“重力和风”卷展栏，设置“风速”为20，如图9-63所示。

（7）展开“着色”卷展栏，设置“粒子渲染类型”为“球体”，如图9-64所示。

（8）展开“粒子大小”卷展栏，设置“半径”为0.4，如图9-65所示。

（9）展开“寿命”卷展栏，设置“寿命模式”为“恒定”、“寿命”为5.5，如图9-66所示。

（10）播放场景动画，用粒子模拟的雪花飘落效果如图9-67所示。

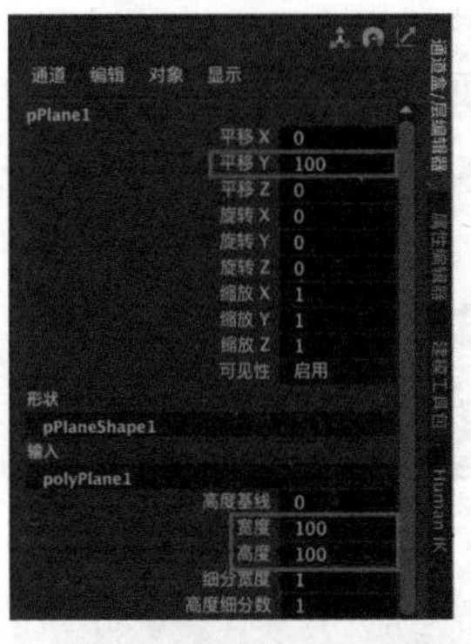

图9-59

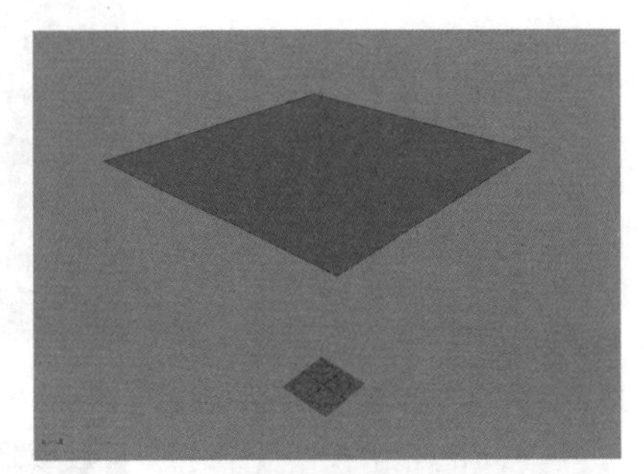

图9-60

图9-61

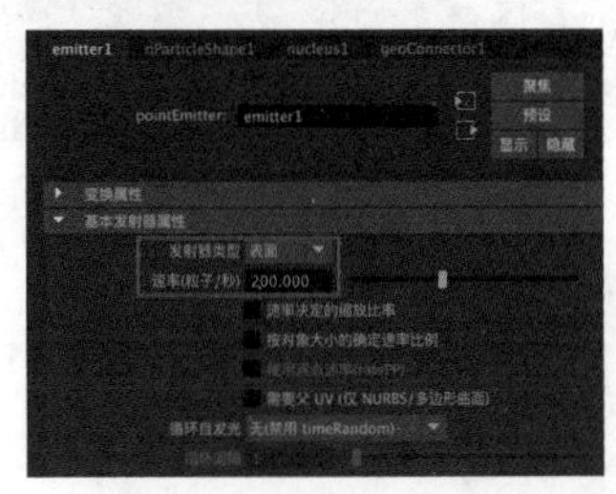

图9-62

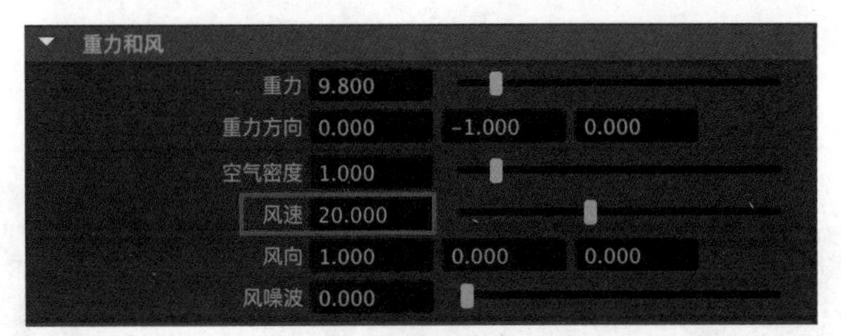

图9-63

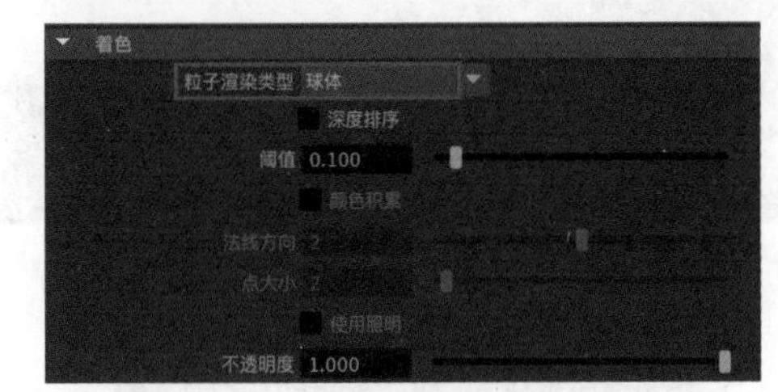

图9-64

图9-65

图9-66

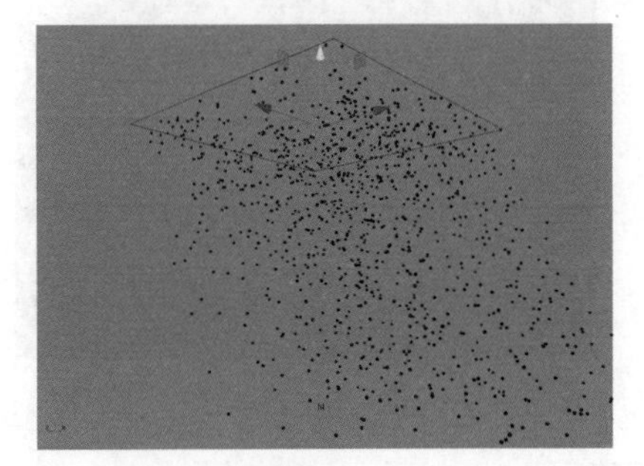

图9-67

9.4.2 渲染设置

（1）单击Arnold工具架中的Create Physical Sky（创建物理天空）图标，为场景添加灯光，如图9-68所示。

（2）在“属性编辑器”面板中展开Physical Sky Attributes（物理天空属性）卷展栏，设置Intensity（强度）为4，以增加物理天空灯光的强度，如图9-69所示。

图9-68

（3）选择平面模型，在“对象显示”卷展栏中取消勾选“可见性”复选框，如图9-70所示。这样在渲染场景时将不会渲染用于发射粒子的平面模型。

（4）选择粒子对象，为其指定标准曲面材质，展开“自发光”卷展栏，设置“权重”为1，如图9-71所示。

（5）渲染场景，渲染效果如图9-72所示。

（6）渲染粒子，单击“FX缓存”工具架中的“将选定的nCloth模拟保存到nCache文件”图标，为粒子对象创建缓存，如图9-73所示。粒子动画设置完成后，一定要记得为粒子创建缓存，这样才能得到正确、稳定的粒子动画效果。

（7）打开“渲染设置”窗口，展开Motion Blur（运动模糊）卷展栏，勾选Enable（启用）复选框，开启运动模糊效果计算，设置Length（长度）为3，如图9-74所示。

（8）再次渲染场景，雪花飘落动画的最终渲染效果如图9-75所示。

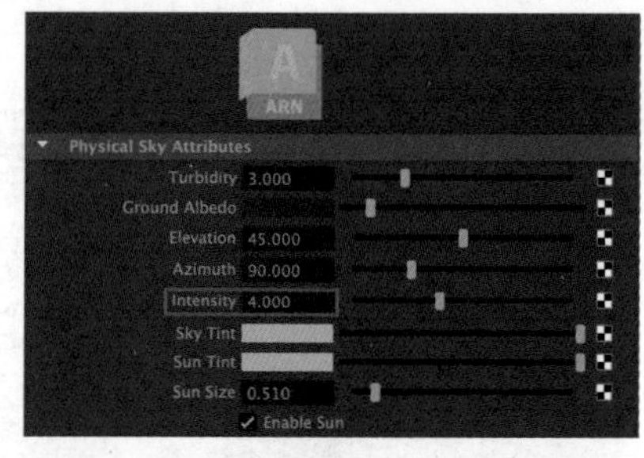

图9-69

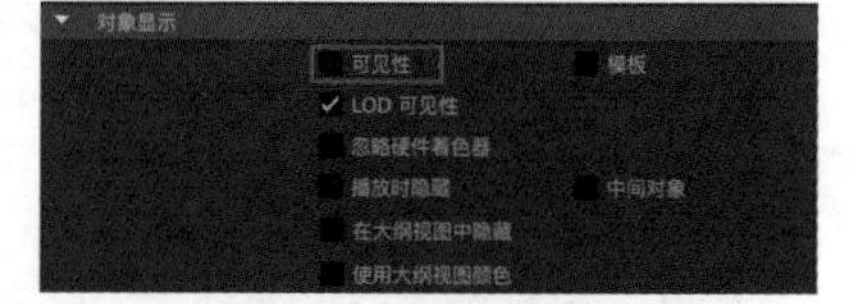

图9-70

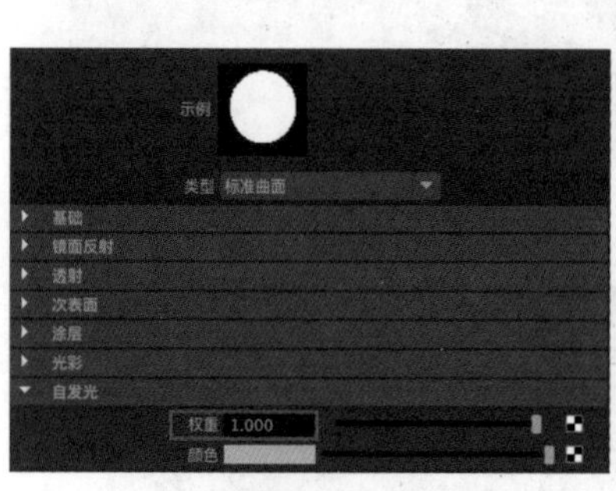

图9-71

图9-72

图9-73

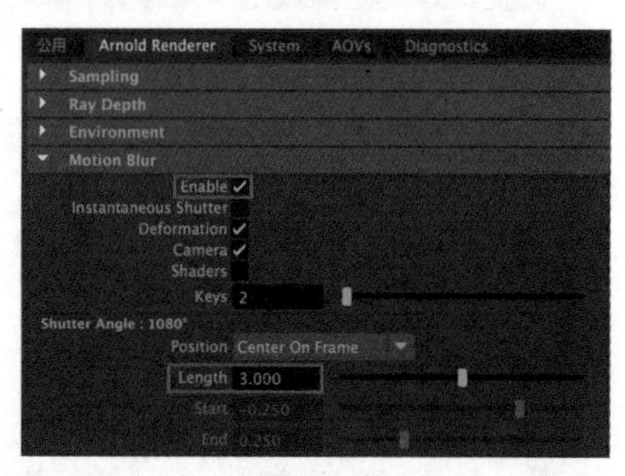

图9-74

图9-75

9.5 实例：制作箭雨动画

在本实例中，我们将通过制作一个箭雨动画来学习如何使用场景中的模型替换粒子的形态，其最终渲染效果如图9-76所示。

图9-76

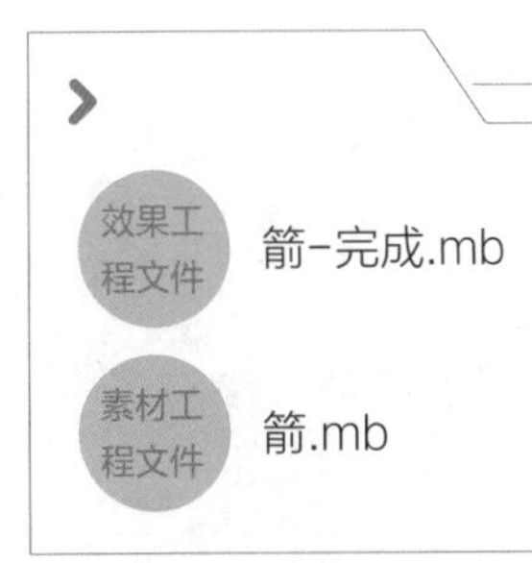

效果工程文件 箭-完成.mb

素材工程文件 箭.mb

微课视频

制作思路

（1）创建粒子发射器。
（2）更改粒子的形态。

9.5.1 创建粒子发射器

（1）启动中文版Maya 2023，打开本书配套资源场景文件“箭.mb”，如图9-77所示。

（2）单击“多边形建模”工具架中的“多边形平面”图标，在场景中创建一个平面模型，如图9-78所示。

（3）在“通道盒/层编辑器”面板中设置平面模型的参数，设置好平面模型的位置、旋转角度、细分值和尺寸大小，如图9-79所示。

（4）设置完成后，场景中的平面模型的显示效果如图9-80所示。

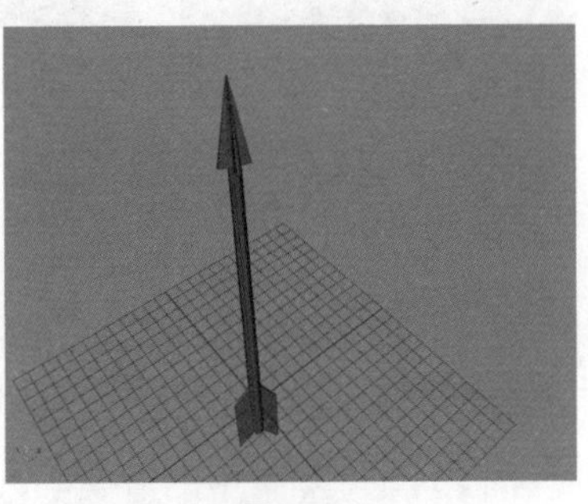

图9-77

图9-78

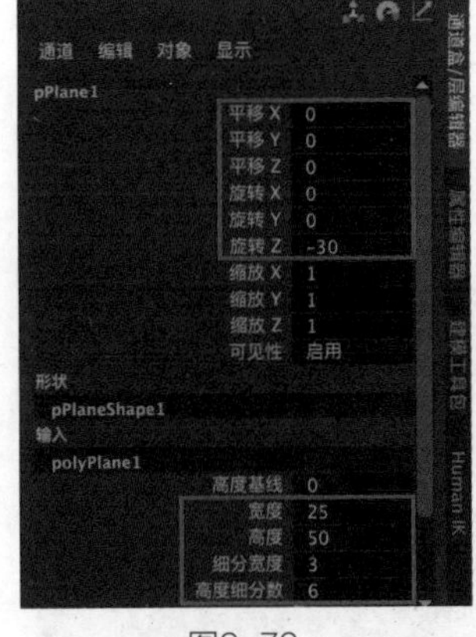

图9-79

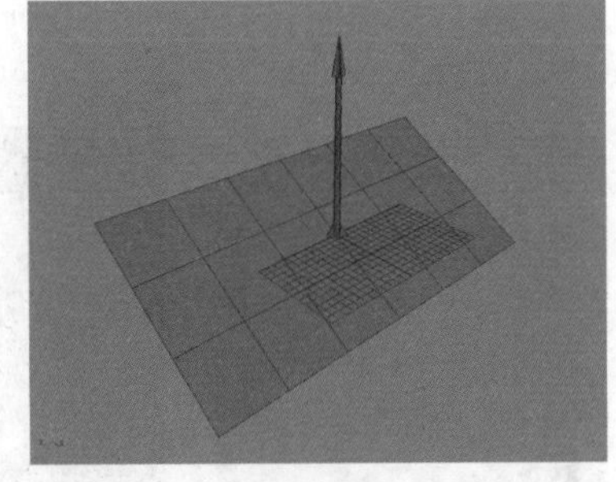

图9-80

（5）选择平面模型，单击FX工具架中的“添加发射器”图标，如图9-81所示。在“大纲视图”面板中可以看到粒子发射器作为平面模型的子层级出现，如图9-82所示。

（6）播放场景动画，默认情况下粒子发射的运动形态如图9-83所示。

（7）在“属性编辑器”面板中展开“基本发射器属性”卷展栏，设置“发射器类型”为“方向”、“速率（粒子/秒）”为5，如图9-84所示。

（8）展开“距离/方向属性”卷展栏，设置“方向X”“方向Y”均为1，如图9-85所示。

图9-81

图9-82

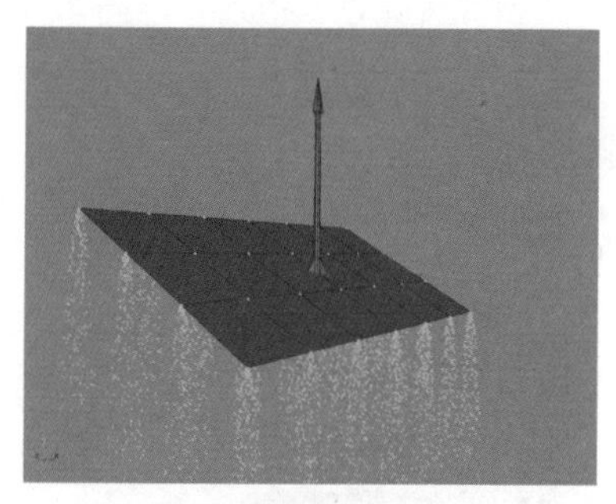
图9-83

（9）展开“基础自发光速率属性”卷展栏，设置“速率”为150、“速率随机”为20，如图9-86所示。

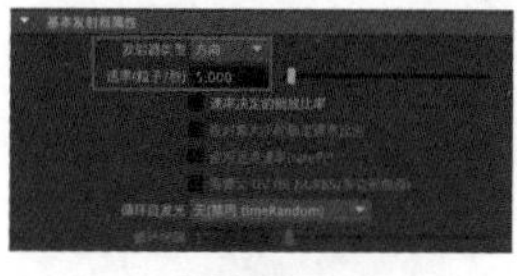
图9-84

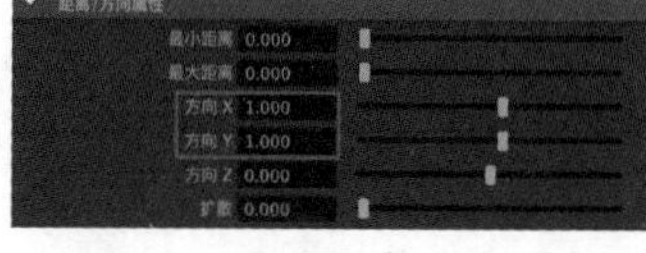
图9-85

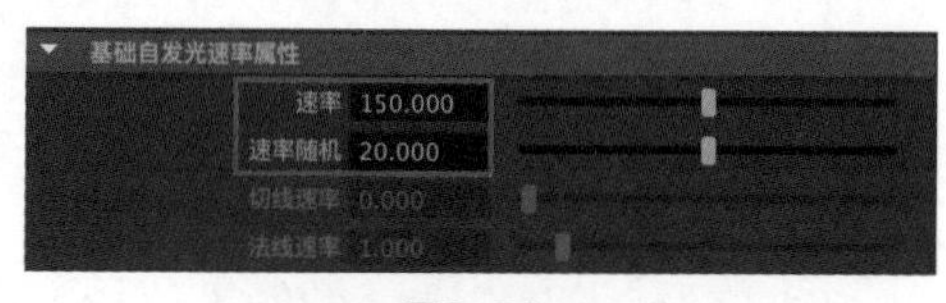

图9-86

（10）播放场景动画，现在粒子发射的运动形态如图9-87所示。

图9-87

9.5.2 更改粒子形态

（1）选择场景中的箭模型，单击菜单栏中的“nParticle>实例化器”命令右侧的方形按钮，如图9-88所示。打开“粒子实例化器选项”对话框，可以看到箭模型的名称自动出现在了“实例化对象”文本框中，如图9-89所示。

（2）单击“粒子实例化器选项”对话框下方的“创建”按钮，关闭该对话框。再次播放场景动画，这时可以看到平面模型所发射的粒子已经被全部替换为箭模型了，如图9-90所示。

图9-88

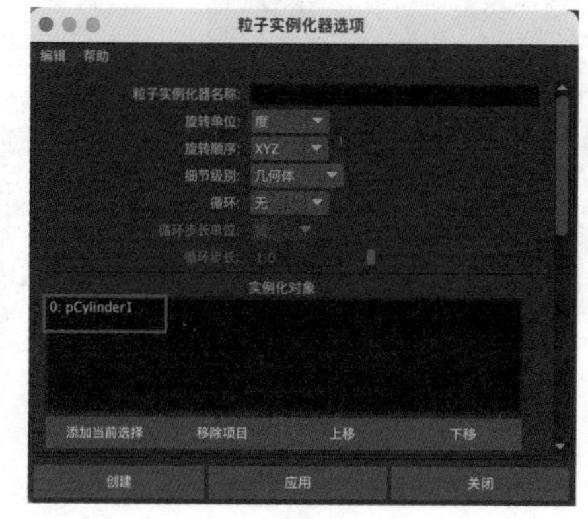

图9-89

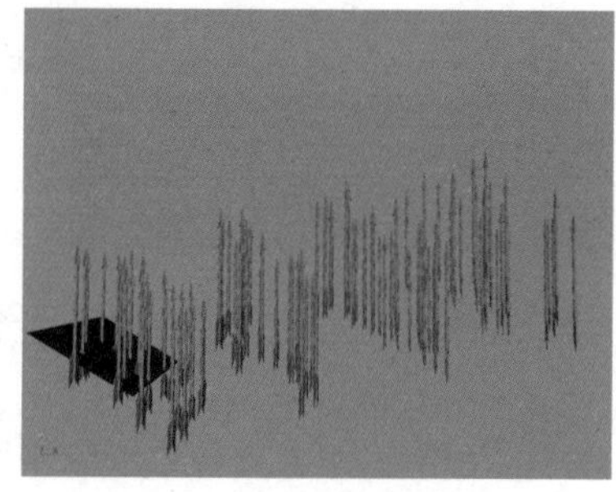
图9-90

（3）展开“实例化器(几何体替换)”卷展栏，设置“目标方向”为“速度”，如图9-91所示。这样就可以看到粒子的方向随着粒子自身的运动方向而产生了变化，如图9-92所示。

（4）选择场景中的箭模型，然后选择整个箭模型上的所有面，如图9-93所示。

（5）双击“旋转工具”图标，打开“工具设置”对话框，设置“步长捕捉”为“相对”，并设置其值为90，如图9-94所示。

（6）对箭模型进行旋转，即可影响粒子的方向，如图9-95所示。

（7）播放场景动画，最终完成的动画效果如图9-96所示。

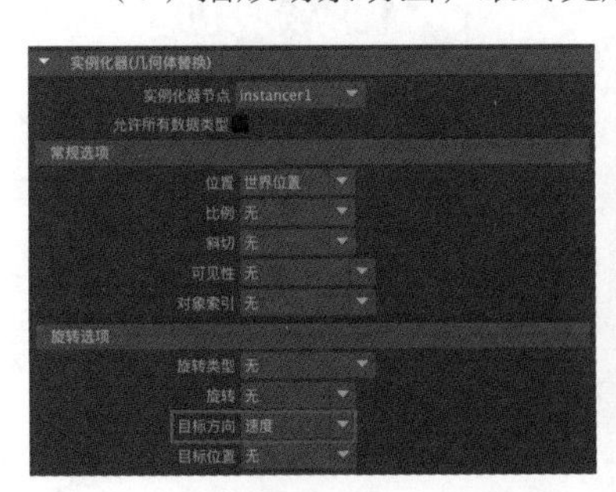

图9-91

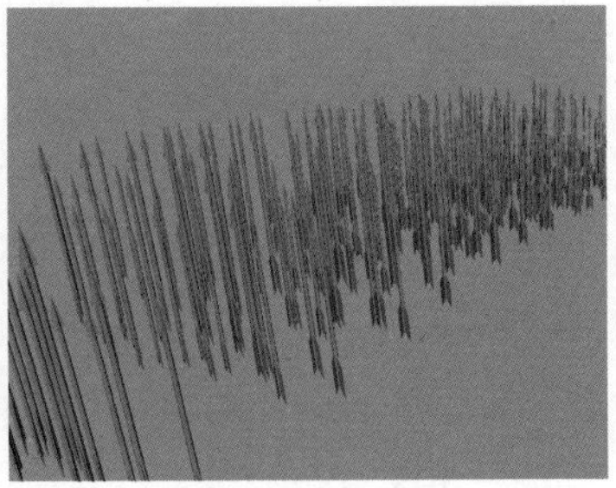

图9-92

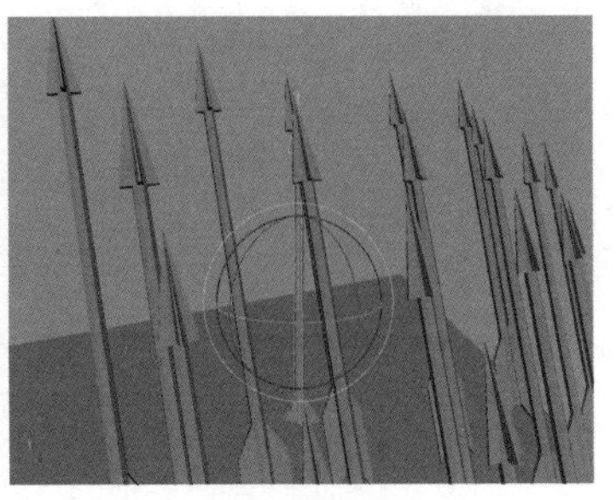

图9-93

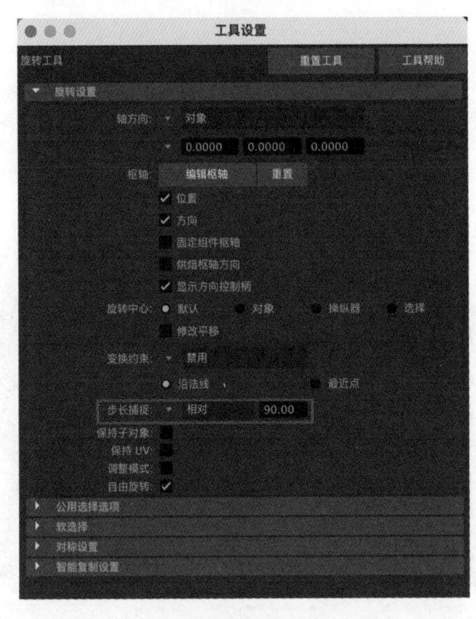

图9-94

图9-95

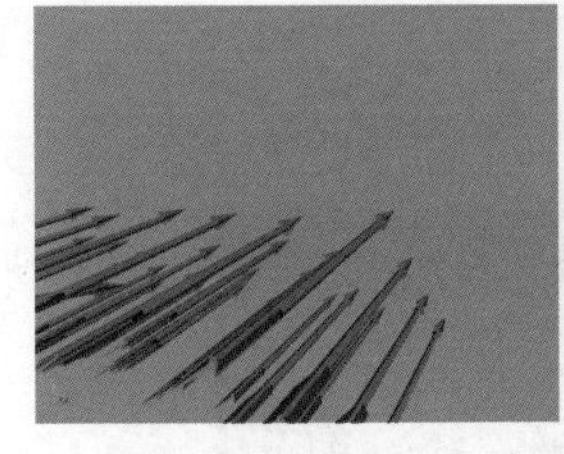
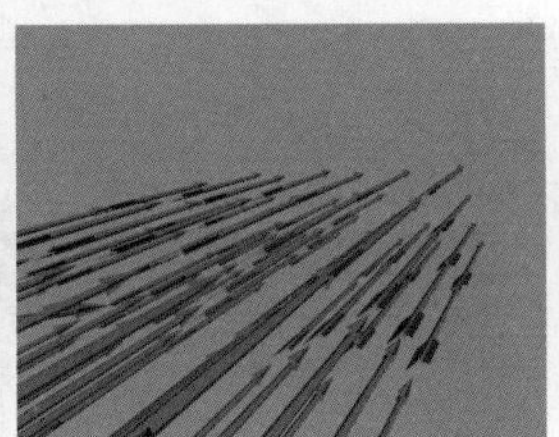
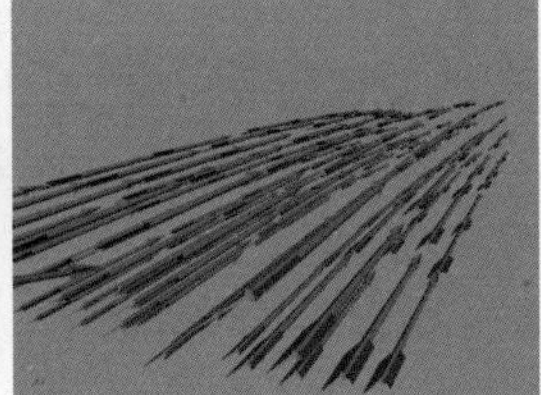
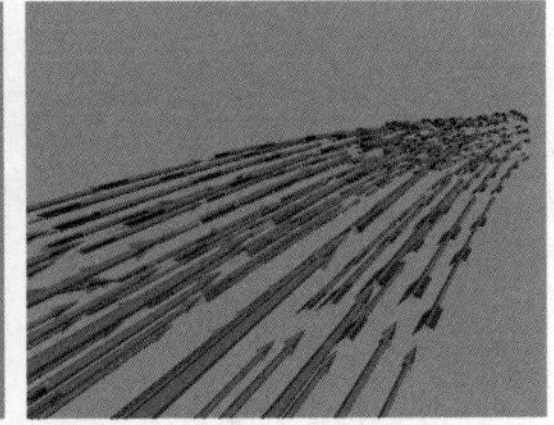

图9-96

9.6 课后习题：制作巧克力效果

在本实例中，我们将通过制作巧克力效果来学习如何使用粒子制作模型，其最终完成效果如图9-97所示。

图9-97

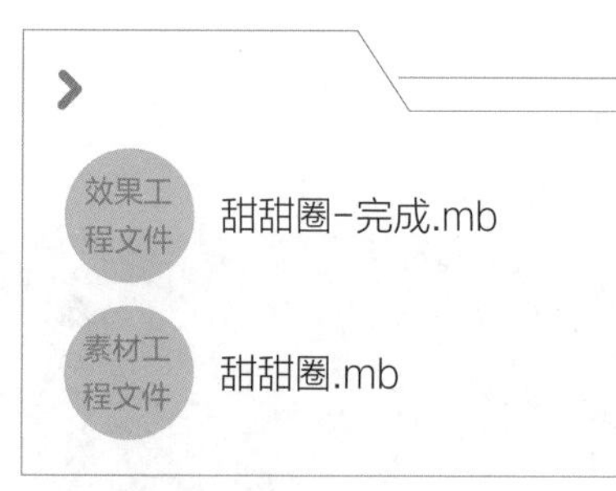

效果工程文件 甜甜圈-完成.mb

素材工程文件 甜甜圈.mb

制作思路

（1）设置粒子的发射范围。
（2）将粒子转化为多边形。

制作要点

第1步：启动中文版Maya 2023，打开本书配套资源场景文件“甜甜圈.mb”，如图9-98所示。

第2步：使用“绘制选择工具”选择甜甜圈模型上的一些面，并将其提取出来，用来作为粒子的发射区域，如图9-99所示。

第3步：为提取出来的面添加粒子发射器，如图9-100所示。

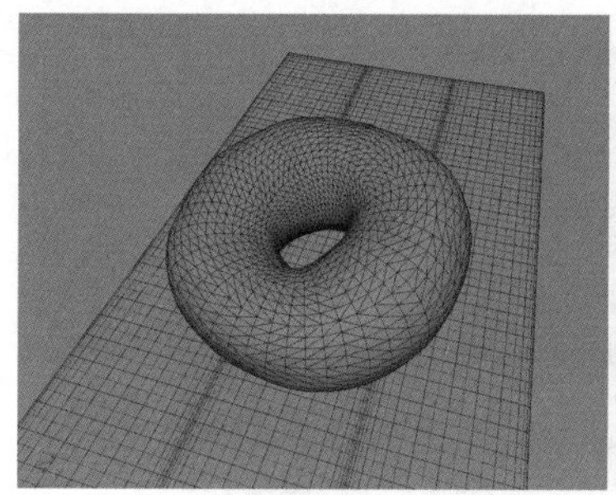
图9-98

图9-99

图9-100

第4步：将粒子对象转化为多边形模型，如图9-101所示。

第5步：渲染场景，最终完成效果如图9-102所示。

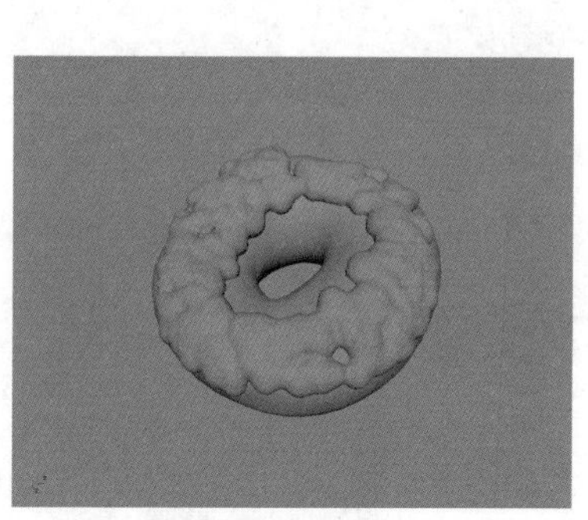
图9-101

图9-102

第10章 综合实例

本章导读

本章为读者准备了两个较为典型的实例，希望读者通过对本章的学习能够熟练掌握Maya材质、灯光、动画及渲染的综合运用技巧。

学习要点

❖ 掌握Maya的常用材质、灯光及渲染的运用方法

10.1 室内表现

中文版Maya 2023的默认渲染器——Arnold渲染器是一个电影级别的优秀渲染器。使用Arnold渲染器渲染出来的动画场景非常逼真，其内置的灯光可以轻松模拟出日光、天光、灯带及射灯等照明效果，完全能够满足电视电影的灯光特效技术要求。

制作思路

（1）制作常用材质。

（2）设置场景灯光。

10.1.1 效果展示

在本实例中，我们将通过渲染一个室内场景来学习材质、灯光和Arnold渲染器的综合运用技巧，其最终渲染效果如图10-1所示。

启动中文版Maya 2023，打开本书配套场景资源文件“客厅.mb”，如图10-2所示。

图10-1

图10-2

10.1.2 制作地板材质

本实例中的地板材质的渲染效果如图10-3所示，具体制作步骤如下。

（1）在场景中选择地板模型，并为其指定标准曲面材质，如图10-4所示。

（2）在“属性编辑器”面板中展开“基础”卷展栏，为“颜色”参数添加“文件”渲染节点，如图10-5所示。

（3）在“文件属性”卷展栏中单击“图像名称”右侧的文件夹按钮，浏览并添加本书配套资源“地板纹理.jpg”贴图文件，制作出地板材质的表面纹理，如图10-6所示。

（4）制作完成后的地板材质球的显示效果如图10-7所示。

图10-3

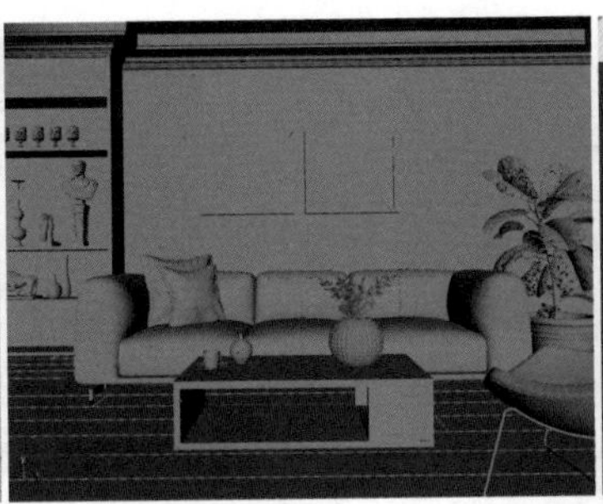
图10-4

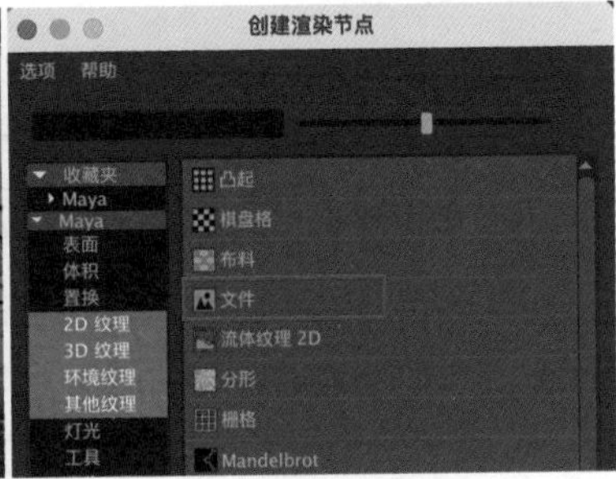

图10-5

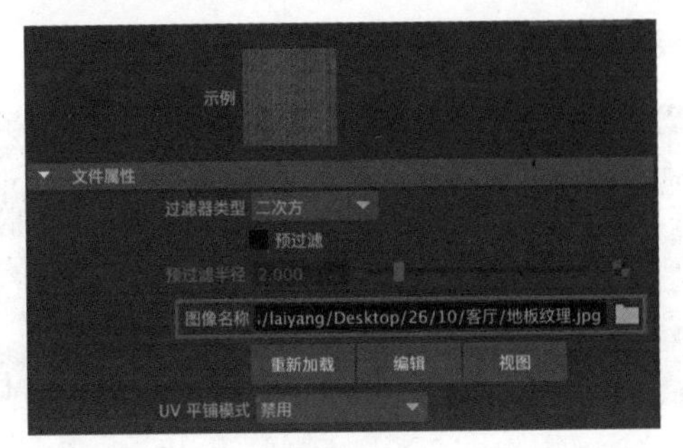

图10-6

图10-7

10.1.3 制作银色金属材质

本实例中的沙发腿和椅子腿均使用了银色的金属材质，渲染效果如图10-8所示，具体制作步骤如下。

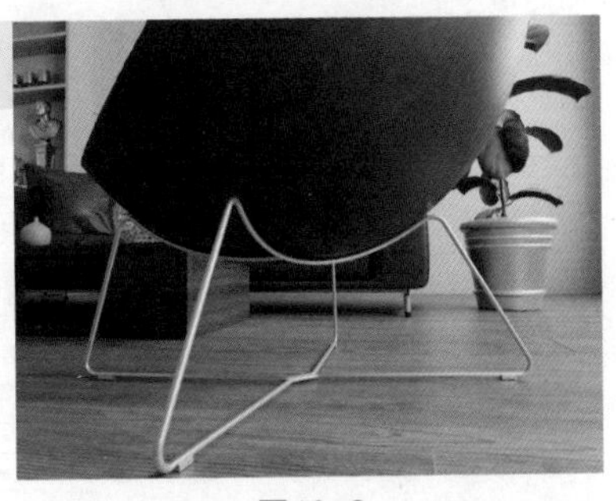
图10-8

（1）在场景中选择沙发腿和椅子腿模型，并为其指定标准曲面材质，如图10-9所示。

（2）在“属性编辑器”面板中展开“基础”卷展栏，设置“金属度”为1，如图10-10所示。

（3）制作完成后的银色金属材质球的显示效果如图10-11所示。

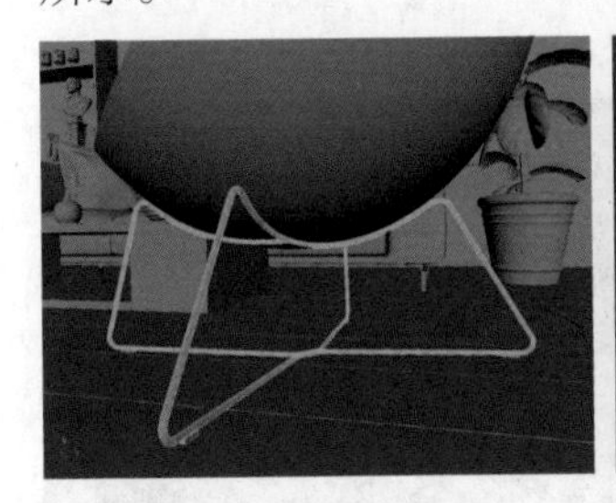
图10-9

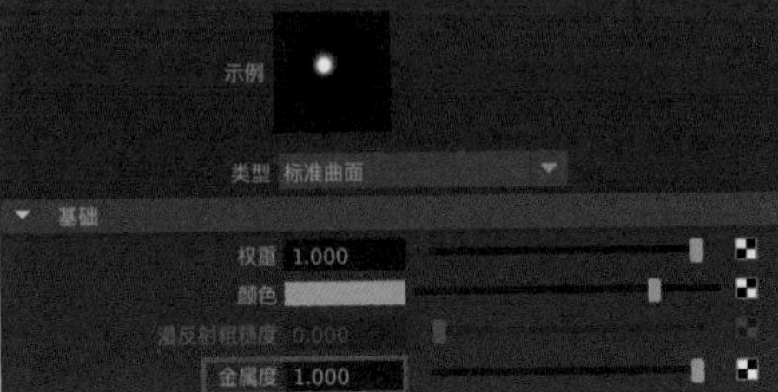

图10-10

图10-11

10.1.4 制作金色金属材质

本实例中柜子上的一些摆件均使用了金色的金属材质，渲染效果如图10-12所示，具体制作步骤如下。

（1）在场景中选择狮子摆件模型，并为其指定标准曲面材质，如图10-13所示。

（2）在“属性编辑器”面板中展开“基础”卷展栏，设置“颜色”为金色、“金属度”为1，如图10-14所示。其中，“基础”卷展栏中颜色的参数设置如图10-15所示。

图10-12

图10-13

（3）制作完成后的金色金属材质球的显示效果如图10-16所示。

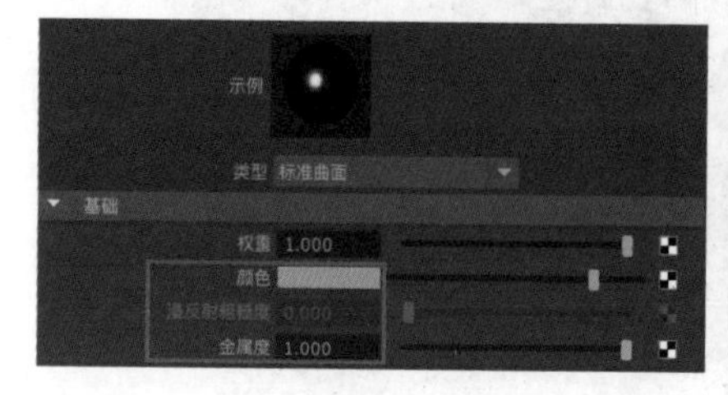

图10-14

图10-15

图10-16

10.1.5 制作玻璃材质

本实例中茶几上的花瓶使用了透明的玻璃材质，渲染效果如图10-17所示，具体制作步骤如下。

（1）在场景中选择花瓶模型，并为其指定标准曲面材质，如图10-18所示。

（2）在“属性编辑器”面板中展开“镜面反射”卷展栏，设置“粗糙度”为0.1；展开“透射”卷展栏，设置“权重”为1，如图10-19所示。

（3）制作完成后的玻璃材质球的显示效果如图10-20所示。

图10-17

图10-18

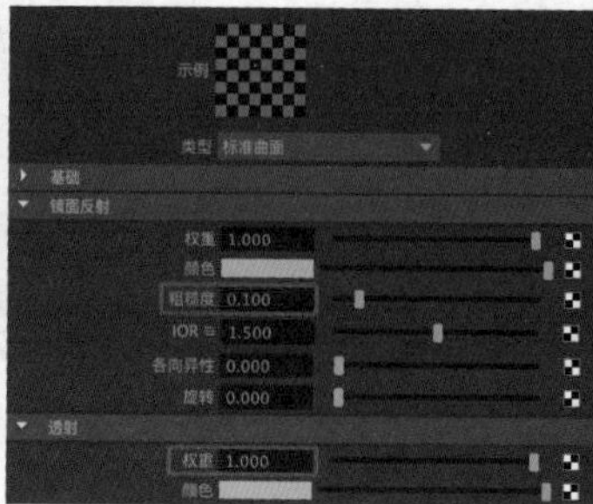

图10-19

图10-20

10.1.6 制作沙发材质

本实例中沙发材质的渲染效果如图10-21所示，具体制作步骤如下。

（1）在场景中选择沙发模型，并为其指定标准曲面材质，如图10-22所示。

（2）在“属性编辑器”面板中展开“基础”卷展栏，为“颜色”参数添加“文件”渲染节点，如图10-23所示。

（3）在“文件属性”卷展栏中单击“图像名称”右侧的文件夹按钮，浏览并添加本书配套资源“沙发纹理.png”贴图文件，制作出沙发材质的表面纹理，如图10-24所示。

（4）在“镜面反射”卷展栏中为“颜色”参数添加“文件”渲染节点，如图10-25所示。

（5）在“文件属性”卷展栏中单击“图像名称”右侧的文件夹按钮，浏览并添加本书配套资源“沙发反射.png”贴图文件，制作出沙发材质的反射效果，如图10-26所示。

图10-21

图10-22

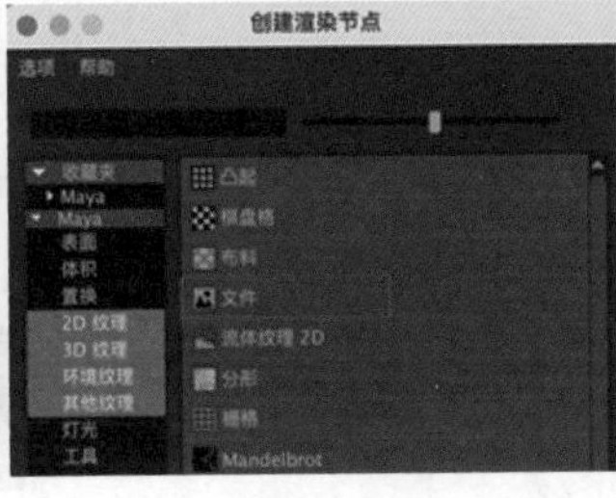

图10-23

图10-24

（6）在“几何体”卷展栏中为“凹凸贴图”参数添加“文件”渲染节点，如图10-27所示。

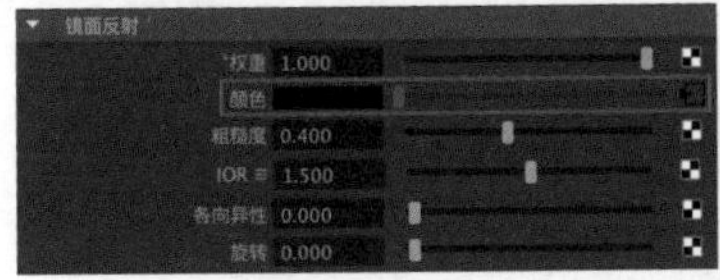

图10-25

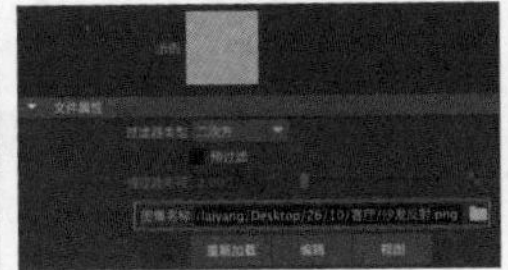

图10-26

图10-27

（7）在“文件属性”卷展栏中单击“图像名称”右侧的文件夹按钮，浏览并添加本书配套资源“沙发凹凸.png”贴图文件，制作出沙发材质的凹凸效果，如图10-28所示。

（8）展开“2D凹凸属性”卷展栏，设置“凹凸深度”为0.3，如图10-29所示。

（9）制作完成后的沙发材质球的显示效果如图10-30所示。

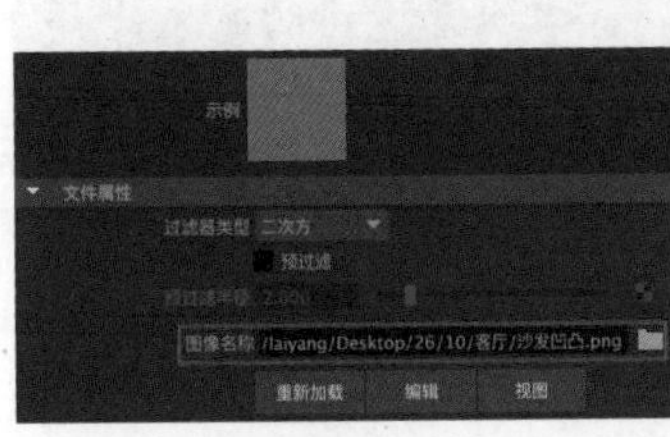

图10-28

图10-29

图10-30

10.1.7 制作绿色陶瓷材质

本实例中陶瓷材质的渲染效果如图10-31所示，具体制作步骤如下。

（1）在场景中选择瓶子模型，并为其指定标准曲面材质，如图10-32所示。

（2）在“属性编辑器”面板中展开“基础”卷展栏，设

图10-31

置材质的“颜色”为绿色；展开“镜面反射”卷展栏，设置“粗糙度”为0.1，如图10-33所示。

（3）制作完成后的陶瓷材质球的显示效果如图10-34所示。

图10-32

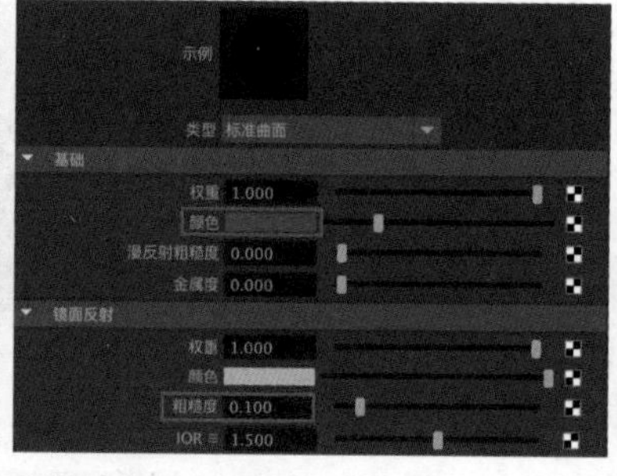

图10-33

图10-34

10.1.8 制作天光照明效果

接下来开始进行场景灯光的设置，具体制作步骤如下。

（1）单击“渲染”工具架中的“区域光”图标，在场景中创建一个区域灯光，如图10-35所示。

图10-35

（2）按R键，使用“缩放工具”对区域灯光进行缩放，在侧视图中调整其大小和位置，使其与场景中房间的窗户大小相近即可，如图10-36所示。

（3）使用“移动工具”调整区域灯光的位置，将区域灯光放置在房间外窗户模型的位置，如图10-37所示。

（4）在“属性编辑器”面板中展开“区域光属性”卷展栏，设置“强度”为300，如图10-38所示。

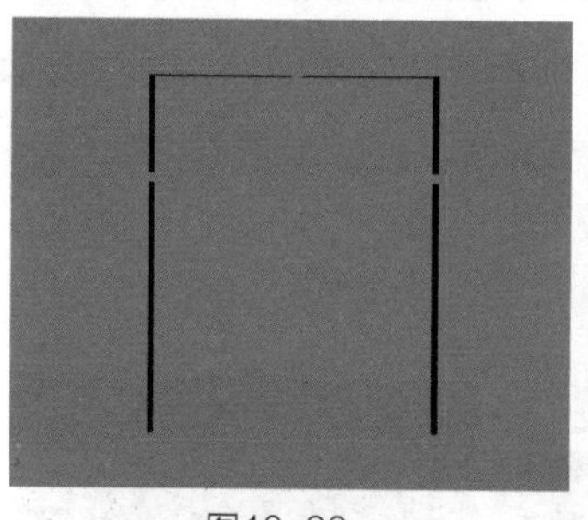

图10-36

图10-37

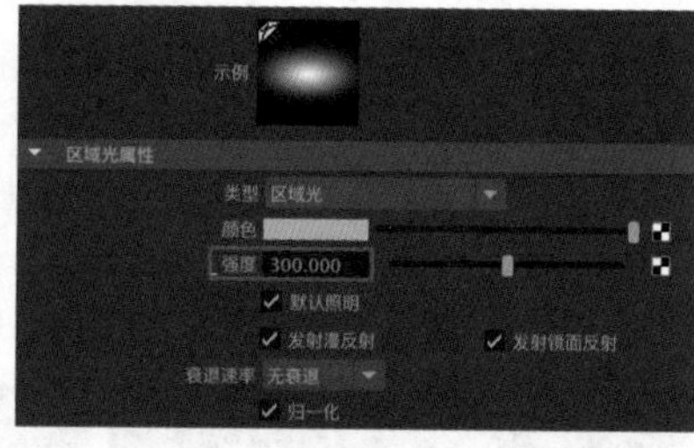

图10-38

（5）在Arnold卷展栏中勾选Use Color Temperature（使用色温）复选框，设置Temperature（温度）为7500、Exposure（曝光）为12，如图10-39所示。

（6）观察场景中的房间模型，可以看到该房间的一侧墙上有两个窗户，所以将刚刚创建的区域灯光复制出一个，并移动其至另一个窗户模型所在的位置，如图10-40所示。

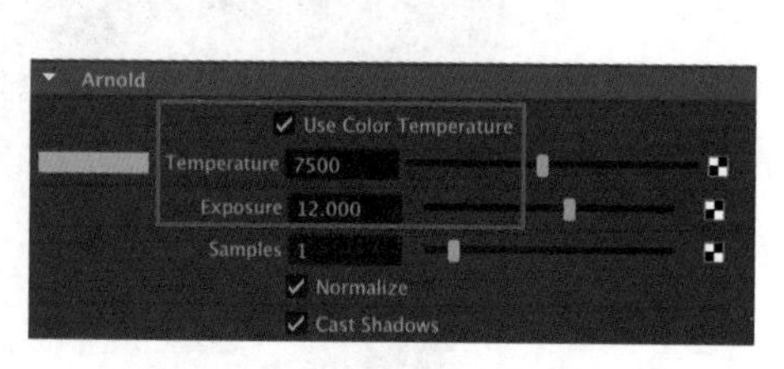

图10-39

图10-40

10.1.9 渲染设置

（1）打开“渲染设置”对话框，在“公用”选项卡中展开“图像大小”卷展栏，设置渲染图像的“宽度”为1200、“高度”为900，如图10-41所示。

（2）在Arnold Renderer（Arnold渲染器）选项卡中展开Sampling（取样）卷展栏，设置Camera（AA）为9，以提高渲染图像的计算采样精度，如图10-42所示。

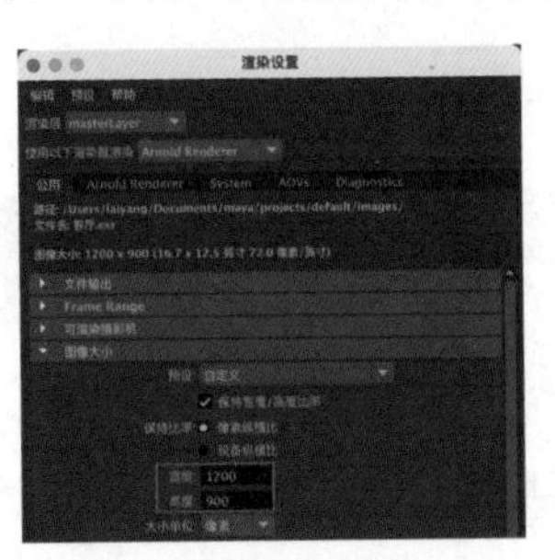

图10-41

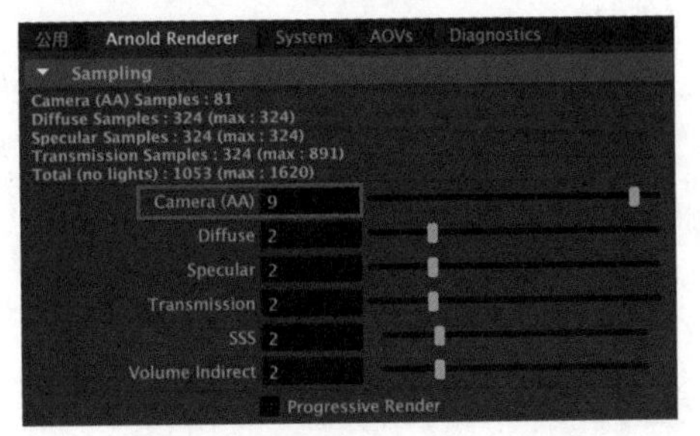

图10-42

（3）渲染场景，场景看起来有一些暗，如图10-43所示。

（4）调整渲染图像的亮度及层次感。在Arnold RenderView（Arnold渲染视图）窗口右侧的Display（显示）选项卡中设置渲染图像的Gamma为1.2，如图10-44所示。

（5）本实例的最终渲染效果如图10-45所示。

图10-43

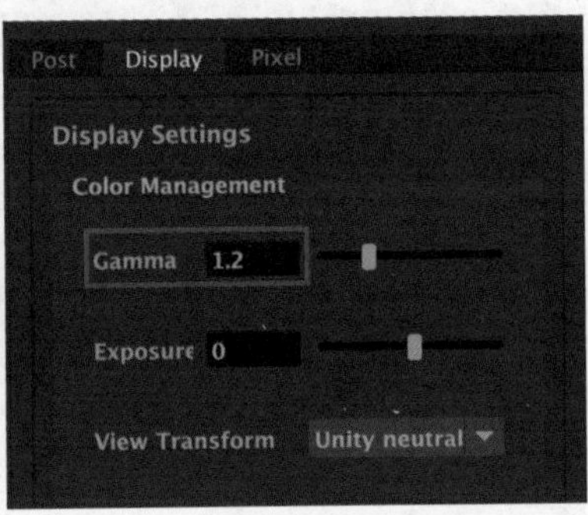

图10-44

图10-45

10.2 坍塌动画

本实例将在模型的内部填充粒子来制作动画特效，主要涉及粒子填充、粒子碰撞、动力学约束、关键帧动画等知识点。对于其中一些较复杂的操作，读者可以观看教学视频进行学习。

制作思路

（1）为雕塑模型填充粒子。

（2）制作粒子坍塌动画。

10.2.1 效果展示

在本实例中，我们将使用粒子系统来制作雕塑坍塌动画，其最终渲染效果如图10-46所示。

图10-46

10.2.2 粒子填充

（1）启动中文版Maya 2023，打开本书配套场景资源文件“雕塑.mb”，场景中有一个猫咪形状的雕塑模型，如图10-47所示。

（2）选择雕塑模型，单击菜单栏中的“nParticle>填充对象”命令右侧的方形按钮，如图10-48所示。

（3）在系统自动弹出的“粒子填充选项”对话框中设置“分辨率”为80，如图10-49所示。

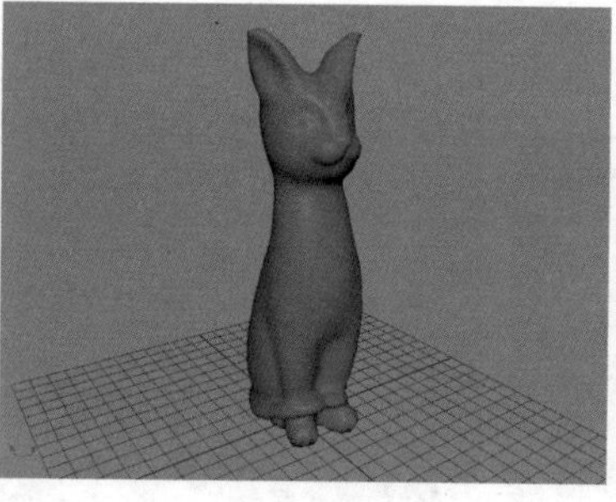

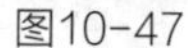

图10-47

图10-48

（4）单击该对话框左下方的“粒子填充”按钮，进行粒子填充。填充完成后，将视图切换至线框显示状态，可以看到雕塑模型内部粒子填充的效果，如图10-50所示。

（5）在“属性编辑器”面板中展开“计数”卷展栏，可以看到生成的粒子总数，如图10-51所示。

技巧与提示：通过单击“粒子填充”按钮创建出来的粒子是没有发射器对象的，观察“大纲视图”面板，可以看到场景中只有粒子对象和动力学对象。

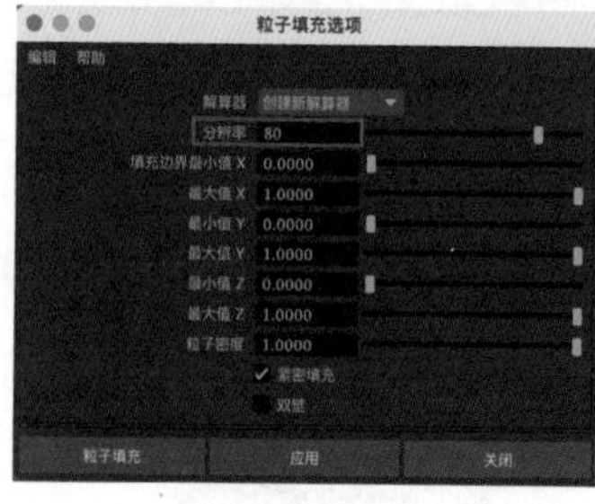

图10-49

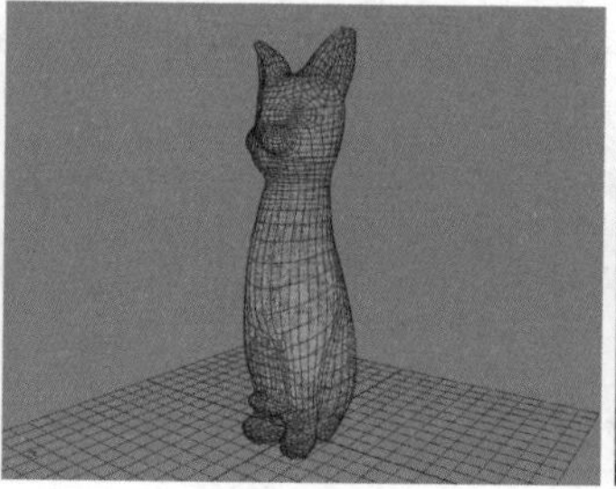

图10-50

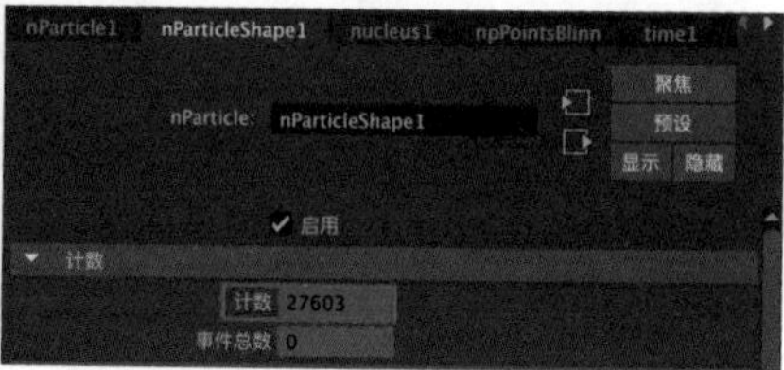

图10-51

（6）将场景中的雕塑模型隐藏，选择粒子对象，在“着色”卷展栏中设置“粒子渲染类型”

为“球体”，如图10-52所示。

（7）设置完成后，粒子的视图显示效果如图10-53所示。

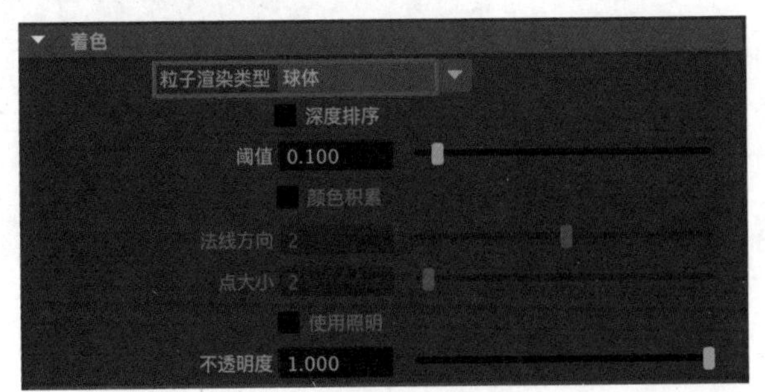

图10-52

图10-53

10.2.3 设置动力学约束

（1）选择粒子对象，在“地平面”卷展栏中勾选“使用平面”复选框，如图10-54所示。

（2）播放场景动画，由于粒子对象在默认状态下不会产生自碰撞效果，所以粒子下落后会重叠在一起。粒子的动画效果如图10-55所示。

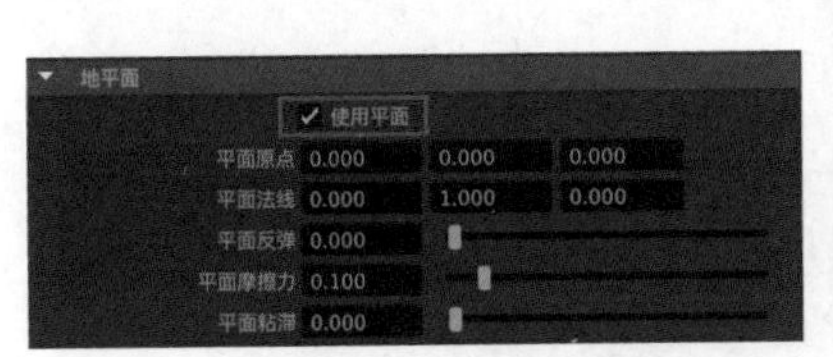

图10-54

图10-55

（3）在“碰撞”卷展栏中勾选“自碰撞”复选框，设置“摩擦力”“粘滞”均为1，如图10-56所示。

（4）设置了自碰撞后，播放场景动画，粒子的动画效果如图10-57所示。

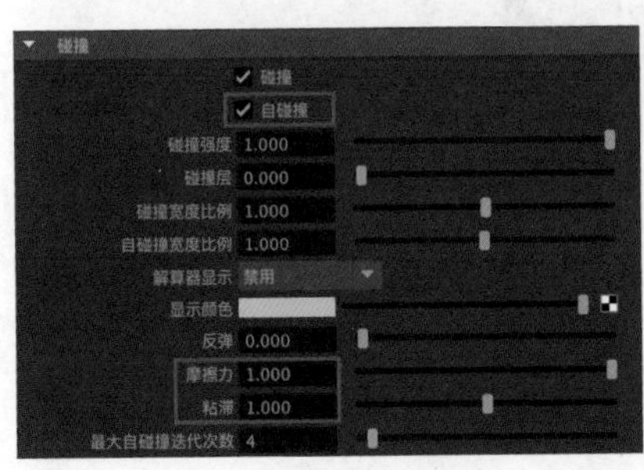

图10-56

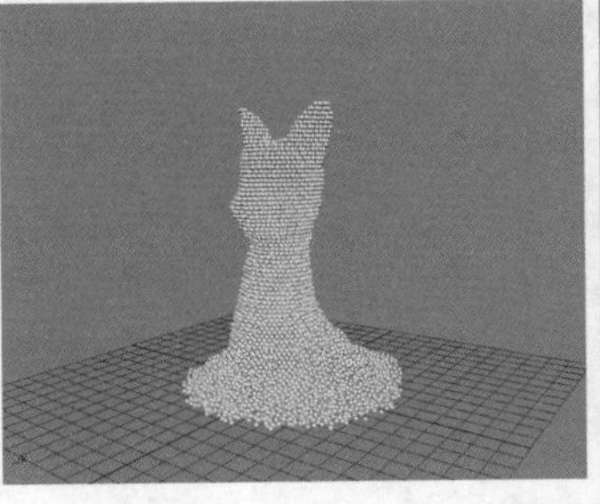

图10-57

（5）为粒子对象设置动力学约束。在第1帧的位置按住鼠标右键，在弹出的菜单中执行“粒子”命令，如图10-58所示。

（6）选择图10-59所示的粒子，执行菜单栏中的“nConstraint>组件到组件”命令，如图10-60所示。

（7）在“动态约束属性”卷展栏中设置“连接方法”为“在最大距离内”、“最大距离”为0.5，如图10-61所示。

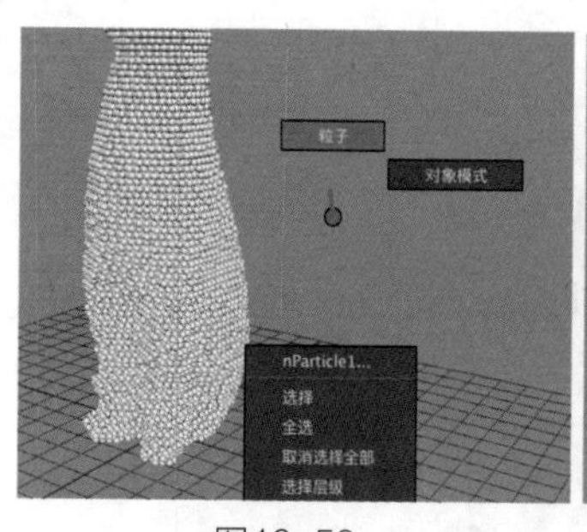

图10-58

图10-59

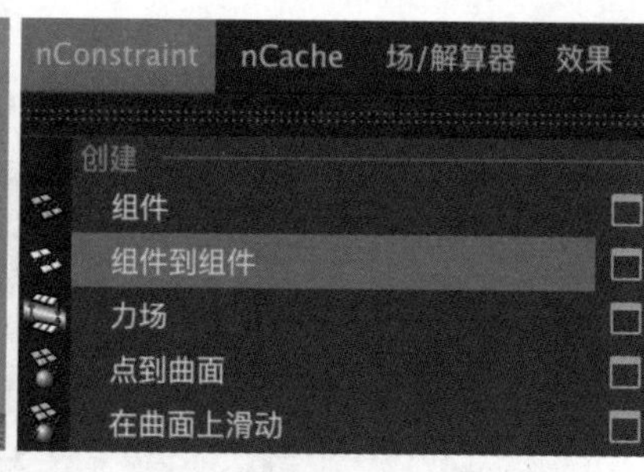

图10-60

（8）设置完成后，在视图中可以看到粒子的显示效果如图10-62所示。

（9）在“连接密度范围”卷展栏中设置“强度”“切线强度”均为1，如图10-63所示。

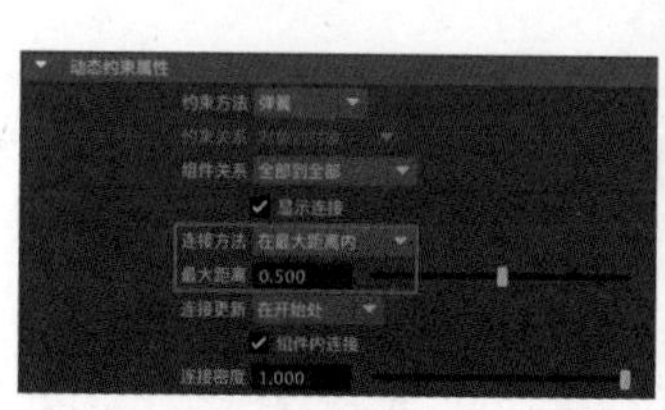
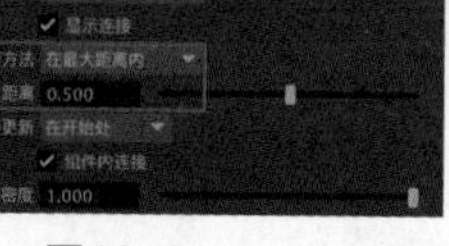

图10-61

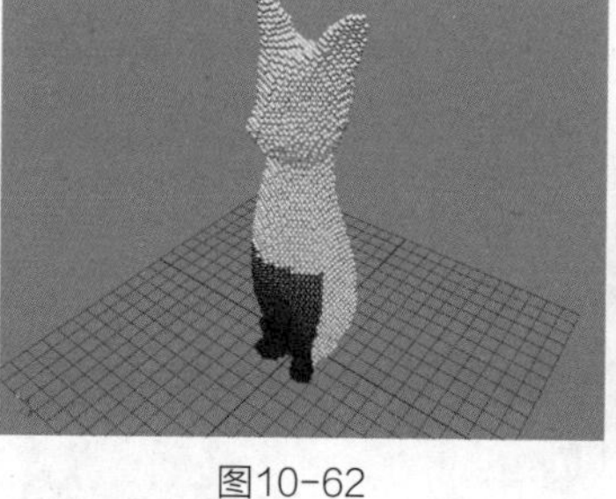

图10-62

图10-63

（10）选择图10-64所示的粒子，执行菜单栏中的“nConstraint>组件到组件”命令，并进行同样的参数设置。设置完成后，粒子的视图显示效果如图10-65所示。

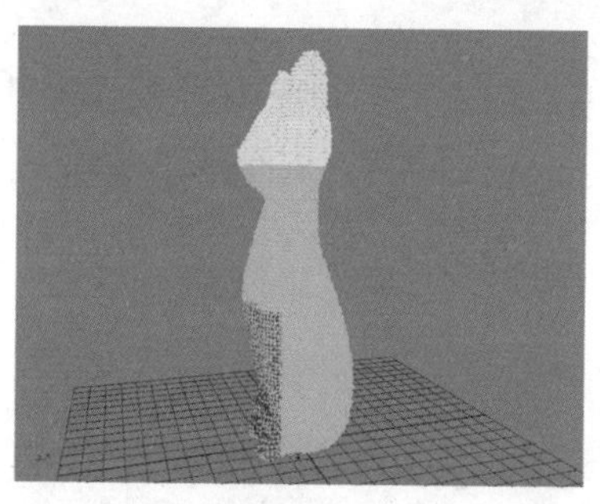

图10-64

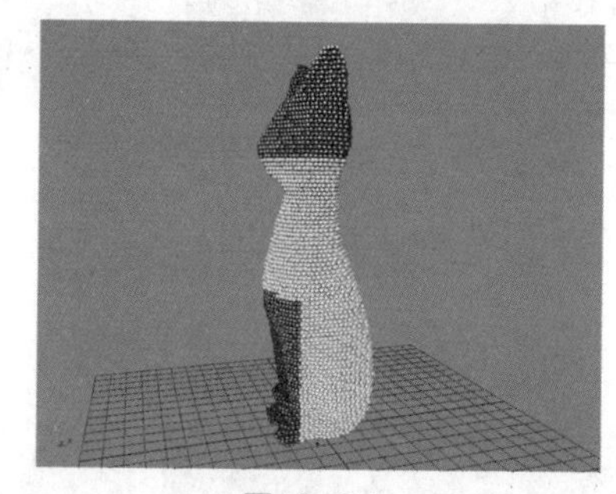

图10-65

（11）播放场景动画，可以看到设置了动力学约束后，粒子在下落的过程中会维持两个较大的粒子块，并且不会散开。粒子的动画效果如图10-66所示。

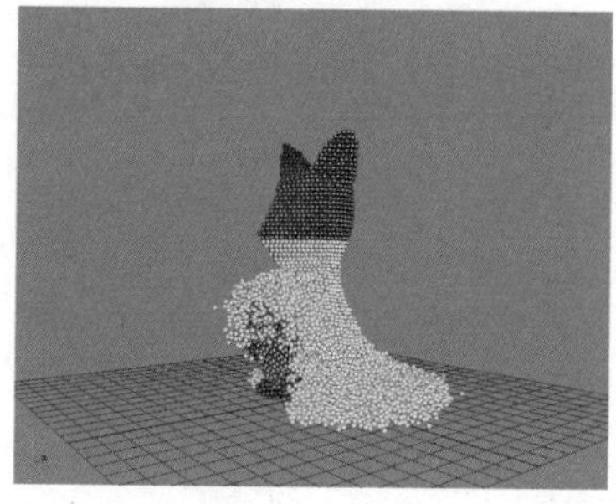

图10-66

10.2.4 为动力学约束设置关键帧

（1）在“大纲视图”面板中选择第1个动力学约束对象，如图10-67所示。

图10-67

（2）在“连接密度范围”卷展栏中，在第25帧的位置为“粘合强度”参数设置关键帧。设置完成后，可以看到该参数的背景色为红色，如图10-68所示。

（3）在第30帧的位置设置“粘合强度”为0.1，并为其设置关键帧，如图10-69所示。

（4）在“大纲视图”面板中选择第2个动力学约束对象，如图10-70所示。

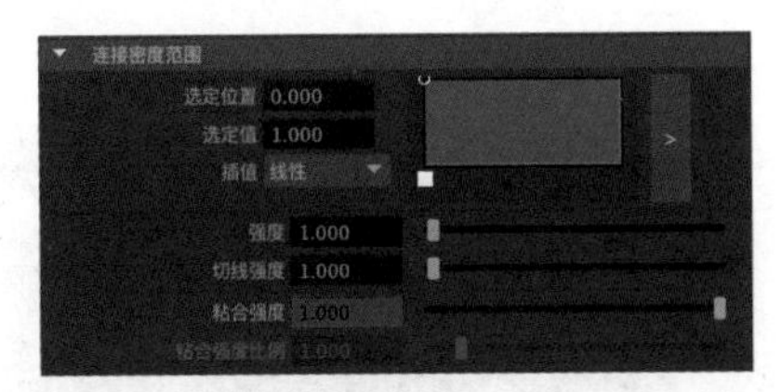

图10-68

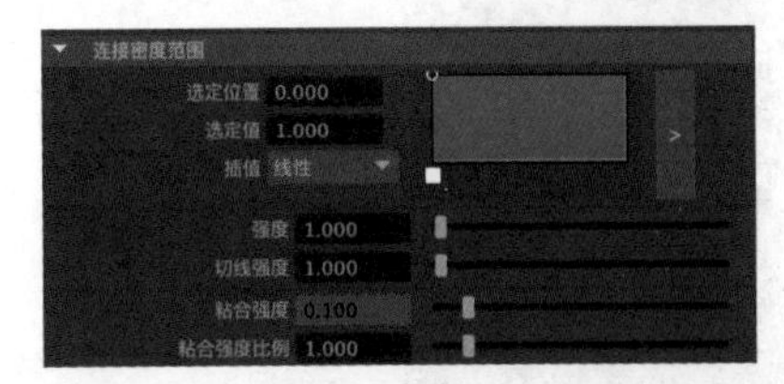

图10-69

（5）在“连接密度范围”卷展栏中，在第50帧的位置为“粘合强度”设置关键帧，如图10-71所示。

图10-70

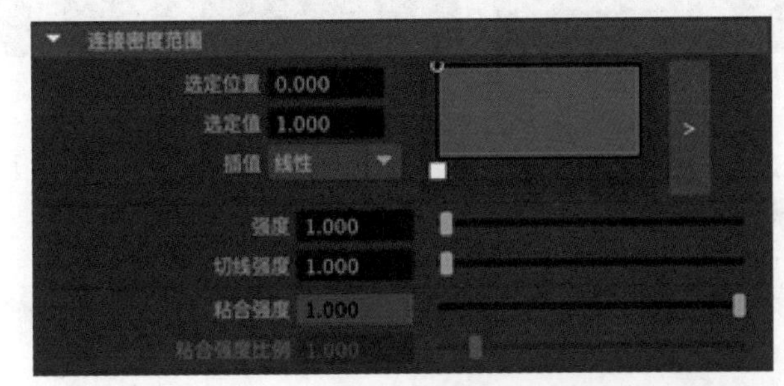

图10-71

（6）在第55帧的位置设置“粘合强度”为0.1，并为其设置关键帧，如图10-72所示。

（7）设置完成后，单击“FX缓存”工具架中的“将选定的nCloth模拟保存到nCache文件”图标，为粒子创建缓存，如图10-73所示。

（8）播放场景动画，雕塑坍塌的动画效果如图10-74所示。

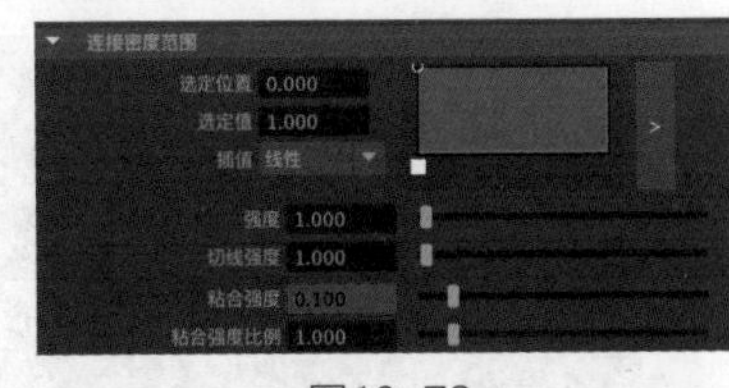

图10-72

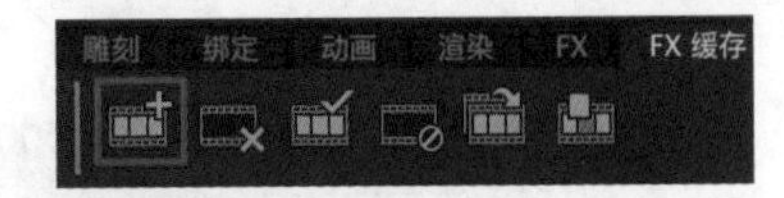

图10-73

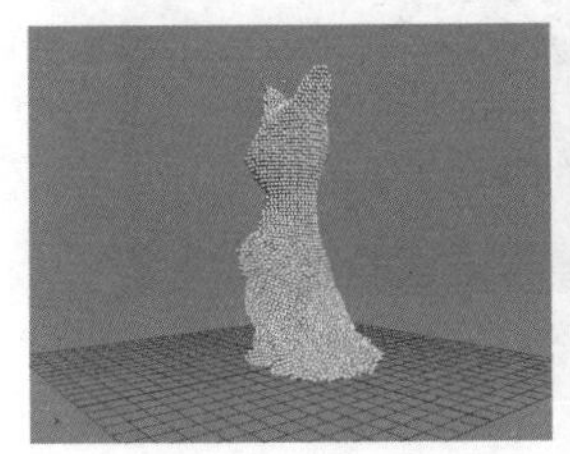
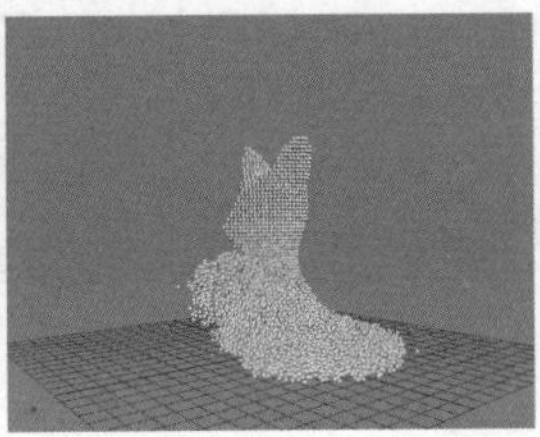

图10-74

10.2.5 渲染设置

（1）单击“多边形建模”工具架中的“多边形平面”图标，如图10-75所示。

（2）在“通道盒/层编辑器”面板中设置“宽度”和“高度”均为200，如图10-76所示。

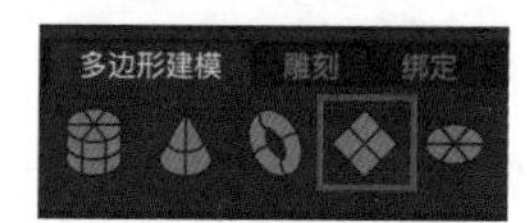

图10-75

（3）单击Arnold工具架中的Create Physical Sky（创建物理天空）图标，为场景添加物理天空灯光，如图10-77所示。

（4）在“属性编辑器”面板中展开Physical Sky Attributes（物理天空属性）卷展栏，设置物理天空灯光的Elevation（海拔）为35、Azimuth（方位）为120、Intensity（强度）为6，如图10-78所示。

图10-76

图10-77

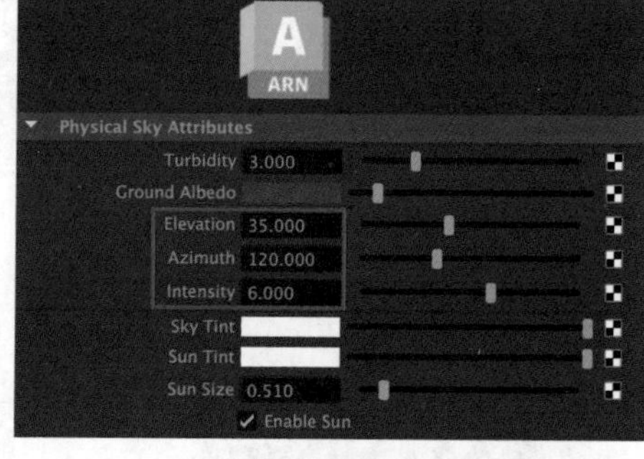

图10-78

（5）选择粒子对象，单击“渲染”工具架中的“标准曲面材质”图标，为对象指定标准曲面材质，如图10-79所示。

图10-79

（6）在“属性编辑器”面板中展开“基础”卷展栏，设置“颜色”为金黄色、“金属度”为1，如图10-80所示。其中，“基础”卷展栏中颜色的参数设置如图10-81所示。

（7）渲染场景，本实例的最终渲染效果如图10-82所示。

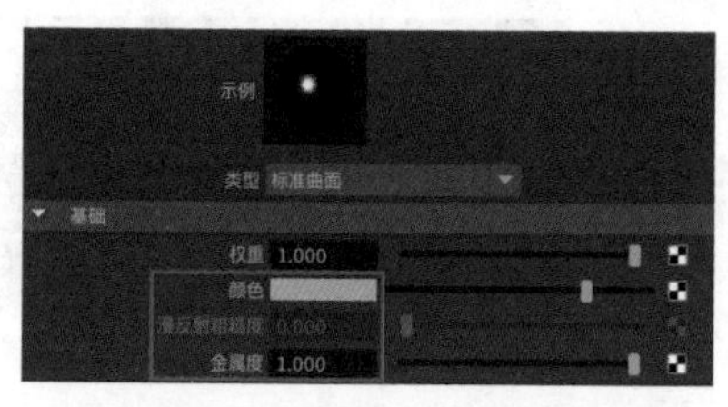

图10-80

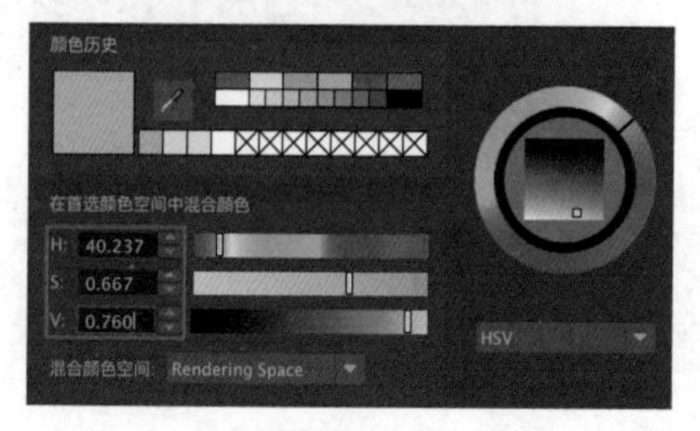

图10-81

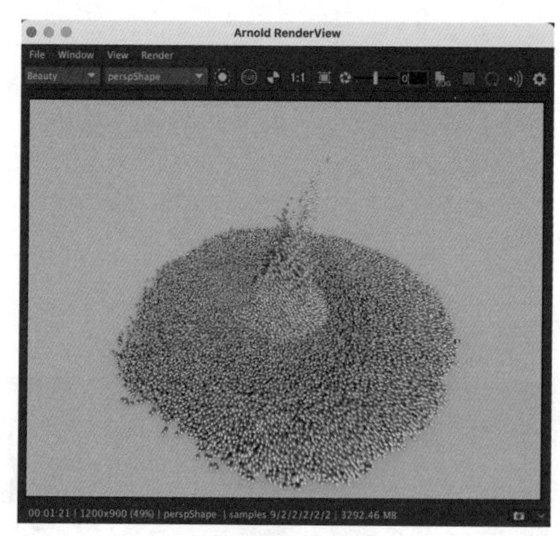

图10-82